Thomas Schmidt

Toolbox Management-Training

Handbuch für maßgeschneiderte Lernformate

managerSeminare Verlags GmbH – Edition Training aktuell

Thomas Schmidt
Toolbox Management-Training
Handbuch für maßgeschneiderte Lernformate

Endenicher Str. 41, D-53115 Bonn
Tel: 0228-977910, Fax: 0228-9779199
info@managerseminare.de
www.managerseminare.de/shop

Printed in Germany

ISBN: 978-3-95891-070-6

Herausgeber der Edition Training aktuell:
Ralf Muskatewitz, Jürgen Graf, Nicole Bußmann

Lektorat: Vera Sleeking
Cover: ©Adobe Stock/Africa Studio
Bild Maßband: ©iStock/koosen
Druck: Kösel GmbH und Co. KG, Krugzell

Klimaneutral
Druckprodukt
ClimatePartner.com/12027-2003-1007

Inhalt

Vorwort des Verlags

Bei dem vorliegenden Buch handelt es sich um eine vollständig aktualisierte Neufassung von „Real Life Training – Wie Sie die Realität in den Seminarraum holen".

Ebenso wie die beiden vorigen Werke von Thomas Schmidt, „Kommunikationstrainings erfolgreich leiten" und „Konfliktmanagement-Trainings erfolgreich leiten", erhielt auch „Real Life Training" begeisterte Rückmeldungen. Viele Leser* waren dankbar für die klare, konkrete und ausführliche Anleitung, um Seminare und Trainings erfolgreich zu gestalten. Während jedoch die Seminarfahrpläne für Kommunikationstrainings und Konfliktmanagement-Trainings rasch zu Bestsellern unseres Verlages avancierten, erwies sich der Titel „Real Life Training" als etwas sperrig. Das Buch wurde von vielen interessierten Lesern zunächst schlichtweg übersehen. Unter dem Titel „Real Life Training" konnten sich viele nichts vorstellen.

Erst durch entsprechende Tipps oder nach längerer Suche wurden viele Trainer und Berater auf das Buch aufmerksam – und waren dann sehr angetan von den Methoden-„Schätzen", die sie im Buch entdeckten. So kam es, dass die Erstauflage des Buches mittlerweile vergriffen ist. Statt nun einfach die zweite Auflage herauszugeben, haben wir das Feedback, das wir zum Titel erhalten haben, mit dem Autor geteilt und besprochen, dass wir diesen gerne ändern würden.

Wir haben uns sehr darüber gefreut, dass Thomas Schmidt dies zum Anlass genommen hat, alle Inhalte gründlich unter die Lupe zu nehmen, zu aktualisieren und um eine ganze Reihe neu verfasster Kapitel zu bereichern. Insbesondere die neuen Kapitel zur Auftragsklärung und Trainingskonzeption erleichtern es dem Leser, eigene Seminare aus einer großen Auswahl vorgestellter Tools passgenau zu entwickeln. Sicherlich ist es auch hilfreich, dass Überschneidungen mit anderen Bü-

* Im Buch wird meist die herkömmliche, männlich geprägte Sprachform verwendet, um den Text lesbar zu gestalten. Es sind jedoch stets alle Geschlechter (m/w/d) gemeint.

chern minimiert und auf aktuelle Literatur bei Themen verwiesen wird, die jenseits des Fokus des vorliegenden Buches liegen.

Nun wünschen wir Ihnen, liebe Leserin und lieber Leser, viel Spaß und Erfolg bei der Arbeit mit der „Toolbox Management-Training"! Auf dass Sie das Buch inspirieren möge, Lernen lebendig, praxisnah und maßgeschneidert für Ihre Teilnehmerinnen und Teilnehmer zu gestalten!

Worum es in diesem Buch geht

Dieses Buch soll Sie dabei unterstützen, Trainings* zu sozialen, sogenannten „weichen", Kompetenzen, wie Personalführung, Kommunikation, Konflikt- und Verhandlungsmanagement, erfolgreich zu gestalten. Die hier vorgestellten Methoden und Praxisbeispiele orientieren sich insbesondere an den Bedürfnissen von Führungskräften, sind aber ebenso für Mitarbeitertrainings geeignet. Sie erfahren in diesem Buch, wie ein Training bedarfsgerecht konzipiert, eröffnet und abgeschlossen wird. Und wie dessen einzelne Phasen – Coaching-, Trainings-, Reflexions- und Präsentationssequenzen – durchdacht aufgebaut werden. Der Schwerpunkt des Management-Trainings liegt dabei auf Methoden des praxis- und handlungsorientierten Lernens, um aus der Praxis für die Praxis lernen zu können. Während es sonst bei Seminaren stets eine zentrale Schwierigkeit ist, die „Theorie" in die „Praxis" zu übertragen, wird im realitätsnahen Training, so wie es in diesem Buch vorgestellt wird, permanent die Praxis simuliert und daraus gelernt, um anschließend für den Alltag besser gewappnet zu sein.

Für jede Sequenz des Trainings wird eine Vielzahl von Tools erläutert, die anhand von Beispielen detailliert beschrieben werden. Die Reihenfolge, in der dieses Buch die einzelnen Sequenzen vorstellt, entspricht der möglichen Dramaturgie, aber sie können auch anders strukturiert werden. Die vorgestellte Sammlung ermöglicht es Ihnen, die verschiedenen „Tools" für die Ansprüche der jeweiligen Zielgruppe „maßgeschneidert" zu kombinieren.

Um das Seminardesign dementsprechend möglichst praxisorientiert und maßgeschneidert entwerfen zu können, kommt es auf die Grundlage einer sorgfältigen Auftragsklärung an. Im **ersten Kapitel** „Trainings erfolgreich konzipieren" wird deshalb beschrieben, wie eine klare Zieldefinition und Auftragsklärung gewährleistet werden kann und Sie erhalten Checklisten, mit denen Sie Teilnehmer und Auftrag-

* Wenn von „Training" oder „Seminar" gesprochen wird, so gelten die Ausführungen gleichzeitig auch für andere Settings, in denen Lernen ermöglicht wird, wie etwa Workshops, Beratungen etc.

geber mit wenig Aufwand systematisch befragen können. Schließlich wird beschrieben, wie zunächst ein Grob- und dann ein Feinkonzept erstellt wird, welches den wichtigsten didaktischen Prinzipien effektiver Trainingsgestaltung gerecht wird. Exemplarisch wird das an einem Führungskräfte-Seminar zum Thema „Mitarbeitergespräche erfolgreich führen" dargestellt, das dazu beschriebene Vorgehen lässt sich leicht auf andere Seminarthemen übertragen.

Im **zweiten Kapitel** „Trainings erfolgreich eröffnen" finden Sie die wichtigsten Erfolgsfaktoren eines gelungenen Seminareinstiegs. Sie erfahren, mit welchen Methoden Sie eine vertrauensvolle, produktive Arbeitsatmosphäre für das Training schaffen und den Grundstein für eine erfolgreiche Zusammenarbeit legen können.

Im **dritten Kapitel** „Coaching-Sequenzen", geht es darum, wie Sie die individuellen Anliegen von Teilnehmern anhand eines einfachen Coaching-Modells in einer Trainingsgruppe bearbeiten können. Dieses Kapitel liegt mir besonders am Herzen. Denn in Seminaren werden Sie es immer wieder erleben, dass Ihr „Standardrepertoire" an Inputs und Übungen nicht ausreicht, um konkrete Fragen und Anliegen Ihrer Teilnehmer ausreichend beantworten zu können. Bei Fragestellungen wie „Wie kann ich mich in Verhandlungen besser durchsetzen?" oder „Wie kann ich die anstehende Umstrukturierung kommunizieren?" gibt es keine Allheilmittel und keine Patentrezepte. Der Trainer wird keine Wunderlösung anbieten können und wenn er es doch versucht, sitzt er bereits in der Falle. Vielmehr ist er als Prozessbegleiter, als Coach gefragt, der dem Teilnehmer eine Struktur und einen methodischen Rahmen anbietet, um Antworten mithilfe der Seminargruppe selbst finden zu können. Um dies zu erreichen, benötigen Trainer ein differenziertes Methodenrepertoire. Das dritte Kapitel soll Ihnen daher methodische Varianten an die Hand geben, um individuelle Teilnehmeranliegen professionell bearbeiten zu können.

Jenseits der individuellen Fragestellungen gibt es in Trainings stets bestimmte Handlungskompetenzen, die alle Teilnehmer erlernen oder vertiefen sollen. Daher ist es wichtig, Übungen zu entwickeln, in denen diese Fähigkeiten punktgenau trainiert werden. Diese sollten unmittelbar auf den Arbeitsalltag zugeschnitten sein. Die Teilnehmer müssen das Gefühl haben, dass es im Seminar (fast) „wie im echten Leben" zugeht. Deshalb geht es im **vierten Kapitel** „Trainingssequenzen", um die Frage, wie Case Studies, Szenarios und Rollenspiele* gewinnbringend konstruiert und eingesetzt werden können.

Nach Abschluss einer Coachings- oder Trainingssequenz (alternativ auch zur Einleitung) empfiehlt es sich, die Teilnehmer ihre Erfahrungen reflektieren zu lassen, um einen persönlichen Bezugsrahmen entstehen zu lassen. Das **fünfte Kapitel** vertieft, wie und mit welchen Tools Reflexionssequenzen erfolgreich durchgeführt werden können.

Schließlich geht es im **sechsten Kapitel** sowohl darum, Präsentationssequenzen wirkungsvoll durchzuführen als auch darum, wie Trainings erfolgreich abgeschlossen werden. Also um die Frage, wie man ein Training zu einem positiven Abschluss führt und sicherstellt, dass das Gelernte im Alltag umgesetzt werden kann. Ebenso wird erörtert, was getan werden sollte, damit ein Training nicht nur eine singuläre Maßnahme bleibt, die anschließend verpufft, sondern damit Personalentwicklung nachhaltig gestaltet werden kann.

Im **Anhang** finden Sie ein vertiefendes Literaturverzeichnis sowie ein Stichwortverzeichnis, um Sie im Fall einer spezifischen Suche zu unterstützen. Über das Buch hinaus erhalten Sie zudem vorbereitetes Material für die Durchführung Ihres Trainings – wie zum Beispiel einsatzfertige Fragebögen. Diese Hilfestellungen stehen Ihnen in den Download-Ressourcen zu diesem Buch zum Herunterladen zur Verfügung.

Die zum Buch vorhandenen Download-Ressourcen sind jeweils durch das nebenstehende Pfeil-Icon gekennzeichnet. Möchten Sie auf die Download-Ressourcen zugreifen, geben Sie dazu den Link, der in der inneren Umschlagklappe dieses Buches steht, in Ihre Browser-Zeile ein.

Wie Sie dieses Buch am besten nutzen

Das vorliegende Buch lässt sich mit einem Kochbuch vergleichen. Mit einem Kochbuch, in dem Sie – so hoffe ich – Rezepte für nahrhafte und gut bekömmliche Gerichte finden. Die Rezepte sind klar und übersichtlich strukturiert und die Zubereitung so detailliert formuliert, dass Sie das Mahl anschließend selbst zubereiten können. Damit Sie jeden einzelnen Schritt nachvollziehen können, habe ich zahlreiche Abbildungen eingefügt, sodass Sie mir bei der „Zubereitung" über die

* Zur Definition der Begriffe „Case Study", „Szenario", „Rollenspiel" und deren Verwendung in diesem Buch s. die Download-Ressourcen zu diesem Buch.

Schulter schauen und das Hinzufügen jeder wichtigen Zutat nachvollziehen können. Natürlich sind Sie herzlich eingeladen, die eine oder andere Zutat wegzulassen oder hinzuzufügen – ganz wie es Ihnen und Ihren Gästen beliebt.

Damit Sie bei den vorgestellten Tools nicht immer die gesamte Anleitung durchlesen müssen, erhalten Sie am Anfang stets einen Überblick mit den wichtigsten Schritten, sodass Sie gleich erkennen können, ob das Gericht Ihnen und Ihren Gästen schmecken könnte. Wenn dies der Fall ist, überfliegen Sie als Nächstes am besten die einzelnen Überschriften, Seitenkommentare und Abbildungen – dann haben Sie bereits einen guten Überblick über die erforderlichen Schritte.

Und wenn Sie dann Appetit bekommen haben? Dann empfehle ich Ihnen, die ausführliche Anleitung inklusive der Hinweise durchzulesen, um entscheiden zu können, was Sie übernehmen möchten und an welcher Stelle Sie sich dazu inspirieren lassen, das Rezept zu Ihrer eigenen Kreation weiterzuentwickeln.

An wen sich dieses Buch richtet

Dieses Buch richtet sich an Trainer, Berater, Personal- und Organisationsentwickler, die ihre Arbeit praxis- und handlungsorientiert ausrichten möchten. Weil es dem Leser einen Fundus an Methoden zur Verfügung stellt, sollte sich die Lektüre für unterschiedliche Zielgruppen lohnen. Im Einzelnen richtet sich das Buch an:

- Erfahrene Trainer,
  die ihr Methodenrepertoire für die Konzeption und Gestaltung handlungs- und praxisorientierter Trainings erweitern möchten.

- Trainer und Referenten mit erster Berufserfahrung,
  die sich Unterstützung dabei wünschen, ihre Seminare praxisnah und interaktiv zu gestalten. Auch wenn die Lektüre des Buches eine fundierte Ausbildung nicht ersetzt, so kann sie doch zur Anregung und Vertiefung der im Rahmen einer systematischen Qualifikation erworbenen Kompetenzen dienen.

- Interne Personalentwickler,
  die einen konzeptionellen Bezugsrahmen und Methoden für die Entwicklung und Umsetzung praxisorientierter Personalentwicklungsprogramme suchen.

- Supervisoren und Coachs,
  die mit Gruppen arbeiten und ihr Methodenrepertoire erweitern wollen.

- Business-Coachs,
  die bislang eher im Einzelsetting gearbeitet haben und ihre Coaching-Kompetenzen auf die Arbeit mit Gruppen ausweiten möchten.

- Führungskräfte,
  die eine Kultur des praxisorientierten Lernens schaffen wollen und sich hierfür methodische Anregungen wünschen.

- Alle an Weiterbildung und Training interessierten Leser,
  die sich für handlungsorientiertes, lebendiges Lernen interessieren.

Welche Philosophie steht hinter den vorgestellten Methoden?

Die Wurzeln der vorgestellten Methoden liegen in der humanistischen Psychologie, der systemischen Beratung, der Kommunikationspsychologie Schulz von Thuns, der Gestaltarbeit und insbesondere des Psychodramas.

„Handeln ist heilender als Reden", hat der Begründer des Psychodramas, Jacob Levy Moreno (1889–1974) für den Bereich der Psychotherapie formuliert. Für die Personal- und Organisationsentwicklung lässt sich analog postulieren: Handeln ist hilfreicher als Reden.

In einem betrieblichen Training geht es darum, Handlungskompetenzen zu erlernen oder zu vertiefen – zum Beispiel Mitarbeitergespräche zu führen, Kunden zu beraten, Produkte zu verkaufen oder Verhandlungen zu führen. Stets geht es um Fähigkeiten, die innerhalb eines konkreten beruflichen Umfeldes erforderlich sind. Dabei fangen die Teilnehmer nicht bei null an. Sie können bereits führen, beraten, verkaufen und verhandeln, bevor sie ins Seminar kommen. Nur: Vermutlich könnten sie es auch anders, bewusster, vielleicht auch besser und effektiver machen. Was sie hierzu benötigen, ist ein Rahmen, in dem sie ihre Fähigkeiten erproben, Feedback und neue Impulse erhalten und diese anschließend umsetzen können. Das ist es, was ein gutes Training leisten soll.

Aus meiner Erfahrung lassen sich vor diesem Hintergrund vier Prinzipien einer erfolgreichen Seminargestaltung formulieren:

Praxisbezug für optimalen Transfer

- Praxisbezogen lernen: Je besser es gelingt, einen Bezug zur realen Praxis der Teilnehmer herzustellen, desto leichter fällt es diesen, einen Nutzen des Lerngeschehens zu erkennen. Dadurch lassen sie sich leichter auf das Seminar ein und können das Gelernte später in ihrem Alltag umsetzen. Somit garantiert der größtmögliche Praxisbezug des Seminars den optimalen Transfer für die Seminarteilnehmer und damit den maximalen Mehrwert für das Unternehmen, welches in eine Weiterbildungsmaßnahme investiert.

Teilnehmer zur Aktion bewegen

- Handlungsorientiert lernen: „Sage es mir und ich vergesse es; zeige es mir und ich erinnere mich; lass es mich tun und ich behalte es", so lautet ein bekanntes Zitat von Konfuzius. In der Tat zeigen zahlreiche Forschungsergebnisse, dass Lernen besser gelingt, wenn jene Kompetenzen, die erlernt werden sollen, praktisch erprobt und geübt, statt nur theoretisch vermittelt werden. Denn meist sind es weniger die kognitiven Erkenntnisse, an denen es mangelt. Die meisten Menschen können durchaus artikulieren, worauf es beispielsweise ankommt, um konstruktiv Feedback zu geben. Ob sie es jedoch auch umsetzen können, ist eine ganz andere Frage. Deshalb sollte der überwiegende Anteil der Trainingszeit darauf verwendet werden, an sozialen Kompetenzen handlungs- und praxisorientiert zu arbeiten. Nur wenn die Teilnehmer aktiv werden und Verantwortung für das eigene Lernen übernehmen, kann ihre Weiterbildung gelingen. Deshalb sind die hier vorgestellten Methoden vor allem darauf ausgerichtet, die Teilnehmer dazu zu bewegen, in Aktion zu treten, Handlungsoptionen zu erproben und zu reflektieren (vgl. hierzu Kolb 1984).

Das richtige Klima für Lust am Experiment

- Experimentell lernen: Damit sich Teilnehmer darauf einlassen, neue Handlungswege zu erproben und Erfahrungen offen auszutauschen, bedarf es eines Klimas, das von Wertschätzung, Vertrauen und Experimentierfreude geprägt ist. Gelingt es der Seminarleitung, eine solche Atmosphäre zu schaffen, lassen sich die meisten Menschen gerne motivieren, etwas von sich preiszugeben, die eigenen Anliegen und Lernziele einzubringen und an ihnen zu arbeiten. Denn sie spüren, dass es sich lohnt, die eigene „Komfortzone" zu verlassen und Neues zu wagen, um anschließend gestärkt und bereichert aus dem Seminar in den Alltag zurückzukehren. Mit Steve de Shazer gesprochen, können sie dann die Rollen des „Besuchers" oder des „Klagenden" hinter sich lassen und die Haltung des „Kunden" einnehmen, der Zeit und Geld (wenn auch meist das Geld des Unternehmens) investiert, um die eigenen Kompetenzen gezielt weiterzuentwickeln.

Lernen auf Augenhöhe ▶ Erwachsen lernen: In einem verhaltensorientierten Training geht es selten um Fähigkeiten, die der Trainer den Teilnehmern einfach „beibringen" kann. Sicher, es gibt Grundlagen, die gelehrt werden können und Techniken, die der Trainer den Teilnehmern vermitteln kann. Es gibt Modelle, um Kommunikation besser zu verstehen, Leitfäden zum Führen von Verhandlungen oder Mitarbeitergesprächen. Doch letztlich sind dies nur grobe Orientierungshilfen, vereinfachte Landkarten einer weitaus komplexeren Realität, die für jeden Teilnehmer anders aussieht und auch von jedem anders gesehen und gedeutet wird.

Bei den (scheinbar) „weichen" Fähigkeiten geht es nicht um objektiv „richtiges" oder „falsches" Verhalten, das einfach „eingeübt" werden kann. Es geht vielmehr darum, einen Rahmen zur Verfügung zu stellen, um eigene Handlungsstrategien und ihre Wirkung auf andere besser verstehen und alternative Verhaltensmöglichkeiten hinzulernen zu können. Damit die Teilnehmer anschließend mehr „Werkzeuge" in ihrem „Methodenkoffer" haben als vor dem Seminar, müssen sie auf eine „erwachsene" Weise lernen können. Das heißt: im Dialog miteinander, gemeinsam experimentierend, interaktiv, auf Augenhöhe mit dem Trainer (vgl. Arnold/Siebert 2006).

Abb.: Diese Philosophie steht hinter den vorgestellten Methoden.

1. Kapitel

Trainings erfolgreich konzipieren

Inhalt des Kapitels

Ziele und Rahmenbedingungen klären

Die Bedeutung einer gründlichen Auftragsklärung und Vorbereitung für den Erfolg einer Trainingsmaßnahme kann kaum überschätzt werden. Zunächst einmal geht es darum, die Ziele möglich klar und konkret zu definieren. Die Rahmenbedingungen sind zu diskutieren, zu verhandeln und so zu vereinbaren, dass die avisierten Ziele auch realistisch erreicht werden können. Und schließlich gilt es auch zu klären, ob ein Training oder eine andere Maßahme zur Personal- und Organisationsentwicklung am besten geeignet ist, um die Ziele zu erreichen.

Neben den Zielen, welche von Vertretern der Organisation formuliert werden, gilt es auch, den Bedarf der Zielgruppe zu verstehen, um ein Training bedarfsgerecht gestalten zu können. Und schließlich gilt es, die Organisation und ihren Kontext kennenzulernen, die strategischen Ziele und Herausforderungen zu verstehen sowie ein Gefühl für die Unternehmenskultur zu entwickeln, um als Berater erfolgreich „andocken" zu können.

Klärung der Seminarziele mit dem Auftraggeber

Um Trainings erfolgreich gestalten zu können, müssen die Ziele im Vorfeld klar und konkret definiert werden. Hierzu sind Gespräche mit dem Auftraggeber bzw. den Auftraggebern unerlässlich, etwa mit Vertretern der Personalentwicklungs- oder Personalabteilung, der entsprechenden Fachabteilung oder der Unternehmensleitung. Da unterschiedliche Personen und Funktionen in der Regel verschiedene Perspektiven haben, ist es hilfreich, mit unterschiedlichen „Stakeholdern" sprechen zu können. Gleichwohl ist zu klären, wer der Hauptansprechpartner ist, mit dem der Kontrakt abgeschlossen wird. Folgende Fragen können hilfreich sein, um die Ziele eines Trainings zu klären. Sie können diese Liste auch unter den Download-Ressourcen zu diesem Buch herunterladen (vgl. S. 10):

Checkliste zur Klärung der Seminarziele

- Was sind die wichtigsten Ziele?
- Woran würden Sie konkret festmachen, dass die Ziele erreicht wurden?

- Woran würden andere (Kunden, Kollegen, Führungskräfte, Mitarbeiter) erkennen, dass diese erreicht wurden?
- Welche Ziele sind besonders wichtig, welche weniger? Wenn Ihnen insgesamt 100 Prozent zur Verfügung stehen, wie würden sie diese anteilsweise auf die verschiedenen Ziele verteilen, um deren Wichtigkeit deutlich zu machen?
- Angenommen, die Ziele werden erreicht, was würde sich konkret verändern?
- Gäbe es auch Nachteile oder Risiken?
- Bis wann sollten die Ziele erreicht werden?
- Wer genau ist die Zielgruppe?
- Wie ist das Verhältnis der Teilnehmer untereinander? Kennen sie sich? Wie sind die Arbeitsbeziehungen? Gibt es Abhängigkeiten?
- Welche Kompetenzen haben die Teilnehmer in Bezug auf das Thema bereits, welche sollen entwickelt werden?
- Werden sich Anforderungen in Zukunft verändern, wenn ja, wie?
- Gibt es weitere Maßnahmen, um die Ziele zu erreichen?
- Wer kann die Erreichung der Ziele nach dem Seminar unterstützen?
- Wer oder was könnte der Umsetzung der Ziele entgegenstehen?
- Wer sollte vor dem Seminar miteinbezogen werden?
- Woraus genau ergibt sich der Handlungsbedarf? Welches Problem soll gelöst werden?
- Warum gibt es den Handlungsbedarf gerade jetzt?
- Von wem wird der Handlungsbedarf gesehen? Von wem wird der Handlungsbedarf nicht gesehen?
- Gab es bereits andere Lösungsversuche? Was wurde aus ihnen?
- In welchen Situationen und bei welchen Personen tritt das Problem auf?
- Welche Faktoren gibt es, die das Problem verschärfen?
- Gibt es einen Nutzen, den das Problem hat? Für wen?
- In welchen Bereichen sind die Ziele, die mit dem Seminar verfolgt werden, bereits erreicht? Gibt es „Role Models“? Wer sind sie und was zeichnet sie aus?
- Was sind die wichtigsten strategischen Ziele Ihres Unternehmens und was Ihre größten Herausforderungen?
- Was sind die wichtigsten strategischen Personalentwicklungsziele des Unternehmens? Wie werden sie angegangen?
- Welchen Beitrag kann das Seminar leisten, um die strategischen Ziele des Unternehmens zu erreichen?

Um ein gemeinsames Verständnis der Seminarziele zu gewährleisten, sollte der Trainer die Ziele sowohl mündlich als auch schriftlich zusammenfassen. Natürlich können sich die Zieldefinitionen und -kriterien nach weiteren Gesprächen mit Teilnehmern und anderen Stakeholdern noch verändern und konkretisieren, aber um ein Angebot erstellen zu können, muss mit dem Auftraggeber ein gemeinsames Verständnis der Ziele erreicht werden.

Ein gemeinsames Verständnis der Ziele herstellen

Rahmenbedingungen definieren

Im Kontraktgespräch geht es nicht nur um das Abklären der Seminarziele. Es geht auch darum, ein gegenseitiges Kennenlernen zu ermöglichen und zu überprüfen, ob eine tragfähige Zusammenarbeit auf der Sach- und Beziehungsebene ermöglicht werden kann. Dies bedeutet auch, zu schauen, ob „die Chemie stimmt", ob eine vertrauensvolle Ebene hergestellt werden kann und ob Ziele und Werte zusammenpassen.

Als externer Trainer steht man natürlich im Wettbewerb zu anderen Anbietern. Deshalb gilt es, die eigene Arbeitsweise, das eigene Profil und Angebot pointiert darzustellen, damit von beiden Seiten evaluiert werden kann, ob Angebot und Nachfrage zusammenpassen. Hierbei geht es auch darum, kritisch zu reflektieren, ob die vom Auftraggeber geäußerten Wünsche unter den gegebenen Rahmenbedingungen realistisch erfüllt werden können bzw. herauszufinden, inwiefern diese verhandelbar sind. Dabei gilt es auch, zu hinterfragen, ob ein Seminar die richtige Wahl ist, um die angestrebten Ziele zu erreichen. Es sollte thematisiert werden, ob **alternative Methoden** (z.B. OE-Maßnahmen, Projekte, Coaching etc.) eventuell besser geeignet sind, um die Ziele zu erreichen bzw. ob ein Seminar mit weiteren vor- und nachbereitenden Maßnahmen, zum Beispiel „360°-Feedback", „E-Learning" oder „Kollegiales Coaching" kombiniert werden sollte.

Wichtig ist es auch, in der Auftragsklärung zu verhandeln, wie viel **Zeit** erforderlich ist, um die Erreichung der Ziele zu gewährleisten. Es kommt regelmäßig vor, dass zu viele Themen in zu wenig Zeit gepresst werden sollen, sodass es unerlässlich ist, entweder den Zeitrahmen zu erweitern oder aber die Themen und Ziele stärker zu fokussieren. Für ein Training der sozialen Kompetenzen ist es grundsätzlich sinnvoll, mindestens zwei Tage einplanen zu können. Natürlich ist auch ein Tages-Training oder sogar ein halbtägiger Workshop möglich, wobei dann jedoch wenig auf individuelle Lernwünsche eingegangen werden kann und nur wenige klar definierte Kompetenzen trainiert werden können.

Die **Anzahl der Teilnehmer** gilt es ebenfalls festzulegen. Aus meiner Erfahrung sind bei einem Training sozialer Kompetenzen 12 Teilnehmer das Maximum, damit ausreichend auf die Individuen eingegangen werden kann. Leitet man das Seminar mit zwei oder mehr Trainern, so kann auch eine größere Gruppe gut „gemanagt“ werden. Bei der Leitung durch eine Person ist eine Größe von 8–12 Teilnehmern ideal. Ist die Gruppe noch kleiner, so entsteht oft keine ausreichende Dynamik. Dennoch kann zuweilen auch mit einer kleinen Gruppe sehr erfolgreich gearbeitet werden, da auf die persönlichen Themen dann noch intensiver eingegangen werden kann.

Auch das **Verhältnis der Teilnehmer** untereinander ist zu thematisieren: Kennen sich die Teilnehmer? Wie sind ihre Arbeitsbeziehungen untereinander? Gibt es Abhängigkeiten? Idealerweise sollten Mitarbeiter nicht mit ihren Vorgesetzten gemeinsam an einem Seminar teilnehmen, da es ihnen sonst deutlich schwerer fallen dürfte, sich zu öffnen, eigene Schwierigkeiten und Unsicherheiten zu thematisieren und Fälle für das Coaching im Seminar einzubringen. Auch die Bereitschaft, an Rollenspielen und Trainingssequenzen teilzunehmen, ist deutlich geringer, wenn der Vorgesetzte zuschaut, der im Zweifel über Gehalt, Bonus und Beförderungen entscheidet. Deshalb sollte diese Konstellation möglichst ausgeschlossen werden. Lässt sie sich nicht vermeiden, dann muss sich der Trainer überlegen, ob Coaching-Sequenzen überhaupt möglich sind und ob diese, ebenso wie Trainingssequenzen, in Kleingruppen verlegt werden können, in denen Führungskräfte und Mitarbeiter getrennt voneinander arbeiten.

Einen großen Unterschied macht es, ob die Seminarteilnahme **freiwillig** oder **verpflichtend** ist. Natürlich ist die Motivation bei einer freiwilligen Teilnahme höher, während bei obligatorischen Veranstaltungen mehr mit Widerständen und Bedenken zu rechnen ist, auf die es einzugehen gilt.

Auch der **Ort** des Seminars ist wichtig. Die Durchführung eines Trainings in einem externen Seminarhotel hat den Vorteil, dass sich die Teilnehmer deutlich leichter vom Alltagsgeschehen lösen können. Auch für den Zusammenhalt in der Gruppe und die Beziehungen der Teilnehmer untereinander ist es förderlich, wenn ein Seminar außerhalb des betrieblichen Kontextes stattfinden kann. Aber auch Trainings in der Firma können erfolgreich durchgeführt werden, wenn es gelingt, die Aufmerksamkeit der Teilnehmer auf das Seminar zu lenken, wobei es dann umso wichtiger ist, entsprechende Spielregeln zu vereinbaren, sodass Störungen des Ablaufs möglichst unterbleiben.

Falls noch keine **Seminarausschreibung** oder -einladung erfolgt ist, kann der Trainer die Chance nutzen, hierbei mitzuwirken, um bereits auf den praxisorientierten Charakter des Seminars hinzuweisen und die Teilnehmer darauf vorzubereiten, dass das Seminar maßgeblich durch ihre persönlichen Fragestellungen und Praxisfälle mitbestimmt wird.

Last, not least, gilt es, das **Honorar** offen zu besprechen und zu vereinbaren. Eine Herausforderung bei einer praxisorientierten, maßgeschneiderten Trainingsgestaltung liegt darin, dass die Konzeption in der Regel deutlich aufwendiger ist als bei Seminaren „von der Stange". Denn Unternehmen kalkulieren oft nur mit den Kosten pro Trainertag, nicht unbedingt aber mit weiteren Kosten für die Vor- oder Nachbereitung. Umgekehrt ist es aus Beratersicht kaum akzeptabel, eine aufwendige Bedarfsanalyse sowie die Erstellung der erforderlichen Case Studies, Szenarios und Rollenspiele kostenlos anzubieten. Dennoch wäre meine Empfehlung, einen deutlichen „Discount" für die (ja doch eher bequeme) Arbeit per Telefon und PC von zu Hause aus zu gewähren. Die Vereinbarung eines überschaubaren Fixbetrages für die Vorbereitung ist den Auftraggebern in der Regel wichtig, um Planungssicherheit zu erzielen und keinen Konflikt mit Vorgesetzten zu riskieren, weil das Budget überschritten wird.

Grobkonzept erstellen und Befragungen durchführen

Kein Konzept ohne Auftragsklärung

Wenn Ziele und Rahmenbedingungen geklärt sind, kann der Trainer ein Angebot für die Durchführung der Trainingsmaßnahme unterbreiten. Dieses sollte ein Grobkonzept umfassen. Manchmal fordern Unternehmen, ein solches Grobkonzept bereits vor dem Erstgespräch zu versenden. Allerdings würde ich stets, auf einem – zumindest telefonischen – Gespräch zur Auftragsklärung bestehen, um ein Konzept erstellen zu können, welches wirklich auf den konkreten Bedarf der jeweiligen Organisation zugeschnitten ist. Gerade dann, wenn das Seminarkonzept praxisorientiert und passgenau gestaltet werden soll, ist ein solches Gespräch unabdingbar. Nachdem das Grobkonzept erstellt und – hoffentlich – der Auftrag vereinbart wurde, gilt es dann in die Feinplanung einzusteigen. Hierbei ist es unerlässlich, auch die Rückmeldungen der Zielgruppe einholen zu können, um Übungen und Unterlagen erstellen zu können, die auf den Bedarf passgenau abgestimmt sind.

Erstellung eines Grobkonzeptes

Eine Session hat 90 Minuten

Bei der Erstellung eines Seminarkonzeptes hat es sich nach meiner Erfahrung bewährt, Sessions von ca. 90 Minuten zu planen, da die Aufmerksamkeit nach diesem Zeitraum nachlässt und biologische Bedürfnisse erfüllt werden wollen, sodass eine Pause erforderlich wird. Für jede Session macht es Sinn, ein zentrales Ziel/Thema zu fokussieren (oder zwei bis drei weniger komplexe Unterziele bzw. -themen, die sich bündeln lassen). Das Priorisieren von Lernzielen in der Auftragsklärung hilft, um die Seminarbausteine in Muss- und Kann-Elemente einordnen zu können. Letztere werden eher gegen Ende der Veranstaltung eingeplant, sodass sie ggf. auch weggelassen werden können.

Muss- und Kann-Elemente

4–5 Sessions pro Tag

Pro Seminartag können in der Regel vier, maximal fünf Sessions eingeplant werden. Wenn man beispielsweise von 9–17 Uhr oder 10–18 Uhr arbeitet und mindestens eine Stunde Mittagspause sowie jeweils eine Viertelstunde Pause am Vor- und Nachmittag einplant, dann kann man vier Sessions durchführen. Die erste Session muss maßgeblich für das Kennenlernen (sofern sich die Teilnehmer noch nicht gut kennen), die Besprechung der Seminarziele und -regeln sowie den Einstieg ins Thema reserviert werden. Am Ende des Seminars muss der Transfer des Gelernten thematisiert werden, wofür ich stets eine halbe oder sogar ganze Session reserviere.*

Zeit für Kennenlernen und Transfer einplanen

Dies limitiert die Anzahl der themenbezogenen Sessions entsprechend. Bei einem zweitägigen Seminar verbleiben damit in der Regel sechs themenbezogene Sessions. Allerdings sollte genügend Puffer eingeplant werden, welcher zum Üben und Vertiefen erforderlich ist, aber auch dazu Raum lässt, Diskussionen aufgreifen zu können. Bei der Grobplanung lasse ich mich außerdem gerne von folgenden didaktischen Prinzipien leiten:

In 2 Tage passen 6 Themensessions

Didaktische Prinzipien

- **Vom Allgemeinen zum Besonderen**: Zu Beginn des Seminars macht es Sinn, ein gemeinsames Grundverständnis der Themen und Begriffe sicherzustellen, also beispielsweise eine gemeinsame Definition von „Kommunikation“, „Konflikt“ oder „Führung“ herzustellen, bevor auf die einzelnen Themen eingegangen wird.

- **Vom Einfachen zum Komplexen**: Wenn es darum geht, komplexe Fähigkeiten zu entwickeln, wie etwa Konflikte zu moderieren, macht es Sinn, diese in einzelne Kompetenzen zu untergliedern (wie zum Beispiel Fragetechniken, Aktives Zuhören etc.), welche man zuerst übt, bevor die komplexeren Anforderungen thematisiert werden.

- **Schnell in Aktion treten**: Wenn wir davon ausgehen, dass handlungsorientierte Trainings effektiver sind als rein kognitive Lernformen, dann sollte die Gruppe möglichst von Beginn an dazu angeleitet werden, in Aktion zu treten. Dies sollte auch für den Auftraggeber entsprechend transparent gemacht werden, damit dieser eine bewusste Entscheidung treffen kann, ob ein solch praxis- und handlungsorientiertes Vorgehen gewünscht ist.

Das Grobkonzept des Seminares sollte mit dem Auftraggeber besprochen und zeitnah schriftlich zugesandt werden.

* Allerdings haben nicht alle Auftraggeber Verständnis dafür, dass eineinhalb Sessions für derart weiche und wenig greifbare Themen wie Kennenlernen, Seminarziele und Transfer investiert werden sollen, weshalb ich auch bei der ersten und letzten Session versuche, zumindest ein „handfestes“ Thema einzubauen. Erforderlich ist es aus gruppendynamischen und didaktischen Gründen dennoch, für Einstieg und Abschluss ausreichend Zeit einzuplanen.

Beispiel

Ein mittelständisches Unternehmen möchte ein zweitägiges Training zum Thema „Mitarbeitergespräche erfolgreich führen" für alle Teamleiter durchführen. Hintergrund ist, dass kürzlich das Performance Management System von einem jährlichen Beurteilungsverfahren auf einen kontinuierlichen Feedback-Prozess umgestellt wurde. Das alte Beurteilungsverfahren mit Jahreszielen und Beurteilungen anhand einer vierstufigen Rating-Skala wurde abgeschafft, da es als rückwärtsgerichtet, statisch und zu wenig innovationsfördernd erlebt wurde, um den Anforderungen an ein immer dynamischeres Marktumfeld gerecht zu werden. Stattdessen soll nun eine Kultur des „kontinuierlichen Dialogs" gefördert werden, in der Führungskraft und Mitarbeiter mindestens vier formale Feedback-Gespräche im Jahr miteinander führen. Diese Gespräche sollen sich bewusst von den normalen, meist aufgabenorientierten Gesprächen des betrieblichen Alltags abheben und sollen insbesondere dazu dienen, Feedback zur Zusammenarbeit auszutauschen, Ziele zu evaluieren und anzupassen sowie die persönliche Entwicklung zu thematisieren. Das neue System wurde vor einem halben Jahr eingeführt. Eine aktuelle Mitarbeiter-Befragung hat gezeigt, dass der neue Ansatz grundsätzlich befürwortet wird. Allerdings werden einige Punkte genannt, die noch verbessert werden könnten:

Von Mitarbeitern genannte Probleme

- Feedback wird oft als wenig wertschätzend erlebt.
- Kritisches Feedback wird nicht immer klar und konkret formuliert.
- Mitarbeiter tun sich schwer, kritisches Feedback an Vorgesetzte zu geben.
- Der neue Ansatz verlangt von Führungskräften, die Rolle als Coach einzunehmen, wofür diese nicht ausreichend qualifiziert sind.

Angebot auf Basis der Auftragsklärung

Im Gespräch mit der Auftraggeberin, der Leiterin der Personalentwicklung, werden die Ziele sowie Rahmenbedingungen geklärt, sodass der Trainer auf dieser Basis ein Angebot erstellt, welches zunächst persönlich erläutert und dann auch noch einmal schriftlich zusammengefasst wird. Das Beispielanschreiben können Sie sich unter den Download-Ressourcen zu diesem Buch herunterladen (s. S. 10).

Guten Tag,
herzlichen Dank, dass Sie sich die Zeit genommen haben, um die Ziele des zweitägigen Seminars zum Thema „Mitarbeitergespräche erfolgreich führen" zu besprechen, welches vom xx.yy.zzzz bis zum xx.yy.zzzz im Seminarhotel xy stattfinden soll.

Hier eine Zusammenfassung der Hauptziele, die mit dem Seminar erreicht werden sollen:

- Die Teilnehmer sind in der Lage, andere zu coachen und bei ihrer Entwicklung zu unterstützen
- Sie können wertschätzendes, motivierendes Feedback formulieren
- Sie können kritische Rückmeldungen klar, konkret und beschreibend formulieren
- Sie lernen, Feedback von Teilnehmern einzuholen und konstruktiv zu verarbeiten

Sofern sie für die Teilnehmer relevant sind und am Ende des Seminars genügend Zeit vorhanden sein sollte, könnten folgende zusätzlichen Aspekte behandelt werden:

- Ziele klar und konkret vereinbaren und evaluieren
- Gehaltsgespräche sicher führen
- Abmahnungs- und Kündigungsgespräche führen

Mir ist wichtig, die Inhalte des Trainings passgenau auf Ihr Unternehmen zuzuschneiden. Ich werde das Seminar so praxisnah und handlungsorientiert wie möglich gestalten, um die optimale Umsetzung in den Arbeitsalltag gewährleisten zu können. Deshalb werde ich unter anderem Szenarios und Case Studies einsetzen. Um diese entwickeln zu können, werde ich im Vorfeld des Seminars folgende Schritte unternehmen:

- Durchführung einer Vorbefragung der Teilnehmer per E-Mail. Damit wir möglichst viele Rückmeldungen erhalten, wäre ich dankbar, wenn Sie die E-Mail mit dem Link des Fragebogens zur Bedarfsanalyse an die Teilnehmer versenden könnten (s. S. 28).
- Telefonische Vorbefragung der Teilnehmer, die sich zu einem Vorgespräch bereit erklären, um die Case Studies und Szenarios möglichst realistisch ausgestalten zu können (s. S. 31).
- Erstellung einer Informations-E-Mail an die Führungskräfte der Seminarteilnehmer mit der Option, Anregungen zu den Seminarzielen und -themen zu geben (s. S. 29).

Im Anhang finden Sie ein erstes Grobkonzept, welches ich nach der weiterführenden Bedarfsanalyse weiter ausarbeiten werde (s. folgende Seite).

Das Honorar für die Seminardurchführung beträgt x Euro pro Seminartag zzgl. Unkosten für Anfahrt und Übernachtung. Für die Bedarfsanalyse und Konzeption erhalten Sie eine Ermäßigung von x %, sodass der Gesamtpreis für Vor- und Nachbereitung (inklusive der Bereitstellung von Seminarunterlagen) insgesamt x Euro beträgt.

Herzlichen Dank für Ihr Vertrauen!
Ich freue mich auf die weitere Zusammenarbeit!

Abb.: Musterschreiben an den Auftraggeber zur Abklärung der Seminarziele und des weiteren Vorgehens.

1. Tag (10–18 Uhr)	2. Tag (9–17 Uhr)
- Reflexion von Mitarbeitergesprächen - Definition von Lernzielen und Praxisfällen - Coaching: Das GROW-Modell kennenlernen und anwenden - Kritische Rückmeldungen klar und konkret formulieren: Praxisfall	- Mitarbeiter coachen: Praxisfall - Fragetechniken in Coaching-Gesprächen erfolgreich einsetzen: Szenarios - Leitfaden für erfolgreiche Mitarbeitergespräche - Mitarbeitergespräche führen: Case Studies
- Kritische Rückmeldungen klar und konkret formulieren II: Szenarios in Kleingruppen - Feedback einholen und konstruktiv verarbeiten: Praxisfall - Wertschätzendes, motivierendes Feedback geben: Praxisübung in der Seminargruppe	- Ziele klar und konkret vereinbaren und evaluieren - Coaching-Sequenz in Kleingruppen zu schwierigen Gesprächssituationen - Umsetzung des Gelernten in den Arbeitsalltag

Abb.: Grobkonzept „Mitarbeitergespräche erfolgreich führen".

Vorbefragung der Teilnehmer zu ihren Seminarzielen

Wertschätzung und Fokussierung der Teilnehmer

Den Teilnehmer zu seinen Lernzielen zu befragen, bedeutet, ihn als „Kunden" ernst zu nehmen und deutlich zu machen, dass er bzw. sie die Verantwortung für die Definition und Erreichung der eigenen Lernziele trägt. Ein positiver Nebeneffekt des Kontakts zu den Teilnehmern vor dem Training ist, dass diese sich vorab Gedanken über die eigenen Lernziele machen und dadurch besser vorbereitet und entsprechend fokussierter ins Seminar kommen.

Ein persönliches oder zumindest telefonisches Gespräch ist sicherlich die beste Möglichkeit, um Informationen zu gewinnen und ein Gespür dafür zu erhalten, wo „der Schuh drückt". Außerdem hilft das Gespräch, bereits im Vorfeld eine Beziehung zu den Teilnehmern aufzubauen, Vertrauen zu schaffen und mögliche Bedenken und Vorbehalte entkräften zu können.

Allerdings ist diese persönliche Art der Vorbefragung sehr zeitaufwendig. Selbst wenn man sich nur eine Viertelstunde Zeit für jeden Interviewpartner nimmt, benötigt man für ein Seminar mit 12 Teilnehmern mindestens drei Stunden alleine für die Gespräche mit den Teilnehmern. Hinzu kommt der Zeitbedarf für die Vorbereitung und Auswertung all dieser Gespräche. Ganz zu schweigen von dem Koordinationsbedarf. Gespräche fallen aus, müssen neu terminiert werden, verzögern sich usw. Will man dann noch Vorgesetzte und einige weitere Stakeholder sprechen, ufert der Aufwand rasch aus.

Surveys als pragmatische Option

Von daher ist die Kombination aus einer standardisierten Befragung per Survey sowie der Option, bei Interesse kurze persönliche Gespräche zu führen, aus meiner Sicht eine pragmatische Lösung, die hilfreiche Informationen bei vertretbarem Aufwand liefert. Die Voraussetzung dafür ist, dass der Auftraggeber sicherstellt, dass die Teilnehmer angeschrieben und Antworten zur Umfrage eingefordert werden.

Im Folgenden finden Sie ein Muster für einen Fragebogen zur Befragung der Seminarteilnehmer – erneut am Beispiel eines Führungskräfte-Trainings zum Thema „Mitarbeitergespräche erfolgreich führen".

Der Fragebogen besteht aus einer Mischung aus offenen und geschlossenen Fragen. Er ist differenziert genug, um wesentliche Informationen und Material für praxisbezogene Übungen zu generieren. Gleichzeitig ist er so knapp gehalten, dass er in angemessener Zeit (10–15 Minuten) ausgefüllt werden kann. Der Fragebogen kann – am besten von einer intern verantwortlichen Stelle – als Anhang an die Teilnehmer versandt werden, mit der Bitte, ihn auszufüllen und an den Trainer zurückzusenden. Alternativ kann man Online-Tools wie Surveymonkey verwenden, mit deren Hilfe die Teilnehmer den Bogen online ausfüllen. Der Trainer erhält dann eine automatisierte Auswertung der Antworten. Den folgenden Beispiel-Bogen können Sie sich unter den Download-Ressourcen zu diesem Buch herunterladen (s. S. 10).

Liebe Teilnehmerin, lieber Teilnehmer,
um das Seminar zum Thema „Mitarbeitergespräche erfolgreich führen" bestmöglich auf Ihre Bedürfnisse abstimmen zu können, möchte ich Sie bitten, den beigefügten Fragebogen bis zum xx.yy.zzz auszufüllen (und an die folgende Adresse zu schicken: x.y@z.de). Dies wird maximal 10–15 Minuten in Anspruch nehmen.

Die Informationen dienen dazu, das Training praxisorientiert und realitätsnah zu gestalten. Wir werden konkret an den individuellen Fragestellungen aus Ihrem beruflichen Alltag arbeiten, um sicherzustellen, dass die Inhalte relevant für Sie sind. Sämtliche Informationen werden vertraulich behandelt und nicht an Dritte weitergeleitet.
Vielen Dank!

Name (optional): ....

Abteilung (optional): ....

Funktion (optional): ....

Wie wichtig sind aus Ihrer Sicht die folgenden Seminarziele und -themen?

Seminarziel /-thema	- - un-wichtig	- weniger wichtig	+/- mittel	+ wichtig	++ sehr wichtig
Wertschätzendes, motivierendes Feedback geben					
Kritische Rückmeldungen klar und konkret formulieren, ohne zu verletzen					
Feedback von Teilnehmern einholen und konstruktiv verarbeiten					
Gehaltsgespräche strukturiert führen					
Teilnehmer coachen und entwickeln					
Weiteres Seminarziel/-thema:					
Weiteres Seminarziel/-thema:					

Weitere Fragen

Was fällt Ihnen in Bezug auf das Führen von Mitarbeitergesprächen eher leicht?

....

Was fällt Ihnen in Bezug auf das Führen von Mitarbeitergesprächen eher schwer?

....

Bitte beschreiben Sie kurz eine herausfordernde Situation in Bezug auf das Thema, die Ihnen begegnet ist oder die auf Sie zukommen könnte.

....

....

Kurzes Telefonat

Würden Sie für Rückfragen der Seminarleitung telefonisch zur Verfügung stehen, damit diese das Seminar möglichst praxisorientiert gestalten und etwa entsprechende Fallstudien erstellen kann?

Ja ☐ Nein ☐

Mögliche Termine: ....

Vielen Dank!
Beste Grüße

Abb.: Beispielfragebogen für die Teilnehmer.

Einbeziehung der Führungskräfte

Darüber hinaus kann es sinnvoll sein, die Führungskräfte der Teilnehmer mit einzubeziehen. Schließlich ist es eine originäre Führungsaufgabe, Mitarbeiter in ihrer persönlichen und professionellen Entwicklung zu unterstützen. Daher gilt es, die Führungskräfte der Teilnehmer so weit wie möglich in den Lernprozess zu integrieren. Dies kann Folgendes umfassen:

Wege, Führungskräfte zu integrieren

- Informieren über die Inhalte und Ziele des Seminars.
- Anregen von Vorgesprächen und Follow-up Meetings zum Seminarthema. Vorgespräche können dazu dienen, Selbst- und Fremdeinschätzung in Bezug auf die im Seminar thematisierten Kompetenzen abzugleichen, sodass der Teilnehmer bei der Formulierung der eigenen Lernziele auch die Perspektive des Vorgesetzten berücksichtigen kann. Beim Follow-up-Gespräch kann besprochen werden, was der Teilnehmer aus dem Seminar mitgenommen hat und inwiefern der Vorgesetzte beim Transfer des Gelernten unterstützen kann.
- Vorbefragung der Führungskräfte, um sie bei der Gestaltung des Seminars miteinbeziehen zu können.

Da Führungskräfte (insbesondere Führungskräfte von Führungskräften) in der Regel vielbeschäftigt sind, ist es allerdings fraglich, wie viel Zeit sie sich nehmen werden, um Fragen zu einem Seminar zu beantworten, an dem ihre Mitarbeiter teilnehmen. Meist kann der Auftraggeber aus dem Unternehmen besser einschätzen, ob dies realistisch ist.

Da der Fragebogen auch vom Auftraggeber – etwa Personal-/Personalentwicklungsabteilung oder, besser noch, von der Geschäftsleitung – versandt werden sollte, um auf Akzeptanz zu stoßen, sollte man deren Entscheidung akzeptieren, ob eine E-Mail mit einem Fragebogen auch an die Vorgesetzten der Teilnehmer versandt werden kann. Vorteil ist, dass der Input der Führungskräfte berücksichtigt werden und das Seminar stärker in den Unternehmensalltag eingebettet werden kann.

Hier ein Musterschreiben an die Vorgesetzten der Teilnehmer, welches ebenfalls von der Personal- oder Personalentwicklungsabteilung versandt werden könnte. Sie können das Musterschreiben unter den Download-Ressourcen zu diesem Buch herunterladen (s. S. 10).

Liebe Führungskräfte,
vom xx.yy. bis zum xx.yy.zzzz nehmen einige ihrer Teamleiterinnen und Teamleiter an dem Seminar „Mitarbeitergespräche erfolgreich führen" teil. Hierbei geht es etwa um folgende Themen und Ziele:

- Wertschätzendes, motivierendes Feedback geben
- Kritische Rückmeldungen klar, konkret und beschreibend formulieren
- Feedback von Mitarbeitern einholen und konstruktiv verarbeiten
- Gehaltsgespräche strukturiert führen

Das Seminar soll möglichst praxisnah gestaltet werden. Um dies sicherzustellen, möchten wir Sie einladen, Ihre Anregungen bezüglich des Seminarthemas einbringen zu können. Hierfür können Sie Folgendes tun:

- Ein Vorgespräch mit Ihrem Mitarbeiter in Bezug auf das Seminarthema führen:
  - Was möchte er lernen?
  - Welche Alltagssituationen empfindet er als besonders herausfordernd?
  - Welche Kompetenzen (s. S. 28) erlebt er als hoch bzw. weniger ausgeprägt? Wie ist Ihre Einschätzung?
  - Wie können Sie ihn in Bezug auf das Thema unterstützen?

- Follow-up-Meeting zum Seminarthema
  - Was hat Ihr Mitarbeiter aus dem Seminar mitgenommen?
  - Woran möchte er weiterhin arbeiten?
  - Wie können Sie ihn unterstützen?

- Teilen Sie der Seminarleitung Ihre Wünsche und Anregungen zum Seminar mit, indem Sie den beigefügten Fragebogen bis zum xx.yy.zzzz ausfüllen (und an die folgende Adresse schicken: x.y@z.de). Dies wird maximal 10–15 Minuten in Anspruch nehmen. Gerne können Sie die Seminarleitung auch direkt anschreiben! Selbstverständlich werden alle Informationen vertraulich behandelt.

Vielen Dank für Ihre Unterstützung!

Abb.: Musterschreiben an die Vorgesetzten der Teilnehmer. Hierbei kann weitgehend der gleiche Fragebogen verwendet werden wie bei der Befragung der Teilnehmer.

Persönliche Interviews durchführen

Wenn der Trainer die Gelegenheit bekommt, mit Seminarteilnehmern oder deren Führungskräften vorab zu sprechen, so bietet dies die beste Gelegenheit, um die individuellen Fragestellungen der Teilnehmer sowie die Anforderungen aus dem Arbeitsalltag besser zu verstehen. Die Fragen aus den oben zu findenden Fragebogen können – in leicht angepasster Form – auch als Leitfaden für Interviews genutzt und durch folgende zusätzliche Aspekte ergänzt werden:

Leitfaden für mündliche Interviews

- Am Anfang des Gesprächs für Transparenz sorgen: Die Ziele des Seminars erläutern, Vorstellung der eigenen Person und Rolle etc.
- Die Rolle des Interviewpartners erfragen und verstehen: *„Wie sieht Ihre Funktion aus? Was sind die wichtigsten Aufgaben und Ziele? Wo sind die wichtigsten Schnittstellen? Woran wird Ihr Erfolg gemessen?"*
- Erwartungen an die Veranstaltung abfragen: *„Was müsste passieren, damit sich die Seminarteilnahme gelohnt hat? Was sollte nicht passieren?"* Etc.
- Welche Erfahrungen wurden bei ähnlichen Veranstaltungen bereits gesammelt?
- Kritische Situationen detailliert herausarbeiten: Nachfragen zu können, ist von unschätzbarem Wert, wenn es darum geht, kritische Situationen herauszufiltern und zu beschreiben. Wenn dem Trainer dies gelingt, kann er sie in anonymisierter Form direkt für die Konstruktion von Case Studies, Szenarios und Rollenspielen nutzen.

Weitere Informationen einholen

Um ein Training auf die Bedürfnisse der jeweiligen Organisation zuschneiden zu können, ist es wichtig, das Geschäftsmodell und die aktuelle Situation des Unternehmens zu verstehen. Folgende Fragen sind hierzu relevant:

Geschäftsmodell und Unternehmenssituation verstehen

- Welche Produkte oder Dienstleistungen verkauft das Unternehmen?
- Wie verdient es sein Geld?
- Wer sind die Kunden?
- Was sind die strategischen Prioritäten?
- Wie ist das Marktumfeld?
- Wer sind die Wettbewerber?
- Wer sind Lieferanten und Geschäftspartner?
- Wie geht es dem Unternehmen? Wie profitabel ist es?
- Was sind die größten Herausforderungen?
- Was sind die Prioritäten für die Personal- und Organisationsentwicklung?

Je besser ich als Berater oder Trainer das Unternehmen, seine Ziele und Herausforderungen kenne, desto leichter wird es mir fallen, das Training passgenau zu gestalten. Deshalb ist es sinnvoll, selbst zu recherchieren und die Ansprechpartner im Unternehmen zu bitten, mir Informationen zukommen zu lassen – und natürlich absolute Vertraulichkeit zuzusichern, was im Beratervertrag entsprechend zu fixieren ist. Folgende Informationsquellen können wertvolle Einblicke geben:

Weitere Quellen für Infos zum Unternehmen

- Aktuelle Pressespiegel
- Präsentation der aktuellen Unternehmensstrategie
- Unternehmensleitbild, Werte
- Bilanz des Unternehmens
- Berichte zum jeweiligen Sektor und zur Marktpositionierung
- Führungsleitlinien
- Kompetenzmodelle und Beurteilungskriterien
- Ergebnisse von Mitarbeiterbefragungen

Oft ist es schon direkt im Anschluss an das Kontraktgespräch erforderlich, einen vorläufigen, noch recht allgemein gefassten Ablaufplan zu erstellen, um das Grobkonzept mit dem Auftraggeber abzustimmen (s. S. 26). Wenn die Ziele und Rahmenbedingungen geklärt sowie die Teilnehmer befragt worden sind, kann das Detailkonzept für das Seminar erstellt werden.

Detailkonzept erstellen

Bei der Detailkonzeption empfiehlt es sich, zunächst alle Ideen zu möglichen Inhalten und Methoden zu sammeln und diese im zweiten Schritt einer kritischen Bewertung zu unterziehen: Was sind die wichtigsten Lernziele? Welche Inhalte und Methoden sind wirklich notwendig, um die Lernziele zu erreichen (Muss-Bausteine)? Welche sind eher „Nice to have“ (Kann-Bausteine)? Wie kann ich gewährleisten, dass die Teilnehmer aktiv werden, selbst ihre Kompetenzen erproben können, Feedback erhalten und ihre Handlungsmöglichkeiten erweitern?

Ideen sammeln, dann prüfen

Bei der Seminarkonzeption gilt es, eine Reihe didaktischer Aspekte im Blick zu haben:

Didaktische Aspekte

- **Planung vs. Flexibilität**: Ein detaillierter Ablaufplan dient dazu, einen roten Faden zu entwickeln, um die Seminarziele zu erreichen. Dieser rote Faden dient auch während der Seminardurchführung dazu, auf die Themen und Methoden zurückzukommen, die essenziell sind, um die Ziele zu erreichen. Gleichzeitig gilt: „Je genauer man plant, desto härter trifft einen der Zufall“ (Langmaack, Braune-Krickau 1993, S. 52). Im Seminar selbst gilt es, den Prozess so zu gestalten, dass er für die Teilnehmer passt. Die Planung darf nicht zum Korsett werden, das zu starr ist, um auf die Bedürfnisse der Teilnehmer im Hier und Jetzt eingehen zu können. Kann-Bausteine werden ggf. „über Bord geworfen“, sollten sich auf „hoher See“ neue, ungeplante Themen in den Vordergrund schieben.

- **Aktion vs. Reflexion**: In diesem Buch stehen handlungsorientierte, praxisnahe Methoden im Fokus. Das heißt keineswegs, dass Inputs, Modelle oder Theorien nicht auch hilfreich sein können, um den Lernprozesse zu fördern. Abwechselnd sollten die Teilnehmer dazu gebracht zu werden, handlungsorientiert zu lernen und Erfahrungen reflektieren zu können. Ersteres kann heißen, dass konkrete Anliegen der Teilnehmer bearbeitet werden (s. S. 71 ff.) und anschließend durch theoretische Inputs (s. S. 329 ff.) angereichert und vertieft werden. Umgekehrt kann auch zunächst ein Input, beispielsweise in Form eines Gesprächsleitfadens, vorgestellt werden, der dann anhand von Szenarios oder Rollenspielen erprobt wird. Aus meiner Erfahrung ist es hilfreich, einen ersten inhaltlichen Input vor die erste Kaffeepause zu setzen, denn das stellt auch diejenigen Teilnehmer zufrieden, die stark ziel- und inhaltsgetrieben motiviert sind.

- **Wechsel der Settings**: Neben der Arbeit im Plenum ist es wichtig, auch Phasen der Kleingruppen-, Paar- und Einzelarbeit zu ermöglichen. Im Plenum werden die wichtigsten Themen besprochen, die für die gesamte Gruppe relevant sind, während Kleingruppen- und Paararbeit besser dafür geeignet ist, Ideen zu sammeln, Themen in der Tiefe zu diskutieren oder zentrale Kompetenzen zu trainieren und Feedback auszutauschen, sodass für jeden Einzelnen genügend Zeit bleibt. Einzelarbeit schließlich dient zur Reflexion, etwa in Bezug auf den individuellen Transfer des Gelernten.

- **Medien-Mix**: Zu einer abwechslungsreichen Seminargestaltung gehört es auch, unterschiedliche Hilfsmittel, wie Präsentationen, Flipcharts, Pinnwände, Videos, E-Learnings etc. einzusetzen, um den Lernprozess zu unterstützen. Gleichwohl, auch hier gilt: Weniger ist mehr. Medien können zur Unterstützung hilfreich sein, sind aber nur Mittel zum Zweck.

- **Details vs. „das große Ganze"**: Abwechselnd gilt es, „the bigger picture" zu beleuchten, also deutlich zu machen, worum es im Training insgesamt geht: zum Beispiel darum, Mitarbeitergespräche so führen, dass diese optimal zum Erfolg des Unternehmens beitragen. Dabei kann es hilfreich sein, die Erfolgsfaktoren von Mitarbeitergesprächen insgesamt zu beleuchten. Dann aber geht es auch darum, die einzelnen Kompetenzen, wie etwa Fragetechniken, gezielt zu trainieren. Schließlich geht es dann auch wieder darum, die einzelnen Bausteine wieder in einen sinnvollen Gesamtkontext einzuordnen.

- **Weniger ist mehr**: Bei der Seminarkonzeption und -durchführung gilt es, der Versuchung zu widerstehen, allzu viele Inhalte und Theorien in das Seminar zu packen. Das bedeutet nicht, dass diese nicht wichtig sind. Im Gegenteil: Ein theoretisches Verständnis von Kommunikationsprozessen kann sehr hilfreich sein, um etwa Mitarbeitergespräche erfolgreich führen zu können. Dennoch gilt es, die Inputs zu dosieren, sodass der Fokus auf der Erweiterung der Handlungskompetenz liegt. Eine Möglichkeit, um den Fokus im Seminar auf das Training von „Skills" legen zu können, ist es, Inhalte durch E-Learning-Module oder durch virtuelle Sessions zu vermitteln, die am Arbeitsplatz absolviert werden können.

- **Bio-Rhythmen**: Auch wenn sich die Menschen in ihren Tagesrhythmen unterscheiden, gilt es doch grundsätzlich, zumindest das „Mittagstief" im Blick zu haben und entsprechend zu adressieren, etwa indem eine Phase der Aktivierung nach dem Mittagessen eingeplant wird. Auch gilt es, gerade am Ende eines anstrengenden Seminartages keine allzu komplexen Inhalte mehr einzuplanen, da die Aufmerksamkeitsspanne der Teilnehmer dann in der Regel sinkt.

- **Anfangs- und Schlusssequenz am genauesten planen**: Anfangs- und Schlussphase erfordern in Seminaren die genaueste und straffeste Planung, denn sie bieten den Rahmen für das Training. Dieser muss sehr klar und strukturiert geplant und geleitet werden, um Sicherheit und Orientierung zu bieten (s. S. 37 ff., S. 334 ff.).

- **90 Minuten für den Einstieg planen**: Für den Einstieg ins Seminar (s. Kapitel 2) sind in der Regel anderthalb Stunden einzuplanen, um sicherzustellen, dass die Grundlagen für eine erfolgreiche Zusammenarbeit im Seminar gelegt werden. Etwas weniger Zeit wird benötigt, wenn die Seminargruppe klein ist, die Teilnehmer hoch motiviert und miteinander vertraut sind und keine Konflikte und wechselseitigen Abhängigkeiten existieren. (vgl. Erstellung eines Grobkonzepts S. 22 ff.)

- **Ausreichend Pausen einplanen**: Pausen sind wichtig! Sie dienen zur Regeneration und zur Wiederherstellung der Arbeitsfähigkeit. Nicht nur biologische Bedürfnisse wollen befriedigt werden, ebenso ist es wichtig, den Teilnehmern die Gelegenheit zu geben, ihre E-Mails zu checken und dringende Telefonate zu erledigen. Nur dann kann ich mit Akzeptanz dafür rechnen, wenn ich während des Trainings die volle Aufmerksamkeit für die Seminarinhalte einfordere. All das ist selbstverständlich – und doch staune ich darüber, wie oft unzureichend Zeit für Pausen eingeplant wird.

  Dabei passieren in den Pausen noch weitere, wichtige Dinge, die zum Seminarerfolg beitragen: Erst im Freiraum des informellen Gesprächs kommt es oft zu den wirklich tiefen, intensiven Gesprächen, die für Seminarteilnehmer besonders wertvoll sind. Aber auch die Themen, die abseits des Seminargeschehens liegen, sind wichtig, um die Bindung der Teilnehmer untereinander zu stärken und tragen wesentlich zu einer vertrauensvollen, produktiven Arbeitsatmosphäre bei.

  Deshalb empfehle ich, immer spätestens nach 90 Minuten eine Pause einzuplanen und am Vor- wie am Nachmittag mindestens eine

Kaffeepause von 15 Minuten sowie ggf. eine weitere kurze Pause einzuplanen. Wenn das Seminar in einem Tagungshotel stattfindet und die Teilnehmer abends nicht mehr nach Hause fahren, kann auch die Mittagspause entsprechend länger (mindestens anderthalb Stunden) ausgedehnt werden, damit der Nachmittag umso produktiver gestaltet werden kann.

- **Seminarbausteine à 90 Minuten planen**: Die Priorisierung von Lernzielen anhand der Auftragsklärung und der Bedarfsabfrage hilft, um die Seminarbausteine in Muss- und Kann-Elemente einordnen zu können. Letztere werden eher gegen Ende der Veranstaltung eingeplant, sodass sie ggf. auch weggelassen werden können. Aus meiner Erfahrung hat es sich bewährt, Sessions à 90 Minuten zu planen, in denen entweder ein großes Thema oder mehrere kleinere, zusammenhängende Themen trainiert werden.

2. Kapitel

Trainings erfolgreich eröffnen

Inhalt des Kapitels

Vorbereitung und Begrüßung

Gerade wenn man den Anspruch hat, maßgeschneiderte, praxisorientierte Trainings durchzuführen, ist eine gute Vorbereitung entscheidend für den Seminarerfolg. Eine sorgfältige Auftragsklärung, eine strukturierte Vorbefragung der Teilnehmer, eine gründliche Recherche und die Entwicklung passgenauer Case Studies, Szenarios* und Inputs geben die Gewissheit, gut vorbereitet zu sein und das wesentliche Handwerkszeug für ein erfolgreiches Seminar im Gepäck zu haben.

Dennoch weiß man nicht, wie das Seminar verlaufen wird. Ob die „Chemie" mit den Teilnehmern stimmen wird. Mit welchen Gefühlen und Erwartungen sie zur Veranstaltung kommen. Ob und wie sehr sie sich auf das Thema einlassen werden und wie die vorbereiteten Übungen ankommen werden. Die ins Seminar kommenden Teilnehmer bringen ihrerseits Gefühle der Skepsis und Unsicherheit auf der einen und Neugier auf der anderen Seite mit.

Deswegen ist insbesondere der erste Kontakt mit jedem einzelnen Teilnehmer von Bedeutung, um eine vertrauensvolle Beziehung aufzubauen, die mitentscheidend für den Seminarerfolg ist. Denn eine positive Beziehung zum Trainer bildet das Fundament dafür, dass das Lernen auf der Sachebene reibungslos funktionieren kann.

Es geht los, bevor es losgeht

Jedes Seminar ist anders. Das löst Vorfreude, aber auch Unsicherheit aus. Eine gewisse Anspannung wird daher jede Trainerin und jeder Trainer, egal wie erfahren, vor jedem Seminarbeginn erleben. Und das ist gut so! „Ein Auftritt ohne Lampenfieber ist wie eine Liebe ohne Gefühl", soll Sammy Davies Junior einmal gesagt haben. Das trifft auch für das Leiten eines Seminars zu. Denn das mit der Anspannung verbundene Adrenalin macht wach und konzentriert, was für die er-

* Eine Begriffsdefinition von „Case Study" und „Szenario" finden Sie unter den Download-Ressourcen zu diesem Buch (vgl. S. 10).

folgreiche Seminarleitung hilfreich ist (auch wenn das Gefühl der Nervosität vielleicht nicht unbedingt das angenehmste ist).

Eigene Ruhe erreichen

Es gilt, die eigene Anspannung auszuhalten, sich aber auch die nötige Zeit zu nehmen, um zur Ruhe zu kommen, sich noch Momente der Stille, vielleicht mittels einer Atemübung oder einer Meditation, zu gönnen, bevor man auf die Teilnehmer trifft. Es ist zunächst einmal wichtig, in einem guten Kontakt mit sich selbst zu sein, um in einen guten Kontakt mit der Gruppe treten zu können. Wenn es gelingt, ein Gefühl von Ruhe und Gelassenheit zu entwickeln, überträgt sich dies auch auf die Beziehung zu den Teilnehmern („State leads state"). Sie spüren, ob die Seminarleitung in sich ruht und sich auf sie einlassen kann, oder ob der Trainer in erster Linie mit sich beschäftigt ist.

Die Rolle als Katalysator

Oft hilft mir das Bild, dass nicht ich – die Seminarleitung – es bin, um den es geht. Es geht um die Teilnehmer. Sie stehen im Fokus, mit ihren Themen, Anliegen, Lernzielen und Erfahrungen, die sie in das Seminar einbringen. Als Trainer bin ich Dienstleister, jemand der mit Beratungs- und Trainingskompetenz helfen kann, sie auf ihrem Lern- und Entwicklungsprozess ein Stück weiterzubringen. Ich bin Katalysator des Lern- und Entwicklungsprozesses. Das heißt, dieser würde auch ohne mich stattfinden, aber durch das Training, das ich leite, kann er beschleunigt werden.

Dies bedeutet aber auch, dass die Teilnehmer selbst letztlich die Verantwortung für den eigenen Lern- und Entwicklungsprozess tragen. Nur dann, wenn sie sich einbringen, Lernziele definieren, Ideen äußern, und Neues ausprobieren, werden sie von dem Seminar profitieren. Je stärker sie sich einbringen, desto mehr werden sie aus dem Seminar mitnehmen. Ich kann sie dazu einladen, ermuntern, vielleicht sogar „verführen", aktiv zu werden, aber die Entscheidung über das Ausmaß des „Sicheinbringens", liegt beim Teilnehmer.

Zu jedem Teilnehmer einen „Draht entwickeln"

Da eine positive Beziehung zum Trainer das Fundament dafür bildet, dass das Lernen auf der Sachebene reibungslos funktionieren kann, ist es wichtig, sich für jeden Einzelnen Zeit zu nehmen, ein paar Fragen zu stellen, ins Gespräch zu kommen und einen „Draht" entwickeln zu können.

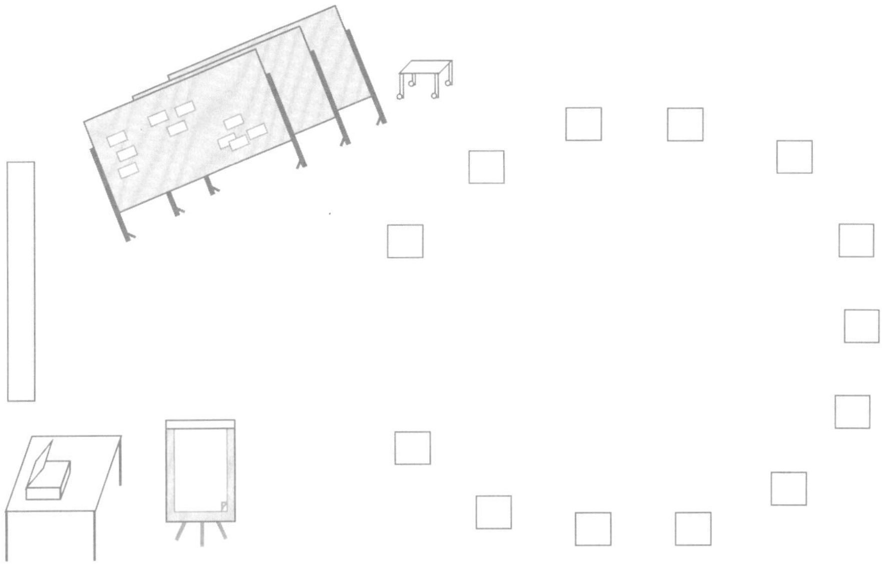

Abb.: Der Aufbau des Seminarraumes vor Seminarbeginn. Der Trainer hat einen Stuhlkreis aufgestellt, der vorne leicht geöffnet ist, sodass nicht umgestellt werden muss, wenn etwas präsentiert wird. Flipchart, Moderationskoffer und Pinnwände stehen bereit. Die Präsentation ist auf dem Laptop aufgespielt, Beamer und Leinwand stehen parat.

Den Seminarraum frühzeitig vorbereiten

Um sich vom ersten Moment an voll auf die Teilnehmer konzentrieren zu können, ist es erforderlich, den Seminarraum frühzeitig vorzubereiten. Schließlich kommen manche Teilnehmer auch schon lange vor Seminarbeginn an und suchen den Kontakt zur Seminarleitung. Deshalb habe ich mir angewöhnt, sehr früh vor Ort zu sein, um sicherzustellen, dass der Seminarraum so aufgebaut ist, wie ich es brauche, um das Seminar erfolgreich durchführen zu können. Der Stuhlkreis, Flipchart, Pinnwand sowie ggf. Präsentation und Beamer sollen vorbereitet sein, bevor der erste Frühaufsteher den Raum betritt. Die Abbildung oben veranschaulicht den Raumaufbau vor Seminarbeginn.

Überblick und Vorstellung des Trainers

Ziele

- Neugier auf das Seminar wecken.
- Den Teilnehmern Orientierung geben.
- Vertrauen herstellen.

Zeit

- 10 Minuten

Material

- Flipchart oder Folie mit Seminartitel, Name des Trainers, Datum etc.

Überblick

- Die Seminarleitung heißt die Teilnehmer willkommen und stellt einen positiven Bezug her.
- Sie erläutert den Nutzen des Seminars für die Teilnehmer.
- Sie erklärt die Arbeitsweise und gibt Orientierung bezüglich der Seminarinhalte und -zeiten.
- Die Leitung stellt sich selbst vor.

Die einleitenden Worte zum Seminarbeginn sind vergleichbar mit dem Klappentext eines Buches. So wie sich bei jenem entscheidet, ob das Buch mit Interesse begonnen oder gleich wieder zur Seite gelegt wird, so entscheidet sich bei der Einleitung des Trainers, ob sich das Interesse der Teilnehmer an seinen Worten entzündet oder ob es sofort gelöscht wird. Hier werden die Weichen gestellt für den weiteren Verlauf, sowohl auf der Sach- als auch auf der Beziehungsebene.

Zu Beginn: Hohe Fokussierung auf die Leitung

Die Teilnehmer kommen mit Gefühlen der Unsicherheit und Skepsis auf der einen und Neugier auf der anderen Seite ins Seminar. Es herrscht eine gewisse Anspannung vor und die Fokussierung auf die Leitung ist hoch, zumindest dann, wenn sich die Teilnehmer nicht oder nur wenig kennen. Entscheidend ist es, einen guten Kontakt zu den Teilnehmern herzustellen und Interesse für das Seminar zu wecken. Dies gelingt am besten, wenn ein Bezug zu ihrer Lebenswelt geknüpft wird und sich ein Nutzen des Seminarbesuchs für sie erkennen lässt.

Aktuellen Bezug herstellen

Hilfreich ist es auch, auf das „Hier und Jetzt" Bezug zu nehmen, indem der Trainer etwas aufgreift und thematisiert, was gerade vorgefallen ist und alle Anwesenden betrifft oder interessiert, seien es Staus bei der Anreise, besonders schönes oder schlechtes Wetter, der Ort der Veranstaltung oder ein aktuelles Ereignis. Auch Anekdoten, Sprichwörter, Zitate oder Metaphern sind wirkungsvolle Möglichkeiten, die Teilnehmer auch emotional zu erreichen. Um bei der Gruppe „anzudocken", kann es hilfreich sein, wenn der Trainer eigene Gefühle ausdrückt, z.B. Neugier, Freude, Aufregung etc. Gleichzeitig möchten die Teilnehmer nicht nur wissen, ob der oder die Seminarleitenden „sympathisch" sind, sondern auch, ob sie fachlich kompetent und glaubwürdig sind. *„Warum spricht gerade der/die zu genau diesem Thema zu uns?"*, lautet die unausgesprochene Frage, die zu Beginn im Raum steht. Es macht Sinn, sich der eigenen Kompetenz zu vergewissern und diese deutlich zu machen (ohne zu dick aufzutragen, wofür Seminarteilnehmer meist eine feine Antenne haben).

Den Ablauf transparent machen

Schließlich dient der Einstieg auch dazu, Orientierung zu geben, den Seminarablauf mit den wichtigsten Zielen, Themen und – ganz wichtig – Pausen transparent zu machen.

Gleichzeitig muss die Einleitung kurz sein. Sie darf nicht dazu führen, dass die Teilnehmer sich zurücklehnen und das aus Lernsituationen altbekannte Gefühl der Passivität vermittelt bekommen. Wichtig ist, dass die Teilnehmer rasch selbst aktiv werden können – und müssen. Die einleitenden Worte sollten also prägnant und wohlüberlegt sein. Bei der Leitung meiner ersten Seminare hat es mir geholfen, Stichworte auf eine Moderationskarte zu schreiben. Auch wenn ich sie anschließend nicht gebraucht habe, hat es mir Sicherheit gegeben, sie in Händen zu halten und notfalls nachschauen zu können.

Natürlich ist es nicht möglich, einen Standard-Einleitungstext zu formulieren, der für alle Gelegenheiten passt. Schließlich müssen die einleitenden Worte zum Thema, zum Trainer, zu den Teilnehmern, zur Organisation und zur Situation passen. Dies kann im Folgenden nur relativ allgemein anhand einer möglichen Einleitung zu einem Seminar „Mitarbeitergespräche erfolgreich führen" illustriert werden. In einem „echten" Seminar tut die Leitung gut daran, die einführenden Worte noch stärker auf das jeweilige Unternehmen und die Rolle der Teilnehmer zuzuschneiden.

Vorgehen

Der Trainer eröffnet das Seminar: *„Guten Morgen und herzlich willkommen zu unserem gemeinsamen Seminar ‚Mitarbeitergespräche erfolgreich führen'.*

Ich habe mich sehr auf dieses Seminar gefreut, weil mir das Thema am Herzen liegt und ich durch viele Gespräche im Vorfeld den Eindruck gewonnen habe, dass Personalführung auch für Sie einen hohen Stellenwert hat. Sie haben alle im Vorfeld den Fragebogen ausgefüllt, den ich Ihnen zugeschickt habe – ganz herzlichen Dank dafür! Das hat mir geholfen, das Seminar so vorzubereiten, dass die Themen, die für Sie relevant sind, im Fokus stehen werden.

Viele von Ihnen haben die Umstellung von jährlichen Beurteilungsgesprächen auf einen kontinuierlichen Feedback-Prozess in Ihrem Unternehmen begrüßt, aber auch gesagt, dass einige Themen noch nicht rund laufen. So sieht der neue Ansatz vor, dass beide Seiten – Führungskraft wie Mitarbeiter – gleichermaßen Verantwortung dafür übernehmen, dass Feedback-Gespräche stattfinden. Allerdings ist der Eindruck von vielen Führungskräften, dass Mitarbeiter selten die Initiative übernehmen und zurückhaltend sind, Feedback zu geben. Umgekehrt haben viele von Ihnen auch eingeräumt, dass es Ihnen nicht leichtfällt, gerade kritische Punkte klar und konstruktiv anzusprechen, ohne dass dies Mitarbeiter demotivieren könnte. Andere fragen sich, ob sie mehr wertschätzendes Feedback geben sollten.

Das sind auch deshalb wichtige Fragen, weil Ihr Erfolg als Führungskraft nicht mehr in erster Linie von Ihrer eigenen Leistung abhängt, sondern von der Ihrer Mitarbeiter. Und Mitarbeiterführung funktioniert über Kommunikation, über Gespräche. Deshalb ist es für den eigenen Erfolg entscheidend, wie gut es gelingt, Mitarbeiter mit ihrer Motivation, mit ihren Gefühlen und Wünschen zu verstehen und so zu führen, dass sie ihr Potenzial für den gemeinsamen Erfolg ausschöpfen. Das ist alles andere als trivial. Nur etwa ein Drittel aller Mitarbeiter sagen, dass ihre Führungskraft gute Gespräche führt und eine gute Führungskraft ist – also, nicht „Ihre Mitarbeiter sagen dies, sondern dies sind die Ergebnisse repräsentativer Mitarbeiterbefragungen in internationalen Unternehmen.

Zwar gibt es keine Patentrezepte für erfolgreiche Mitarbeitergespräche. Denn jede Führungskraft hat ihren eigenen, persönlichen Weg, Gespräche zu führen. Dieser Weg muss zum jeweiligen Team und zum jeweiligen Aufgabenbereich passen. Deshalb wäre es vermessen, die ‚richtige' Art, Mitarbeitergespräche zu führen, anderen ‚beibringen' zu wollen. Dennoch gibt es Erkenntnisse darüber, welche Zutaten für erfolgreiche Mitarbeitergespräche hilfreich sind und was dazu beiträgt, dass sie misslingen. Diese werde ich mit Ihnen teilen. Vielleicht noch wichtiger ist aber der kollegiale Austausch und das Feedback dazu, wie man selbst mit schwierigen Führungssituationen umgeht. Denn diese Gelegenheit haben wir im Alltag kaum einmal: Von anderen zurückgespiegelt zu bekommen, wie das, was ich sage, bei anderen ankommt. Wie ich als Führungskraft in meiner Art zu kommunizieren auf andere wirke. Denn das kann mir helfen, mein Verhalten bewusster wahrzunehmen und zu steuern, um andere in Zukunft vielleicht noch besser führen zu können. Deshalb werden wir in diesem Training vor allem an Praxisfällen aus Ihrem Arbeitsalltag arbeiten, um aus der Praxis für die Praxis zu lernen.

Meine Rolle als Trainer wird es sein, Erkenntnisse zum Thema ‚Mitarbeitergespräche erfolgreich führen' ins Seminar einzubringen. Allerdings werden die Situationen, in denen ich – wie jetzt – vorne stehe und Sie sich zurücklehnen können, eher selten sein, eben weil es keine einfachen Rezepte gibt. Vielmehr werde ich eine Struktur, einen Rahmen bieten, innerhalb dessen wir uns zu Gesprächssituationen aus Ihrem Arbeitsalltag austauschen und Lösungen finden können, die Sie anschließend umsetzen können. Wir werden heute von 10 bis 18 Uhr arbeiten und haben von 13 bis 14 Uhr Mittagspause. Morgen dauert das Seminar von 9 bis 17 Uhr, Mittagspause wird von 12.30 bis 13.30 Uhr sein. Außerdem werden wir morgens und mittags jeweils eine Viertelstunde Kaffeepause haben.

Am Ende des Seminars sollte es so sein, dass Sie für die Ziele, die Sie im Vorfeld definiert haben und über die wir gleich sprechen werden, für sich Ideen und Lösungen entwickelt haben, die Sie in Ihrem Alltag umsetzen können. Und hoffentlich haben wir auf dem Weg dahin eine gute, produktive Zeit miteinander verbracht, in der wir uns offen dazu austauschen können, wie man Mitarbeitergespräche erfolgreich führt.

Für mich selbst ist dies auch deshalb ein wichtiges Thema, da ich selbst nicht nur seit über 20 Jahren als Trainer im Bereich Führung und Kommunikation tätig bin, sondern auch seit mehr als einem Dutzend Jahre als Führungskraft tätig bin, die längste Zeit davon als Personalleiter eines internationalen Beratungsunternehmens. Bei aller eigenen Führungserfahrung und einer langjährigen, auch wissenschaftlich fundierten Beschäftigung mit dem Thema als Psychologe und Betriebswirt, ist Personalführung ein Thema, das nie langweilig wird. Es gibt immer wieder neue Themen, Herausforderungen, ja manchmal auch Frustrationen. Aber eines habe ich in den Jahren gelernt: dass nichts mehr hilft als der offene, kollegiale Austausch und das Feedback von außen, um die eigenen blinden Flecken, die wir alle haben, zu verringern. Von daher ist es toll, dass Ihr Unternehmen einen Rahmen dafür bietet und ich freue mich auf die Zusammenarbeit mit Ihnen im Laufe der kommenden beiden Tage.

Abschließend noch ein paar persönliche Worte zu mir. Wenn ich nicht arbeite, verbringe ich meine Zeit am liebsten mit meiner Familie – ich bin verheiratet und habe zwei Söhne – und Freunden, bin sehr gerne draußen und auf Reisen. Dieses Jahr haben wir den Sommer in Norwegen verbracht, waren dort erst mit einem Postschiff und dann in verschiedenen Nationalparks unterwegs, sind viel gewandert, Boot gefahren, haben Rentiere und Moschus-Ochsen gesehen, die Fjorde, die Weite der Landschaft und die Einsamkeit genossen. Wenn man das mag und es auch aushält, dass es ein paar Grade kühler ist, kann ich das Land sehr empfehlen.

So, und jetzt freue ich mich darauf, Sie kennenzulernen."

Hinweise

- Wenn die Seminarleitung noch keine langjährige Erfahrung vorweisen kann, sei es als Trainer oder als Führungskraft, so ist es dennoch wichtig, relevante Erfahrung und Kompetenz selbstbewusst zu vermitteln, ob diese nun aus dem Studium resultiert, aus Weiterbildungen oder aus anderer relevanter Berufserfahrung. Gleichzeitig hilft und entlastet der Hinweis darauf, als Trainer nicht der „allwissende Experte" zu sein, sondern vielmehr der Prozessbegleiter, der einen Rahmen bietet, um kollegiales Lernen zu ermöglichen. Dennoch gilt es auch, Wissen vermitteln zu können, welches man sich aufgrund der Auseinandersetzung mit dem Thema erarbeitet hat und mit der Gruppe teilt.

- Es ist hilfreich, wenn der Trainer auch Persönliches von sich erzählt. Dadurch bekommen die Teilnehmer einen persönlichen Bezug zu ihm. So erzähle ich häufig von aktuellen Erlebnissen, die ich etwa in meiner Rolle als Vater gemacht habe. Im Verlaufe des Seminars oder in den Seminarpausen kommt es dann regelmäßig vor, dass sich einige Teilnehmer darauf beziehen. Zu diesem positiven Effekt auf den Kontakt zu den Teilnehmern trägt auch bei, dass die Seminarleitung als Person transparenter und greifbarer wird und dadurch Übertragungen und Projektionen der Teilnehmer abgebaut werden. Was ich jeweils von mir erzähle, variiert durchaus je nach Stimmung, Art des Seminars und den Teilnehmern. Dennoch habe ich mir vor Seminarbeginn gut überlegt, wie ich mich vorstelle.

- Während der Trainer seine einleitenden Worte sagt, nimmt er sich bewusst Zeit und nimmt Blickkontakt zu allen Teilnehmern auf.

▶ Zum Zeitpunkt des offiziell vereinbarten Seminarbeginns fehlt häufig noch der eine oder andere Teilnehmer. Der Trainer kann nun entweder warten, bis die Gruppe vollständig ist oder zum vereinbarten Zeitpunkt starten. Beide Varianten haben Vor- und Nachteile:

Umgang mit Zuspätkommern

- Wenn der Trainer pünktlich beginnt, so macht er damit deutlich, dass die Seminarzeiten verbindlich sind und er sich daran halten wird. Er belohnt die Pünktlichen und vermittelt Klarheit und Orientierung. Auf der anderen Seite ist es problematisch, dass einzelne Teilnehmer in der Anfangsphase des Seminars, in der es darum geht, sich kennenzulernen und Vertrauen aufzubauen, fehlen.

  Wenn der Trainer pünktlich beginnt, sollte er deshalb darauf achten, die verspäteten Teilnehmer gut zu integrieren, etwa indem er sie freundlich begrüßt und ihnen mitteilt, was bisher passiert ist.

- Wartet der Trainer auf die Teilnehmer, die sich verspätet haben, so kann er das Seminar mit der vollständigen Gruppe beginnen. Dadurch haben alle Teilnehmer Gelegenheit, sich von Anfang an kennenzulernen; niemand muss im Nachhinein noch integriert werden. Andererseits bestraft der Trainer die Pünktlichen, indem er sie warten lässt. Außerdem vermittelt er den Eindruck, dass die Einhaltung der Zeiten nicht so wichtig ist. Dadurch kann es passieren, dass es auch im weiteren Seminarverlauf häufig zu Verspätungen kommt.

  Wenn der Trainer auf verspätete Teilnehmer wartet, sollte er später klarmachen, dass die Zeiten im Weiteren eingehalten werden sollen. Dies muss er nicht unbedingt vorgeben; er kann auch Regeln für die Zusammenarbeit mit den Teilnehmern vereinbaren. Meistens wird der Wunsch nach Pünktlichkeit dann von der Gruppe selbst thematisiert.

Kennenlernen

Als „ganze Menschen" sichtbar werden

Nachdem der Trainer Orientierung bezüglich des Seminarablaufs gegeben und sich vorgestellt hat, geht es im nächsten Schritt darum, ein Kennenlernen der Teilnehmer zu ermöglichen. Dabei ist es hilfreich, wenn sich die Teilnehmer nicht nur in ihrer beruflichen Rolle kennenlernen, sondern auch etwas Privates voneinander erfahren, damit sie als „ganzer Mensch" sichtbar werden und dadurch Anknüpfungspunkte zueinander entstehen können. Dies hilft, Projektionen und Übertragungen zu reduzieren und stattdessen vertrauensvolle Beziehungen entstehen zu lassen. Wenn der Trainer dies in seiner vorherigen Vorstellung ebenfalls getan hat, steigt die Wahrscheinlichkeit, dass sich auch die Teilnehmer auf eine offene, persönliche Weise vorstellen.

Außerdem macht es Sinn, bereits jetzt den Bezug zum Thema herzustellen und nach den Lernzielen und Erwartungen bezüglich des Seminars zu fragen, damit hierüber Klarheit herrscht. Falls unrealistische Erwartungen herrschen, kann der Trainer dies im Anschluss an die Vorstellungsrunde aufgreifen und klarstellen – oder dies später beim „Seminarkontrakt" tun.

Eine Methode, die alle Teilnehmer gleichzeitig aktiviert und es erlaubt, Gemeinsamkeiten, Erwartungen und Ziele zu erfahren, ist die auf S. 53 ff. vorgestellte Soziometrie.

Überblick über Ablauf und Spielregeln

Nach dem Kennenlernen der Teilnehmer ist es außerdem sinnvoll, noch einmal einen Überblick über den Seminarablauf und die gemeinsamen „Spielregeln" zu geben („Seminarkontrakt") und dabei die Erwartungen der Einzelnen mit den Seminarzielen in Zusammenhang zu bringen.

Kennenlernen der Teilnehmer

Ziele

- Die Teilnehmer lernen sich kennen.
- Sie stellen einen Bezug zum Seminarthema her.
- Lernziele und Erwartungen werden ausgetauscht.

Zeit

- ca. 20 Minuten

Material

- Flipchart „Kennenlernen“

Überblick

- Die Teilnehmer stellen sich anhand einiger Leitfragen reihum vor.
- Der Trainer stellt sicher, dass noch keine Diskussion entsteht und dass alle Teilnehmer gleichermaßen Gelegenheit erhalten, sich vorzustellen.

Wichtig beim Kennenlernen ist, darauf zu achten, dass alle Teilnehmer genügend Zeit haben, sich vorzustellen und nicht jetzt schon eine inhaltliche Diskussion beginnt. Sollte dies geschehen, hat es sich aus meiner Erfahrung bewährt, freundlich, aber bestimmt darauf hinzuweisen, dass im Seminarverlauf genügend Zeit für inhaltliche Diskussionen sein wird und es jetzt darum geht, sich kennenzulernen und einen Überblick über die Erwartungen und Lernziele zu bekommen. Dadurch macht die Seminarleitung klar, dass sie für die Prozesssteuerung verantwortlich ist, während die Teilnehmer eingeladen sind, ihre Fragen, Erfahrungen und Ideen einzubringen. Schließlich ist auch die Klärung der Anrede wichtig, damit keine unnötigen Irritationen entstehen. Diese sollte vom Trainer angestoßen werden. Er sollte sich vor Seminarbeginn selbst überlegt haben, welche Anrede er bevorzugt. Ich selbst mache das von der jeweiligen Zielgruppe und meiner Rolle abhängig. Habe ich es mit einer Zielgruppe zu tun, in der eher eine „Du-Kultur“ herrscht, so lasse ich mich ebenfalls gerne auf das „Du“ ein. Habe ich es jedoch eher mit einer distanzierten Kultur zu tun oder gehe davon aus, dass ich den Teilnehmern später noch in einer anderen Rolle, etwa als Beobachter in einem Assessment-Center, begegne, dann bleibe ich lieber beim „Sie“. Da die Teilnehmergruppe in diesem Buch anonym ist, ist der „Originalton“ des Trainers im Text in der Sie-Form gehalten.

Siezen oder Duzen?

Vorgehen

„Nun würde ich Sie gerne kennenlernen und erfahren, welche Wünsche Sie in Bezug auf unsere Zusammenarbeit im Seminar haben. Vielleicht können Sie sich gerade reihum anhand der folgenden Aspekte vorstellen:

Aspekte der Vorstellung

- *Wie Sie heißen und was Ihre Rolle im Unternehmen ist.*
- *Was Ihre Erfahrungen in Bezug auf unser Seminarthema sind. Wann sind Ihre Mitarbeitergespräche erfolgreich und was erleben Sie in Ihrem Alltag als schwierig?*
- *Was Sie lernen möchten und*
- *was passieren muss, damit Sie am Ende sagen, dass es ein gutes Seminar war.*
- *Schließlich wäre es schön, etwas Persönliches über Sie zu erfahren, etwa was Sie gerne in Ihrer Freizeit machen.*

Wer möchte anfangen?"

Während sich die Teilnehmer vorstellen, hört die Seminarleitung aufmerksam zu, fragt gegebenenfalls nach und versucht, einen guten Kontakt zu jeder einzelnen Person herzustellen. Die wichtigsten Punkte, insbesondere zu Lernzielen und Wünschen (*„Dies wird ein gutes Seminar, wenn …"*) notiert sie sich, um später darauf eingehen und die Lernziele aller Teilnehmer im Blick behalten zu können.

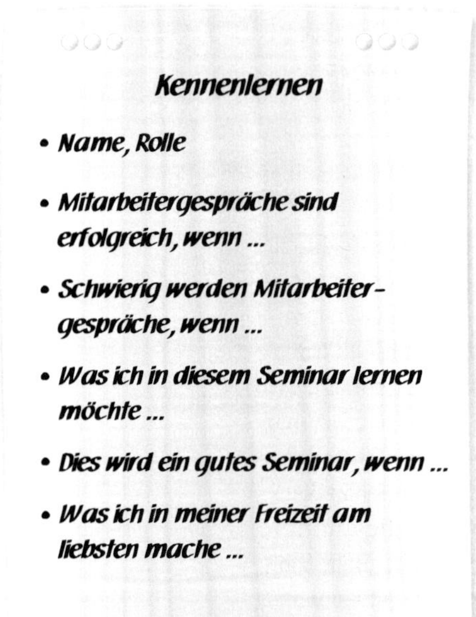

Abb.: Das Flipchart „Kennenlernen".

Am Ende der Vorstellungsrunde bedankt sich die Seminarleitung und fasst zentrale Themen zusammen.

„Vielen Dank für Ihre Offenheit. Ich habe mitgenommen, dass insbesondere das Thema ‚Kritik konstruktiv ansprechen, ohne Mitarbeiter zu demotivieren' für viele von Ihnen besonders wichtig ist. Außerdem beschäftigt mehrere die Frage, wie man Mitarbeiter dazu bringen kann, mehr Verantwortung zu übernehmen, anstatt Probleme und ihre Lösungen an Sie als Führungskraft zu adressieren. Als zentralen Wunsch an unsere Zusammenarbeit habe ich mitgenommen, dass Vertraulichkeit ein wichtiges Thema ist, um sich in Bezug auf reale Situationen offen austauschen zu können."

Hinweise

- Bei der Anleitung der Vorstellungsrunde schlägt der Trainer vor, dass sich die Teilnehmer reihum vorstellen. Alternativ kann er dies auch offen lassen, um die Selbstverantwortung der Gruppe zu fördern. Allerdings gehen die meisten Gruppen dann ohnehin dazu über, der Reihe nach zu sprechen, sodass ich mir mittlerweile angewöhnt habe, dies der Effizienz halber direkt vorzugeben (wenn ich nicht gerade ein mehrtägiges Seminar zum Thema „Führung" halte, bei dem ich bewusst Situationen schaffe, in denen Teilnehmer die Führung übernehmen können und dies anschließend reflektiert wird). Was ich in der Regel jedoch offen lasse, ist die Frage, wer mit der Runde beginnt, um sicherzustellen, dass die erste Person, die sich vorstellt, dazu auch bereit ist, weil sie meist als Orientierungspunkt für die anderen fungiert.

Bei vagen Aussagen nachhaken

- Oft hört man nach einigen Wortbeiträgen, dass sich Teilnehmer „den Vorrednern anschließen", etwa bei den Lernzielen oder bei den Fragen zum Seminarthema. Hier sollte der Trainer nachhaken und offene Fragen stellen, um sicherzustellen, dass er ein Verständnis davon gewinnt, was genau die persönlichen Wünsche, Erwartungen und Erfahrungen der einzelnen Teilnehmer sind.

Durch Sprache Offenheit fördern

- Es ist wichtig, die Fragen so zu stellen, dass sie konkrete, persönliche Antworten der Teilnehmer hervorrufen. So sollen die Fragen *„Mitarbeitergespräche sind erfolgreich, wenn …"* und *„Schwierig werden Mitarbeitergespräche, wenn …"* dazu veranlassen, eigene Erfahrungen zu teilen. Allerdings kann es auch sein, dass eher Allgemeinplätze (hinter denen man sich gut verstecken kann) und keine persönlichen Erlebnisse geschildert werden. Noch persönlicher wären Formulierungen wie *„In Mitarbeitergesprächen gelingt es mir gut/fällt es mir schwer …"*. Andererseits sind diese Fragen so persönlich, dass sie zu diesem frühen Zeitpunkt, auch Widerstand hervorrufen und zu Verschlossenheit führen können. Deshalb sind hier Formulierungen gewählt, bei denen die Teilnehmer den Grad der Offenheit selbst bestimmen können.

- Auch wenn die Teilnehmer sich bereits kennen, ist eine kurze Kennenlernrunde sinnvoll. Dies ist nicht nur in Bezug auf die Lernziele und Erwartungen wichtig, sondern auch, um die Beziehungen untereinander zu intensivieren. Dafür müssen die Fragen entsprechend angepasst werden. So kann man die Teilnehmer bitten, drei Dinge über sich zu erzählen, die die anderen noch nicht wissen und von denen eines eine Lüge ist. Dies wird dann erst am Ende aufgelöst, wobei die anderen raten dürfen, welches die Lüge ist. Dieser sehr persönliche Einstieg ist gut geeignet, um Beziehungen innerhalb der Gruppe zu vertiefen, braucht aber auch deutlich mehr Zeit als der oben beschriebene Einstieg.

Varianten

- Der Trainer fordert die Teilnehmer auf, die Antworten auf Moderationskarten zu schreiben und diese während der Vorstellung an einer vorbereiteten Pinnwand zu befestigen. Dadurch sind die Antworten visualisiert und der Trainer kann später leichter auf sie Bezug nehmen. Dies ist insbesondere hilfreich, um zu überprüfen, ob die verschiedenen Lernziele bereits erreicht oder noch offen sind.

- Der Bezug zum Thema oder die persönliche Vorstellung erfolgt über ein Medium, wie etwa Postkarten, Filmplakate oder Buchcover. Die Postkarten oder die Ausdrucke von Filmplakaten, Buchcovern etc. werden vor Seminarbeginn in der Mitte des Stuhlkreises ausgelegt und die Teilnehmer werden gebeten, eines auszuwählen, das für sie einen Bezug zum Thema hat. Dieses Vorgehen ermöglicht einen assoziativen, kreativen Zugang zum Thema und setzt dadurch viel Energie frei, welche für die weitere Zusammenarbeit sehr förderlich sein kann (Tipp: Eine detaillierte Beschreibung des Kennenlernens mit Postkarten ist in meinem Buch „Konfliktmanagement-Trainings erfolgreich leiten“ zu finden).

- Statt das Kennenlernen im Plenum durchzuführen, kann dieses zunächst in Zweier-, Dreier- oder Vierergruppen verlagert werden, in denen sich die Teilnehmer intensiv kennenlernen und zum Thema austauschen können. Die wichtigsten Punkte werden anschließend im Plenum präsentiert. Viele Teilnehmer erleben ein solches Kennenlernen im intimen Rahmen einer kleinen Gruppe oder im Paargespräch als deutlich angenehmer als sich direkt vor der ganzen Gruppe präsentieren zu müssen. Andererseits benötigt dies auch deutlich mehr Zeit. Deshalb wähle ich dieses Vorgehen vor allem dann, wenn mehr Zeit zur Verfügung steht, etwa bei einem dreitägigen Seminar oder einem längeren Curriculum.

- Beim Kennenlernen in Paaren oder Kleingruppen kann man die anschließende Präsentation im Plenum auch so gestalten, dass man nicht sich selbst, sondern eine andere Person vorstellt, die man zuvor interviewt hat, was nebenbei bereits wichtige Gesprächsführungskompetenzen trainiert (Fragen stellen, Aktives Zuhören).

Die Vermessung der Gruppe – Soziometrie

Ziele

- Wichtige Aspekte der Gruppenstruktur werden deutlich und erleichtern etwa ein Kennenlernen.

Zeit

- 30–45 Minuten

Material

- Genügend Platz im Raum und ggf. vorbereitete Moderationskarten

Überblick

- Der Trainer fordert die Teilnehmer auf, Stühle und andere Gegenstände an den Rand zu räumen.
- Die Teilnehmer stellen sich im Raum nach unterschiedlichen Kriterien auf.
- Sie werden von der Seminarleitung interviewt, wobei der Trainer nicht notwendigerweise alle Teilnehmer befragt, sondern lediglich Repräsentanten der verschiedenen „Cluster".

Die Soziometrie ist eine Methode zur Erfassung von Gruppenstrukturen, bei der sich die Teilnehmer im Raum aufstellen. Sie lässt sich gut als praxisbezogener Einstieg ins Seminar nutzen: Dabei werden jene Aspekte, die für das Seminarthema und für die Zusammenarbeit der Seminargruppe relevant sind, im Raum abgebildet. So werden wichtige Fragen, die sich sonst nur mühsam erschließen lassen, zum Beispiel welche Seminarteilnehmer sich bereits kennen oder welchen Bezug sie zum Thema haben, konkret sichtbar.

Ursprünge der Soziometrie

Entwickelt wurde die Soziometrie von Jakob Levy Moreno (1890–1974), dem Begründer des Psychodramas. Der Begriff leitet sich aus dem Lateinischen „Socius" = Mitmensch und dem Griechischen „metrein" = messen, ab. Moreno hatte mit der Entwicklung der Soziometrie den Anspruch, die Beziehungsstrukturen innerhalb von Gruppen, Organisationen und Gesellschaften messbar und beeinflussbar zu machen. Er untersuchte etwa die sozialen Strukturen in Arbeitsgruppen, Heimen, Flüchtlingslagern und Schulen.

Grundsätzlich eignet sich die Soziometrie für ein breites Einsatzfeld. Im Training etwa lassen sich soziometrische Methoden zu folgenden Anlässen nutzen:

Einsatzfeld der Soziometrie im Training

- **Einstieg ins Seminar** und ins Thema: Faktoren, die zum Kennenlernen und den Einstieg ins Thema relevant sind, werden im Raum abgebildet und die Gruppenmitglieder werden gebeten, sich entsprechend zu positionieren (s. S. 57).

- **Erfassung von Meinungen** und Einstellungen: Die Teilnehmer werden aufgefordert, in Bezug auf bestimmte Fragen Position zu beziehen und sich im Raum zu verteilen (s. S. 60).

- **Herbeiführen von Entscheidungen**, zum Beispiel an welchem Thema als Nächstes gearbeitet wird. Hierbei legt die Seminarleitung Moderationskarten, auf denen die verschiedenen Themen stehen, im Raum aus und bittet die Teilnehmer, sich zu dem Thema zu stellen, was als Nächstes bearbeitet werden soll.

- **Auswertung von Übungen**: Nach einer Teamübung baut der Trainer mittels Moderationskarten eine imaginäre Skala im Raum auf (von „+" bis „-"), anhand derer sich die Gruppe selbst einschätzen soll, zum Beispiel zu diesen Fragen: „Wie gut ist die Kommunikation gelungen?", „Wie gut wurden Konflikte gelöst?", „Wie effizient war die Problemlösung?" Etc. Beispiele finden sich etwa in meinem Buch „Konfliktmanagement-Trainings erfolgreich leiten".

Im Bereich der Personal- und Organisationsentwicklung können soziometrische Methoden auch in Workshops zur Teamentwicklung eingesetzt werden, um die persönlichen Beziehungen der Teammitglieder zueinander aufdecken und bearbeiten zu können. Ein solches Vorgehen erfordert ein hohes Maß an Leitungskompetenz, da es häufig Spannungen und Konflikte an die Oberfläche bringt, die zuvor im Verborgenen schlummerten und nun professionell bearbeitet und geklärt werden müssen.

Soziometrie zum Kennenlernen

Beziehungsebene kommt vor Sachebene

Grundsätzlich sollen die Teilnehmer bei der Soziometrie zum Seminareinstieg immer zunächst auf der persönlichen Ebene „abgeholt" und miteinander in Kontakt gebracht werden. Durch die bei der Soziometrie entstehende räumliche Nähe wird eine inhaltliche und emotionale Verbindung der Teilnehmer untereinander ausgedrückt und bekräftigt. Diese Verbindungen fördern die Kohäsion der Gruppe. Außerdem kommen die Teilnehmer „in Bewegung“, indem sie sich jeweils in anderen Konstellationen zusammenstellen. Dadurch werden sie bereits auf eine aktive, handlungsorientierte Arbeitsweise eingestellt. Für den Einstieg bieten sich etwa folgende Aspekte an:

Mögliche Varianten für einen Einstieg

- Name: *„Bitte stellen Sie sich in alphabetischer Reihenfolge im Halbkreis auf. Hier ist A und dort ist Z.“* Der Halbkreis wird – anstelle einer Linie – gewählt, damit sie sich sehen können. Anschließend werden die Teilnehmer gebeten, sich namentlich vorzustellen.

- Beziehungen in der Gruppe: In der klassischen Soziometrie werden die Teilnehmer gebeten, die rechte Hand auf die Schulter der Person zu legen, die sie am längsten kennen und die linke auf die Schulter derjenigen, die sie am zweitlängsten kennen. Für eine betriebliche Veranstaltung ist dieses Vorgehen allerdings eher deplatziert. Stattdessen legt der Trainer Moderationskarten aus, auf denen die Zahlen von „1“ bis „5+“ stehen und instruiert: *„Wie viele Personen kannten Sie schon vor Seminarbeginn? Bitte stellen Sie sich zur entsprechenden Zahl.“* Anschließend fragt er, wer wen kennt und beginnt bei jenen, die nur eine Person kennen.

- Wohnort: Vier ausgelegte Karten mit den Himmelsrichtungen bilden eine imaginäre Landkarte. *„Bitte stellen Sie sich vor, dieser Raum ist eine Landkarte. Bitte stellen Sie sich dort hin, wo Sie wohnen. Sprechen Sie miteinander, damit die Relationen ungefähr stimmen.“*

- Arbeitsplatz: Auch hier wird die „Landkarte“ genutzt.

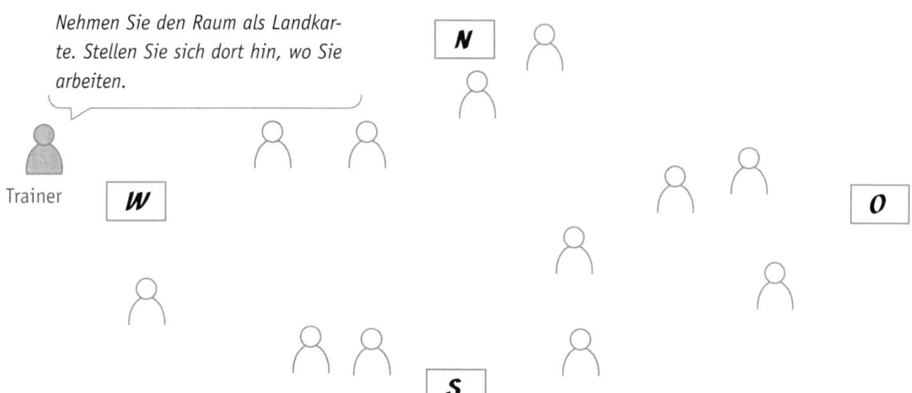

Abb.: Der Trainer instruiert die dritte soziometrische Runde zu der Frage, wo die Teilnehmer arbeiten.

Dann fordert der Trainer die Teilnehmer auf, kurz zu sagen, wo ihr Arbeitsplatz ist. Dabei können sie auch kurz etwas zu ihrer Rolle im Unternehmen sagen – und bei Bedarf ihren Namen wiederholen.

„Fangen wir im Norden an. Sagen Sie kurz, wo Sie arbeiten und wie Ihre Rolle im Unternehmen ist."

Falls die meisten Teilnehmer am gleichen Ort arbeiten, kann hier der „Maßstab verändert" werden und etwa die verschiedenen Gebäudeteile oder Stockwerke auf dem Boden ausgelegt werden. Damit sich die Teilnehmer noch orientieren können, sind Moderationskarten hilfreich:

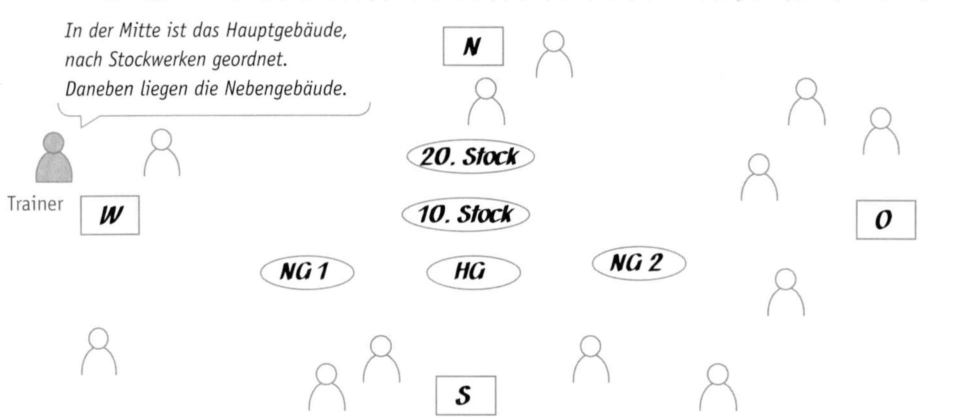

Abb.: Die Arbeitsplätze werden so abgebildet, dass alle Teilnehmer sich gut vorstellen können, wer wo arbeitet. So werden z.B. das Hauptgebäude (HG), das Nebengebäude (NG) und die Stockwerke mit Karten gekennzeichnet.

Weitere mögliche Aspekte:

- Hobbys und Interessen – Hier tauschen sich die Teilnehmer aus und stellen sich nach ähnlichen Vorlieben gruppiert zusammen.
- Häufigkeit bisheriger Seminarteilnahmen im Unternehmen – Die Skala reicht von „Nie" bis „Sehr häufig".
- Betriebszugehörigkeit – Abfrage anhand eines Zeitstrahls aus Moderationskarten, auf denen Jahreszahlen stehen.
- Zuordnung nach Bereichen, Abteilungen oder Berufsgruppen – Die Namen der Bereiche, Abteilungen oder Berufsgruppen werden auf Moderationskarten geschrieben, zu denen sich die Teilnehmer stellen.
- Motivation zur Seminarteilnahme – Der Trainer gibt einige Beispiele auf Moderationskarten vor (z.B. „Interesse am Thema", „Wurde geschickt" etc.) und legt zusätzlich leere Karten aus.

- Kriterien der Teilnehmer – Die Teilnehmer werden gefragt, ob es Aspekte gibt, die sie über die Gruppe wissen möchten – diese werden ebenfalls aufgestellt.

Soziometrie zum Einstieg ins Thema

Mit soziometrischen Methoden lässt sich auch der inhaltliche Einstieg ins Thema interaktiv und lebendig gestalten. Hier einige Beispiele:

Mögliche inhaltliche Aspekte

- Im Seminar zum Thema „Effektive Personalführung" fragt der Trainer nach der Führungserfahrung: *„Wenn Sie sich einen Zeitstrahl auf dem Boden vorstellen, der von null bis zu zwanzig Jahren reicht, dann stellen Sie sich bitte so auf, dass diejenigen, die am neuesten in der Führungsrolle sind, links stehen und diejenigen, die am längsten Führungskraft sind, rechts sind."*

- Anzahl der Mitarbeiter: Im Führungskräftetraining kann es relevant sein, zu erfahren, wie groß die Führungsspanne der einzelnen Teilnehmer ist. Auch hierzu verteilt der Trainer Moderationskarten zum Zuordnen. *„Wenn Sie weniger als 5 Mitarbeiter haben, gehen Sie nach links, bei 5 bis 9 Mitarbeitern nach oben, bei 10 bis 15 nach rechts und bei mehr als 15 nach unten. Stellen Sie sich in den Gruppen in der entsprechenden Reihenfolge auf, sodass diejenigen mit mehr Mitarbeitern weiter rechts stehen."*

Abb.: Im Führungsseminar wird die Mitarbeiteranzahl erfragt.

- Bezug zum Thema: In einem Führungskräfte-Entwicklungsprogramm erfragt der Trainer, welchen Bezug die Teilnehmer zum Seminarthema haben: *„Als Nächstes würde ich gerne wissen, welchen Bezug Sie zum Thema ‚Führung‘ haben. In die Mitte des Raumes habe ich eine Karte mit diesem Begriff gelegt. Wenn Sie einen engen Bezug zum Thema haben, zum Beispiel, weil Sie sich schon sehr intensiv mit dem Thema theoretisch befasst haben oder weil Sie schon viele Fortbildungen zu dem Themengebiet besucht haben, dann stellen Sie sich bitte nahe zu dem Begriff. Falls Sie sich mit dem Thema bislang kaum beschäftigt haben, stellen Sie sich weiter weg.“*

- Zufriedenheit in Bezug auf das Seminarthema: *„Wie gut laufen aus Ihrer Sicht die Mitarbeitergespräche in Ihrem Unternehmen? Gehen Sie nach rechts, wenn Sie denken, dass diese sehr gut laufen und nach links, wenn Sie denken, dass sie sehr schlecht laufen.“*

- Selbsteinschätzung: Im Seminar „Mitarbeitergespräche erfolgreich führen“ fragt der Trainer: *„Wie zufrieden sind Sie mit den Mitarbeitergesprächen, die Sie in diesem Jahr geführt haben? Bitte stellen Sie sich eine Skala vor, bei der das rechte Ende für ‚sehr zufrieden“ und das linke für ‚sehr unzufrieden‘ steht.“*

- Bei einer solchen Selbsteinschätzung kommt es häufig zu einer ausgeprägten „Tendenz zur Mitte“, da viele Menschen weder „angeben“ noch ihr Licht „unter den Scheffel stellen“ wollen. Dennoch kann die Frage interessant sein, gerade wenn sie mit der folgenden Nachfrage kombiniert wird: *„Was müsste passieren, damit sie einen großen Schritt nach rechts machen? Bitte tauschen Sie sich dazu zu zweit aus und berichten Sie dann.“* Durch diese Reflexionsaufgabe kann man die Teilnehmer dazu anleiten, ihre Seminarziele zu formulieren.

- Fragen zur Gestaltung der Rolle: In einem Seminar zum Thema „Führung“ kann erfasst werden, wie die Teilnehmer aktuell ihre Führungsrolle gestalten und wie das Verhältnis von Fach- vs. Führungsaufgaben ist: *„Wie hoch ist der Anteil der Führungsaufgaben an Ihrer täglichen Arbeit? Wenn Sie vor allem fachliche Aufgaben erledigen, stehen Sie weiter rechts, wenn der Anteil der Führungsaufgaben überwiegt, weiter links.“*

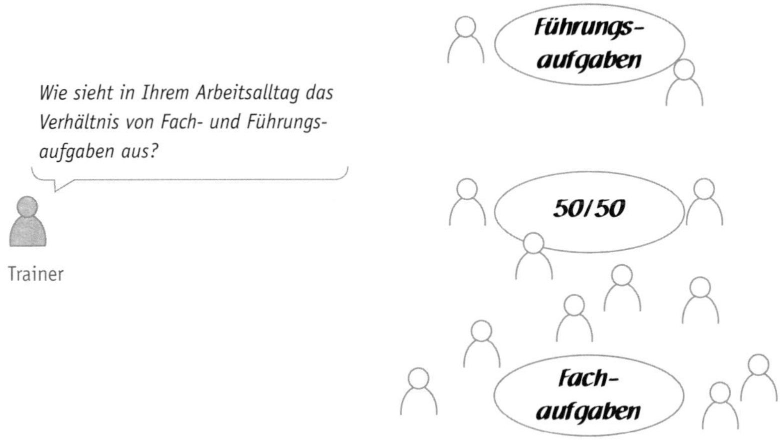

Abb.: In der Soziometrie kann das Verhältnis von Fach- und Führungsaufgaben ermittelt werden.

Mehrere Dimensionen abfragen

Anschließend kann der Trainer auch eine weitere Dimension aufmachen und die Teilnehmer fragen, wie das Idealverhältnis aus ihrer Sicht wäre: *„Nun haben wir den Ist-Zustand erfasst. Die nächste Frage ist, wie der Ideal-Zustand aus Ihrer Sicht aussieht. Wenn Sie der Meinung sind, dass idealerweise der Anteil der Fachaufgaben größer sein sollte, bleiben Sie eher rechts stehen, wenn der Anteil der Führungsaufgaben aus Ihrer Sicht groß sein sollte, wandern Sie nach links."*

Abb.: Im Koordinatensystem werden Ist-Zustand und Soll-Zustand erfasst.

Erfassung von Meinungen und Einstellungen

Auch im weiteren Seminarverlauf können soziometrische Methoden an mehreren Stellen eingesetzt werden, etwa zur Erfassung von Meinungen und Einstellungen zu kontroversen Themen. Auch hierzu einige Beispiele:

Mögliche Abfragen von Ansichten

- Erfragung von Einstellungen zu zentralen Seminarthemen: „*Wie sinnvoll finden Sie den neuen Ansatz kontinuierlichen Feedbacks in Ihrem Unternehmen? Gehen Sie nach rechts, wenn Sie diesen voll befürworten und nach links, wenn Sie diesen ablehnen.*“

- Reflexion von Werten: „*Die richtige Balance zu finden zwischen dem Freiraum für Mitarbeiter und der notwendigen Kontrolle ist eine Herausforderung für jede Führungskraft. Welche der beiden Aspekte halten Sie für wichtiger? Rechts steht für maximalen Freiraum, links für maximale Kontrolle.*“

- Führungsstil: „*Führungsstile wurden in wissenschaftlichen Untersuchungen häufig anhand zweier Dimensionen unterschieden: Der Orientierung am Mitarbeiter und der Orientierung an den Aufgaben. Mitarbeiterorientierte Führungskräfte kümmern sich stark um jeden Mitarbeiter, achten auf Wohlergehen, fragen nach und hören aufmerksam zu, während aufgabenorientierte Führungskräfte klare Ziele definieren, klare Strukturen vorgeben und die Aufgabenerledigung konsequent nachhalten und kontrollieren. Bitte finden Sie einen Platz im Koordinatensystem, der Ihr Verhältnis von Mitarbeiter- und Aufgabenorientierung charakterisiert.*“

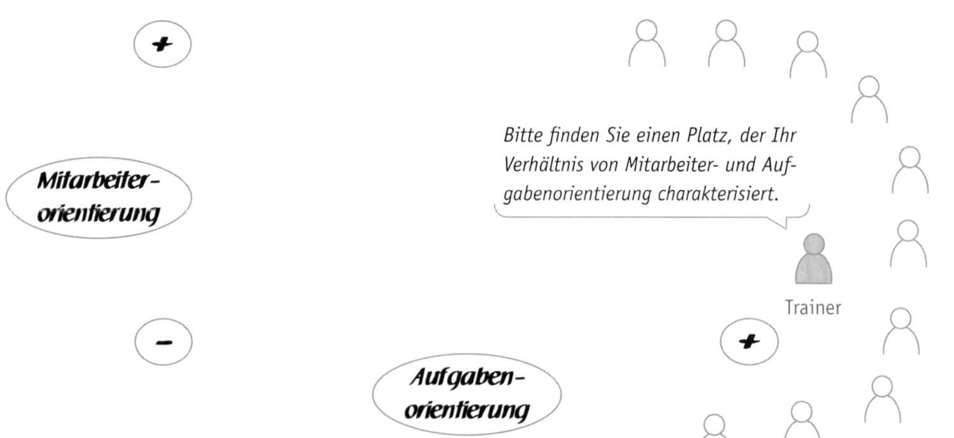

Abb.: Abfrage von Einstellungen im Führungsstil.

Nachdem der Trainer einige Teilnehmer hierzu interview hat, kann er anhand des Grids weitere Fragen stellen, beispielsweise, in welche Richtung sich die Teilnehmer gegebenenfalls verändern würden, wie sie ihren eigenen Chef einschätzen usw. Außerdem kann auf dieser Basis das Modell des Situativen Führens nach Paul Hersey und Ken Blanchard vorgestellt werden und der situativ passende Stil für unterschiedliche Mitarbeiter besprochen werden.

Soziometrische Vorgehensweisen

Soziometrische Methoden im Überblick

Soziometrische Methoden lassen sich bei allen Seminarthemen einsetzen. Unterscheiden lassen sie sich folgendermaßen:

Eindimensionale Skala: Im Raum wird eine – imaginäre oder mit Moderationskarten angedeutete – Skala abgebildet, auf der sich die Teilnehmer platzieren sollen, zum Beispiel bezüglich ihrer Führungserfahrung (s. S. 57), Betriebszugehörigkeit o.Ä. Eine Variante der Skala ist die „soziometrische Kette", bei der die Skala gewissermaßen zum Halbkreis „gebogen" wird.

Zweidimensionales Koordinatensystem: Hier wird eine zweite Dimension eingebaut, also zusätzlich zur X-Achse eine Y-Achse, wie etwa bei der Landkarte (s. S. 60) oder bei einer Einschätzung bezüglich zweier Dimensionen.

Unipolare Darstellungen: Hier werden Nähe und Distanz zu einem Thema durch den Abstand zu einem Punkt im Raum dargestellt.

Multipolare Darstellungen: Die Teilnehmer stellen sich in Bezug auf mehrere Kriterien auf. Es wird etwa gefragt, wie viele Teilnehmer sie vor Seminarbeginn bereits kannten oder welche Stärken sie in Bezug auf das Seminarthema haben (s. S. 59 f.).

Hinweise

- Soziometrie sollte nicht zu lange dauern, das lange Stehen und Zuhören ermüdet die Teilnehmer nach einer Weile. Da der Trainer durch seine Anleitungen und Interviews die gesamte Zeit aktiv ist, besteht die Gefahr, dass er die Ermüdung der Teilnehmer nicht bemerkt. Die Interviews sind daher möglichst kurz und prägnant zu halten. Die Übung sollte maximal 30 bis 45 Minuten dauern.

- Bei der Befragung der Teilnehmer befragt der Trainer nie alle Teilnehmer, sondern nur einige Repräsentanten für bestimmte Cluster, zum Beispiel bei einer Skalierungsfrage jeweils einen Teilnehmer, der an einem der beiden Enden und einen, der in der Mitte steht.
- Wenn das Seminar von zwei Trainern geleitet wird, so empfiehlt es sich, dass der Trainer, der nicht anleitet, sich Notizen macht und festhält, wer sich hinsichtlich der relevanten Fragen wie positioniert hat.
- Wenn bei der Soziometrie kontroverse Diskussionen entstehen, so sollte der Trainer diesen an dieser Stelle nur wenig Raum geben und stattdessen die Themen und Fragestellungen besser in einem „Themenspeicher“ auf Flipchart oder Pinnwand notieren. Schließlich geht es an dieser Stelle „nur“ um das Kennenlernen, den Einstieg ins Thema oder um das Erfassen von Einstellungen. Wichtig ist, dass Vielfalt ausdrücklich erwünscht ist und es nicht darum geht, unterschiedliche Sichtweisen auszudiskutieren oder gar einzuebnen.
- Beim Seminareinstieg mit soziometrischen Methoden werden die Teilnehmer meist gut für das Seminarthema „angewärmt“. Gleichzeitig kann die Methode nur bedingt Raum zum Austausch bieten, da dies im Plenum zu lange dauert. Deshalb sollte im nächsten Schritt ein Austausch in Kleingruppen oder Paaren ermöglicht werden, zum Beispiel, um Lernziele zu definieren und Praxisfälle zu erheben.
- Auch wenn die soziometrischen Übungen eher spielerisch und harmlos erscheinen, können sie dennoch eine starke Wirkung auf die Teilnehmer haben. Gerade Selbstreflexionsfragen führen dazu, dass intensive Erinnerungen, Emotionen und Konflikte angestoßen werden können, welche die Teilnehmer stark beschäftigen. Daher ist es für den Leiter wichtig, die Teilnehmer gut im Blick zu haben und ihnen anschließend Zeit zum Austausch zu bieten.
- Ein Risiko der Soziometrie ist es, dass durch die physische Offenlegung sozialer Faktoren Teilnehmer sich im wahrsten Sinne des Wortes „alleine“ fühlen können – etwa wenn sie als Einzige in der Landkarte außerhalb Deutschlands stehen oder als Einzige keine Person kennen. Wichtig ist, dass der Trainer dies im Blick hat und damit offen und wertschätzend umgeht. So kann er etwa, wenn eine Person noch niemand kennt, einen Bezug zum Seminarthema herstellen und fragen, wie die Teilnehmer in ihrer Rolle als Führungskräfte damit umgehen, wenn etwa jemand neu in ein Team kommt. So kann das Thema aufgegriffen, reflektiert und daraus gelernt werden.

Praxisfälle sammeln

Ziele

- Die Teilnehmer reflektieren ihre Praxis zum jeweiligen Seminarthema und fokussieren sich auf eine herausfordernde Praxissituation, die sie künftig besser bewältigen möchten.
- Der Trainer gewinnt einen Überblick über die möglichen Praxisfälle, die im Seminar bearbeitet werden könnten.

Zeit

- 35 Minuten (5 Min. Instruktion, 10 Min. Plakat erstellen, 15 Min. Bericht im Plenum, 5 Min. Puffer)

Material

- Flipchart mit Anleitung, ein leeres Flipchart-Papier für jeden Teilnehmer, Moderationsstifte und eventuell Wachsmalkreide, Klebeband zum Aufhängen der Plakate

Überblick

- Die Teilnehmer überlegen sich, welchen eigenen Praxisfall sie zum Seminarthema einbringen möchten.
- Sie erstellen ein Plakat, indem sie diesem Praxisfall einen Titel geben, ihn ggf. mit einem Bild illustrieren und eine kurze „Inhaltsangabe" schreiben (1–2 Sätze).
- Sie stellen ihre Praxisfälle im Plenum vor.
- Die Plakate werden im Seminarraum aufgehängt.

Auf das Erheben von Praxisfällen vorbereiten

Idealerweise steht bereits in der Seminarausschreibung, dass im Training anhand realer Praxisfälle der Teilnehmer gearbeitet wird. Auch bei der Seminareinladung können die Teilnehmer explizit aufgefordert werden, Praxisfälle einzubringen. In der Vorbefragung werden diese zum ersten Mal abgefragt. Auch zu Seminarbeginn kann der Trainer erklären, dass an den Praxisfragen gearbeitet wird, sodass die Teilnehmer an dieser Stelle bereits darauf vorbereitet sind und sich bereits Gedanken dazu machen konnten, welche Situationen sie einbringen könnten.

Vorgehen

Der Trainer kann die Erhebung der Praxisfälle auf folgende Weise anleiten: *„Wie bereits gesagt, geht es in diesem Seminar darum, aus der Praxis für die Praxis zu lernen, weil es darum geht, passende Lösungen für*

Herausforderungen bei Ihren Mitarbeitergesprächen zu finden. Deshalb möchte ich Sie im nächsten Schritt bitten, sich auf einen Praxisfall aus Ihrem Arbeitsalltag zu fokussieren. Bitte überlegen Sie, welche Situation Sie aktuell als herausfordernd erleben." Der Trainer kann an dieser Stelle ein paar Beispiele geben, um zu erläutern, wie persönliche Anliegen aussehen. In einem Seminar zum Thema „Mitarbeitergespräche erfolgreich führen" könnte dies etwa folgendermaßen klingen: *„Mit Praxisfällen sind Situationen gemeint, die Sie in Ihrem Führungsalltag beschäftigen und zu denen Sie sich gerne Feedback einholen möchten, zum Beispiel:*

Beispiele für Praxisfälle

- *Wie kann ich meinen Mitarbeitern kritisches Feedback geben, ohne sie vor den Kopf zu stoßen?*
- *Wie kann ich meine Aufgaben konsequenter delegieren?*
- *Wie gehe ich mit demotivierten Mitarbeitern um?*
- *Wie kann ich Unternehmensentscheidungen vermitteln, hinter denen ich selbst nicht immer stehe?*
- *Wie kann ich meine Besprechungen effektiver gestalten?*
- *Wie hätte ich ein Gespräch, das nicht gut verlaufen ist, anders strukturieren können?*
- *Wie führe ich ein Mitarbeitergespräch mit einem Mitarbeiter, der problematische Verhaltensweisen zeigt oder mit dessen Leistung ich nicht zufrieden bin?*
- *Wie kann ich den neuen Ansatz des kontinuierlichen Dialogs in die Praxis umzusetzen?"*

An dieser Stelle empfiehlt es sich, die Vertraulichkeit der eingebrachten Themen als „Spielregel" zu vereinbaren: *„Damit diese Arbeit an persönlichen Themen funktioniert, ist es wichtig, dass alles, was hier besprochen wird, auch hier im Raum bleibt. Deshalb möchte ich an dieser Stelle noch mal an die Vertraulichkeit als Voraussetzung unserer Zusammenarbeit erinnern."*

Dann erklärt der Trainer das methodische Vorgehen: *„Wir werden nicht alle Praxisfälle im Detail besprechen können. Damit sich Ihre Kollegen ein Bild von Ihrem Fall machen können, würde ich Sie bitten, sich zehn Minuten Zeit zu nehmen und hierzu ein Plakat zu erstellen. Dieses Plakat kann wie ein Buchcover oder ein Filmplakat gestaltet sein.*

Anweisung für die Falldarstellung

- *Sie können im unteren Drittel eine kurze Inhaltsangabe schreiben. Das sollen maximal zwei bis drei Sätze sein bzw. ein Tweet von maximal x Zeichen.*

- *Im mittleren Drittel können Sie das Thema grafisch oder symbolisch darstellen. Das soll kein großes Kunstwerk sein. Vielmehr geht es darum, mit einfachen Symbolen, wie zum Beispiel Wolken, Sonne, Blitzen, und mit Strichmännchen und Sprechblasen das Thema zu verdeutlichen, damit sich die anderen ein Bild davon machen und es sich besser vorstellen können.*

- *Im oberen Drittel geben Sie dem Thema einen Titel. Das sollte am besten ein knackiger, prägnanter und Interesse weckender Titel sein – als wenn Sie ein Buch oder einen Film bewerben wollten.*

Ihr Ziel sollte es sein, Ihren Praxisfall so darzustellen, dass Sie das Interesse der anderen gewinnen, da wir an den Themen, die auf die größte Resonanz stoßen, genauer arbeiten werden. Und Sie profitieren davon natürlich am meisten, wenn dies Ihre Themen sind. Gibt es Fragen? Wenn nicht, dann haben Sie nun zehn Minuten Zeit. Flipchart-Papier und Stifte habe ich für Sie bereitgelegt."

Abb.: Der Trainer präsentiert ein Muster für die Darstellung der Praxisfälle.

Während die Teilnehmer ihre Plakate erstellen, steht der Trainer für Fragen bereit bzw. schaut, ob alle Teilnehmer mit der Fragestellung klarkommen. Anschließend werden die Praxisfälle im Plenum zusammengetragen. Der Trainer hört dabei aufmerksam zu und fragt bei Bedarf nach. Wenn die Praxisfälle unklar oder schwammig bleiben, kann der Trainer nachhaken, etwa mit folgenden Fragen:

- *„Können Sie mir ein Beispiel geben?"*
- *„Welche Situation meinen Sie?"*
- *„Was genau meinen Sie mit ‚schwierig'?"*

Nachdem alle Teilnehmer ihre Plakate vorgestellt haben, werden die Plakate der Teilnehmer im Seminarraum aufgehängt, sodass die Praxisfälle während des gesamten Seminars sichtbar sind. Dabei empfiehlt es sich, die Teilnehmer zu bitten, ähnliche Themen zu clustern.

„Vielen Dank, dass Sie alle Themen und Praxisfälle eingebracht haben. Wir werden sie verwenden, um an den verschiedenen Themen zu arbeiten. Wir werden uns nach der Kaffeepause einen ersten Fall zum Thema ‚Kritik konstruktiv ansprechen' vornehmen. Dieses Thema schwingt ja bei

einigen Ihrer Fälle mit, etwa bei Ihnen, Frau Schulz, und bei Ihnen, Herr Can. Natürlich werden wir nicht alle Fälle hier in der Runde besprechen können, aber morgen wird es noch eine Session zum Thema ‚Kollegiales Coaching' geben, in der gegebenenfalls auch noch Praxisfälle in der Kleingruppe besprochen werden können. Jetzt gleich werde ich Ihnen einen Leitfaden dazu vorstellen, wie wir die Praxisfälle bearbeiten werden.

Bitte hängen Sie jetzt Ihre Plakate im Seminarraum auf. Klebestreifen finden Sie im Moderationskoffer. Bitte hängen Sie Plakate mit ähnlichen Themen nebeneinander. Zum Beispiel geht es bei Ihnen, Frau Agic, Herr Meier und Frau Schmitz, um die Frage, wie Sie besser delegieren können, sodass Sie Ihre Plakate nebeneinander hängen können."

Hinweise

- Mit der Methode, Filmplakate bzw. Buchcover erstellen zu lassen, habe ich sehr gute Erfahrungen gemacht, dies macht den meisten Teilnehmern Spaß. Allerdings kann die Aufforderung, ein Bild zu malen, Widerstand hervorrufen. Deshalb bin ich dazu übergegangen, von „Symbolen" oder einer „grafischen Darstellung" zu sprechen, was meistens leichter akzeptiert wird und weniger Ängste weckt, dies nicht „hinzukriegen". Die Kombination aus Titel – Grafik – und Kurzzusammenfassung im Twitter-Stil löst bei manchen Teilnehmern einen „kreativen Schub" aus und die Vorstellung der Plakate sorgt meist für Heiterkeit und hohes Interesse.

- Allerdings gibt es immer auch einige Teilnehmer, die sich mit der Aufgabe schwertun, zum Beispiel weil ihnen kein konkretes Beispiel einfällt oder weil sie ungerne etwas grafisch darstellen möchten. Dann ist es hilfreich, wenn der Trainer beratend zur Seite steht und ggf. die Anforderungen entsprechend anpasst, sodass sie für alle bewältigbar sind. So kann ggf. auch eine allgemeine Fragestellung aufgenommen werden (z.B. „Wie kann ich Mitarbeiter in Gesprächen besser motivieren?"), selbst wenn es kein aktuelles Beispiel gibt. Auf die bildliche Darstellung kann zur Not auch verzichtet werden, wenngleich es eigentlich immer möglich ist, zumindest ein Symbol zu finden und aufzuzeichnen.

- Die Hemmschwelle für Teilnehmer, sich auf diese Methode einzulassen, ist zwar höher, als wenn sie – wie üblich – aufgefordert werden, Begriffe auf Moderationskarten zu schreiben. Dafür ist das Vorgehen jedoch umso ergiebiger, da es Rationalisierungen umgeht und direkt auf bildhafte, teils unbewusste Prozesse zugreift. Die subjektive Erlebniswelt des Einzelnen wird den anderen Teilnehmern sinnlich-konkret vermittelt. Sie können unmittelbar nachvollziehen, was diesen bewegt. Dadurch entsteht viel Nähe und Vertrautheit unter den Teilnehmern. Sie spüren, dass sie nicht alleine sind mit ihren Fragen, Problemen und Herausforderungen. Es entsteht ein emotionales „Fallnetz" (Ruth Cohn), welches die Basis für die weitere Coaching-Arbeit bildet (s. drittes Kapitel).

- Bei der Runde, in der die Praxisfälle gesammelt werden, sollte der Trainer darauf achten, dass noch nicht in die Themenbearbeitung eingestiegen wird, sondern lediglich die Fälle zusammengetragen werden. Falls bereits Ideen und Lösungsvorschläge eingebracht werden, muss dies unterbunden werden: *„Vielen Dank. Bitte behalten Sie diese Idee im Hinterkopf. Wir werden erst später zum Coaching selbst kommen und dann werden Vorschläge ihren Platz haben."*

- Der Trainer sollte darauf hinweisen, falls nicht alle Praxisfälle bearbeitet werden können: *„Wir werden nicht alle Themen ausführlich besprechen können. Wir werden im Plenum zwei bis drei Fälle bearbeiten und morgen Nachmittag wird es Gelegenheit geben, die Fälle in kleinen Gruppen zu besprechen."*

Varianten

- **Paarinterview:** Statt in Einzelarbeit können Praxisfälle auch in Paararbeit besprochen werden. Die Paararbeit hat den Vorteil, dass die Teilnehmer sich in einem vertraulichen Rahmen austauschen können, wodurch eine tiefere Reflexion ermöglicht wird. Abwechselnd interviewen die Partner einander. Aufgabe des Interviewers ist es jeweils, nachzufragen, aktiv zuzuhören und Kernpunkte zusammenzufassen, keineswegs aber eigene Sichtweisen einzubringen oder Feedback zu geben.

- **Kleingruppen:** Alternativ zum Paarinterview kann der Trainer auch Triaden oder Kleingruppen einsetzen, allerdings dauert dann die Erfassung der Praxisfälle recht lange. Zudem besteht die Gefahr, dass bei steigender Gruppengröße die Intimität abnimmt. Zudem entsteht leicht eine Gruppendynamik, die dazu führen kann, dass die Teilnehmer einer Kleingruppe sich auf ähnliche Themen „einschießen" und andere dagegen ausgeblendet werden.

- **Weitere Methoden:** Weitere Methoden zur Erhebung von Praxisfällen, wie etwa das Thomann-Schema oder die sogenannte „Besinnungsanleitung", finden Sie bei Benien (2002) und Schulz von Thun (1996; Praxisberatung in Gruppen).

Kontrakt schließen

Ziele

- Klarheit über den weiteren Ablauf und die Zusammenarbeit schaffen.

Zeit

- ca. 10 Minuten

Material

- Flipchart „Ablaufplan"

Überblick

- Die Leitung gibt einen Überblick über den Seminarablauf.
- Sie erläutert, welche Themen und Ziele im Fokus stehen werden und welche nicht bzw. nur optional behandelt werden können, wenn genügend Zeit bleibt.
- Sie klärt alle organisatorischen Fragen.

Einigkeit über Ablauf und Zusammenarbeit

Zum Abschluss der ersten Seminarphase und vor dem ersten Input kann es sinnvoll sein, noch einmal einen Überblick über den Seminarablauf zu geben und die Spielregeln der Zusammenarbeit zu besprechen. Dies bietet dem Trainer die Gelegenheit, die mit dem Auftraggeber vereinbarten Seminarziele mit jenen Lernzielen und Themen in Einklang zu bringen, welche die Teilnehmer bislang geäußert haben. Hierzu ist es wichtig, noch mal die Rückkopplung mit den Teilnehmern zu suchen, um sicherzustellen, dass alle „on the same page" sind, also ein gemeinsames Verständnis vom Seminarablauf und der Zusammenarbeit haben.

Vorgehen

Der Trainer zeigt das Flipchart „Seminarablauf". *„Bevor wir inhaltlich einsteigen, möchte ich gerne einen kurzen Überblick über den Seminarablauf geben und mich vergewissern, dass dieser für Sie so passt. Gleich werde ich Ihnen ein Modell vorstellen, um Mitarbeitergespräche anhand einer Coaching-Technik erfolgreich zu führen. Dieses Modell wird uns auch als Leitfaden dienen, um einander zu den Praxisfällen kollegial beraten zu können. Anschließend werden wir uns mit dem Thema ‚Kritische Rückmeldungen klar und konkret formulieren' anhand eines ersten Praxisfalles und weiterer Case Studies auseinandersetzen. Danach wird es darum gehen, wie Sie als Führungskraft Mitarbeiter ermuntern können,*

Feedback zu geben und darum, wie man am besten mit Kritik umgehen kann. Schließlich werden wir uns damit beschäftigen, wie man wertschätzendes Feedback so gibt, dass es für andere motivierend ist. Morgen früh geht es darum, was man als Führungskraft tun kann, um Mitarbeiter bei ihrer Entwicklung zu unterstützen und ihr Potenzial auszuschöpfen. Anschließend werde ich Ihnen einen Leitfaden für erfolgreiche Mitarbeitergespräche mit an die Hand geben, der Orientierung geben kann, um Gespräche strukturiert zu führen. Am Nachmittag steht das Thema Zielvereinbarung auf dem Programm. Schließlich wird es eine Sequenz Kollegialen Coachings geben, wo weitere offene Themen besprochen werden können. Passt das so weit? Fehlt etwas?"

Abb.: Flipchart „Seminarablauf".

Schließlich werden alle weiteren organisatorischen Fragen geklärt: *„Ich möchte Sie bitten, während des Seminars nicht auf Ihre Smartphones zu schauen, weil das nicht nur Sie selbst, sondern auch andere ablenkt und verhindert, dass wir uns voll auf das Seminarthema konzentrieren können. Ich habe spätestens alle 90 Minuten Pausen eingeplant. Falls Sie früher eine Pause brauchen, sagen Sie gerne Bescheid. Gibt es weitere organisatorische Fragen?"*

Hinweise

- Bei der Vorstellung des Seminarablaufs kann der Trainer direkt Bezug auf die zuvor geäußerten Lernziele der Teilnehmer nehmen, um diese persönlich anzusprechen und zu signalisieren, dass er diese aufgenommen und verstanden hat.

- Auf dem Ablaufplan werden die Seminarthemen bewusst allgemein gehalten. Sie sind in einer Sprache formuliert, die von den Teilnehmern verstanden wird. Die Überschriften sollen neugierig machen. Auf Formulierungen im „Trainer-Jargon" wird verzichtet. So wird nicht von „Ich- und Du-Botschaften" gesprochen, sondern etwa von „Kritik konstruktiv formulieren".

- Bei der Beschreibung der Seminarmethoden vermeidet der Trainer Begriffe, die eher negativ besetzt sind und Widerstand hervorrufen könnten. Dazu gehören etwa „Rollenspiel" und „Spiel". Hier spricht der Trainer lieber von „Case Studies", „Szenarios" oder „Übungen".

3. Kapitel

Coaching-Sequenzen erfolgreich leiten

Inhalt des Kapitels

Klärung zwischenmenschlicher Fragestellungen

Klärung von Teamkonflikten

Klärung innerer Konflikte

Über den Einsatz von Coaching im Seminar

Mit praxisorientierten Übungen, maßgeschneiderten Rollenspielen und passenden theoretischen Inputs kann meist ein Großteil der Lernziele der Seminarteilnehmer abgedeckt werden – diese Teile des Trainings werden dementsprechend in den folgenden Kapiteln dieses Buches vorgestellt. Darüber hinaus kommen die Teilnehmer jedoch auch mit ihren ganz eigenen, persönlichen Fragestellungen ins Seminar:

Persönliche Fragestellungen im Seminar

- Warum setzt mein Mitarbeiter meine Anweisungen nicht um?
- Warum ist die Stimmung im Team so schlecht?
- Wie kann ich lernen, besser „Nein" zu sagen?
- Warum wirke ich auf meine Mitarbeiter distanziert?
- Wie kann ich mich im Team besser durchsetzen?

Diese persönlichen Anliegen werden von den Teilnehmern nicht immer explizit benannt. Doch wenn es gelingt, einen Rahmen zu schaffen, in dem sie eingebracht werden können, so ist dies besonders wertvoll. Denn in der Regel lernt nicht nur derjenige, der seine Frage thematisiert, sondern auch alle anderen lernen eine Menge aus einem solchen „Coaching im Seminar"*.

Eine Lösung muss zu Kontext und Persönlichkeit passen

Beim Coaching werden Lösungen gesucht, die in doppelter Weise stimmig sein müssen: Sie müssen für die jeweilige Situation im Heimatsystem des Coachee passend und angemessen sein. Und sie müssen zur Persönlichkeit des Coachee passen: Er muss etwas authentisch „so sagen" oder tun können, wie es im Coaching erarbeitet wird. Die anderen lernen daraus, weil sie sich mit der Hauptperson identifizieren, mit ihr zusammen nach Lösungen suchen und gleichzeitig Parallelen zur eigenen Arbeitswelt entdecken und die im Coaching gemachten Erfahrungen auf die eigene Realität übertragen können.

Das gemeinsame Coachen eines konkreten Praxisfalls bringt nicht nur der ganzen Gruppe Erkenntnisse, es bietet auch einen sinnvollen Einstieg in das spätere Trainieren von Kompetenzen: Es kann den Sinn der weiteren Trainingsinhalte für die Teilnehmer konkret greifbar werden

* Ich verwende die Begriffe „Coaching im Seminar", „Praxisberatung" und „Fallarbeit" im Folgenden synonym.

Das „pralle Leben" ins Seminar holen

lassen. Denn während Inputs und Übungen letztlich immer auch allgemein bleiben (müssen), wird hier am Einzelfall deutlich, was soziale Kompetenz ganz konkret im betreffenden systemischen Kontext bedeutet – und weshalb sich das weitere Training lohnt. Mit dem Coaching im Seminar, dem Arbeiten an einem konkreten Praxisfall, wird der Scheinwerfer unmittelbar aufs „pralle Leben" innerhalb des jeweiligen Unternehmens geworfen. Darüber hinaus lernen die Teilnehmer en passant Coaching-Techniken kennen, die sich ihnen gegebenenfalls in der Rolle als Führungskraft hilfreich erweisen können.

Aufgrund dieser Vorteile, die Coaching-Sequenzen ins Training einbringen können, werden sie hier als erste mögliche Sequenz vorgestellt. Während es hierbei um die Arbeit an individuellen Anliegen einzelner Teilnehmer geht, empfiehlt es sich, im Anschluss mit einer Trainingssequenz weiter an Themen und Kompetenzen zu arbeiten, die für alle Teilnehmer relevant sind. Da sich also beide Phasen ergänzen, bietet sich an, dass sie aufeinander folgen. Es gibt im Training allerdings keine obligatorische Abfolge des Einsatzes der Methoden, dieser ist – wie der Einsatz von Rezepten aus einem Kochbuch – von den jeweiligen Gegebenheiten abhängig.

Was sind die Voraussetzungen für Coaching im Seminar?

Eine zentrale Voraussetzung, um mit den im Folgenden beschriebenen Methoden arbeiten zu können, liegt in der Qualifikation der Leitung (s. S. 76 ff.). Daneben gibt es weitere Fragen, die es zu berücksichtigen gilt, um zu entscheiden, ob Coaching erfolgreich im Seminar durchgeführt werden kann.

Zeitbedarf: ca. eine Stunde pro Coaching

- Ist genügend Raum und Zeit für die Arbeit an individuellen Themen? Aus meiner Erfahrung ist in der Regel mindestens eine Stunde erforderlich, um ein Coaching innerhalb eines Seminars erfolgreich durchführen zu können. Dies lieqt daran, dass es sich bei den Themen üblicherweise um komplexe Situationen und Fragestellungen handelt, auf die es selten einfache Lösungen gibt. Es erfordert Zeit, das System des Coachee zu erfassen, es abzubilden, Optionen zu entwickeln und schließlich eine passende Lösung herauszuarbeiten. Wenn für ein Seminar mit einem Trainer und 16 Teilnehmer nur ein Tag zur Verfügung stehen und zusätzlich noch eine Vielzahl vorgegebener Lernziele behandelt werden sollen, macht es wenig Sinn, Praxisfälle zu erheben, da es im Seminar nicht genügend Gelegenheit gibt, diese auch angemessen zu bearbeiten.

Erlauben Kultur und zwischenmenschliches Klima das Coaching?

- Sind die Teilnehmer dazu bereit, persönliche Fragestellungen einzubringen? Gibt es eine entsprechende Kultur in der Organisation, die es erlaubt, persönliche Themen zu äußern? Sind die Teilnehmer durch die Seminarausschreibung, vielleicht auch durch andere Seminare, Coachings etc. darauf vorbereitet, auf diese Art zu arbeiten?

- In welcher Beziehung stehen die Teilnehmer zueinander? Wenn sie direkte Teamkollegen sind, die möglicherweise sogar in einem Konkurrenzverhältnis stehen, werden sie sich kaum so voreinander öffnen wollen und preisgeben, was sie – in Bezug auf ihre Arbeit – im Innersten bewegt.

- Wie ist das Klima im Seminar? Ist es dem Trainer gelungen, eine offene, vertrauensvolle Atmosphäre zu schaffen? Haben die Teilnehmer in den Trainer und zueinander genügend Vertrauen, sich zu öffnen?

- Kann Vertraulichkeit garantiert werden? Kann sich die Seminargruppe glaubhaft darauf verständigen, dass alles, was im Seminarraum besprochen wird, auch dort bleibt? Oder haben die Teilnehmer doch Angst, dass das, was sie über ihre Kollegen oder ihren Chef berichten, im Unternehmen „brühwarm" weitererzählt wird?

- Wo findet das Seminar statt? Wenn es in der Firma durchgeführt wird und die Teilnehmer in der Mittagspause ihren Kollegen und Vorgesetzten über den Weg laufen, werden sie sich weniger darauf einlassen, mögliche Konflikte mit eben diesen Personen zu thematisieren, als wenn das Seminar in einem externen Tagungshotel durchgeführt wird.

- Passt das Thema? In Seminaren zu den sogenannten „weichen" Themen wie Kommunikation oder Konfliktmanagement passt Fallarbeit besser als bei eher sachorientierten Themen.

Möglicherweise werden Sie als Trainer nicht immer alle Fragen vollständig mit „Ja" beantworten können und es kann trotzdem gelingen, Coaching im Seminar erfolgreich durchzuführen. So habe ich beispielsweise oft Fallarbeit in Trainings eingesetzt, die im Firmengebäude stattfanden und bei denen die Teilnehmer zuvor keinerlei Erfahrung mit dieser Art zu arbeiten gemacht hatten. Sind die Voraussetzungen nicht vollständig erfüllt, kann ein Coaching trotzdem funktionieren, aber dies ist dann schwieriger, bedarf besonders sorgfältiger „Anwärmung" und die Praxisfälle können nicht immer mit der erwünschten Tiefe bearbeitet werden. Dann stellt sich die Frage, ob der Trainer dann explizit dazu einlädt, Praxisfälle einzubringen oder ob er diese nur dann aufgreift, wenn sie im Verlaufe des Seminars ohnehin auftauchen.

Was sind die Anforderungen an den Trainer?

Coach als Hebamme

Der Trainer hat nicht die Aufgabe, auf die Fragen des Coachee Antworten zu geben. Im Gegenteil, für das Finden der Lösung ist der Coachee selbst verantwortlich. Der Trainer ist nicht als Experte für die jeweiligen Themen gefragt, sondern als „Hebamme", die dem Teilnehmer hilft, seine eigenen Lösungen zu „gebären".

Die Herkunft des Begriffs „Coach" verdeutlicht dies: „Coach" stammt aus dem Englischen und bedeutet ursprünglich (Pferde-)Kutsche. Der Coach kann somit als ein Vehikel verstanden werden, ein Instrument, das es einem anderen – dem Coachee – ermöglicht, von einem Ort zum anderen zu gelangen; von der anfänglichen Fragestellung zu einer Lösung. Möglicherweise würde der Coachee sein Ziel auch ohne den Coach erreichen, aber in der Regel langsamer und beschwerlicher, möglicherweise nach einigen Um- und Irrwegen. Eine andere Metapher, welche die Dienstleistung des Coachs charakterisiert, ist die des Katalysators: Er beschleunigt Prozesse, die auch ohne ihn ablaufen würden; aber eben nicht so schnell und effektiv wie unter seiner Mitwirkung.

Unterschiede zum Einzelcoaching

Im Unterschied zum Einzelcoaching steht im Seminar eine ganze Gruppe zusätzlich zur Verfügung. Das kann Fluch und Segen sein. Sie kann in der Coaching-Sequenz als Ressource genutzt werden, um Fragen, Ideen und Rückmeldungen zu generieren. Gleichzeitig stellt sie den Trainer aber auch vor zusätzliche Anforderungen. Sie muss jederzeit im Blick behalten und berücksichtigt, sie muss „gemanagt" werden. Dies erhöht die Komplexität für den Coach enorm. Er ist nicht nur gefordert, als Coach zu fungieren, zuzuhören, Fragen zu stellen und passende Interventionen vorzunehmen. Er muss außerdem die Gruppe so integrieren, dass sie dem Coachee hilft, stimmige Lösungen zu finden. Leicht kann es jedoch geschehen, dass die Gruppe mehr Hindernis als Hilfe ist. Schließlich neigen die meisten Menschen – auch Seminarteilnehmer – dazu, in Beratungssituationen anderen gutgemeinte Ratschläge zu erteilen, die jedoch der ratsuchenden Person meist nicht weiterhelfen. Der Grund liegt darin, dass individuelle Fragestellungen im sozial-kommunikativen Bereich eine hohe Komplexität aufweisen, die ohne eine genaue Kenntnis des jeweiligen sozialen Systems kaum angemessen beantwortet werden können. Meistens versuchen die „Ratgeber“ jedoch aufgrund ihrer eigenen Erfahrung, ihrer eigenen Realität, Lösungen anzubieten, die möglicherweise für sie selbst und ihre Realität gut passen, aber für die Situation und Person des „Ratsuchenden“ nicht geeignet sind. Im Gegenteil: Dadurch, dass jeder Ratschlag auf der Beziehungsebene der Kommunikation stets impliziert, dass der Ratgeber dem Beratenden überlegen ist und im Gegensatz zu ihm weiß „wie's geht“, können vorschnelle „Rat-Schläge“ das Selbstwertgefühl des Coachee weiter unterminieren.

Das Anliegen lebendig werden lassen

Deshalb besteht eine wichtige Aufgabe des Coachs darin, vorschnelle Ratschläge aus der Gruppe zu unterbinden. Er muss stattdessen für eine Struktur sorgen, um die Fragestellung des Coachee so bearbeiten zu können, dass die Gruppe vielmehr als Ressource und Unterstützung genutzt werden kann. Zudem stellt ein Coaching im Seminar die Anforderung an den Trainer, den Praxisfall des Coachee „lebendig“ werden zu lassen, sodass er praxisnah und realitätsgerecht bearbeitet werden kann.

Dies ist eine hohe Anforderung: Die Leitung muss sowohl den Coachee und sein Thema als auch die Gruppe im Blick haben, um passende Interventionen zu wählen. Zudem muss sie Ziele und Ablauf des Seminars im Hinterkopf haben, um zu gewährleisten, dass ihr Vorgehen stimmig ist und um steuernd eingreifen und die richtige Methode auswählen zu können, sodass der Coachee und alle Gruppenmitglieder davon profitieren. All dies ist äußerst anspruchsvoll, auch wenn es bei einem erfahrenen Trainer noch so einfach und spielend leicht aussehen mag.

Unerlässlich: Als Trainer an den eigenen Themen arbeiten

Es ist unerlässlich, dass der Trainer sowohl ein klares Verständnis für psychologische und zwischenmenschliche Dynamiken entwickelt als auch den strukturellen Kontext, in dem sich die Fragestellungen bewegen, einordnen kann. Vor allem aber ist es zwingend notwendig, dass der Trainer intensiv an seinen eigenen persönlichen – auch existenziellen – Themen gearbeitet hat, um weitgehend frei von Übertragungen und Projektionen leiten zu können. Um die erforderlichen Kompetenzen zu erwerben, bedarf es einer systematischen Ausbildung und fortlaufender Qualifizierung. Friedemann Schulz von Thun (1999) nennt folgende Schritte, die der Trainer durchlaufen sollte, bevor er Coaching eigenständig im Seminar durchführt:

Vorbereitung des Trainers auf das Seminarcoaching

1. Eigene Selbsterfahrung in der Rolle des Coachee, um persönliche Themen und Anliegen bearbeiten zu können.
2. Einübung einfacher Methoden der Fallarbeit in einem Ausbildungskontext.
3. Fallarbeit im geschützten Rahmen unter Supervision.
4. Fallarbeit im kollegialen Kreis einer Intervisionsgruppe.
5. Co-Leitung unter Aufsicht eines erfahrenen Trainers.
6. Fallarbeit alleine durchführen.

Auch eine (Einzel-)Coaching-Ausbildung ist eine gute Grundlage, um Coaching im Seminar durchzuführen. Allerdings stellt das Coaching im Gruppenkontext – wie oben ausgeführt – besondere Anforderungen an die Leitung, sodass zusätzliche Weiterbildungen unerlässlich sind. Auch im weiteren Verlauf der Trainertätigkeit ist regelmäßige Supervision dringend zu empfehlen, um die Qualität der eigenen Arbeit zu überprüfen und fortlaufend zu verbessern.

Dos und Don'ts

Coaching-Sequenzen im Seminar anzuleiten, gehört zu den anspruchsvollsten Aufgaben eines Trainers. Auch wenn dies einer fundierten Ausbildung bedarf, so gibt es doch eine Reihe von Leitlinien, an denen man sich orientieren kann, um die wichtigsten Hindernisse erfolgreich zu meistern.

Das Okay zum Vorgehen einholen

- Den Auftrag klären und immer im Blick haben. Die wichtigste Grundlage des Coachings ist stets das Ziel, das der Coachee in der ersten Phase („Goal") definiert. Hier wird geklärt, was der Coachee für sich klären oder herausfinden möchte. Oft kann der Coachee dies nicht auf Anhieb sagen und fängt stattdessen an, das Problem ausführlich darzustellen oder nennt gleich eine Reihe möglicher Ziele. Hier ist es elementar, dass der Trainer freundlich, aber bestimmt darauf besteht, ein konkretes Ziel für die Coaching-Sitzung zu vereinbaren. Auf dieser Basis erfragt er dann Informationen („Reality") und bietet anschließend eine Methode an, um in Bezug auf das Ziel einen Schritt weiterzukommen. Der Trainer holt vom Coachee das „O.K." zum Vorgehen ein, bevor er loslegt. Dabei nennt er nicht den Fachbegriff für die jeweilige Methode, sondern formuliert seinen Vorschlag in möglichst einfachen, verständlichen Worten. Beispiel: *„Ich schlage vor, dass Sie dieses schwierige Gespräch mit Ihrem Mitarbeiter hier probehalber durchführen und sich Feedback von den Kollegen einholen."*

- Anschließend setzt der Trainer „auftragsgemäß“ die gewählte Methode ein. Während der Bearbeitung überprüft er, was in Bezug auf das Ziel weitere sinnvolle Schritte sind. Am Ende wird kontrolliert, ob der Auftrag „erledigt“ ist: *„Wo stehen Sie in Bezug auf Ihr Ziel?“* Es ist also fast wie beim Handwerker: Der Kunde muss am Anfang klar sagen, was er will. Der Handwerker sagt, wie er den Auftrag bearbeiten möchte und fragt, ob dies im Sinne des Kunden ist. Ist dies der Fall, wird „gewerkelt“ (wobei der Kunde im Coaching mitarbeiten muss). Zwischendurch überprüft der Handwerker, ob er auf dem richtigen Weg ist. Und zum Schluss wird geklärt, ob der Auftrag erledigt ist oder noch daran „gefeilt“ werden muss.

„Trust the process“

- Der Trainer ist für den Prozess verantwortlich, nicht für die Lösung. Dies ist ein alter, bekannter Leitsatz – und doch ist es gar nicht so leicht, ihn umzusetzen. Auch wenn man sich dieses Prinzips in der Theorie bewusst ist, baut sich beim Anleiten einer Fallarbeit doch regelmäßig der Druck auf, das „Problem“ des Coachee „lösen“ zu wollen. Man glaubt zu wissen, was für den Coachee gut ist, wird ungeduldig oder verzweifelt ob der Schwierigkeit des Anliegens. All diese Gefühle spiegeln letztlich nur die – nicht immer bewusste – Annahme, dass man selbst das Problem des Coachee lösen könnte bzw. sollte. Tatsächlich kann dies jedoch nur der Coachee selbst. Deshalb gilt es, die beschriebenen Impulse zu registrieren, ohne ihnen nachzugeben. Der Trainer ist ausschließlich für den Prozess verantwortlich, der Coachee hingegen für die Inhalte und Lösungen. Sich dies immer wieder bewusst zu machen, kann helfen, sich zu entspannen, allen Lösungsdruck loszulassen und sich ganz auf die Begleitung des Coachee zu konzentrieren. Um es mit den Worten von Fritz Perls, dem Begründer der Gestalttherapie, zu sagen: „Trust the process.“

Glasklare Anweisungen

- Anweisungen statt Fragen. Der Trainer ist zwar „nur“ für den Prozess verantwortlich, diesen muss er jedoch mit klaren Instruktionen gestalten und steuern. Seine Interventionen während der Fallarbeit sollten aus klaren Anweisungen bestehen, um dies zu gewährleisten: *„Wählen Sie jemand, der die Rolle Ihres Chefs übernimmt“*, ist besser als „Wollen *Sie mal jemand aussuchen, der Ihren Chef spielen kann?“*, *„Nehmen Sie die Rolle Ihres Mitarbeiters ein“* ist besser als *„Möchten Sie vielleicht mal die Rolle Ihres Mitarbeiters einnehmen?“*. Wenn der Trainer während der Fallarbeit dem Teilnehmer die Frage stellt, ob er diese oder jene Intervention machen möchte, so wird dieser darüber nachdenken, wie er die vorgeschlagene Intervention bewertet und ob er dazu Lust hat – und steigt damit aus der Fallarbeit aus. Er denkt über die Methode nach, statt sich auf die Lösung zu konzentrieren. Damit dies nicht geschieht, ist es wichtig, Anweisungen zu geben, und zwar glasklare Anweisungen: *„Zeigen Sie uns mal, wie Ihr Mitarbeiter sich in der Besprechung verhält", „Sagen Sie Ihrem Chef, was Sie denken", „Denken Sie mal laut".* Diese direktive Art der Kommunikation ist vielen Trainern eher fremd. Sie ist jedoch notwendig, um den Prozess zu steuern und es dem Coachee zu ermöglichen, sich ganz darauf zu konzentrieren, wofür er verantwortlich ist: die Lösung seines Anliegens.

Das „Warum" beantworten

- Den Nutzen erklären. Damit Coachee und Gruppe dem Trainer folgen und bei den – aus ihrer Sicht bei oft befremdlichen – Methoden wie etwa einer Skulpturarbeit mitmachen, ist es notwendig, herauszustellen, wozu die jeweilige Methode gut ist. Nutzen-Formulierungen, die oft mit „Damit" oder „Um ... zu" beginnen, sind hierbei hilfreich: *„Damit Sie für das Gespräch gewappnet sind, schlage ich vor, es hier zu simulieren." „Um hier eine Lösung zu finden, schlage ich vor, dass Sie mal schauen, wie die Kollegen das machen würden".* Diese Formulierungen machen deutlich, wozu die folgende Intervention gut ist und schaffen dadurch Akzeptanz. Wenn der Trainer stattdessen sagt *„Machen wir doch mal ein Rollenspiel zu diesem Gespräch"*, so ist die Wahrscheinlichkeit deutlich größer, dass er damit auf Widerstand stößt, weil es für die Teilnehmer nicht nachvollziehbar ist, wozu die Methode „Rollenspiel" dient. Der Trainer muss also stets erklären, wozu die von ihm gewählten Methoden gut sind. Dabei muss der Nutzen nicht unbedingt aufseiten des Coachee liegen. Beispiel: *„Damit wir uns besser vorstellen können, wie das Gespräch war, stellen Sie es bitte kurz nach."* Da Menschen meist hilfsbereit sind, funktioniert aber auch diese Formulierung so gut wie immer und der Coachee stimmt meistens bereitwillig zu.

Psycho-Jargon vermeiden

- Die Sprache der Teilnehmer sprechen. Auch diese Regel mag selbstverständlich erscheinen – und wird doch so oft gebrochen. Wer Psycho-Jargon („anwärmen", „reinspüren", „mitschwingen"), Fachbegriffe („Psychodrama", „Eindoppeln", „Entrollen") oder Reizwörter („Spiel", „Rollenspiel") verwendet, braucht sich nicht zu wundern, wenn die Teilnehmer skeptisch und verschlossen sind. Stattdessen gilt es, schon im Vorfeld wichtige Begriffe der Zielgruppe kennenzulernen, diese zu verstehen und einsetzen zu können. Ansonsten hilft eine klare, unprätentiöse Sprache, um Akzeptanz zu schaffen. Die hier im Kapitel über Coaching-Sequenzen verwendeten Fachbegriffe finden Sie als Hilfestellung in einem Glossar auf S. 245 ff. erläutert.

Das Gespür für Befindlichkeiten nutzen

- Im Kontakt mit dem Coachee bleiben. Während der Fallarbeit ist es wichtig, in gutem Kontakt mit dem Coachee zu stehen, um zu spüren, ob man als Leiter auf dem richtigen Weg ist oder ob sich beim Coachee Widerstand oder Unbehagen regt. Schon zu Beginn des Coachings gilt es, einen guten „Rapport" zum Coachee aufzubauen, etwa durch offene Fragen, Aktives Zuhören und das Sich-Einstellen auf den Coachee, das sich unter anderem durch das Aufgreifen von Begriffen und Redewendungen des Coachee und durch den angemessenen Einsatz von Humor zeigen kann. Bei der Methodenwahl holt der Coach das Einverständnis des Coachee ein, um sicherzustellen, dass die Methode für ihn passt und er sich mit ihr wohl fühlt. Während der Fallarbeit achtet der Trainer auf die nonverbalen Signale des Coachee, um sie bei Bedarf aufgreifen und auf die Gefühle des Coachee eingehen zu können.

Sich an alle richten

- Die Gruppe einbeziehen. Auch wenn der Coachee während der Fallarbeit im Mittelpunkt steht, muss die Gruppe doch gleichzeitig stets mit einbezogen werden. Schließlich sollen alle Teilnehmer – nicht nur der Coachee – von der Coaching-Sequenz profitieren können. Um dies sicherzustellen, ist es zunächst wichtig, die Gruppe bei der Wahl des Themas mitbestimmen zu lassen. Auch in allen weiteren Phasen muss die Gruppe konsequent einbezogen werden. (Alle Coaching-Phasen finden Sie auf S. 84 ff. dargestellt.) So stellt in der „Reality"-Phase nicht nur der Trainer, sondern alle Teilnehmer Fragen. Während der methodischen Bearbeitung werden alle Rollen mit Teilnehmern besetzt. Sie erhalten klare Instruktionen, aber auch den Freiraum, die jeweilige Rolle ausgestalten zu können. Die Teilnehmer, die nicht direkt involviert sind, werden durch Beobachtungsaufgaben eingebunden. Während der methodischen Bearbeitung muss der Blick des Trainers immer wieder vom Coachee zu den anderen Teilnehmern wandern, um sicherzustellen, dass noch alle mit „im Boot sind". Wenn Unruhe entsteht, sollte der Trainier dafür sorgen, dass sich diese wieder legt und alle Teilnehmer auf die Fallarbeit konzentriert sind. In der „Options"-Phase werden Rückmeldungen und Ideen aller Teilnehmer erfragt. Beim Sharing können ähnliche Erfahrungen, wie sie der Coachee erlebt hat, mitgeteilt werden und somit der Bezug zum Anliegen bewusst gemacht werden. Während der Phase „Way forward" wird erarbeitet, was alle Teilnehmer aus der Fallarbeit für ihren Alltag mitnehmen können.

Wie kann der Trainer zu Beginn geeignete Rahmenbedingungen schaffen?

Was kann der Trainer nun konkret tun, um geeignete Rahmenbedingungen für Coaching im Seminar zu schaffen?

- Für die Arbeit an Praxisfällen ist es unabdingbar, dass die Teilnehmer zur Seminarleitung und zueinander Vertrauen gefasst haben. Deshalb ist es zu Beginn des Seminars wichtig, den Teilnehmern Gelegenheit zu geben, sich untereinander kennenzulernen. Dabei muss der Trainer einen Balanceakt meistern: Er muss genügend Zeit einräumen, damit die Teilnehmer einen „Draht“ zueinander entwickeln. Gleichzeitig muss er berücksichtigen, dass gerade Führungskräfte meist sehr effizienzorientiert sind. Ihnen erscheint ein intensives Kennenlernen rasch als Zeitverschwendung, da sie keinen klaren Nutzen erkennen können.

Vertrauen schaffen

- Ein weiterer Balanceakt besteht darin, dass die Leitung einerseits etwas „von sich zeigen sollte“, damit sie für die Teilnehmer „greifbar“ wird und diese Vertrauen zu ihr fassen können. Die anfängliche Angst und Unsicherheit in der Gruppe reduziert sich deutlich, wenn der Trainer den Teilnehmern nicht nur freundlich und aufmerksam begegnet, sondern sich selber offen vorstellt, auch Persönliches von sich erzählt und womöglich gar eigene Schwächen selbstironisch zugestehen kann. „Wenn der Trainer schon nicht perfekt ist, muss ich es wohl auch nicht sein“, ist die implizite Botschaft. Gleichzeitig ist der Trainer gefordert, Kompetenz, Vertrauen und Erfahrung auszustrahlen, um es den Teilnehmern zu erleichtern, sich seiner Leitung anzuvertrauen.

- Für die Fallarbeit müssen die Teilnehmer sorgfältig vorbereitet – „angewärmt“ – werden. Wie im Sport die Muskeln erst gelockert und gedehnt werden, bevor man sie einer intensiven Belastung aussetzt, so muss die Bereitschaft und Fähigkeit, sich auf das erlebnis- und handlungsorientierte Arbeiten in der Gruppe einzulassen, Schritt für Schritt aufgebaut werden.

Die Vorbereitung eines Coaching-Falles kann darin bestehen, den Teilnehmern einen Input zu geben, wie das im Folgenden ablaufende Coaching grundsätzlich funktionieren wird

Input – Coaching-Leitfaden

Ziele

- Die Teilnehmer entwickeln ein erstes Verständnis von Coaching und dem GROW-Modell.
- Sie verstehen die Anwendung sowohl im Seminarkontext als auch im Kontext möglicher eigener Mitarbeitergespräche.

Zeit

- 10 Minuten

Material

- Flipchart „GROW-Modell"

Überblick

- Der Trainer erklärt den Begriff „Coaching".
- Er erläutert Coaching als Beratungsmethode und als Führungstechnik.
- Am Flipchart erklärt er das GROW-Modell.

Ein Wissens-Input als Einstieg in die Fallarbeit

Bevor ein Fall gecoacht wird, kann vorher ein Input erfolgen. Dieser erklärt das Vorgehen des Coachens im Seminar und betont die Vorteile von Coaching-Kenntnissen für Führungskräfte über das Seminar hinaus. Aus meiner Erfahrung ist es hilfreich, wenn man noch vor der ersten Kaffeepause einen ersten inhaltlichen Akzent setzen kann, sodass auch diejenigen Teilnehmer, die stark ziel- und inhaltsgetrieben motiviert sind, zufrieden sind, da sie etwas inhaltlich Neues gelernt haben. Wenn man anschließend mit Praxisberatung starten will, bietet sich das „Grow-Modell" an, da es sowohl für Coaching-Sequenzen im Seminar als auch für Mitarbeitergespräche einen hilfreichen Rahmen bietet.

„Die Praxisfälle werden wir anhand eines bewährten Coaching-Leitfadens bearbeiten, anhand dessen sich berufliche Fragestellungen effektiv bearbeiten lassen. Bevor ich Ihnen diesen Leitfaden vorstelle, möchte ich Ihnen einen Überblick darüber geben, was Coaching eigentlich ist und wie Sie Coaching-Elemente und -Techniken in Ihrem Alltag nutzen können.

Zunächst möchte ich kurz auf den Begriff ‚Coaching' eingehen, weil er in der Öffentlichkeit oft diffus und missverständlich verwendet wird. In der Personalentwicklung wird unter Coaching eine Beratung verstanden, in der der Coachee – also die Person, die sich coachen lässt – die Un-

terstützung eines professionellen Coachs in Anspruch nimmt, um seine persönlichen Entwicklungsziele zu erreichen. Die Themen und Inhalte werden hierbei vom Coachee bestimmt, der auch dafür verantwortlich ist, Lösungen zu finden und umzusetzen. Der Coach hat die Aufgabe, durch aufmerksames Zuhören, Fragetechniken, Feedback und verschiedene Interventionstechniken dem Coachee zu helfen, seine Ziele zu erreichen, was dieser ohne das Coaching möglicherweise nicht oder nicht so schnell schaffen würde.

Der Coach ist also nicht der Experte, der inhaltliche Tipps und Ratschläge gibt, sondern eine neutrale Instanz, ein ‚Sounding Board', der dem Coachee hilft, seine eigenen Lösungen zu finden. Dies macht auch die Herkunft des Begriffs ‚Coach' deutlich: Er stammt aus dem Englischen und bedeutet ‚Kutsche'. Der Coach hilft also, ein Ziel zu erreichen, welches vom Coachee selbst bestimmt wird.

Coaching-Techniken haben sich auch als effektiv in der Personalführung erwiesen. Der Psychologe Daniel Goleman hat die Effektivität verschiedener Führungsstile evaluiert und festgestellt, dass Führungsverhalten, das durch eine Coaching-Haltung und den Einsatz entsprechender Techniken geprägt ist, effektiver ist als alle anderen Führungsstile. Was ich Ihnen jetzt erkläre, gilt also auf der einen Seite als Coach und Coachee hier im Seminar, Sie können es auf der anderen Seite aber auch auf Gespräche zwischen sich und einem Mitarbeiter übertragen.

Die Grundidee von Coaching ist stets, dass der Coach – bzw. im Mitarbeitergespräch die Führungskraft – anderen, die um Rat suchen, keine Ratschläge gibt, sondern ihnen hilft, ihre Situation zu analysieren und Lösungsoptionen zu finden. Dazu hat sich das sogenannte GROW-Modell bewährt."

Der Trainer präsentiert das GROW-Modell am Flipchart. *„GROW steht für zweierlei. Zum einen heißt ‚grow' wachsen. Die Abkürzung steht also dafür, dass Coaching eine Methode zu persönlichem Wachstum, zu persönlicher Weiterentwicklung ist. Zum anderen fasst sie die vier wichtigsten Schritte einer Coaching-Sequenz zusammen. Jeder Buchstabe steht für eine Phase des Coachings.*

Goal

*Das G steht für ‚**Goal**', also für das Ziel. Im ersten Schritt geht es also darum, zu klären, was der Coachee erreichen will. In Mitarbeitergesprächen geht es oft darum, den Ball an den Mitarbeiter zurückzuspielen, wenn dieser sich mit einem Problem an die Führungskraft wendet und man den Eindruck hat, dass dieser das Problem auch selbst lösen könnte.*

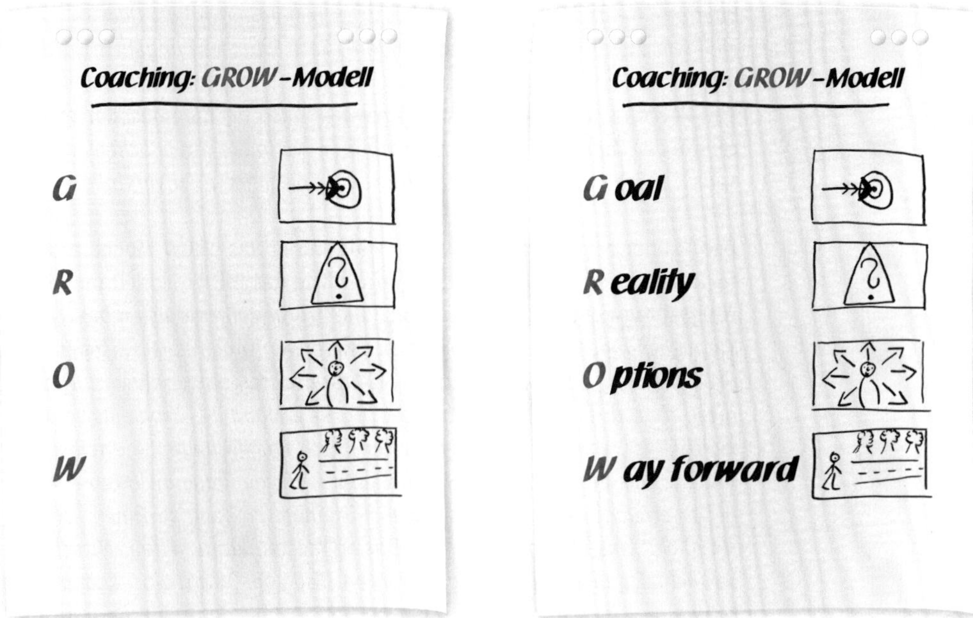

Abb.: Das GROW-Modell wird schrittweise beim Erklären vervollständigt.

Reality

*Das R steht für ‚**Reality**'; hier geht es darum, das Problem zu analysieren. Es geht darum, dem Coachee bzw. Mitarbeiter Fragen zu stellen, um die Situation besser zu verstehen und dem Coachee idealerweise zu helfen, sie aus einem anderen Blickwinkel zu betrachten. Lösungsvorschläge sind in dieser Phase nicht hilfreich, weil sie sonst vorschnell erfolgen, bevor das Problem richtig verstanden wurde.*

Options

*Das O steht für ‚**Options**'; hier geht es darum, mögliche Lösungen zu sammeln. In einem 1:1-Gespräch stehen hierfür nur der Coachee und der Coach bzw. Mitarbeiter und Führungskraft zur Verfügung, wobei der Grundgedanke ist, dass Coachee bzw. Mitarbeiter dazu angeregt werden, selbst Lösungen zu entwickeln und der Coach bzw. die coachende Führungskraft seine bzw. ihre Anregungen ergänzt. Im Seminar kann hierfür die ganze Gruppe genutzt werden.*

Für diese Phase gibt es unterschiedliche Methoden. Das konkrete Vorgehen hängt davon ab, wie die individuelle Situation des Coachee ist und das Ziel sollte sein, dass die Beratung möglichst praxisnah ist. Wenn der Coachee beispielsweise die Frage hat, wie er seine Präsentationen vor dem Vorstand besser halten kann, so können wir diese Situation hier simulieren, dem Coachee Feedback geben und er kann versuchen, das eine oder andere anders zu machen, als er es bisher getan hat. Oder er kann sich von außen anschauen, wie andere diese Situation angehen würden.

Way forward

*Das W schließlich steht für ‚**Way forward**'; also für die nächsten Schritte, die der Coachee – bzw. Ihr Mitarbeiter, wenn Sie ihn coachen – umsetzen möchte. Hier geht es also darum, Maßnahmen zu vereinbaren."*

Der Trainer ergänzt das Flipchart, während er das GROW-Modell erläutert. Anschließend ergänzt der Trainer, wie das GROW-Modell im Führungsalltag genutzt werden kann: *„In Mitarbeitergesprächen brauchen Sie nicht immer alle vier Schritte zu verwenden. Aber es ist hilfreich, die Grundhaltung des Coachs auch im Führungsalltag einzunehmen. Und diese sind, dass Sie als Coach nicht für die Lösung des Problems verantwortlich ist, sondern dem Mitarbeiter durch Fragen helfen, sie selbst zu finden. Das kann schon durch eine ganz einfache Frage an Ihren Mitarbeiter erreicht werden, wenn dieser mit einem Problem zu Ihnen kommt. Nämlich: ‚Was schlagen Sie vor?'. Das zu fragen, kann helfen, Mitarbeiter zu mehr Eigenverantwortung zu führen. Falls der Mitarbeiter keinen Vorschlag hat, kann man fragen, welche Optionen es denn gibt und mit ihm die Vor- und Nachteile durchgehen.*

Falls auch das nicht weiterführt, kann man bei den ersten Schritten beginnen. ‚Was ist Ihr Ziel' oder ‚Was möchten Sie erreichen?' (Goal). Anschließend kann man zur Ist-Analyse übergehen (Reality): ‚Was haben Sie bereits unternommen?', ‚Was genau ist das Problem?', ‚Wodurch ist es entstanden?', ‚Was gibt es für Auswirkungen?', ‚Was würden andere dazu sagen?' Etc.

Diese Fragen dienen dazu, den Mitarbeiter in die Verantwortung zu nehmen, anstatt sich diese als Chef aufladen zu lassen. Natürlich gibt es auch Situationen, in denen man als Chef Verantwortung übernehmen und Entscheidungen treffen sollte. Doch insgesamt ist es für die Entwicklung von Mitarbeitern und Teams hilfreich, eine Coaching-Haltung einzunehmen. In einer ganzen Reihe von Studien hat sich gezeigt, dass dieser Führungsstil langfristig zu den besten Ergebnissen in Bezug auf die Entwicklung und Leistung von Teams führt."

Hinweis

- An dieser Stelle empfiehlt es sich, dass der Trainer auch etwas zu seiner eigenen Coaching-Erfahrung und seiner Ausbildung sagt, um deutlich zu machen, dass er über die nötige Erfahrung und Kompetenz auf diesem Gebiet verfügt.

Wie wird entschieden, welches Coaching-Thema bearbeitet wird?

Ziele

- Es wird ein Praxisfall ausgewählt, der sowohl thematisch in den Ablauf passt als auch das Interesse der Gruppe findet.

Zeit

- 10 Minuten

Material

Keines

Überblick

- Der Leiter stellt Themen zur Auswahl, die in den Seminarablauf passen.
- Er stellt sicher, dass die potenziellen Coachees zur Fallarbeit bereit sind.
- Die Entscheidung wird per Soziometrie von der Gruppe getroffen.

Grundsätzlich gibt es drei Möglichkeiten, zu entscheiden, welche Fragestellung zu einem bestimmten Zeitpunkt bearbeitet wird:

Über die Reihenfolge entscheiden

1. Die potenziellen Coachees – also jene Teilnehmer, die ein Anliegen eingebracht haben – einigen sich untereinander, wer drankommt.
2. Die Gruppe entscheidet, an welchem Thema gearbeitet wird.
3. Die Leitung entscheidet.

Jede Vorgehensweise hat ihre Vor- und Nachteile, die ich im Folgenden erläutern möchte.

1. **Die Coachees entscheiden** – Hier fragt die Leitung, wer seinen Praxisfall jetzt einbringen möchte.

   Vorteile: Die Entscheidung wird den einzelnen Seminarteilnehmern überlassen, damit gewährt dieses Vorgehen die höchste Autonomie und Selbstbestimmtheit.

   Nachteile: Es besteht dabei das Risiko, dass sich niemand traut, den Anfang zu machen und ein betretenes Schweigen einsetzt. Dem kann die Leitung begegnen, indem sie die Teilnehmer zum Beispiel auffordert, verdeckt eine Zahl zwischen 0 und 10 auf einer Moderationskarte zu notieren. Dabei steht 0 für „kein Interesse, das eigene Thema jetzt einzubringen" und 10 für „sehr hohes Interesse, das eigene Thema jetzt einzubringen". Die Moderationskarten werden dann gleichzeitig aufgedeckt; die Person mit der höchsten Zahl beginnt.

Es kann dabei auch passieren, dass die eingebrachten Themen nicht zum Ablauf des Seminars passen und die Praxisberatung damit wie ein Fremdkörper im Seminar wirkt. Auch kann es sein, dass das Thema zwar für den Coachee, nicht aber für die Gruppe von Interesse ist.

Fazit: Aus meiner Sicht ist diese Vorgehensweise vor allem dann indiziert, wenn Selbsterfahrung im Mittelpunkt steht und es gewünscht ist, dass die Teilnehmer selbst die Verantwortung für ihr Lernen übernehmen. Dies kann zum Beispiel bei kollegialer Beratung, Intervision oder Supervision der Fall sein.

2. **Die Gruppe entscheidet** – Wenn der Trainer die Gruppe entscheiden lässt, welcher Praxisfall bearbeitet wird, kann er dabei folgendermaßen vorgehen: Er verteilt die Plakate (oder Moderationskarten), auf denen die eingebrachten Themen stehen, im Raum und fordert die Teilnehmer auf, sich zu dem Thema zu stellen, das sie am meisten interessiert. Alternativ kann er die Themen auch auf einem Flipchart oder einer Pinnwand notieren und sich die Präferenzen mittels Klebepunkten durch die Teilnehmer anzeigen lassen.

   Vorteile: Es wird sichergestellt, dass jenes Thema bearbeitet wird, das am meisten Interesse bei den Teilnehmern findet. Dadurch wird gewährleistet, dass sich die Energie der Gruppe auf die anschließende Fallarbeit richtet. Das ist insofern wichtig, als dass die Fallarbeit nicht nur dem Coachee, sondern stets allen Teilnehmern zugutekommen soll, indem diese sich mit dem Coachee identifizieren und das jeweilige Thema auf die eigene Realität übertragen. Diese Identifikation ist wiederum für den Coachee hilfreich, da er sich dadurch, dass die Gruppe sich mit voller Aufmerksamkeit seinem Anliegen widmet, von ihr „getragen" fühlt.

   Nachteile: Durch die Wahl der Gruppe entsteht eine Konkurrenzsituation unter den Teilnehmern. Welches Thema wird gewählt?

Und: Welcher Teilnehmer wird gewählt, bzw. abgewählt. Es kann kränkend sein, wenn das eigene Thema, das als besonders dringlich erlebt wird, von der Gruppe als weniger wichtig eingestuft wird als das eines anderen.

Fazit: Da die Fallarbeit stets ein Lernen des Coachee und der gesamten Gruppe ermöglichen soll, spricht einiges dafür, die Gruppe nach Möglichkeit miteinzubeziehen. Dabei ist es wichtig, hervorzuheben, dass verschiedene inhaltliche Themen zur Wahl stehen und nicht die Personen, welche die Themen eingebracht haben.

3. **Der Trainer entscheidet** – Wenn der Trainer die Entscheidung trifft, wird er dies vor dem Hintergrund bestimmter Überlegungen tun: Welcher Praxisfall passt jetzt am besten? Welchem Teilnehmer traue ich es zu, sich in einem Seminar auf die Praxisberatung einzulassen? Idealerweise kann der Trainer eine schlüssige Begründung geben und transparent machen, warum nun ein bestimmter Fall bearbeitet wird. Dies ist am einfachsten, wenn eine bestimmte Fragestellung gerade ideal in den Ablauf passt.

   Vorteile: Der Trainer ist für die Struktur des Seminars verantwortlich und hat den besten Überblick, welcher Praxisfall in den Ablauf des Seminars passt. Außerdem wird der Trainer möglicherweise Hypothesen entwickeln, welche Teilnehmer die nötige Offenheit und Motivation mitbringen, um sich auf das Coaching einzulassen und damit – gerade bei der ersten Fallarbeit – als Modell für die anderen dienen können. Dadurch kann der Trainer die Weichen für weitere erfolgreiche Coaching-Sequenzen stellen.

   Nachteile: Die Entscheidung durch den Leiter kann von der Gruppe als willkürlich erlebt werden. Es kann passieren, dass sich die Teilnehmer bevormundet und nicht als mündige Kunden behandelt fühlen, was die Motivation erheblich beeinträchtigen kann. Dies ist insbesondere dann der Fall, wenn die Entscheidung des Leiters für sie nicht transparent und nachvollziehbar ist. Hinzu kommt, dass der Leiter bei seiner Einschätzung jederzeit falschliegen kann, etwa was seine diagnostische Einschätzung der geeigneten Coachees angeht. Die Versuchung ist groß, zu glauben, dass man schon weiß, „was für die Teilnehmer gut ist“.

   Fazit: Der Trainer kann die Entscheidung treffen, welche Themen wann in den Ablauf passen, aber es macht Sinn, auch die potenziellen Coachees und die Gruppe einzubeziehen.

Vorgehen

Alle drei Aspekte berücksichtigen

Aus meiner Sicht ist es in meinem Seminarkontext empfehlenswert, alle drei Vorgehensweisen zu kombinieren:

1. Der Leiter trifft eine Entscheidung, welche Themen zu einem bestimmten Zeitpunkt zum Seminarablauf passen, zum Beispiel: *„Wir kommen jetzt zum Thema ‚Kritik klar formulieren'. Frau A, Herr B und Frau C, Sie alle hatten Fragestellungen eingebracht, die zu diesem Thema passen."*

2. Er stellt sicher, dass die potenziellen Coachees zur Fallarbeit bereit sind: *„Wäre es in Ordnung für Sie, wenn wir eine Ihrer Fragestellungen jetzt behandeln?"* Hier kann es vorkommen, dass einzelne Gruppenmitglieder einen „Rückzieher" machen und konstatieren, dass ihr Thema „doch nicht so wichtig" oder ein anderes „viel interessanter" sei. Das kann der Trainer akzeptieren, sollte aber später darauf zurückkommen und überprüfen, ob das Thema nicht doch relevant ist. Manchmal kann es auch hilfreich sein, wenn der Trainer glaubhaft versichern kann, dass er ein bestimmtes Thema durchaus „interessant" findet, da manche Coachees diese Art Rückversicherung brauchen, um die Hemmschwelle zu überwinden, den eigenen Fall einzubringen.

3. Die finale Entscheidung trifft die Gruppe per soziometrischer Wahl: *„Bitte stellen Sie sich zu dem Thema, an dem Sie jetzt arbeiten möchten"*

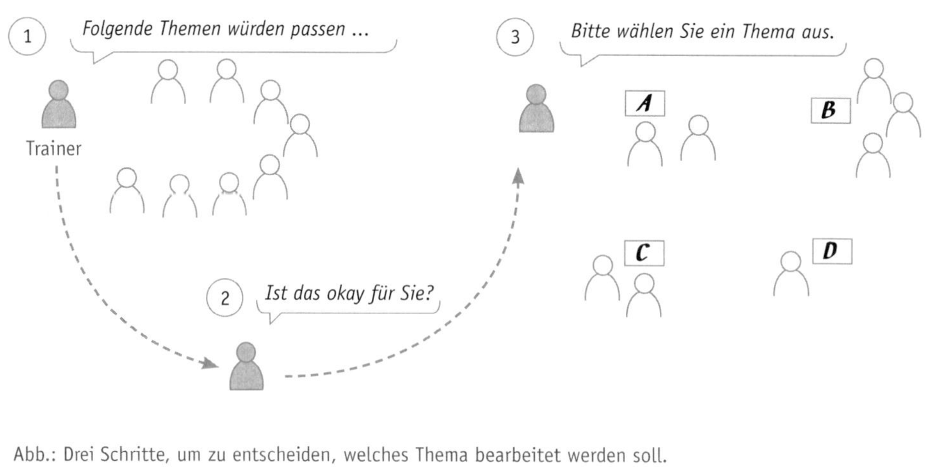

Abb.: Drei Schritte, um zu entscheiden, welches Thema bearbeitet werden soll.

Hinweise

- Falls es bei der soziometrischen Wahl einen Gleichstand zwischen zwei Fällen gibt, bittet der Trainer diejenigen, die bei jenen anderen Fällen stehen, die weniger oft gewählt wurden, sich auch für eines der beiden meistgewählten Themen zu entscheiden. Falls auch dann noch ein Patt vorliegt, fordert er diejenigen auf, die die Fälle eingebracht haben, sich zu einigen.

Methodisches Vorgehen

Bei der Durchführung einer Coaching-Sequenz kann sich der Trainer am GROW-Modell orientieren, welches den Teilnehmern zuvor erläutert wurde (s. S. 83 ff.). Dabei ist es hilfreich, das Flipchart mit den vier Phasen stets präsent zu haben, sodass das Vorgehen für die Gruppe nachvollziehbar ist.

Goal – Das Ziel definieren

Goal

Bei diesem ersten Schritt sollte die Seminarleitung die Zügel fest in der Hand behalten. Sie benötigt einen klaren Auftrag, um mit dem Coaching beginnen zu können.

Folgende Fragen können bei der Zielvereinbarung helfen:
- Was möchten Sie hier erreichen?
- Was ist Ihr Ziel?
- Was möchten Sie herausfinden?

Manchmal muss die Seminarleitung nachhaken, um sicherzustellen, dass die Ziele ausreichend konkret und überprüfbar sind.

Reality – Die Ist-Situation analysieren

Reality

Im nächsten Schritt geht es darum, offene Fragen zu stellen, um die Ist-Situation zu analysieren. Hierbei kann die Seminarleitung am Anfang einige Fragen stellen, um die Weichen in die richtige Richtung zu stellen. Anschließend kann sie die Gruppe einladen, weitere Fragen an den Coachee zu stellen.

Falls diese Fragen versteckte Lösungsvorschläge enthalten (*„Haben Sie schon mal daran gedacht, ...“*), muss sie sofort intervenieren (*„Diese Frage beinhaltet eine Lösungsidee. Bitte behalten Sie diese Idee im Hinterkopf für die nächste Coaching-Phase. Stellen Sie jetzt nur Fragen,* *wenn Ihnen noch Informationen fehlen, um die Situation zu verstehen").* Folgende Fragen können zur Ist-Analyse hilfreich sein:

Fragen zur Ist-Analyse

- Worum geht es?
- Wie ist die Situation genau?
- Eigenschaften und Verallgemeinerungen hinterfragen:
  - Wie äußert sich das? Welche Beispiele gibt es? Wann ist das so?
  - Welche Auswirkungen hat das?
- Wie war es am Anfang? Welche Veränderungen gab es? Wie ist es aktuell?
- Wann und wodurch traten Veränderungen auf?
- Wann ist es anders? Welche Ausnahmen gibt es? Was unterscheidet diese Situationen?
- Wer ist beteiligt? Wer ist indirekt betroffen? Wie?
- Wenn ich X fragen würde, wie würde er die Situation beschreiben?
- Wer hat welche Interessen?
- Welche Koalitionen gibt es? Gegen wen?
- Wer reagiert wie auf wen?
- Wer hat welchen Nutzen aus der Situation?
- Was haben Sie dazu beigetragen, dass die Situation so ist, wie sie ist?

Situationsanalyse kurz halten

Die Seminarleitung sollte darauf achten, dass diese Phase nicht zu lange dauert. Im Mittelpunkt des Coachings im Seminar sollte die Arbeit mit handlungsorientierten Methoden stehen, denn davon profitieren die Teilnehmer am meisten. Die Situationsanalyse kurz zu halten, ist aber nicht immer leicht. Schließlich sind die meisten Fach- und Führungskräfte sehr geübt darin, Situationen zu analysieren. Sind sie dann noch eloquent, besteht die Gefahr, dass die gesamte Gruppe (inklusive Leitung) in eine „Problem-Trance" gerät (Gunter Schmid) und das Gefühl entsteht, dass es wohl keine Lösung geben könne. Daher sollte der Trainer darauf achten, dass genug Zeit für die Lösungsfindung bleibt. Dies kann er etwa steuern, indem er rechtzeitig fragt, wer die „letzte(n) Frage(n)" stellen möchte.

Bereits in der „Reality"-Phase kann handlungsorientiert mit vielen der im folgenden dargestellten Coaching-Methoden gearbeitet werden. So kann etwa die „Nachinszenierung" (s. S. 128) eingesetzt werden, um eine vergangene Situation besser zu verstehen oder eine „Teamskulptur" (s. S. 170), um Konflikte im Team zu analysieren.

Options – Lösungsoptionen sammeln und bewerten

Options

Zu Beginn der Phase „Options" kann der Trainer bei Bedarf zunächst ebenfalls mit Fragetechniken arbeiten, um erste Lösungsideen zu generieren. Fragen zu Lösungsmöglichkeiten:

Fragen zu Lösungsoptionen

- Was haben Sie bereits unternommen, um das Problem zu lösen? Mit welchem Ergebnis?
- Was müssten Sie tun, um das Problem zu verschlimmern?
- Wenn über Nacht ein Wunder geschehen würde, wie wäre die Situation dann?
- Angenommen, das Problem ist gelöst und Sie schauen zurück, was haben Sie als Erstes getan?
- Wenn Sie später Ihren Enkeln von dem Problem erzählen, welche positiven Seiten hat es gehabt?
- Welche Lösungsansätze wurden bisher übersehen oder vermieden?
- Wer könnte Ihnen helfen?
- Welches Problem könnte auftreten, wenn dieses gelöst würde?

Die Realität in den Seminarraum holen

Allerdings sollte spätestens jetzt die handlungsorientierte Arbeit am Thema im Vordergrund stehen. Hier geht es darum, die Realität des Coachee „in den Seminarraum zu holen" und nach Lösungen zu suchen. Bei einigen der im folgenden Kapitel vorgestellten Coaching-Methoden liegt der Fokus ganz darauf, Lösungsoptionen zu finden, wie etwa das „Actstorming" (s. S. 144), das „Übende Rollenspiel" (s. S. 116), die „Disney-Strategie" (s. S. 161) oder die „Tetralemma-Aufstellung" (s. S. 191).

Bei der Auswertung der Fallarbeit geht es schließlich darum, das zuvor in der methodischen Bearbeitung Erlebte zu reflektieren, kognitiv zu verarbeiten und zu integrieren. Rückmeldungen, ähnliche Erfahrungen und Anregungen sowie Lösungsideen der anderen Gruppenteilnehmer haben hier ihren Platz. Dadurch wird die Gruppe nach der methodischen Bearbeitung, die oft eher auf den Coachee zugeschnitten ist, wieder miteinbezogen. Zugleich wird der Coachee wieder in die Gruppe integriert. Welches genaue Vorgehen hierbei gewählt wird, hängt mit der jeweiligen Methode zusammen und wird daher in diesem Zusammenhang beschrieben.

Way forward – Umsetzung und Transfer

Way forward

Am Ende des Coachings erhält der Coachee Gelegenheit, zu überprüfen, ob und in welchem Maß er sein Ziel erreicht hat: *„Wenn Sie jetzt noch einmal Ihr Ziel anschauen, wo stehen Sie jetzt? Was ist für Sie klarer geworden und was ist noch offen geblieben?"*

Außerdem geht es darum, nächste Schritte zu definieren und dem Coachee dadurch den Transfer zu erleichtern. Dazu passen die folgenden Fragen:

Fragen zur Umsetzung

- Was werden Sie konkret tun?
- Auf einer Skala von 0–10, wie viel Energie haben Sie für die Umsetzung?
- Was ist Ihr erster Schritt?
- Welche Hindernisse könnten auftreten und wie gehen Sie damit um?
- Wer könnte Ihnen helfen?
- Woran werden Sie merken, dass Sie ihr Ziel erreicht haben?

Transfer

Transfer des Gelernten

Nun kann noch ein Ergänzungsschritt zu „GROW" erfolgen: Der Trainer kann abschließend noch einen weiteren Schritt hinzufügen, um von dem spezifischen Fall zu abstrahieren und es den anderen Teilnehmern zu erleichtern, die gemachten Lernerfahrungen auf andere Situationen zu übertragen. Dadurch richtet sich der Fokus weg von dem Coachee – der nun die Gelegenheit hat, die gemachten Erfahrungen zu „verdauen" – und hin zum Thema und zur gesamten Gruppe. Hierbei gibt es drei Optionen:

Optionen für einen Ergänzungsschritt

1. **Schlussfolgerungen:** Um die Erkenntnisse der Coaching-Sitzung zu abstrahieren, kann die Seminarleitung die Teilnehmer fragen, welche Schlussfolgerungen sie aus der Fallarbeit ziehen und diese – etwa auf einem Flipchart – festhalten. Das kann die Seminarleitung beispielsweise folgendermaßen anleiten: *„Ich möchte gerne noch einen Schritt weitergehen. Die Frage ist jetzt: Was haben wir aus diesem Fall gelernt? Welche Schlüsse können wir aus diesem konkreten Praxisfall ziehen, die wir dann in ähnlichen eigenen Situationen anwenden können?"*

Passenden Input anschließen

2. **Input:** Wenn die Seminarleitung ein bestimmtes Modell „in petto" hat, welches optimal zum Thema passt, so kann sie dieses gut für den Transfer ergänzen. Wenn sich beispielsweise in einem Rollenspiel eine Dynamik zeigt, in der eine Person eine angepasste, unterwürfige (kindliche) Haltung einnimmt und die andere eine strenge, überaus kritische (elternähnliche) Position, so kann das Modell der Transaktionsanalyse helfen, typische Kommunikationsdynamiken besser zu verstehen.

3. **Vertiefende Kleingruppenarbeit:** Man kann den besprochenen Fall verwenden, um bestimmte Kompetenzen, um die es ging, in Kleingruppen zu trainieren. Wenn etwa in der Coaching-Sequenz eine schwierige Gesprächssituation zu einem wichtigen Thema in einem Rollenspiel bearbeitet wurde, so kann dies anschließend in Triaden vertiefend wiederholt werden (A übernimmt die Rolle der Führungskraft, B die des Mitarbeiters und C die des Beobachters; s. S. 278 ff.)

Variante

Alternativ zum GROW-Modell lassen sich andere Strukturen zur Fallarbeit einsetzen, etwa das – im Grunde ähnliche – Phasenmodell nach Schulz von Thun (1996):

Phasenmodell nach Schulz v. Thun

1. **Exploration:** Der Protagonist schildert die Situation, die anderen stellen Fragen.
2. **Zieldefinition:** Es wird geklärt, was der Protagonist mit der Fallarbeit erreichen will.
3. **Methodische Bearbeitung:** Das Anliegen wird erlebnisaktivierend mit einer Coaching-Methode bearbeitet.
4. **Auswertung:** Die Fallarbeit wird ausgewertet.
5. **Ergebnissicherung:** Es werden Lernerfahrungen aus der Fallarbeit abgeleitet.

Diese fünf Phasen bilden das methodische Vorgehen im Seminar sogar noch besser ab. Andererseits ist das GROW-Modell über das Seminar hinaus auch als Coaching-Leitfaden nutzbar und kann dadurch von den Teilnehmern besser im Alltag genutzt werden.

Coaching-Methoden

Auf dem vorgestellten GROW-Schema aufbauend, stelle ich Ihnen 15 Methoden vor, die dazu dienen, das Anliegen des Coachee „lebendig werden zu lassen" und handlungsorientiert zu bearbeiten. Auf unterschiedliche Weise wird die subjektive Realität des Coachee in den Seminarraum geholt, um dann Möglichkeiten zu erkunden, wie Lösungen aussehen können, die für den Coachee und seinen Kontext stimmig sind.

Welche Methode ausgewählt wird, ist keine leichte Entscheidung. Idealerweise wird je nach Anliegen, Coachee und Seminar eine passende Methode verwendet. Die dargestellten Methoden sind selbstverständlich nicht vollständig und sollen vielmehr dazu anregen, immer wieder neue Wege zur passgenauen Praxisberatung zu finden. Zu den bei den Methoden verwendeten Fachbegriffen finden Sie ein Glossar auf S. 245.

Methode	Zweck		Seite
Reflecting Team	**Eine Methode für alle Fälle** – hilft, eigene Anteile am Problem zu reflektieren und andere Sichtweisen auf die eingebrachte Problemstellung und die eigenen Anteile daran zu finden.		99
Rollentausch	**Umgang mit „schwierigen" anderen** – wenn es dem Coachee schwerfällt, sich in seine(n) Interaktionspartner einzufühlen – was aber für ihn notwendig ist, um seine Ziele zu erreichen.		107
Übendes Rollenspiel	**Verhalten trainieren** – eignet sich insbesondere dann, wenn der Coachee sein eigenes Verhalten in einer bestimmten, wiederkehrenden Situation künftig anders gestalten möchte oder wenn es um die Vorbereitung auf eine neue Situation oder Aufgabe geht. Auch wenn Teilnehmer grundsätzlich am eigenen Verhalten arbeiten möchten, ist es oft sinnvoll, dies anhand einer konkreten Situation zu tun.		116

Klärung zwischenmenschlicher Fragestellungen

Klärung von Teamkonflikten

Klärung innerer Konflikte

Methode	Zweck		Seite
Nach-inszenierung	**Das eigene Verhalten reflektieren** – im Unterschied zum Übenden Rollenspiel geht es in der Nachinszenierung darum, ein vergangenes Ereignis zu simulieren. Dies ist dann sinnvoll, wenn es für das Anliegen des Coachees Schlüsselsituationen gibt, deren Verständnis ihn einen entscheidenden Schritt weiterbringen könnten. Mit der „Diagnose" des eigenen Verhaltens und dessen Auswirkungen wird die Basis für die „Therapie" in Form eines veränderten Handelns gelegt.		128
Actstorming	**Handlungsalternativen finden** – diese Methode eignet sich immer dann, wenn der Coachee nicht weiß, wie er sich in einer bestimmten Situation konkret verhalten könnte, aber andere in der Gruppe über Handlungsideen verfügen, beispielsweise: „Wie soll ich künftig auf die unsachlichen Kommentare des Vorstands reagieren?"		144
Stunde der Wahrheit	**Klartext reden** – wenn sich beim Coachee eine ganze Menge Ärger und Frust angehäuft hat, der niemals artikuliert worden ist. Oder wenn er stets diplomatisch agiert oder agieren muss, etwa weil er sich in einem sehr strategischen, „politischen" Umfeld befindet und es Blockaden lösen kann, die eigenen Gefühle und Gedanken in einem gesicherten Umfeld ungeschminkt ausdrücken zu können.		153
Disney-Strategie	**Strategien entwickeln** – wenn es darum geht, Ziele und Visionen zu konkretisieren und alltagstauglich zu gestalten. Wenn also ein Coachee vor einem Problem steht und zwar erste Lösungsideen hat, diese aber noch unklar und unausgereift sind, ist die Disney-Methode gut geeignet, um zu mehr Klarheit beizutragen, diese Ideen zu prüfen und ihre Umsetzung in den Blick zu nehmen.		161
Teamskulptur	**Konflikte verstehen und bearbeiten** – hilft, bei Spannungen und Konflikten innerhalb des Teams oder einer Abteilung die Dynamik innerhalb seines sozialen Systems besser zu verstehen. Wird aber auch eingesetzt, um die Beziehungen zu anderen „Stakeholdern" wie Kunden oder anderen Abteilungen darzustellen und zu analysieren. Der Coachee entwickelt Lösungsmöglichkeiten und Handlungsalternativen, um sein System (Team, Abteilung etc.) beeinflussen zu können.		170

 Klärung zwischenmenschlicher Fragestellungen

 Klärung von Teamkonflikten

 Klärung innerer Konflikte

Methode	Zweck		Seite
Organisations-aufstellung	**Systeme verstehen** – ähnlich wie die Teamskulptur lässt sich auch diese Methode bei Spannungen, Konflikten, Blockaden oder Veränderungsprozessen innerhalb von Teams oder Organisationen einsetzen. Der Coachee erlangt ein tieferes Verständnis der Zusammenhänge innerhalb des eigenen Systems und entwickelt unterschiedliche Handlungsoptionen.		182
Tetralemma-Aufstellung	**Entscheidungen treffen** – eignet sich zur Beratung bei Entscheidungskonflikten, insbesondere, wenn der Coachee zwischen zwei als gleich stark erlebten Handlungsimpulsen hin- und herschwankt und durch diese Ambivalenz „wie gelähmt" ist. Das Tetralemma ist eine Alternative zur Stuhlarbeit und führt oft zu neuen Lösungen, die vorher nicht als solche wahrgenommen werden konnten.		191
Stuhlarbeit	**Mit Ambivalenzen umgehen** – diese Methode ist immer dann geeignet, wenn der Coachee eine starke Ambivalenz zwischen zwei als gleichstark erlebten Handlungstendenzen empfindet und sich hin- und hergerissen fühlt. Der Coachee kann seine innere Ambivalenz klären und wird wieder handlungsfähig.		203
Visualisierung des „Inneren Teams"	**Mit inneren Konflikten umgehen** – das Modell bietet eine hervorragende Grundlage, um Anliegen, die auf die bessere Bewältigung von inneren Konflikten abzielen, anschaulich und effektiv zu bearbeiten		212
Innere Team-besprechung	**Innere Klarheit finden** – eignet sich zur Fortsetzung der Arbeit mit dem „Inneren Team", sofern dadurch das Anliegen des Coachee noch nicht vollständig bearbeitet werden konnte.		221
Ein „heißes Eisen"	**Bearbeitung im Hier & Jetzt** – wenn der Coachee an situationsübergreifenden Verhaltensweisen arbeiten möchte, kann er ungewohnte Verhaltensweisen in einem geschützten Rahmen erproben. Er stellt sich einer als schwierig empfunden Situation und erhält hierbei Feedback und Unterstützung.		230
Kollegiales Coaching	**Teilnehmer entwickeln Lösungsideen für individuelle Anliegen** – dies macht im Seminar oder Workshop insbesondere dann Sinn, wenn noch mehrere Anliegen auf der Agenda stehen, aber die Zeit nicht mehr ausreicht, um sie im Plenum zu bearbeiten. Außerdem hilft die Arbeit in Kleingruppen, die Selbstverantwortung der Teilnehmer zu stärken und ihnen zu ermöglichen, ihre neu gewonnenen Coaching-Kompetenzen zu erproben.		238

Klärung zwischenmenschlicher Fragestellungen · Klärung von Teamkonflikten · Klärung innerer Konflikte

Eine Methode für alle Fälle: Reflecting Team

Indikation

Das „Reflektierende Team“ kann bei einer Vielzahl von Themen eingesetzt werden. Es ist nicht an bestimmte Themen gebunden und kann daher als „Methode für alle Fälle“ bezeichnet werden. Die Methode ist insbesondere dann geeignet, wenn der Coachee eigene Anteile am Problem bislang wenig reflektieren kann und Feedback aus der Gruppe helfen kann, andere Sichtweisen auf das eingebrachte Thema und das eigene Verhalten zu finden.

Ziele

- Der Coachee erhält Feedback von anderen Teilnehmern.
- Er entwickelt neue Sichtweisen auf die eigene Fragestellung und kann Lösungsmöglichkeiten finden.

Material

Keines

Überblick

- Die Seminargruppe setzt sich im Kreis zusammen; Trainer und Coachee sitzen außerhalb des Kreises.
- Der Teilnehmer tauschen sich zu verschiedenen Fragestellungen oder Satzanfängen aus, die der Trainer anleitet, zum Beispiel:
  - Wahrnehmungen und Hypothesen: *„Mir fällt auf, dass …“* Und: *„Ich könnte mir vorstellen, dass …“*
  - Identifikations-Feedback: *„Wenn ich mich mit dem Coachee/den Beteiligten identifiziere, fühle ich mich …“*
  - Lösungen und Stolpersteine: *„Was die Situation verbessern könnte, ist …“* und *„Was die Situation verschlimmern könnte, ist …“*.
- Am Ende jeder Reflexionsrunde schildert der Coachee, was er aus der Runde mitnimmt.

Ursprung der Methode

Die Methode des „Reflecting Teams“ stammt aus der systemischen Beratung und wurde von dem norwegischen Familientherapeuten Tom Andersen (1990) entwickelt. Sie basiert auf der Annahme, dass Veränderungen optimal dort entstehen, wo es „einen Freiraum für den Gedankenaustausch zwischen zwei oder mehreren Menschen gibt, und wo die individuelle Integrität beider oder aller gesichert ist“ (Andersen, zit. nach v. Schlippe/Schweitzer 2002). Dabei geht es nicht darum, die „Wahrheit" herauszufinden, sondern darum, unterschiedliche Wahrnehmungen und Hypothesen nebeneinander stehen und gelten zu lassen. Die Existenz einer objektiven Wahrheit und „richtigen" Sicht der Dinge wird in der konstruktivistischen Sichtweise dieses Beratungsansatzes radikal infrage gestellt. Vielmehr geht es darum, einen lebendigen Austausch zu ermöglichen und die Perspektive des Ratsuchenden zu erweitern, sodass neue Denk- und Handlungsmöglichkeiten entstehen können. Konkret funktioniert die Arbeit mit dem Reflektierenden Team so, dass ein Beraterteam den Beratungsprozess zwischen Berater und Klienten verfolgt und nach Aufforderung durch den Berater ein Gespräch über das Wahrgenommene in Gang bringt, d.h. ein Gespräch über das Gespräch. Dabei sprechen die Berater nicht zu den Klienten, sondern tauschen untereinander ihre Wahrnehmungen und Hypothesen aus, wobei sie darauf achten, dass sie stets wertschätzend über die Klienten sprechen und ihre Aussagen als Vermutungen und nicht als Feststellungen formulieren. Anschließend haben die Klienten die Möglichkeit, über das Gehörte und dessen Wirkung auf sie zu sprechen.

Vorgehen

Diese Methode möchte ich anhand des Falls von Frau Meier vorstellen, Leiterin des Marketings in einem Dienstleistungsunternehmen. Ihr Thema „Der nervige Mitarbeiter" wird in einem Führungskräfteseminar thematisiert.

Goal

Trainer: *„Was möchten Sie erreichen?"*

Coachee: *„Ich würde gerne verstehen, warum mein Mitarbeiter ständig alles besser wissen muss."*

Fragen zur Zielvereinbarung

An dieser Stelle hakt der Trainer nach, um den Fokus noch stärker auf den Gestaltungsspielraum der Coachee zu legen.

Trainer: *„Angenommen, Sie würden das besser verstehen, was würde das für Sie ändern?"*

Coachee: *„Hm. Ich wüsste ihn dann besser zu nehmen. Ich könnte vielleicht besser mit ihm umgehen."*

Trainer: *„Das heißt, Ihr Ziel ist letztlich, dass Sie besser mit ihm umgehen können?"*

Coachee: *„Ja, das stimmt."*

Reality

Situationsanalyse

Nach der Zielklärung gibt der Trainer die Instruktion für die Situationsanalyse: *„Im nächsten Schritt geht es darum, möglichst viele Fragen zu stellen, damit wir die Situation so gut wie möglich verstehen."*

An die Gruppe gewandt, fügt der Trainer hinzu: *„Unsere Aufgabe ist es, offene Fragen zu stellen, ohne mögliche Lösungen vorzuschlagen, denn die Lösungsfindung kommt erst anschließend, nach der Situationsanalyse. Fragen wie ‚Wie ist die Situation genau? Was meinen Sie mit ‚nervig'? Wodurch nervt Herr Pauly?' usw. helfen uns, die Situation zu analysieren und aus unterschiedlichen Blickwinkeln zu betrachten. Fragen wie ‚Haben Sie schon mal darüber nachgedacht, dies oder jenes zu tun?' sind dagegen kontraproduktiv, weil sie bereits Lösungen nahelegen. Darum geht es erst in der nächsten Phase."*

Der Trainer verweist bei der Instruktion auf das Plakat „Coaching – Das GROW-Modell" (s. S. 85). Er erkundigt sich:*„Wer hat eine Frage?"*

Lösungsideen heraushalten

Im Folgenden achtet der Trainer darauf, dass tatsächlich keine als Fragen verkleideten Lösungsvorschläge geäußert werden und stellt selbst ebenfalls Fragen, wenn dies helfen könnte, um die Situation zu analysieren (s. Fragenkatalog zur Situationsanalyse auf S. 92).

Teilnehmer A: *„Was nervt Sie denn so an Herrn Pauly?"*

Frau Meier: *„Dass er sich nicht auf seinen Bereich Social Media fokussiert, sondern am liebsten gleich alles umstellen will: Unsere Website, die E-Mail-Aktionen, Print-Werbung – alles. Dabei ist er dafür gar nicht zuständig und kennt sich auch gar nicht aus."*

Teilnehmer B: *„Was macht er denn für Vorschläge?"*

Frau Meier: *„Zum Beispiel meint er, wir sollten unsere Kunden alle mit ‚Du' ansprechen, was überhaupt nicht zu uns als Unternehmen passt. Und er meint, wir sollten nur noch mit ganz kurzen Sätzen arbeiten und Bilder verwenden, die ‚richtig knallen'. Wir sind aber kein Start-up, sondern ein Finanzdienstleister, dessen Kunden eher konservativ sind. Es ist ja schön, dass er neue Ideen hat, aber leider sind sie alle eher etwas pubertär und für unsere klassischen Kommunikationskanäle nicht verwertbar."*

Teilnehmer C: *„Und was sagt er dazu?"*

Frau Meier: *„Dass wir den Trend verschlafen würden. Dass die junge Zielgruppe ganz anders tickt und dass wir experimentierfreudiger werden sollten. Aber wir wissen ja, wie unsere Kunden ticken. Wir machen ja auch regelmäßig repräsentative Kundenbefragungen. Er schließt von seiner früheren Zielgruppe aus seiner Zeit im Hochschulmarketing auf alle Kunden. Geistig ist er halt noch an der Uni und noch nicht ganz in der Wirklichkeit angekommen."*

Teilnehmer D: *„Wie reagiert er denn darauf, wenn Sie ihm das so sagen?"*

Frau Meier: *„Er lässt einfach nicht locker. Im Gegenteil: Neulich meinte auch Bereichsleiterin Jung, die er wohl gut kennt, dass wir die jüngere Zielgruppe ganz anders ansprechen müssten und innovativer werden sollten. Das habe ich schön ins Leere laufen lassen, wie auch die Bemerkungen von Pauly. Irgendwann muss er es doch mal verstehen, dass seine Ideen nicht passen."*

Options

Lösungsoptionen

Die Coachee schildert im weiteren Verlauf, dass das gesamte Team genervt von Herrn Pauly sei und sich von ihm zunehmend distanziere. Herr Pauly dagegen lasse einfach nicht locker und würde sich zunehmend Verbündete suchen, um seine Ideen durchzusetzen, was sie als äußerst illoyal empfände. Auf Nachfragen wird deutlich, dass weder Frau Meier noch das Team sich ernsthaft mit den Ideen von Herrn Pauly auseinandergesetzt hatten, sondern eher mit ironischen und sarkastischen Sprüchen auf seine Vorschläge reagiert hatten.

Fehlendes Gespür für eigene Anteile als Methodenindikator

Als die Situation ausreichend analysiert ist und keine Fragen mehr kommen, geht der Trainer zum nächsten Schritt über. Da die Coachee wenig Gespür dafür hat, wie der „nervige Mitarbeiter" die Situation empfinden könnte und welche Anteile sie an dem Konflikt haben könnte, während dies für Außenstehende relativ offensichtlich ist, wählt der Trainer die Methode des „Reflecting Teams".

Trainer: *„Frau Meier, was halten Sie davon, die Ideen der anderen Seminarteilnehmer zu Ihrer Frage einzuholen?"*

Coachee: *„Das fände ich gut."*

Trainer: *„Gut. Das würde ich gerne systematisch machen. Zum einen fände ich interessant zu wissen, was den anderen an der Situation auffällt und wie sie sie interpretieren. Außerdem würde ich gerne wissen, wie es ihnen an Ihrer Stelle bzw. an der Stelle des Kollegen gehen würde und schließlich, welche Lösungsmöglichkeiten sie für Sie sehen. Macht das für Sie Sinn?"*

Coachee: *„Ja, schon."*

Trainer: *„Gut. Für eine solche Beratung hat sich eine Methode bewährt, die ‚Reflecting Team' genannt wird. Das bedeutet, dass sich die anderen Seminarteilnehmer zu einem Team zusammenfinden und sich anhand bestimmter Vorgaben austauschen. Sie, Frau Meier, hören während des Austauschs nur zu. Sie dürfen nicht mehr angesprochen werden, sondern reagieren erst nach dem Gedankenaustausch der anderen auf das Gesagte. Wir tun dabei so, als säßen Sie und ich in einem ande-*

ren Raum und hörten dem Gespräch durch die offene Tür zu. Ist das für Sie in Ordnung?"

Coachee: *„Ich kann es mir noch nicht wirklich vorstellen. Aber wir können es mal probieren."*

Trainer: *„Dann möchte ich Sie bitten, sich neben mich zu setzen, während sich der Rest der Gruppe in einem Kreis zusammensetzt."*

Während die anderen Seminarteilnehmer sich im Kreis zum „Reflektierenden Team" zusammenfinden, sitzen die Coachee und der Trainer außerhalb des Stuhlkreises. Der Trainer schreibt auf ein Flipchart die Instruktionen für die erste Runde des „Reflecting Teams" (s. Abbildung rechts).

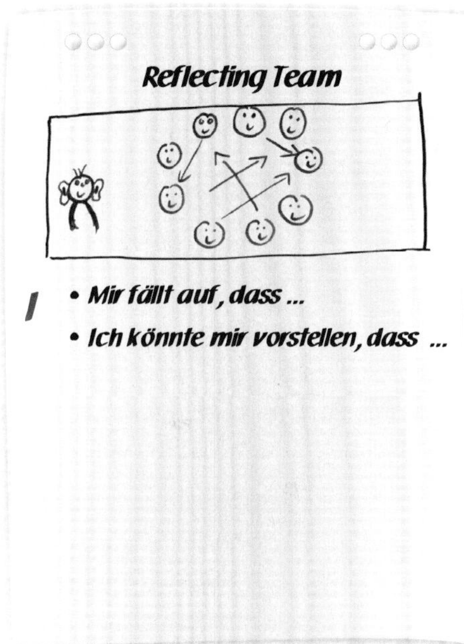

Abb.: Die Instruktionen für die erste Runde des „Reflecting Teams".

Der Trainer instruiert die Gruppe: *„Ihre Aufgabe ist es, Frau Meier zu beraten. Mit Beratung ist nicht gemeint, dass Sie ihr sagen, was sie tun und was sie lassen soll. Vielmehr hat sich herausgestellt, dass ein solches Coaching dann effektiver ist, wenn Sie der ‚Kundin' als ‚Reflecting Team' ein strukturiertes Feedback geben und ihr verschiedene Perspektiven anbieten, während die Verantwortung für die Entscheidung immer bei der Person bleibt, die die Frage eingebracht hat.*

Im Folgenden möchte ich Sie bitten, Ihre Wahrnehmungen und Vermutungen zu dem Fall von Frau Meier zusammenzutragen. Dabei sind unterschiedliche Sichtweisen willkommen und dürfen gerne nebeneinander stehen bleiben. Ich werde Ihnen jeweils einen bzw. zwei Satzanfänge anbieten und Sie haben die Aufgabe, die Sätze fortzusetzen.

Die ersten beiden Satzanfänge sind ‚Mir fällt auf, dass ...' und ‚Ich könnte mir vorstellen, dass ...' – Sie sind also eingeladen, Ihre Wahrnehmungen und Hypothesen zu äußern. Wir machen das als Brainstorming: Jeder kann also ‚frei Schnauze' seine Eindrücke äußern.

Eine Regel gibt es allerdings zu beachten: Sie dürfen nur untereinander, nicht aber mit Frau Meier oder mir sprechen. Stellen Sie sich einfach vor, wir beide sind nicht anwesend. Ich werde mich zu Frau Meier setzen und nach ein paar Minuten Ihre Diskussion beenden, um Frau Meier Gelegenheit zu geben, auf Ihre Anregungen einzugehen. Anschließend gibt es zwei weitere Runden nach dem gleichen Schema, lediglich mit anderen Fragestellungen bzw. Satzanfängen. Wenn Sie allerdings jetzt noch eine Frage haben, bevor wir beginnen, können Sie sie gerne noch stellen."

„Wenn es keine weiteren Fragen mehr gibt, möchte ich Sie bitten, loszulegen. Ich werde Ihr Gespräch etwa fünf Minuten lang laufen lassen."

Während der Diskussion kann der Trainer die verschiedenen Aspekte mitschreiben und sie anschließend der Coachee zur Verfügung stellen. Es ist für die Coachee hilfreich, die Punkte dokumentiert zu bekommen, da es unmöglich ist, alles zu behalten.

Abb.: Beim „Reflecting Team" tragen die Seminarteilnehmer ihre Beobachtungen zusammen, während der Trainer außerhalb des Stuhlkreises bei der Coachee sitzt und die Aspekte notiert, die von der Gruppe genannt werden.

Bei verletzendem Feedback intervenieren

Während der Diskussion ist es wichtig, dass der Trainer auf die nonverbalen Reaktionen der Coachee achtet, um zu erkennen, welche Aspekte sie besonders bewegen und ob es Rückmeldungen aus der Seminargruppe gibt, die für sie problematisch sind. Wenn Gruppenmitglieder bewertendes oder gar abwertendes Feedback geben, muss der Trainer seine Schutzfunktion für die Coachee wahrnehmen und sofort intervenieren, wie das folgende Beispiel illustriert:

Teilnehmer: *„Mir fällt auf, dass Frau Meier ganz schön arrogant mit dem jungen Kollegen umgeht."*

Trainer: *„Wenn Sie arrogant sagen, dann klingt das sehr negativ und beurteilend. Vielleicht können Sie stattdessen konkret beschreiben, was Sie damit meinen und was die Wirkung auf Herrn Pauly sein könnte."*

Teilnehmer: *„Na ja, wenn sie sagt, er sei pubertär, dann klingt das ja schon sehr abwertend. Und vielleicht sind seine Vorschläge ja gar nicht so dumm, sondern könnten auch einmal ausprobiert werden."*

Der Trainer beobachtet das Energielevel der Gruppe und die Reaktionen der Coachee. Wenn das Energielevel der Gruppe sinkt oder die Coachee ausreichend Input erhalten hat, beendet der Trainer diese erste Phase. *„Vielen Dank bis hierher. Frau Meier, was davon war für Sie besonders wichtig?"* Nachdem die Gruppe ihre Wahrnehmungen und Hypothesen geäußert hat, erhält die Coachee damit Gelegenheit, darauf zu reagieren.

Anschließend beschriftet der Trainer das Flipchart mit der Instruktion für die zweite Runde. Hier geht es darum, dass die Seminarteilnehmer sich mit beiden Konfliktparteien identifizieren. Die Identifikation mit der Coachee ist für diese emotional besonders wichtig, weil sie hierdurch das Gefühl erhält, von den anderen Seminarteilnehmern verstanden und akzeptiert zu werden. Andererseits ist die Identifikation der Gruppe mit dem Konfliktpartner insofern hilfreich, als in Konfliktsituationen das Empathievermögen eingeschränkt ist und es der Coachee erst mithilfe des Perspektivenwechsels der Gruppenmitglieder ermöglicht wird, sich selbst wieder besser in den Konfliktpartner einzufühlen. Diese Wiedergewinnung der Empathiefähigkeit ist ein entscheidender Schlüssel zur Lösung von Konflikten.

Der Trainer wendet sich an die Gruppe: *„Als Nächstes möchte ich Sie einladen, die folgenden beiden Sätze fortzusetzen ‚Wenn ich mich mit Frau Meier identifiziere, fühle ich mich/geht es mir …' und ‚Wenn ich mich mit Herrn Pauly identifiziere, fühle ich mich/geht es mir …'.*

Hier geht es darum, zu beschreiben, wie Sie sich fühlen würden, wenn Sie in der Haut von Frau Meier bzw. von Herrn Pauly stecken würden. Vielleicht gibt es ja auch ähnliche Erfahrungen, die Sie gemacht haben und die Sie teilen können."

Erneut lässt der Trainer die Diskussion etwa fünf Minuten laufen, schreibt alle wichtigen Aspekte mit und beendet die Runde in Absprache mit der Coachee. Dann fragt er wiederum: *„Frau Meier, was war für Sie wichtig?"*

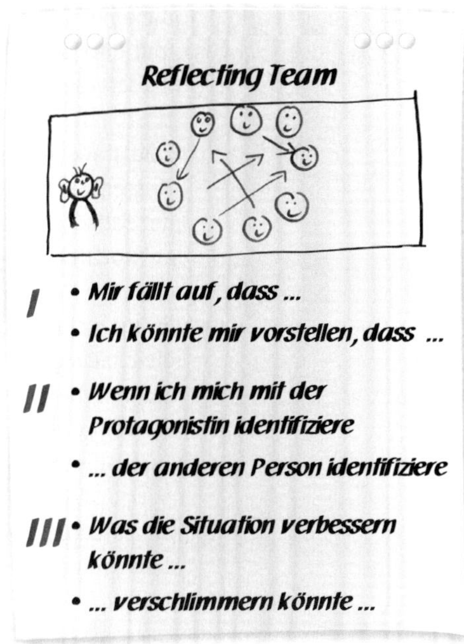

Abb.: Die Instruktionen für die zweite und dritte Runde des „Reflecting Teams".

Dann leitet der Trainer die letzte Runde des Reflektierenden Teams an und fragt die Gruppe: *„Abschließend möchte ich von Ihnen wissen, welche Lösungsmöglichkeiten Sie sehen und* *wovor Sie eher warnen würden. Die Satzanfänge sind ,Was die Situation verbessern könnte, ist ...' und ,Was die Situation verschlimmern könnte, ist ....'"*

Way forward

Umsetzung

Nach der abschließenden dritten Runde überreicht der Trainer der Coachee seine Mitschriften. Er bittet die Gruppe, ihn und die Coachee wieder im Kreis aufzunehmen. Dann hat die Coachee das letzte Wort: *„Frau Meier, was nehmen Sie mit und was werden Ihre nächsten Schritte sein?"*

Hinweise

- Wichtig ist, dass die Coachee keine „Rat-Schläge", sondern lediglich Anregungen und Handlungsoptionen erhält, während die Entscheidung über die Lösung „Chefinnensache" bleibt. Dies ist insbesondere bei dem Thema dieser Praxisberatung bedeutsam – es geht um Überfürsorglichkeit und Bevormundung. Die Coachee soll durch die Methode nicht – wie in der Alltagssituation durch den Kollegen – bevormundet werden. Es ist von zentraler Bedeutung, diese Parallele zu beachten, da sich im Hier und Jetzt der Fallarbeit häufig diejenigen psychologischen Muster wiederholen, um die es im Da und Dort der Fallsituation geht. Hier bringt die Coachee gewissermaßen die Einladung „Ich bin klein und hilflos – was kann ich nur tun?" mit. Wenn die Gruppe diese annimmt und im Sinne von „Wir sind stark und helfen Dir weiter" beantwortet, wiederholt sich das Muster, unter dem die Coachee leidet. Deshalb ist es für den Erfolg der Fallarbeit entscheidend, dass der Trainer darauf achtet, die Verantwortung für die Problemlösung bei der Coachee zu belassen.

- Es kann für den Trainer während der Fallarbeit schwierig sein, gleichzeitig auf die Inhalte der Diskussion im „Reflecting Team" zu achten, die Coachee im Blick zu haben und noch mitzuschreiben. Um sich die Sache zu erleichtern, kann er deshalb das Mitschreiben auch an einen Seminarteilnehmer delegieren.

- Die Satzanfänge, die hier beim „Reflecting Team" eingesetzt werden, können durch andere Vorgaben oder Leitfragen ersetzt werden, je nachdem, was für den jeweiligen Fall passend ist.

- Im Vergleich zu anderen Methoden ist das „Reflecting Team" relativ einfach anzuleiten. Allerdings stellt es umso höhere Anforderungen an die Fähigkeit der Gruppe, differenziertes und hilfreiches Feedback zu geben.

Umgang mit „schwierigen" anderen: Rollentausch

Indikation

Der Rollentausch ist immer dann besonders hilfreich, wenn es dem Coachee schwerfällt, sich in seine(n) Interaktionspartner einzufühlen und dies für ihn notwendig ist, um seine Ziele zu erreichen. Eskalierte Konflikte etwa gehen in aller Regel mit einem Verlust an Empathiefähigkeit einher, die aber Voraussetzung zur Konfliktlösung ist. Beispiele: „Wie kann ich meinen Chef besser managen?", „Wie kann ich den Kunden X für unser Produkt interessieren?", „Weshalb ist mein Mitarbeiter so demotiviert?", „Wie kann ich den Vorstand für meine Ideen gewinnen?"

Ziele

- Der Coachee kann sich besser in seine(n) Interaktionspartner einfühlen.
- Er erreicht einen Perspektivenwechsel und kann daher seine Handlungsoptionen und ihre Folgen besser einschätzen.
- Er gewinnt Distanz zur eigenen Perspektive und kann sich von festgefahrenen Denk- und Handlungsmustern lösen.

Material

- ggf. Requisiten für den Szenenaufbau wie Stühle und Tische

Überblick

- Der Coachee wird aufgefordert, sich in die Rolle der anderen Person (in der Regel des Konfliktpartners) hineinzuversetzen.
- Der Trainer schafft zuvor ein Setting, in dem der Coachee im Rollentausch befragt werden kann, etwa ein Gespräch mit Freunden oder Vertrauten.
- Teilnehmer übernehmen die Rolle der Freunde/Vertrauten.
- Zunächst interviewt der Trainer den Coachee im Rollentausch, um es dem Coachee zu erleichtern, in die Rolle des Konfliktpartners zu finden.
- Dann interviewen die anderen Teilnehmer den Coachee im Rollentausch.
- Ein freier Stuhl wird bereitgestellt, damit auch die Beobachter Fragen stellen können.
- In der Auswertung erhält der Coachee Feedback von Rollenspielern und Beobachtern. Es wird unter anderem beleuchtet, inwiefern es dem Coachee gelungen ist, sich in die Rolle des Antagonisten einzufühlen.

Verbesserung des Einfühlungsvermögens

Der Rollentausch ist eine zentrale Methode aus dem Psychodrama (s. S. 246). Dabei übernimmt der Coachee die Rolle einer bedeutsamen anderen Person, ohne dass ein anderer Teilnehmer in die Rolle des Coachee schlüpft. Die Rollen werden also nicht wirklich „getauscht". Lediglich der Coachee „wechselt" die Rolle. Er schlüpft in die „Haut" der anderen Person, um die Welt, auch sich selber, mit deren Augen zu sehen. Dies geschieht nicht nur auf einer kognitiven, sondern auch auf einer emotionalen und somatischen Ebene, um die Perspektive des anderen vollständig einzunehmen. Ziel ist es, die Einfühlung in die betreffende Person zu verbessern. Dadurch kann die betreffende Situation und die eigene Person aus einer anderen Perspektive betrachtetet werden. Letztlich können so die eigenen Handlungsoptionen und ihre Konsequenzen besser verstanden und gesteuert werden.

Üblicherweise ist der Rollentausch ein Element einer psychodramatischen Fallarbeit. Allerdings kann er auch als eigenständige Methode eingesetzt werden, die manchmal ausreicht, damit der Coachee sein Ziel erreicht.

Vorgehen

Der 46-jährige Leiter des Vertriebs eines Industrieunternehmens, Herr Schwarz, hat vor einem Jahr eine neue Vorgesetzte bekommen, mit der er nicht gut zurechtkommt. Die 37-jährige Frau Starke hat im Mutterkonzern Karriere gemacht und seit der Übernahme ihrer neuen Rolle als Bereichsleiterin einige Veränderungen eingeleitet, die – unter anderem bei Herrn Schwarz – für einigen Unmut sorgen. Auch aufgrund seines Widerstands gegenüber zentralen Veränderungsprojekten wurde Herrn Schwarz die Teilnahme an dem Seminar „Change Management" nahegelegt, welches er nun besucht. Während er zunächst sehr skeptisch erschien, hat er nun auch ein eigenes Thema eingebracht, welches das schwierige Verhältnis zu seiner Vorgesetzten thematisiert: „Wie kann ich meine Chefin zur Vernunft bringen?"

Goal

Trainer: *„Ihre Frage ist ja, wie Sie Ihre Chefin zur Vernunft bringen können. Nun ist Ihre Vorgesetzte leider nicht hier im Seminar. Was möchten Sie denn im Rahmen dieses Coachings für sich erreichen?"*

Coachee: *„Ich brauche eine klare Strategie, wie ich sie überhaupt erst einmal erreichen kann. Die ist ja im Moment überhaupt nicht mehr ansprechbar. Ich habe ja schon hundertmal versucht, ihr zu erklären, warum ihre grandiose Vertriebsstrategie bei uns nicht passt. Aber sie hört mir nicht einmal zu. Die ist einfach unglaublich stur."*

Trainer: *„Sie möchten also herausfinden, wie Sie Ihre Vorgesetzte erreichen können, sodass sie Ihnen endlich zuhört."*

Coachee: *„Falls das überhaupt geht. Die lebt in ihrer Welt und macht einfach, was der Vorstand im Mutterkonzern will. Das zieht die gnadenlos durch. Ohne Rücksicht auf Verluste."*

Trainer: *„Was bedeutet das bezogen auf Ihre Fragestellung?"*

Coachee: *„Dass ich erst mal rausfinden muss, wie ich mir überhaupt Gehör verschaffen kann. Wie und ob ich sie überhaupt erreichen kann, um dann wieder eine Diskussion über unsere Ausrichtung in Gang zu bringen."*

Trainer: *„Ist das Ihre Fragestellung: Wie kann ich meine Chefin erreichen?"*

Coachee: *„Ja, genau."*

Der Trainer schreibt die Fragestellung auf ein Flipchart.

Reality

Die Fragestellung des Coachee legt einen Perspektivenwechsel direkt nahe. Von daher möchte der Trainer rasch die Methode des Rollentauschs einsetzen, da viele Fragen zur Situationsanalyse auch aus der Perspektive der Vorgesetzten exploriert werden können, zum Beispiel die Frage nach den Verantwortlichkeiten, Kompetenzen der Beteiligten, nach Bündnissen und Machtkonstellationen. Deshalb stellt der Trainer an dieser Stelle keine Fragen, gibt jedoch den anderen Teilnehmern die Möglichkeit dazu. Anschließend leitet er die Methode des Rollentauschs an.

Trainer: *„Um herauszufinden, wie Sie Ihre Chefin erreichen können, ist es als erster Schritt notwendig, ihre Perspektive einzunehmen."*

Coachee: *„Na ja, ich weiß ja, wie sie argumentiert: Wir müssen einheitlich mit dem Mutterkonzern auftreten. Der Markt hat sich verändert und da müssen wir uns anpassen. Die drischt immer nur Phrasen."*

Trainer: *„Dann wäre es ja umso interessanter, herauszufinden, was dahintersteckt. In welchem Rahmen würde Ihre Chefin denn ganz offen reden – auch über die Zusammenarbeit mit Ihnen?"*

Coachee: *„Gegenüber ihren Vertrauten aus dem Mutterkonzern, der Münchner Clique."*

Trainer: *„Wie viele Personen sind das?"*

Coachee: *„Vielleicht vier oder fünf Leute, die alle auf einer recht hohen Hierarchieebene sind. Nennen wir sie Adam, Bertha, Caesar, Dora und Emil."*

Trainer: *„Und wo würden die sich treffen?"*

Coachee: *„Ich weiß es nicht, wahrscheinlich in ihrer Stammkneipe. Da treffen sie sich regelmäßig."*

Den Raum vorbereiten

Trainer zu allen: *„Dann stellen wir uns mal vor, dort drüben wäre die Kneipe. Nehmen Sie mal ein paar Stühle und stellen Sie sie dahin, damit wir uns die Kneipe vorstellen können."*

Rollen des „Antagonisten"-Umfelds besetzen

Anschließend werden die Rollen der „Vertrauten" besetzt. Deren Aufgabe besteht im Wesentlichen darin, den Coachee im Rollentausch zu interviewen. Ihre Identität ist zweitrangig. Deshalb ist es hier weniger wichtig, sie durch den Coachee auswählen und „eindoppeln" zu lassen, wie es bei anderen psychodramatisch geprägten Methoden der Fall ist. Trainer: *„Wer mag die Rollen der Bekannten von Frau Starke übernehmen? Sie müssen lediglich Fragen stellen und zuhören. Bitte nehmen Sie einfach Platz. Wir brauchen Frau Dora und Bertha, sowie die Herren Caesar, Adam und Emil."* Falls sich hierbei Schwierigkeiten ergeben, die Rollen zu besetzen, kann der Trainer den Coachee bitten, die offenen Rollen mit Teilnehmern zu besetzen.

Freier Stuhl für Beobachterfragen

Sobald alle Rollen besetzt sind, kann der Trainer noch einen freien Stuhl einführen, um sich den Beobachtern Gelegenheit zu geben, bei Bedarf Fragen zu stellen. Trainer: *„Hier ist noch ein freier Stuhl, auf dem jeder von den Beobachtern Platz nehmen kann, um eine Frage zu stellen. Anschließend muss der Stuhl dann wieder geräumt werden."*

Der Coachee übernimmt die Rolle des Antagonisten

Trainer: *„Herr Schwarz, da wir Ihre Chefin ja nicht da haben, möchte ich Sie bitten, ihre Rolle einzunehmen. Versuchen Sie mal, sich voll und ganz in Ihre Chefin hineinzuversetzen und in der Ich-Form aus ihrer Rolle zu sprechen."*

Coachee: *„Wie bitte? Soll ich jetzt mit Frauenstimme sprechen? Und vielleicht noch Stöckelschuhe anziehen?"*

Trainer (lacht): *„Da werden wir wohl keine in Ihrer Größe zur Verfügung haben. Nein, es geht nicht darum, Theater zu spielen, sondern es geht darum, sich in die andere Person einzufühlen und herauszufinden, wie sie die Situation sieht."*

Coachee: *„O.k."*

Trainer: *„Dann möchte ich Sie bitten, sich in Ihre Chefin zu verwandeln, wenn Sie dort auf dem Stuhl Platz nehmen. Damit Sie gut in die Rolle hineinfinden, werde ich Ihnen dann zunächst ein paar Fragen stellen, bevor das Gespräch in der Kneipe beginnt."*

Coachee: *„O.k., ich werde es versuchen."*

Damit übernimmt der Coachee zu einem klar definierten Moment die Rolle der Antagonistin (hier: seiner Chefin). Der Coachee setzt sich hin. Bevor das eigentliche Gespräch beginnt, bittet der Trainer den Coachee, sich im Rollentausch vorzustellen. Er achtet darauf, dass der Coachee gut in die Rolle findet. Das Interview im Rollentausch kann beginnen:

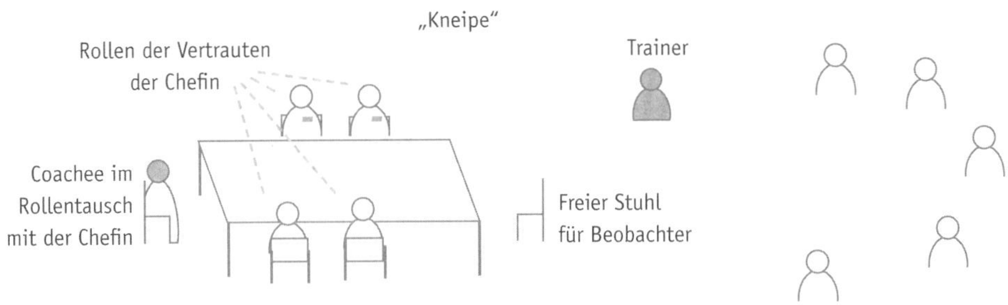

Abb.: Die Rollen der „Vertrauten" der Chefin werden besetzt. Der freie Stuhl bietet den Beobachtern später die Möglichkeit, sich darauf zu setzen, um Fragen zu stellen. Der Coachee wird in den Rollentausch eingeführt.

Trainer: *„Guten Tag, Frau Starke. Wären Sie so nett, sich kurz vorzustellen?"*

Coachee (im Rollentausch): *„Ähm, ja, ich heiße Gabriele Starke, bin 37 Jahre alt und Bereichsleiterin. Ursprünglich komme ich aus Leipzig, habe dort und in den USA studiert und war dann Trainee im Mutterkonzern in München. Da habe ich relativ schnell Karriere gemacht und bin jetzt hier in der Provinz gelandet, um den Laden auf Vordermann zu bringen."*

Trainer: *„Was heißt das für Sie, den Laden auf Vordermann bringen?"*

Coachee: *„Tja, was würde die Chefin da sagen, sie würde wohl sagen, dass sie mit dem ganzen Team Erfolg haben will und dass dazu alle an einem Strang ziehen müssen."*

Auf der Ich-Form bestehen

Sobald der Coachee in der dritten Person über die Antagonistin spricht, muss der Trainer intervenieren und dafür sorgen, dass der Coachee zurück in den Rollentausch findet. Dies kann er durch eine einfache Aufforderung tun:

Trainer: *„Versuchen Sie, wieder in die Haut von Frau Starke zu schlüpfen und in der Ich-Form zu sprechen."*

Coachee (im Rollentausch): *„Also, als Frau Starke will ich Erfolg im Team haben, aber leider ziehen da einige nicht mit."*

Der Trainer kann nun beispielsweise noch die folgenden Aspekte erfragen, bevor das eigentliche Gespräch beginnt:

Weitere Aspekte erfragen

- Berufliche Rolle: u.a. *„Was genau ist Ihre Aufgabe? Wofür werden Sie bezahlt? Woran wird Ihr Erfolg gemessen?"*

- Stakeholder: u.a. *„An wen berichten Sie? Wie steht diese Person zu Ihnen? Wer ist für Sie besonders wichtig? Wer beurteilt ihren Erfolg?"*
- Ziele: *„Was wollen Sie erreichen? Was wäre Ihr Erfolg/Misserfolg?"*
- Verhältnis zum Coachee: *„Was halten Sie von Herrn Schwarz? Was stört Sie? Was schätzen Sie an ihm?"*
- Bezug zur Fragestellung: *„Wann hören Sie auf Herrn Schwarz? Wann schalten Sie ab?"*

Gleichwohl sollte das Interview durch die Seminarleitung nicht allzu lange dauern. Die anderen Teilnehmer sollen vielmehr Gelegenheit haben, Fragen zu stellen. Deshalb leitet der Trainer so schnell wie möglich zum „Gespräch in der Kneipe" über. Dabei wendet er sich zunächst an den Coachee:

Trainer: *„Frau Starke, nun sind Sie ja mit Ihren Vertrauten in der Kneipe verabredet, um mal so richtig frei von der Leber zu sprechen und gerade auch das Verhältnis mit Ihrem Vertriebschef zu thematisieren. Dabei wird es auch um die Vertriebsstrategie gehen. In Ordnung?"*
Coachee: *„Ja."*

Der Trainer wendet sich an die Rollenspieler: *„Ihre Aufgabe wird es hauptsächlich sein, Fragen zu stellen, gut zuzuhören und vielleicht den einen oder anderen Ratschlag zu geben, wie man das eben unter Freunden und Bekannten macht. Sie sind einfach sehr neugierig und möchten verstehen, wie Frau Starke, die Sie sehr schätzen, die Situation sieht. Besonders interessiert Sie ihr Verhältnis zu Herrn Schwarz und die Ausrichtung des Vertriebs. Haben Sie noch Fragen, bevor es losgeht?"*

Schließlich wendet sich der Trainer an die Beobachter: *„Ihre Aufgabe ist es, zu beobachten und sich Notizen bezüglich der Ausgangsfrage zu machen, wie Frau Starke eventuell erreicht werden kann. Relevant ist auch, zu beobachten, wie gut es Herrn Schwarz gelingt, sich in sie hineinzuversetzen und zu überlegen, was Frau Starke eventuell noch bewegen könnte. Wenn Sie eine Frage an Frau Starke haben, können Sie sich auf den freien Stuhl setzen und sich in eine Bekannte von Frau Starke verwandeln und Ihre Frage stellen. Anschließend kehren Sie dann in die Runde zurück."*

Das Gespräch kann nun beginnen. Der Trainer achtet darauf, dass der Coachee in der Rolle als Frau Starke bleibt. Wenn er „aus der Rolle fällt", interveniert er. Außerdem hat er die Beobachter im Blick und ermutigt sie bei Bedarf, sich auf den freien Stuhl zu setzen.

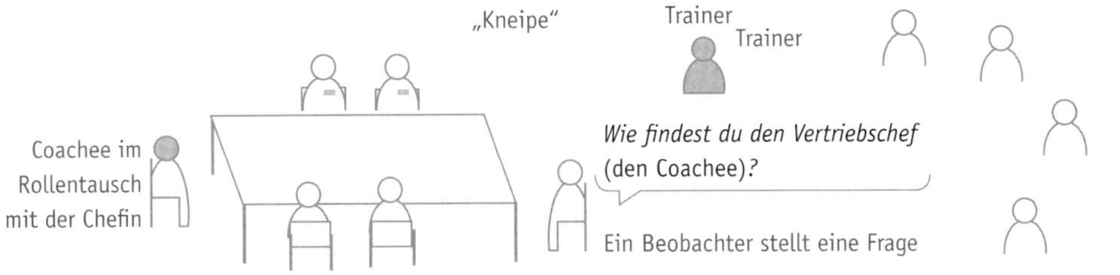

Abb.: Der Coachee wird von den anderen Teilnehmern – welche hier die Rolle der guten Bekannten übernommen haben – interviewt. Die Beobachter haben die Möglichkeit, sich auf den freien Stuhl zu setzen und ebenfalls Fragen zu stellen.

„Entrollen“ des Coachee

Der Trainer lässt das Gespräch so lange laufen, wie er den Eindruck hat, dass neue Aspekte berührt werden. Wenn das Gespräch sich im Kreis zu drehen beginnt oder er den Eindruck hat, dass der Coachee entscheidende Punkte bezüglich seiner Fragestellung herausgefunden hat und nachdenklich wirkt, beendet er das Gespräch. *„Gibt es noch eine letzte Frage an Frau Starke? Dann herzlichen Dank, Frau Starke, schön dass Sie vorbeigeschaut haben. Dann verabschieden Sie sich bitte von Ihren Kollegen und dann würde ich Sie gerne hinausbitten. Vielleicht kann ja Herr Schwarz für Sie wieder zurück in den Raum kommen.“*

Options

Wenn der Coachee in den Raum zurückgekehrt ist, setzen sich alle Teilnehmer wieder im Stuhlkreis zusammen und gehen zur Auswertung über. Zunächst wird der Coachee nach seinem Erleben befragt. Dabei achtet der Trainer auch darauf, dass der Coachee aus der Antagonisten-Rolle „entlassen“ („entrollt“) wird.

Trainer: *„Sie sind jetzt nicht mehr Frau Starke. Wie ging es Ihnen denn in dieser Rolle?“*

Coachee: *„Es war gar nicht so leicht, mich da reinzuversetzen. Sie ist mir schon sehr fremd als Mensch.“*

Trainer: *„Was ist Ihnen deutlich geworden?“*

Coachee: *„Dass ich keine Chance habe, mit ihr über die Strategie zu diskutieren. Da hat sie sich festgelegt. Und da steht sie auch beim Vorstand im Wort. Ich kann lediglich versuchen, über die Umsetzung mit ihr zu diskutieren.“*

Dann erhalten die Rollenspieler die Gelegenheit, Feedback zu geben. Wichtig ist hierbei, dass der Trainer die Rückmeldungen auf die Fragestellung des Coachee fokussiert. Auch die Rollenspieler werden zunächst „entrollt“:

Trainer: *„Sie alle sind nun auch aus Ihren Rollen als Bekannte von Frau Starke entlassen. Ich möchte aber Ihre Eindrücke nutzen und auf die ursprüngliche Fragestellung von Herrn Schwarz beziehen. Seine Frage war ja, wie er Frau Starke überhaupt erreichen kann.“*

Rollenspieler: *„Ich glaube, er hat nur eine Chance, wenn er ihr ganz deutlich signalisiert, dass er akzeptiert, dass sie die Chefin im Ring ist. Sonst kann ihn das Kopf und Kragen kosten.“* Usw.

Schließlich werden auch die Beobachter eingeladen, Rückmeldung zu geben. Trainer: *„Welche Beobachtungen gibt es von denen, die außen saßen. Was ist Ihnen aufgefallen?“*

Der Trainer kann seine Fragestellungen spezifizieren:

- *„Wie sehr ist es Herrn Schwarz gelungen, sich tatsächlich in die Person von Frau Starke einzufühlen? Woran machen Sie Ihre Einschätzung fest?“*
- *„Wenn Sie sich mit Frau Starke identifizieren, wie würde es Ihnen da gehen? Unter welchen Bedingungen würden Sie auf Herrn Schwarz zugehen?“*
- *„Wenn Sie sich mit Herrn Schwarz identifizieren, was würden Sie tun und was würden Sie auf keinen Fall machen?“*

Way forward

Zum Abschluss hat der Coachee das Wort. Der Trainer fragt ihn: *„Was nehmen Sie bezüglich Ihrer Fragestellung mit?“* Je nach Antwort kann es sein, dass eine weitere Methode angewendet werden muss. So könnte es in diesem Fall sein, dass ein klärendes Gespräch mit Frau Starke in Form eines „Übenden Rollenspiels“ (s. S. 116 ff.) durchgeführt wird.

Hinweise

- Bei festgefahrenen Konflikten kann der Rollentausch helfen, das Verständnis für den Konfliktpartner zurückzugewinnen. Die hier angeregte Fähigkeit, sich von den eigenen eingefahrenen Denkmustern zu lösen und die andere Perspektive einzunehmen, ist die Voraussetzung zur Lösung des Konflikts.

- Dabei ist es empfehlenswert, an die anderen Teilnehmer Rollen zu vergeben, die es ihnen erlauben, den Coachee im Rollentausch zu interviewen und sich aktiv einzubringen. Die Wahl dieser Rollen hängt davon ab, mit wem der „Gegenspieler" – nach Einschätzung des Coachee – offen reden würde.

- Die Gefahr der Methode liegt darin, dass es dem Coachee nicht gelingt, sich wirklich in den Konfliktpartner hineinzuversetzen und er in seinen Vorurteilen über die andere Person gefangen bleibt, statt sich wirklich einzufühlen. Deshalb ist es wichtig, den Beobachtern den Beobachtungsauftrag zu geben, zu überprüfen, inwiefern sich der Coachee wirklich in die Rolle des anderen hineinversetzt.

- Ein weiteres Risiko liegt darin, dass sich die Gruppe völlig mit dem Coachee identifiziert und den Konfliktpartner einseitig als den „Bösen" und „Schuldigen" ansieht. Um dies zu verhindern, werden die Teilnehmer in der Auswertung gebeten, sich auch mit dem „Gegenspieler" zu identifizieren. Falls der Trainer dennoch eine „Verurteilung" des Antagonisten beobachtet, muss er intervenieren und die Teilnehmer auffordern, sich in seine Perspektive zu versetzen.

- Es passiert oft, dass der Coachee sagt, er wisse nicht, wie der Antagonist eine bestimmte Frage beantworten würde. Dann hilft der Hinweis, er solle einfach „spekulieren".

- Die Technik des „freien Stuhls" ist ungemein hilfreich, um die Gruppe einzubeziehen. Der Trainer sollte die Beobachter aktiv auffordern, mitzumachen, falls sie dies nicht von sich aus tun. Falls dennoch wesentliche Fragen nicht gestellt werden, kann der Trainer natürlich auch auf dem freien Stuhl Platz nehmen.

Verhalten trainieren: Übendes Rollenspiel

Indikation

Das „Übende Rollenspiel" eignet sich besonders dann, wenn der Coachee sein eigenes Verhalten in einer bestimmten, wiederkehrenden Situation künftig anders gestalten möchte oder wenn es um die Vorbereitung auf eine neue Situation oder Aufgabe geht.

Ziele

- Der Coachee übt sein Verhalten in einer für ihn relevanten beruflichen Situation und erhält hierzu Feedback.
- Er kann in einem geschützten Rahmen neue Handlungsstrategien erproben.
- Die anderen Teilnehmer schulen ihr Beobachtungsvermögen für Kommunikationssituationen, üben konstruktives Feedback und lernen am Modell.

Material

- ggf. Requisiten für den Szenenaufbau wie Stühle und Tische

Überblick

- Die Situation klären und bestimmen, wo, wann und mit wem sie stattfindet.
- Die Situation mit einfachen Mitteln (Stühle, Tische etc.) aufbauen.
- Die Rollen besetzen und ihnen einen Platz zuweisen.
- Coachee „brieft" die Rollenspieler, indem er sich hinter sie stellt und die Personen im Rollentausch vorstellt.
- Es wird kurz reflektiert, welche Erkenntnisse der Coachee aus dem Eindoppeln gewonnen hat; dann stimmt sich der Coachee auf das Gespräch ein und vergegenwärtigt sich seine Gesprächsziele.
- Die Beobachter werden instruiert.
- Das Rollenspiel wird durchgeführt – der Coachee kann das Gespräch jederzeit anhalten, wenn er nicht mehr weiterweiß oder ein Rollenspieler seine Rolle nicht adäquat spielt.
- Das Gespräch wird ausgewertet: Selbsteinschätzung und Feedback.
- Das Rollenspiel wird erneut durchgeführt – falls der Coachee Unterstützung benötigt, wird die Technik des „Doppelns" eingesetzt: Teilnehmer treten hinter den Coachee und sprechen Sätze für ihn, die dieser dann aufgreifen oder verwerfen kann.

- Die Szene wird zu einem positiven Abschluss geführt: Der Coachee hat das letzte Wort.
- Auswertung: Die Gruppenmitglieder teilen dem Coachee ähnliche eigene Erfahrungen mit („Sharing"). Es gibt Feedback von Rollenspielern und Beobachtern – sofern der Coachee dieses noch erhalten möchte.

Kritische Situationen probemäßig bewältigen

Das Übende Rollenspiel ist eine psychodramatische Methode, die ursprünglich als „Role Training"/Rollentraining bezeichnet wurde. Ziel ist es, den Teilnehmern zu ermöglichen, kritische Situationen des Berufslebens zu simulieren und probehandelnd zu bewältigen. Dies ist insbesondere bei der Übernahme neuer Aufgaben und Funktionen besonders hilfreich, etwa bei der Übernahme einer Führungsfunktion. Aber auch zum Trainieren wichtiger sozialer Kompetenzen – wie etwa der Verhandlungsführung, dem Umgang mit Beschwerden oder dem Delegieren von Aufgaben – ist das Übende Rollenspiel eine effektive Methode.

Unterschied zum herkömmlichen Rollenspiel

Im Unterschied zum herkömmlichen Rollenspiel, wie es im vierten-Kapitel ab S. 270 beschrieben wird, gibt es in den psychodramatisch geprägten Formen des Rollenspiels („Übendes Rollenspiel", „Nachinszenierung", „Stunde der Wahrheit" oder „Actstorming") keine vorgefertigten Situationen oder Rollenbeschreibungen. Nicht der Trainer bestimmt das Spiel, sondern der Coachee selbst. Der Coachee ist der Autor und Hauptdarsteller seines eigenen Spiels. Der Trainer unterstützt und begleitet ihn dabei, sodass er für seine individuelle Situation Lösungen und Handlungsalternativen finden kann. Das psychodramatisch orientierte Rollenspiel orientiert sich ganz an der subjektiven Realität des Coachee und ermöglicht es ihm, die Realität in den Raum zu holen. Es ist – fast – wie im echten Leben und daher ähnlich effektiv wie das Lernen „on the job".

Im Gegensatz zur Realität „on the job" gibt es im Seminarraum jedoch einen geschützten Rahmen. Es sind keine tatsächlichen negativen Konsequenzen zu befürchten – außer der Blamage vor den anderen Teilnehmern. Diese Angst stellt allerdings oft ein nicht zu unterschätzendes Hindernis dar, welches der Leiter im Blick haben und „managen" muss, etwa indem er betont, dass es nicht um „Richtig" oder „Falsch" geht, sondern darum, „unterschiedliche Handlungen" zu erproben und die Wirkung unterschiedlicher Handlungsalternativen kennenzulernen.

Nach meiner Erfahrung trifft ein professionell durchgeführtes und sensibel angeleitetes Übendes Rollenspiel immer auf eine hohe Akzeptanz und wird von den Coachees als sehr hilfreich erlebt.

Vorgehen

Im Folgenden wird die Methode des Übenden Rollenspiels anhand des Anliegens „Wie kann ich meine Kritik klar ansprechen?" beschrieben. Dieses Thema wird von der 27 Jahre alten Mode-Designerin Frau Schick im Rahmen eines zweitägigen Kommunikationstrainings eingebracht.

Goal

Trainer: *„Was möchten Sie hier erreichen?"*

Coachee: *„Ich möchte lernen, Kritik klarer zu formulieren. Das ist etwas, was mir wahnsinnig schwerfällt. Meistens ärgere ich mich still vor mich hin und lasse dann alles auf sich beruhen. Aber gut geht es mir damit nicht."*

Trainer: *„Angenommen, Sie würden lernen, Kritik anzusprechen, in welchen Situationen würden Sie das umsetzen?"*

Coachee: *„Gerade vorgestern hatte ich wieder so eine typische Situation mit meiner Vorgesetzten. Ich bin ja noch neu in der Abteilung und da habe ich natürlich regelmäßig Fragen. Eigentlich war es eine ganz banale, kurze Frage und dann wollte ich weiterarbeiten. Aber dann hat sie mir gleich alles aus der Hand genommen und den ganzen Auftrag selbst bearbeitet. Das hat mich total geärgert. Aber statt was zu sagen, habe ich gute Miene zum bösen Spiel gemacht und so getan, als sei ich dankbar dafür. Ich bin ja auch dankbar, aber sie übertreibt es immer."*

Trainer: *„Was möchten Sie in Bezug auf diese Situation für sich klären?"*

Coachee: *„Wie ich das ansprechen kann."*

Trainer: *„Wie Sie was ansprechen können?"*

Coachee: *„Wie ich meinen Ärger darüber, dass sie mir immer wieder meine Aufgaben aus der Hand nimmt, ansprechen kann."*

Damit ist das Anliegen ausreichend klar formuliert: Die Coachee möchte für sich klären, wie sie ein klärendes Gespräch mit ihrer Chefin führen kann.

Reality

Der Trainer gibt der Gruppe nun Gelegenheit, Fragen zu stellen. Unter anderem berichtet Frau Schick, dass sie erst vor wenigen Wochen nach ihrer Trainee-Ausbildung in ihre jetzige Abteilung gekommen ist und mit ihrer Vorgesetzten eigentlich gut auskommt, sie aber als überfürsorglich und bevormundend empfindet.

Da sich ein Übendes Rollenspiel hier anbietet und eine genauere Charakterisierung der Chefin auch während des Eindoppelns (Briefings) erfolgen kann, hält der Trainer die Fragerunde kurz und geht rasch zur methodischen Bearbeitung über. Als Erstes muss der Rahmen des Gesprächs geklärt und bestimmt werden, wo, wann und mit wem es stattfindet.

Situation klären

Trainer: *„Frau Schick, wann und wo würden Sie das Gespräch führen?"*
Coachee: *„Das könnte ich gleich übermorgen machen, wenn die anderen beiden Kolleginnen in einer Besprechung sind. Dann haben wir das Büro für uns."*

Die Methode erklären

Nun kann der Trainer die Methode des Übenden Rollenspiels vorschlagen. Er verwendet einfache Worte und vermeidet potenzielle Reizwörter, wie etwa „Rollenspiel".

Trainer: *„Dann können Sie das Gespräch hier ja mal probehalber führen und sich von den Kolleginnen und Kollegen Feedback holen."*
Coachee: *„O.k."*

Die Situation aufbauen

Dann muss die „Bühne" aufgebaut und die Situation eingerichtet werden. Im Gegensatz zur klassischen psychodramatischen Arbeit wird dies im Business-Kontext sehr pragmatisch und minimalistisch gehandhabt. Trainer: *„Nehmen Sie bitte zwei Stühle und gegebenenfalls einen Tisch, damit wir uns die Situation vorstellen können? Die Kolleginnen und Kollegen können Ihnen ja beim Anpacken helfen und Sie sagen, wo was hingehört."*

Im nächsten Schritt müssen die Rollen besetzt werden. In diesem Fall gibt es nur eine Rolle: die der Chefin.

Trainer: *„Frau Schick, suchen Sie sich eine Person aus, die Ihre Chefin verkörpert."*
Coachee: *„Frau Rollmann, könnten Sie das machen?"*
Frau Rollmann: *„Ja klar, kein Problem."*
Trainer zur Coachee: *„Wo sitzt Ihre Chefin?"*
Coachee: *„Auf der rechten Seite."*

„Eindoppeln" = Instruieren/Briefen der Rollenspieler

Nun muss die Rollenspielerin in ihre Rolle eingewiesen werden. Dazu kann man die Methode des „Eindoppelns" verwenden. Gegenüber den Teilnehmern spricht der Trainer nicht von „Eindoppeln", da dieser Begriff sicherlich für Irritation sorgen würde. Stattdessen kann er die Begriffe „Instruieren" oder „Briefen" Verwenden („Briefing" = engl. Anweisung, Instruktion). Zunächst erklärt der Trainer der Rollenspielerin ihre Aufgabe: *„Sie erhalten gleich Ihre Instruktionen und versuchen, sich in diese Rolle hineinzuversetzen und sie anschließend zu übernehmen. Sie können dabei nichts verkehrt machen. Wenn Frau Schick den Eindruck hat, dass es nicht ganz passt, kann sie Ihnen jederzeit eine kurze Hilfestellung geben."*

Der Trainer wendet sich dann an die Coachee: *„Bevor es losgeht, muss Frau Rollmann erst einmal instruiert werden. Bitte stellen Sie sich dazu hinter sie und briefen sie. Nehmen Sie dazu selbst kurz die Rolle Ihrer Chefin ein und stellen sie uns vor, indem Sie in der Ich-Form als Chefin sprechen."*

Coachee: *„Also, ich bin Frau Boss und bin 34 Jahre alt und seit neun Jahren hier in der Firma. Ich leite ein kleines Team von fünf Mitarbeitern im Bereich ‚Sports Collection'."*

Während des Eindoppelns interviewt die Leitung die Coachee im Rollentausch und stellt Fragen zu folgenden Aspekten:

Fragen zum Eindoppeln

- Person (Berufsrolle, Alter, Betriebszugehörigkeit, Aussehen, Persönlichkeitstyp, Einstellungen etc.)
- Beziehung zur Coachee (Art der Zusammenarbeit, Sympathie vs. Antipathie, Konflikte etc.)
- Bezug zur Fragestellung der Coachee (zum Beispiel: *„Wie haben Sie die Situation erlebt, als Sie sich der Aufgabe von Frau Schick angenommen haben?"*)
- Konkretes Verhalten in der Konfliktsituation (Stimme, Körpersprache, typische Sätze)

Abb.: Der Trainer interviewt die Coachee im Rollentausch mit ihrer Chefin während des Briefings (Eindoppelns).

Das Interview hat zwei Funktionen: Erstens erhält die Rollenspielerin die nötigen Informationen, um ihre Rolle spielen zu können. Zweitens versetzt sich die Coachee in die Perspektive ihrer „Gegenspielerin", was ihr hilft, das Gespräch mit ihr effektiver zu führen.

Zum Abschluss des Eindoppelns fragt der Leiter die Rollenspielerin, ob sie noch Fragen zu ihrer Rolle hat. Dann wird die Coachee aus dem Rollentausch mit der Chefin entlassen: *„Dann schlüpfen Sie mal aus den Schuhen Ihrer Chefin heraus."*

„Debriefing": Die Coachee reflektiert

Anschließend ermöglicht der Leiter der Coachee, ihre im Perspektivenwechsel gemachten Erfahrungen kurz zu reflektieren.

Trainer: *„Was ist Ihnen aufgefallen, als Sie die Rolle Ihrer Chefin übernommen hatten?"*

Coachee: *„Dass sie überhaupt keinen Konflikt sieht. Dass sie es nicht böse gemeint hat, aber einfach dazu neigt, anderen viel abzunehmen."*

Die Coachee auf das Spiel einstimmen

Danach lenkt der Trainer die Aufmerksamkeit der Coachee auf ihre Ziele. Seine folgenden Fragen ermöglichen es ihr, sich auf das Gespräch einzustimmen und sich auf die eigenen Gesprächsziele zu fokussieren.

Trainer: *„Was heißt das für das Gespräch, das Sie nun mit ihr führen möchten?"*

Coachee: *„Dass ich ihr erst einmal erklären muss, was das Problem ist. Das sieht sie ja erst mal gar nicht."*

Trainer: *„Wie können Sie das machen?"*

Coachee: *„Indem ich ihr erst einmal die Situation schildere und erkläre, was eigentlich meine Absicht war und was ich mir eigentlich von ihr gewünscht hätte."*

Trainer: *„Angenommen, das Gespräch verläuft für Sie erfolgreich, wie würde das aussehen?"*

Coachee: *„Dass Sie versteht, was mein Anliegen ist und wie sie in Zukunft mit meinen Anfragen umgehen soll."*

Trainer: *„Was können Sie dafür tun?"*

Coachee: *„Tja, das ist die Frage ..."*

Trainer: *„Wie möchten Sie denn das Gespräch gerne führen? Was müssten Sie tun, damit Sie mit sich zufrieden sind?"*

Coachee: *„Ich müsste ganz klar sagen, wie ich die Situation erlebt habe, ohne sie anzugreifen und sagen, was ich mir in Zukunft von ihr wünsche."*

Trainer: *„Noch etwas?"*

Coachee: *„Nein, das ist das Wichtigste."*

Die Beobachter instruieren

Die Coachee hat die Kriterien für ein erfolgreiches Gesprächsverhalten artikuliert. Diese bilden die Grundlage für das spätere Feedback. Daher wendet sich der Trainer nun an die Beobachter, um sie darauf hinzuweisen, diese Kriterien besonders zu beachten: *„Bitte achten Sie bei dem Gespräch besonders darauf, inwiefern Frau Schick klar sagt, wie sie die Situation erlebt hat und was sie sich in Zukunft wünscht. Bitte nehmen Sie sich etwas zu schreiben und notieren Sie Ihre Beobachtungen, damit Sie Frau Schick anschließend Feedback geben können."*

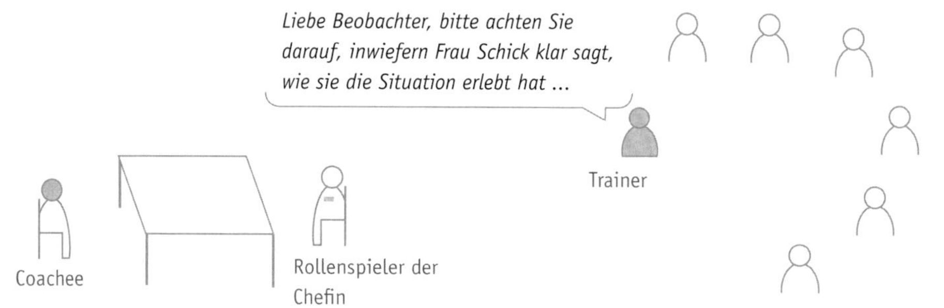

Abb.: Der Trainer instruiert die Beobachter, bevor das Übende Rollenspiel beginnt.

Stopptaste

Nach der Instruktion der Beobachter kann das Rollenspiel beginnen. Hilfreich ist es, der Coachee die Option einzuräumen, das Gespräch jederzeit unterbrechen zu können: *„Dann legen Sie gerne los. Sie können das Gespräch jederzeit anhalten und gewissermaßen die Stopptaste drücken – etwa, wenn Sie nicht mehr weiterwissen oder wenn Sie das Gefühl haben, die Situation ist unrealistisch."*

Das Rollenspiel durchführen

Nun beginnt das Gespräch, das die Leitung laufen lässt, bis die Coachee ein Signal sendet, dass sie das Gespräch unterbrechen oder beenden möchte. Am Ende des Gesprächs leitet der Trainer die Auswertung an. Er stellt dabei unter anderem folgende Fragen:

Auswertung des ersten Durchgangs

- An die Coachee: *„Wie sind Sie mit dem Gespräch zufrieden? Inwiefern haben Sie Ihre Gesprächsziele erreicht?"*
- An die Rollenspieler: *„Wie haben Sie das Gespräch erlebt? Wie haben Sie Frau Schick erlebt?"*
- An die Beobachter: *„Was ist Ihnen aufgefallen? Inwiefern hat Frau Schick die Situation klar angesprochen? Inwiefern hat sie ihre Wünsche klar formuliert?"*

Das Feedback muss kurz und konkret bleiben. Insbesondere kritisches Feedback muss auf wenige Aspekte beschränkt bleiben, damit die Coachee es verarbeiten und anschließend umsetzen kann. Falls es Feedback gibt, dass die Coachee in verallgemeinernder Weise angreift (zum Beispiel *„Sie waren total unsicher"*), muss der Trainer sofort intervenieren und dafür sorgen, dass sich das Feedback auf konkrete Beobachtungen bezieht (*„Was genau meinen Sie damit? Was haben Sie konkret beobachtet?"*).

Options

Am Ende der Auswertung fragt der Trainer die Coachee, welches für sie die wichtigsten Punkte waren und ob sie das Gespräch noch einmal führen möchte.

Trainer: *„Von dem Feedback, das Sie jetzt bekommen haben, was sind für Sie die wichtigsten Punkte? Was würden Sie sich für das Gespräch nun vornehmen?"*
Coachee: *„Dass ich meine Punkte klarer formuliere und die Weichmacher weglasse. Und dass ich am Ende glasklare Vereinbarungen treffe."*
Trainer: *„Möchten Sie das probieren?"*

Zweiter Durchgang auf Wunsch

Falls die Coachee dies verneint, ist das Coaching hier zum Abschluss gekommen. Falls die Coachee einen zweiten Durchgang wünscht, kann der Trainer die Methode des „Doppelns" als zusätzliche Ressource einführen. Beim Doppeln stellt sich ein Teilnehmer (oder der Trainer) hinter die Coachee und spricht aus deren Rolle Gedanken und Gefühle, die er bei der Coachee wahrzunehmen glaubt (s. S. 246). Auch hier verwendet der Trainer nicht den Fachbegriff „Doppeln", sondern beschreibt stattdessen die Methode mit einfachen Worten:

Doppeln als Unterstützung

Trainer: *„Dieses Mal können Sie sich zusätzlich Unterstützung aus der Gruppe holen. Falls Sie einmal nicht weiterwissen, sagen Sie einfach ‚Stopp' und wir halten das Gespräch an. Dann holen Sie jemand aus der Gruppe dazu und die Person stellt sich dann hinter Sie und sagt ein paar Sätze für Sie. Wenn Sie die gut und stimmig finden, können Sie sie übernehmen. Oder Sie holen sich einfach jemand anderen, der Ihnen einen anderen Vorschlag macht."*
Coachee: *„Und soll ich dann entscheiden, wer kommt?"*
Trainer: *„Ja."*
Coachee: *„Gut. ☺"*

Doppeln = „Dem Coachee aus der Seele sprechen"

Dann wendet sich der Trainer kurz den Beobachtern zu, um ihre Aufgabe klarzumachen. Trainer (zu den Beobachtern): *„Das heißt für Sie, dass Sie sich während des Gesprächs mit Frau Schick identifizieren und* *überlegen, was Sie an ihrer Stelle sagen oder tun könnten, um bei Bedarf einspringen zu können. Wenn Sie dazu aufgefordert werden, stellen Sie sich kurz hinter sie und machen Sie einen Vorschlag, was Frau Schick sagen könnte. Sprechen Sie dann in der Ich-Form als Frau Schick und vielleicht gelingt es Ihnen ja, etwas zu formulieren, mit dem Sie Frau Schick gewissermaßen aus der Seele sprechen. Wenn das nicht der Fall ist, ist es aber auch völlig in Ordnung, dann sammeln wir einfach weitere Möglichkeiten."*

Zweiter Durchgang

Nun kann das Rollenspiel erneut stattfinden. Der Trainer lässt das Gespräch laufen, bis die Coachee von ihrer Möglichkeit Gebrauch macht, das Gespräch anzuhalten.

Coachee: *„Jetzt weiß ich nicht mehr weiter."*
Trainer: *„Gut, dann holen Sie sich jemand dazu."*
Coachee: *„Wer mag?"* Falls sich niemand meldet, gibt der Trainer die Verantwortung zurück an die Coachee.
Trainer: *„Suchen Sie sich jemand aus. Sie können dann noch andere wählen, sodass niemand zu kurz kommt.*☺*"*
Coachee: *„Frau Schulz, würden Sie das mal machen?"*
Frau Schulz: *„Ich kann's versuchen."*
Trainer (zu Frau Schulz): *„Stellen Sie sich hinter Frau Schick und führen Sie das Gespräch kurz für sie weiter."*

Der Trainer lässt das Doppeln nur kurz laufen. Er lässt keine Interaktion zu, sondern gibt nur dem „Doppel" Gelegenheit, einen Formulierungsvorschlag zu machen. Dann bedankt er sich beim Doppel und bittet ihn, auf seinen Platz zurückzugehen. Dann wendet er sich wieder der Coachee zu.

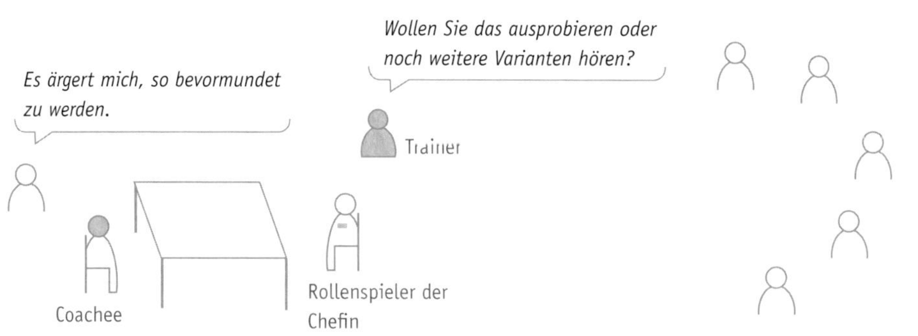

Abb.: Die Coachee wird von einem anderen Teilnehmer gedoppelt. Dies kann sie direkt aufgreifen oder sich weitere „Angebote" machen lassen. Der Trainer interviewt die Coachee während des Briefings (Eindoppelns).

Trainer (zur Coachee): *„Wollen Sie das direkt ausprobieren oder möchten Sie noch weitere Varianten hören?“*

Coachee: *„Das war schon echt gut, aber ich würde gerne auch noch andere Möglichkeiten hören.“*

Hat die Coachee Vorschläge erhalten, führt sie das Gespräch weiter

Der Trainer kann nun in die Runde fragen, wer die Coachee als Nächstes doppeln möchte. Falls sich niemand meldet, bittet er die Coachee erneut, eine Person zu bestimmen. Hilfreich ist es, wenn die Coachee zwischen drei und fünf Alternativen erhält. Nun kann es geschehen, dass in der Gruppe „Aktionshunger“ (Moreno) aufkommt und viele Teilnehmer auch einmal doppeln möchten. Allerdings muss der Trainer darauf achten, dass dies für die Coachee noch zu verarbeiten ist. Deshalb fragt er nach jedem Doppeln, ob sie noch etwas hören möchte oder eine der gehörten Varianten ausprobieren möchte.

Trainer: *„Was möchten Sie ausprobieren?“*

Coachee: *„So wie Frau Weiss und Herr Schwarz das gemacht haben, fand ich es gut. Diese kurzen knappen Sätze und dann Fragen zu stellen.“*

Trainer: *„Gut. Dann probieren Sie das mal aus.“*

Positiven Abschluss finden

Zum Ende des Rollenspiels ist es wichtig, der Coachee einen positiven Abschluss zu ermöglichen. Die Coachee hat das letzte Wort in der Szene.

Trainer: *„Wie möchten Sie das Gespräch abschließen?“*

Coachee: *„Indem ich noch mal ganz klar sage, was ich in Zukunft von ihr erwarte.“*

Trainer: *„Gut, dann tun Sie das und dieses Mal erwidert ihre Chefin nichts mehr.* ☺ *“*

Anker finden

Abschließend kann der Trainer die Coachee dazu anleiten, einen nonverbalen Anker zu finden: *„Und achten Sie bewusst auf Ihre Körperhaltung. Nehmen Sie eine Haltung ein, in der Sie sich stark, kraftvoll und klar fühlen und prägen Sie sich dieses Gefühl gut ein.“*

Anschließend bedankt sich der Leiter und entlässt die Rollenspielerin aus ihrer Rolle: *„Danke, dass Sie diese Rolle übernommen haben. Sie sind jetzt aus der Rolle von Frau Boss entlassen und sind jetzt wieder Frau Rollmann.“*

Die Stühle werden zur Seite geräumt und zur Auswertung kommen die Teilnehmer im Stuhlkreis zusammen.

Way forward

Beim Übenden Rollenspiel wird bereits während der Arbeit Feedback erfragt. Daher geht es nun darum, nur noch kurz weitere Beobachtungen zu sammeln, die für die Coachee hilfreich sein könnten. Allerdings sollten kritische Rückmeldungen an dieser Stelle stark eingeschränkt werden, damit die Arbeit mit einem positiven Gefühl für die Coachee endet. Schließlich geht es im Übenden Rollenspiel immer auch darum, die Coachee in ihrem Selbstbewusstsein zu stärken.

Kritische Rückmeldungen einschränken

Daher beginnt die Reflexion mit einem sogenannten Sharing, welches für die Coachee eine stärkende und unterstützende Funktion hat. Das Sharing ist eine spezifisch psychodramatische Form der Auswertung, bei dem die Gruppenmitglieder ähnliche Erfahrungen und Gefühle, die sie bei der Coachee beobachtet haben, mit ihr teilen („to share" = teilen). Dadurch erhält die Coachee zum einen das Feedback, dass sie ihr Problem nicht als Einzige hat. Zugleich erhalten die anderen Teilnehmer die Gelegenheit, das Miterlebte auf eigene Erfahrungen und Situationen zu übertragen.

Trainer (an die Gruppe): *„Ich möchte Sie bitten, nun die Brücke zu schlagen von der spezifischen Situation von Frau Schick im Umgang mit ihrer Chefin zu ähnlichen Situationen, die Sie selbst erlebt oder beobachtet haben, wo es ebenfalls darum ging, Konflikte zu erleben und in denen es nicht leicht ist, diese anzusprechen. Welche ähnlichen Situationen kennen Sie aus Ihrem eigenen Alltag? Wie haben Sie sich in diesen Situationen gefühlt?"*

Falls die Gruppe zögerlich ist, kann der Trainer als Modell fungieren und ein eigenes Sharing einbringen. Anschließend fragt der Trainer die Coachee, ob sie noch Feedback erhalten möchte: *„Möchten Sie noch Feedback erhalten oder reicht es Ihnen?"*

Falls die Coachee noch an Feedback interessiert ist, bittet der Trainer zunächst die Rollenspielerin und dann die Beobachter um Feedback. Dabei erinnert er daran, stets auch positives Feedback zu geben und möglichst konkrete Beobachtungen mitzuteilen.

Hinweise

- Ein Stolperstein bei der Zielvereinbarung ergibt sich oft, wenn die Coachee nicht von sich aus ein konkretes Beispiel bzw. eine Situation nennt, die dann als Basis für das Rollenspiel gewählt werden kann. Oft wollen Teilnehmer ja eher grundsätzlich am eigenen Verhalten arbeiten, zum Beispiel: *„Ich möchte selbstbewusster* *auftreten/mit Einwänden besser umgehen/mich besser abgrenzen können"* etc. In all diesen Fällen ist das Übende Rollenspiel eine naheliegende Methode. Das Problem ist nun, dass ein Beispiel, eine konkrete Situation benötigt wird. Deshalb fragen viele Trainer (und so habe ich es auch viele Male gemacht): *„Haben Sie ein Beispiel?"* Dann entsteht ein großer Druck auf die Coachee, ein (möglichst gutes!) Beispiel zu finden - und oft will es ihr dann partout nicht einfallen. Höher ist die Erfolgswahrscheinlichkeit, wenn der Trainer - wie in unserem Beispiel auf S. 118 - fragt: *„Angenommen, Sie würden lernen, Kritik anzusprechen (bzw. selbstbewusster aufzutreten, sich besser abzugrenzen etc.), in welchen Situationen würden Sie das umsetzen?"* Dann kommt die Coachee leichter ins Erzählen und berichtet meist von mehreren Situationen, von denen dann die passendste ausgewählt werden kann.

- Der Rollentausch wird hier in der Interaktion zwischen Coachee und Antagonistin (Chefin) nicht eingesetzt. Der Grund liegt darin, dass der Fokus im Übenden Rollenspiel auf dem Verhalten der Coachee liegt. Ziel ist es ja, dass sie lernt, selbstsicherer zu handeln und ihre Bedürfnisse klar zu formulieren. Dabei würde der Rollentausch eher stören, da er den Fokus weg von den eigenen Bedürfnissen lenkt.

- Wenn das Gespräch vorzeitig zu einem positiven Abschluss kommt, macht es Sinn, nachzuhaken, ob es mögliche kritische Situation geben könnte, auf die die Coachee vorbereitet sein möchte. Dies kann der Trainer folgendermaßen eruieren: *„Was könnte denn noch eine schwierige Situation sein, die passieren könnte? Was könnte Ihre Chefin tun, was Sie in Bedrängnis bringen könnte?"* Gegebenenfalls können dann diese kritischen Momente noch durchgespielt werden, sodass die Coachee auch wirklich für alle Fälle gewappnet ist.

Das eigene Verhalten reflektieren: Nachinszenierung

Indikation

Die Methode der „Nachinszenierung" ist immer dann indiziert, wenn es für das Anliegen des Coachee eine oder mehrere Schlüsselsituationen gibt, deren Verständnis ihn einen entscheidenden Schritt weiterbringen könnte. Beispiele für Anlässe für diese Methode:

- Eine Führungskraft hat immer wieder Probleme mit einem Mitarbeiter und möchte wissen, wie sie besser mit ihm umgehen kann. In diesem Zusammenhang erwähnt sie ein Mitarbeitergespräch, das kürzlich stattfand und bei dem ein Konflikt mit dem Mitarbeiter eskalierte. Dieses Gespräch wird nachinszeniert, um die Beziehungsdynamik besser zu verstehen.
- Ein Vertriebsmitarbeiter will lernen, wie er mit Einwänden besser umgehen kann. Als Beispiel nennt er ein Gespräch, bei dem er mit Einwänden eines Großkunden „bombadiert" wurde. Im ersten Schritt wird nun das Gespräch simuliert, bevor Ideen gesammelt werden, was er künftig anders machen kann.
- Eine Beraterin will lernen, Gespräche besser zu steuern. Sie nennt als Beispiel ein Kundengespräch, welches kürzlich stattfand und bei dem sie sich die Gesprächsführung aus der Hand nehmen ließ. Um zu verstehen, wie es dazu kam, wird im ersten Schritt dieses Gespräch nachinszeniert.

Ziele

- Der Coachee erfährt in einem geschützten Rahmen, welche Wirkung sein Verhalten auf seine Interaktionspartner hat.
- Der Coachee lernt, sich in seine Interaktionspartner besser einzufühlen und deren Perspektive einzunehmen.

Material

- Ggf. Requisiten zum Aufbau der Szene, wie z.B. Stühle und Tische

Überblick

- Die Situation definieren: Klären, wo, wann und mit wem sie stattfand und die Situation mit einfachen Mitteln (Stühle, Tische etc.) aufbauen.
- Die Rollen besetzen und den Rollenspielern einen Platz zuweisen. Auch die Rolle des Coachee wird besetzt.

- Die Rollenspieler durch Rollentausch instruieren: Der Coachee schlüpft in die Haut der anderen Personen und demonstriert deren Verhalten.
- Debriefing: Reflexion des Rollenwechels.
- Die Beobachter instruieren.
- Das Rollenspiel durchführen und begleiten, bei Bedarf werden psychodramatische Interventionstechniken eingesetzt.
- Die Auswertung erfolgt in Form von Rollen-Feedback, Sharing und Beobachter-Feedback.
- Abschluss – oder Fortsetzung mit einer weiteren Methode, etwa einem Übenden Rollenspiel oder einem Actstorming

Im Unterschied zum Übenden Rollenspiel geht es in der Nachinszenierung darum, ein vergangenes Ereignis zu simulieren. Ziel ist es, dem Coachee dadurch zu ermöglichen, die eigene Wirkung besser zu verstehen. Daher wird die Methode der Nachinszenierung auch als „Diagnostisches Rollenspiel" bezeichnet (Benien 2002). Sie stammt ebenfalls aus dem Psychodrama (vgl. S. 154). Mit der „Diagnose" des eigenen Verhaltens und dessen Auswirkungen wird die Basis für die „Therapie" in Form eines veränderten Handelns gelegt.

In der Regel wird der Wunsch nach einer „Nachinszenierung" nicht direkt von den Coachees geäußert. Da es ihnen in der Regel darum geht, Probleme zu lösen, liegt ihr Fokus auf der Zukunft. Allerdings wird auf Nachfrage häufig eine Situation aus der Vergangenheit geschildert, in der sich genau das Problem äußerte, das in der Zukunft gelöst werden soll. Dann empfiehlt es sich, zunächst einen Blick in die Vergangenheit zu werfen, um für die Zukunft besser gewappnet zu sein.

Methodisch verläuft eine Nachinszenierung ähnlich wie ein Übendes Rollenspiel. Auch hier wird eine Situation simuliert und mithilfe von Rollenspielern inszeniert. Allerdings kommt anderen Interventionstechniken eine entscheidende Bedeutung zu:

Wichtige Interventionstechniken

- Der Rollentausch ist traditionell die wichtigste Technik im Psychodrama (s. S. 246). Dies kommt hier zur Geltung. Während der Coachee im Übenden Rollenspiel stärker auf sich und das eigene Handeln fokussiert bleibt, ist es in der Nachinszenierung entscheidend, dass er sich in seine Interaktionspartner hineinversetzt.

- Die Methode des Spiegelns wird eingesetzt, damit der Coachee das eigene Handeln von außen betrachten kann. Hierbei wird die Rolle des Coachee von einem Rollenspieler übernommen und nachgeahmt, sodass sich der Coachee wie in einem Spiegel beobachten kann.

- Der „Innere Monolog", bei dem das Spiel angehalten wird und der Coachee oder auch Rollenspieler zu ihrem Erleben befragt werden, kann helfen, ein tieferes Verständnis der Interaktionsdynamik zu gewinnen.

Vorgehen

Die Methode der Nachinszenierung stelle ich im Folgenden anhand des Beispiels der Marketing-Mitarbeiterin Frau Fröhlich vor. Sie bringt das Thema „Wie kann ich lernen, überzeugender zu präsentieren?" Frau Fröhlich arbeitet in einer Bank und muss häufig vor Mitarbeitern im Vertrieb präsentieren, um neue Produkte oder Initiativen vorzustellen. Sie hat das Gefühl, dass es ihr häufig nicht optimal gelingt, die Mitarbeiter für diese Initiativen zu gewinnen.

Goal

Zielklärung durch Hypothetische Fragen

Trainer: *„Was möchten Sie hier erreichen?"*

Coachee: *„Na ja, irgendwie muss ich es schaffen, andere besser zu überzeugen. Oft dringe ich mit meinen Argumenten gar nicht vor. Es ist ja nicht so, dass ich unsicher bin bei meinen Präsentationen, aber ich rede oft gegen eine Wand."*

Trainer: *„Ist das immer so oder gibt es auch Ausnahmen?"*

Coachee: *„Nicht immer. Es gibt ja auch nette Leute im Vertrieb* (lacht). *Aber gerade letzte Woche war wieder so eine typische Situation, als ich unsere neue Datenbank vorgestellt habe, bei der das ganze Unternehmen wirklich auf die Mitarbeit der Firmenkundenberater angewiesen ist. Und die haben von Anfang bis Ende mit verschränkten Armen dagesessen und nur kritische Fragen gestellt – wenn sie überhaupt etwas gesagt haben. Das war eine frostige Stimmung, da ist der Nordpol die reinste Oase dagegen."*

Trainer: *„Was möchten Sie in Bezug auf diese Situation herausfinden?"*

Coachee: *„Was ich hätte tun können, um sie zu gewinnen. Falls das überhaupt möglich gewesen wäre."*

Trainer: *„Angenommen, Sie hätten sie gewonnen, was wäre dann anders gewesen?"*

Coachee: *„Sie wären offener gewesen, hätten nachgefragt, was sie genau tun können und hätten den Nutzen der Datenbank verstanden."*

Trainer: *„Gut. Ihre Frage ist also, wie hätte ich in dieser Situation erreichen können, dass die Firmenkundenberater den Nutzen der Datenbank verstehen?"*

Coachee: *„Genau."*

Trainer: *„Dann schlage ich vor, dass wir im ersten Schritt mal schauen, was in dieser Situation passiert ist. Im zweiten Schritt können Sie sich ja Feedback und Anregungen von den Kolleginnen und Kollegen holen, was Sie anders machen könnten."*

Coachee: *„O.k."*

Reality

Die Methode der Nachinszenierung bietet sich an, da die Coachee eine prägnante Situation vor Augen hat, die mit ihrem Anliegen eng verknüpft ist. In der Nachinszenierung steht die Situationsanalyse ohnehin im Mittelpunkt der Arbeit. Daher fragt der Trainer nur kurz in die Runde, um den Teilnehmern Fragen zur Situation zu ermöglichen. Dann leitet er rasch zur methodischen Bearbeitung über. Im ersten Schritt geht es darum, die Situation zu klären, um sie dann nachinszenieren zu können.

Die Situation klären und aufbauen

Trainer: *„Beschreiben Sie doch mal die Situation: Wann und wo hat die Präsentation stattgefunden, was war das Thema und wer war alles dabei?"*

Coachee: *„Das war vergangenen Mittwoch in einem Besprechungsraum vor sechs Firmenkundenbetreuern. Ich habe die neue Datenbank vorgestellt, bei der es darum geht, dass die Berater die Daten konsequenter einpflegen müssen, um ein besseres Cross-Selling zu erreichen."*

Trainer: *„Damit wir uns die Situation vorstellen können, lassen Sie uns doch gerade Stühle, Tische usw. nehmen und Sie können sagen, was wo stehen soll. Die Kolleginnen und Kollegen können ja für Sie das Anpacken übernehmen. Sie müssen nur sagen, was wo hingehört. Wahrscheinlich müssen alle etwas nach hinten rücken, damit wir genügend Platz haben."*

Coachee: *„Also, wir brauchen einen langen Tisch, um den acht Stühle stehen."*

Damit fordert der Trainer die Coachee auf, die Situation so aufzubauen, dass man sie sich vorstellen kann. Im nächsten Schritt müssen die Rollen besetzt werden.

Die Rollen besetzen

Trainer: *„Sie haben gesagt, es waren sechs Firmenkundenberater dabei. Wählen Sie doch mal sechs Personen aus der Runde aus, die die Rollen der Berater übernehmen können."*

Coachee: *„Wer hat Lust?"*

Bei der Nachinszenierung ist es wichtig, dass die Coachee sich in die Situation, so wie sie stattgefunden hat, hineinversetzen kann. Dazu ist es hilfreich, wenn sie selbst die Rollen besetzt (zum Beispiel, weil die eine Person im Seminar sie an eine bestimmte Person in der realen Situation erinnert). Und dass sie angibt, wer wo sitzt.

Trainer: *„Suchen Sie sich die Personen aus."*
Coachee: *„Also gut. Frau Maurer, Herr Schreiber, Frau Schacht ..."*
Trainer: *„Sagen Sie gleich, wer wo sitzt."*
Coachee: *„Sie sitzen dort drüben ..."*

Schließlich muss noch die Rolle der Coachee besetzt werden (mit einem sogenannten „Stand-In"), damit später die Spiegel-Technik eingesetzt werden kann.

Die Rollen werden besetzt und erhalten ihren Platz

Trainer: *„Bitte wählen Sie noch eine Person, die Ihre Rolle aushilfsweise übernehmen kann, damit Sie sich später die Szene auch einmal von außen anschauen können. Das kann hilfreich sein, um besser zu verstehen, warum die Firmenkundenbetreuer so widerspenstig sind und wie Sie sie besser überzeugen könnten."*
Coachee: *„Frau Stand, könnten Sie das machen?"*
Frau Stand: *„Was soll ich machen?"*
Trainer: *„Sie setzen sich erst einmal an die Seite. Wenn es losgeht, beobachten Sie, was Frau Fröhlich macht – vielleicht nehmen Sie sich einen Block und einen Stift, um sich Notizen zu machen. Und wenn ich Sie darum bitte, nehmen Sie ihre Position ein und versuchen, sich möglichst genauso zu verhalten, wie Frau Fröhlich es getan hat. Das muss nicht perfekt sein, aber soll Frau Fröhlich einen Blick von außen auf die Situation ermöglichen. Am besten, Sie versuchen, sich voll und ganz in Frau Fröhlich hineinzuversetzen."*
Frau Stand: *„Ich kann's versuchen."*

Vorstellen im Rollentausch

Damit wird auch die Rolle der Coachee mit einer Rollenspielerin besetzt, damit die Coachee sich die Szene später von außen ansehen kann („Spiegeln"). Anschließend werden die Rollenspieler instruiert. Bei der Methode der Nachinszenierung geschieht dies durch Vorstellen im Rollentausch*. Hierbei übernimmt die Coachee die Rolle der betreffenden Person. Der Rollentausch wird jetzt und im späteren Verlauf eingesetzt:

* Streng genommen müsste man hier von einem Rollenwechsel statt von einem Rollentausch sprechen, da nur die Coachee in eine Rolle wechselt und nicht mit dem Rollenspieler die Rolle tauscht. Der Einfachheit halber differenziere ich hier nicht zwischen Rollenwechsel und Rollentausch, sondern spreche stets von Rollentausch.

Zweck des Rollentauschs

- damit sich die Coachee in ihre Interaktionspartner einfühlt,
- damit die Coachee erlebt, wie sie auf ihre Interaktionspartner wirkt und
- wenn ein Rollenspieler Unterstützung braucht, um seine Rolle spielen zu können.

Der Rollenspieler, der diese Person verkörpern soll, verlässt während des Rollentauschs seinen Platz. So kann er das Verhalten der Coachee in dieser Rolle beobachten und anschließend selber in der Rolle nachahmen. Der Trainer zur Coachee: *„Jetzt brauchen die Rollenspieler noch Instruktionen. Dazu möchte ich Sie bitten, sich jeweils kurz auf den Stuhl der betreffenden Person zu setzen. Versuchen Sie dann, in die Haut dieser Person zu schlüpfen und sie uns in der Ich-Form vorzustellen. Ich werde Ihnen dann ein paar Fragen stellen."*

Trainer: *„Bei wem fangen Sie an?"*
Coachee: *„Ist egal. Bei Herrn A."*
Trainer: *„Dann setzen Sie sich auf den Stuhl von Herrn A."*
Trainer (zum Rollenspieler): *„Stellen Sie sich irgendwohin, wo Sie gut beobachten können, wie sich Herr A verhält."*

Der Trainer interviewt die Coachee im Rollentausch jeweils kurz zu folgenden Aspekten:

Interview zum Rollentausch

- Person (Name, Berufsrolle, Alter, äußere Merkmale etc.)
- Beziehung und Erwartungen gegenüber der Coachee und dem Thema (hier: Einführung der neuen Datenbank)
- Konkretes Verhalten (Stimme, Körpersprache, typische Sätze)

Abb.: Die Coachee instruiert die Rollenspieler, indem sie die Rollen zunächst selbst in einem Rollentausch verkörpert. Der jeweilige Rollenspieler platziert sich so, dass er die Coachee gut beobachten kann.

Trainer: *„Herr A, stellen Sie sich doch mal vor."*
Coachee: *„Tja, ich kenne Herrn A ja kaum."*
Trainer: *„Das macht nichts. Beschreiben Sie mal, wie sehen Sie denn aus, Herr A? Was fällt anderen an Ihnen auf? Wie verhalten Sie sich während dieser Präsentation?"*
Coachee (im Rollentausch mit A): *„Ich bin mittelgroß und kräftig, vielleicht 45 Jahre alt, habe Brille und Bart. Ich habe die Arme verschränkt und sage während der gesamten Präsentation nichts."*

Der Coachee instruiert den Rollenspieler, indem er einen Rollentausch mit der betreffenden Person A, die dieser verkörpert, durchführt. Der Rollenspieler für A platziert sich so, dass er die Coachee im Rollentausch gut beobachten kann. Durch das Interview im Rollentausch werden die Motive der Personen exploriert.

Trainer: *„Warum starren Sie aus dem Fenster?"*
Coachee (im Rollentausch mit A): *„Weil ich dieses blöde System ohnehin nicht umsetzen werde."*
Trainer: *„Weil…"*
Coachee (im Rollentausch mit A): *„Weil das System ja dazu eingeführt wird, Leute wie mich überflüssig zu machen."*
Trainer: *„Erklären Sie das mal genauer."*
Coachee (im Rollentausch mit A): *„Wir sollen ja alles, was wir über unsere Kunden wissen, in das System einpflegen. Das bedeutet eine Menge Extra-Arbeit. Und es soll natürlich dazu dienen, uns austauschbar zu machen, weil mein Know-how aus 20 Jahren Firmenkundenbetreuung dann in der Datenbank ist und nicht mehr in meinem Kopf."*

Damit ist die Exploration auf einen entscheidenden Punkt gestoßen, die wertvolle Informationen dazu liefert, warum es der Coachee so schwerfällt, mit der Präsentation auf Akzeptanz zu stoßen. Das behält der Trainer für die spätere Auswertung im Hinterkopf.

Debriefing nach jedem Rollentausch

Zum Abschluss eines jeden Rollentauschs fragt der Leiter jeweils den betreffenden Rollenspieler, ob er noch Fragen zu seiner Rolle hat. Dann nimmt der Rollenspieler seine Position ein und die weiteren Rollenspieler werden per Rollentausch instruiert. Über die Reihenfolge entscheidet dabei die Coachee. Wenn alle Rollenspieler instruiert sind, leitet der Trainer ein kurzes Debriefing (Debriefing = Nachbesprechung) an, um der Coachee eine Reflexion der im Rollentausch gemachten Erfahrungen zu ermöglichen. Er fragt danach, welche Erkenntnisse sie durch das Vorstellen im Rollentausch gewonnen hat.

Trainer: *„Was ist Ihnen in Bezug auf Ihre Fragestellung durch diesen Perspektivenwechsel klar geworden?"*

Coachee: *„Na ja, es war mir ja schon vorher klar, dass es starke Befürchtungen gibt, dass Arbeitsplätze wegen der Datenbank abgebaut werden. Was meiner Meinung nach ziemlich unrealistisch ist."*

Durchführung des Rollenspiels

Dann leitet der Trainer zur Durchführung des Rollenspiels über. Dabei gibt er der Coachee etwas Zeit, um sich innerlich in die Situation hineinversetzen zu können. Außerdem versucht er, die Erwartung zu dämpfen, dass die Nachinszenierung „genauso wie in der Realität" sein müsste. Damit nimmt er möglichen Vorbehalten den Wind aus dem Segel. Ebenso wie für die Coachee geht es für den Trainer darum, mit möglichen Bedenken und Einwänden sensibel umzugehen, diese zu erspüren und vorwegzunehmen. Dies ist ein Schlüssel für die Beantwortung des Anliegens der Coachee. Der Trainer fungiert in dieser Hinsicht auch als „Role Model".

Trainer: *„Dann nehmen Sie mal Ihren Platz ein. Brauchen Sie noch etwas, bevor Sie loslegen?"*

Coachee: *„Nein, ich denke nicht."*

Trainer: *„Nehmen Sie sich ruhig einen Moment Zeit, um sich auf die Situation einzustimmen, bevor Sie einsteigen. Dann legen Sie einfach los, so ähnlich wie es auch in der echten Situation war. Es wird sicherlich etwas anders sein als in der Realität, aber das macht nichts."*

Der Trainer gibt der Coachee also etwas Zeit, um sich auf die Situation einzustimmen. Während sich die Coachee sammelt, leitet der Trainer zur Nachinszenierung über. Dazu wendet er sich kurz an die Rollenspielerin, welche die Rolle der Coachee übernimmt („Stand-In") und erklärt ihr ihre Aufgabe.

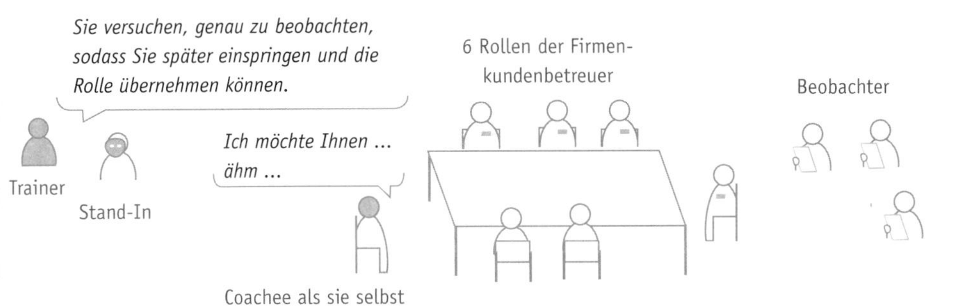

Abb.: Der Trainer erklärt der Rollenspielerin, welche später beim sogenannten „Spiegeln" die Rolle der Coachee übernimmt („Stand-In"), ihre Aufgabe. Dann beginnt die Nachinszenierung.

Trainer (zur „Stand-In"): *„Sie versuchen, Frau Fröhlich genau zu beobachten, sodass Sie anschließend einspringen und die Rolle übernehmen können. Haben Sie noch Fragen?"*

Dann wendet der Trainer sich an die Beobachter: *„Bitte nehmen Sie sich etwas zu schreiben und machen Sie sich Notizen zu dem, was Sie beobachten, sodass Sie anschließend Feedback geben können."*

Nun kann die Nachinszenierung beginnen. Der Trainer sucht sich einen Platz, von dem er einen guten Überblick hat. Die Coachee fängt an: *„Guten Morgen, meine sehr geehrten Damen und Herren, ich freue mich, dass Sie so zahlreich erschienen sind. Ich möchte Ihnen heute unsere neue Datenbank präsentieren. Wie Sie sehen werden, ist dies ein exzellentes Tool, welches Ihnen die Arbeit in Zukunft leichter machen wird. Es wird Ihnen ermöglichen, weitaus effizienter als bisher Ihre Kundenbeziehungen zu managen und Kontakte zwecks eines besseren Cross-Sellings mit Ihren Kolleginnen und Kollegen zu teilen. Ich möchte Ihnen nun einen Überblick über die Präsentation geben …"*

Innerer Monolog

Die Rollenspieler verhalten sich – entsprechend ihrer Instruktion – abweisend und die Coachee gerät etwas ins Stocken. Wenn die Coachee ins Stocken gerät, ist die Technik des „Inneren Monologs" hilfreich. Beim Inneren Monolog – auch „Lautes Denken" genannt – äußert die Coachee eigene Gedanken und Gefühle, die sie in der echten Situation nicht geäußert hat. Ziel ist es, eine innere Klärung herbeizuführen. Diese ist die Voraussetzung, um auch nach außen hin klarer kommunizieren zu können.

Innerer Monolog („laut denken") wird eingesetzt,

- um wichtige Gedanken und Gefühle, die in der „echten Situation" ungesagt bleiben, zum Ausdruck zu bringen und
- wenn sich die Interaktion im Kreis dreht.

Trainer: *„Denken Sie mal laut."*
Coachee: *„Es ist furchtbar! Wie in der echten Situation. Alle schauen in die Luft, keiner nimmt Blickkontakt auf. Echt gruselig!"*

Vorsicht vor emotionaler Vertiefung

Im therapeutischen Kontext würde der Leiter nun auf die Emotionen der Coachee intensiver eingehen und diese vertiefen. In einem betrieblichen Training wäre dies kontra-indiziert, da dann die Gefahr bestünde, dass die Coachee die Kontrolle über ihre Emotionen verliert, was im Rahmen einer betrieblichen Veranstaltung leicht als Gesichtsverlust erlebt werden kann.

Spiegeln

Stattdessen leitet der Trainer die Coachee an, eine stärkere Distanz zur eigenen Person und damit zu den eigenen Emotionen herzustellen. Dies kann er durch den Einsatz der Spiegel-Technik erreichen. Hierbei wird die Rolle der Coachee vom „Stand-In" übernommen. Das Stand-In ahmt Verhalten der Coachee nach, sodass sich die Coachee wie in einem Spiegel beobachten kann. Grundsätzlich wird Spiegeln eingesetzt, um der Coachee zu ermöglichen, das eigene Handeln von Außen zu betrachten und die eigene Wirkung besser zu verstehen. Der Trainer wendet sich also an die Coachee: *„Dann gehen Sie doch mal raus aus der Situation und schauen sie sich von außen an. Suchen Sie sich einen Platz, von dem Sie einen guten Überblick haben."*

Danach bittet er das Stand-In: *„Nehmen Sie bitte den Platz von Frau Fröhlich ein und beginnen Sie die Präsentation so ähnlich, wie sie es eben getan hat. Nehmen Sie sich ruhig einen Moment Zeit, bevor Sie loslegen."*

Abb.: Durch das Spiegeln wird es der Coachee ermöglicht, das eigene Verhalten aus der Beobachter-Perspektive zu erleben.

Die Coachee kann die Situation nun von außen beobachten. Während des Spiegelns beobachtet der Trainer die Coachee, um eventuelle emotionale Reaktionen zu erkennen. Wenn die Szene zum Ende gekommen ist oder der Trainer den Eindruck hat, dass die Coachee genug gesehen hat, um sich ein Bild von ihrer Wirkung zu machen, beendet er das Spiegeln und wendet sich an die Coachee, um sie nach ihren Empfindungen zu fragen:

Trainer (zur Coachee): *„Wie wirkt das auf Sie?"*

Coachee: *„Bedrückend. Ich tue mir selbst leid. Wie ich mich so anstrenge und fröhlich und positiv bin und die sind alle so negativ. Das sind echt richtige Griesgrame!"*

Rollentausch zur Förderung der Empathie

Die Coachee identifiziert sich stark mit ihrer eigenen Position und zeigt geringes Verständnis für die Perspektive der anderen Beteiligten. Daher ist ein Rollentausch indiziert, um dies zu fördern.

Trainer: *„Tauschen Sie doch mal den Stuhl mit einem der Griesgrame und hören Sie sich die Präsentation von Frau Fröhlich mal aus dessen Perspektive an."*

Coachee: *„Das fällt mir echt schwer."*

Trainer: *„Darum machen wir's ja.☺"*

Coachee: *„Also gut, Herr B, dann setze ich mich mal auf Ihren Stuhl".*

Trainer (zu Rollenspieler B): *„Sie können sich solange hier drüben auf die ‚Ersatzbank' setzen."*

Inaktive Rollenspieler auf die „Ersatzbank"

Der Trainer deutet auf einen freien Stuhl, der auf der „Bühne" und nicht im Zuschauerraum steht. So ist deutlich, dass der Rollenspieler nach wie vor Teil des Geschehens ist, aber im Moment nicht aktiv gebraucht wird. Von daher ist die aus dem Sport entlehnte Formulierung der „Ersatzbank" ein einleuchtender Begriff, der von den Teilnehmern meist mit einem Schmunzeln quittiert wird. Im Rollentausch mit B erlebt die Coachee ihr eigenes Verhalten aus dessen Perspektive.

Abb.: Im nächsten Schritt nimmt die Coachee die Rolle einer anderen Person ein, um das eigene Verhalten (welches vom Stand-In gespiegelt wird) aus dieser Perspektive zu beobachten. Sie wird anschließend als B interviewt.

Empathisches Interview der Coachee in anderer Rolle

Anschließend interviewt der Trainer die Coachee im Rollentausch, damit sie ihre Wirkung aus der Sicht von B reflektiert. Das Interview führt der Trainer bewusst empathisch, in dem Sinne, dass er sich in die Perspektive von B einfühlt und dessen Sichtweise unterstützend artikuliert. Außerdem exploriert er die Wünsche und Erwartungen von B gegenüber der Coachee.

Trainer (zur Coachee im Rollentausch mit B): *„Herr B, wie erleben Sie denn die Präsentation von Frau Fröhlich?“*

Coachee (im Rollentausch mit B): *„Die will uns was vom Pferd erzählen. Die tut so freudig, als würde sie Weihnachtsgeschenke verteilen. Dabei geht es nicht um Geschenke, höchstens fürs Unternehmen.“*

Trainer: *„Sie haben nur Nachteile und darauf geht sie mit keinem Wort ein.“*

Coachee: *„Genau. Das interessiert die doch gar nicht, was das für uns bedeutet. Die spult ihr Programm ab.“*

Trainer: *„Was würden Sie sich denn von ihr wünschen?“*

Coachee: *„Dass Sie uns ernst nimmt und auf unsere Bedenken eingeht.“*

Trainer: *„Wie könnte sie das tun?“*

Coachee: *„Sie könnte uns fragen, was wir davon halten. Oder sie könnte sich vorher mit uns unterhalten, um zu verstehen, was wir eigentlich von einer solchen Datenbank brauchen.“*

Das Interview hilft der Coachee, die Perspektive ihres Zuhörers B besser zu verstehen. Hier ergeben sich wertvolle Hinweise auf die Erwartungen und Bedürfnisse der Zuhörer von Frau Fröhlich, auf die sie eingehen müsste, um stärkere Akzeptanz bei ihnen zu finden. Bei Bedarf kann der Trainer sie noch dazu auffordern, mit anderen Personen die Rolle zu tauschen, etwa wenn die Perspektiven der Beteiligten vermutlich unterschiedlich sind. Dann leitet er das Debriefing des Rollentauschs an.

Debriefing des Rollentauschs

Trainer: *„Was nehmen Sie aus dem Rollentausch mit?“*

Coachee: *„Dass ich nicht so über die Bedenken der Teilnehmer hinweggehen kann. Wie ich das am besten mache, weiß ich allerdings noch nicht.“*

Trainer: *„Dazu können wir ja die Ideen der Gruppe sammeln.“*

Damit leitet der Trainer zur Auswertung an:

Trainer (an die Rollenspieler): *„Vielen Dank! Sie sind jetzt aus Ihrer Rolle entlassen. Bitte helfen Sie mit, den Tisch und die Stühle wieder zur Seite zu rücken. Wir kommen jetzt wieder im Stuhlkreis zusammen.“*

Options

Bei der Methode der Nachinszenierung geht es bei der methodischen Bearbeitung hauptsächlich um die Diagnose der Situation. Erst in der Auswertung geht es darum, Ideen zu alternativen Handlungsoptionen („Options“) zu gewinnen.

Zunächst steht aber das Feedback für die Coachee im Mittelpunkt. Zum einen geht es hier darum, dass die Coachee weitere Hinweise zu ihrer

Wirkung erhält und ihre „blinden Flecken" verringern kann. Zum anderen wird hierdurch die Gruppe nach der langen Fallarbeit, die stark auf die Coachee bezogen war, wieder voll mit einbezogen. Die Auswertung erfolgt in drei Schritten:

Auswertungsschritte

1. **Rollen-Feedback**: Die Rollenspieler teilen dem Protagonisten aus ihrer Rolle heraus mit, wie sie ihn erlebt haben. Anschließend werden sie aus der Rolle „entlassen".
2. **Sharing**: Die Gruppenmitglieder teilen dem Protagonisten ähnliche eigene Erfahrungen mit.
3. **Beobachter-Feedback**: Die Zuschauer teilen dem Protagonisten mit, was ihnen während des Spiels aufgefallen ist.

Als Erstes wird das Rollen-Feedback durchgeführt, bei dem die Rollenspieler der Coachee aus ihrer Rolle heraus mitteilen, wie sie sie erlebt haben.

Rollen-Feedback durch die Rollenspieler

Trainer zu den Rollenspielern: *„Als Erstes möchte ich Sie bitten, Frau Fröhlich eine Rückmeldung darüber zu geben, wie Sie sie aus Ihrer Rolle heraus erlebt haben."*

Rollenspieler A: *„Sie war sehr freundlich, aber ihre Heiterkeit hat überhaupt nicht zu meiner Stimmung gepasst."*

Während des Feedbacks achtet der Trainer darauf, dass die Rückmeldungen in einer hilfreichen Form gegeben werden. Feedback sollte direkt an die Person gerichtet werden, auf die es sich bezieht. Deshalb interveniert der Trainer: *„Bitte sagen Sie es Frau Fröhlich direkt."*

Nach dem Rollen-Feedback muss der Trainer dafür sorgen, dass der Rollenspieler „entrollt" werden, also aus der Rolle entlassen wird. Sonst kann es passieren, dass Aspekte der Rolle an der Person „haften" bleiben: *„Dann möchte ich Sie gerne aus der Rolle entlassen. Danke, dass Sie Ihre Rolle übernommen haben. Sie sind jetzt nicht mehr Herr A, Sie sind jetzt wieder Herr Schreiber."*

„Entrollen" der Spieler

Wenn sehr viele Rollenspieler beteiligt sind und manche keine spezifische Rolleninstruktion erhalten haben und sich wenig beteiligen konnten, muss der Trainer nicht darauf bestehen, dass jede Person ein Rollen-Feedback gibt. Es sollte jedoch jeder die Gelegenheit erhalten, etwas zu sagen und jeder Rollenspieler muss aus der Rolle entlassen werden.

„Sharing"

Der zweite Schritt der Auswertung ist das sogenannte „Sharing". Hierbei teilen die Gruppenmitglieder eigene Erfahrungen mit, die jenen der Coachee ähneln. Dadurch erfährt die Coachee, dass sie mit ihrem „Problem" nicht alleine dasteht. Moreno spricht davon, dass die Coachee, die sich in der Arbeit sozusagen seelisch „ausgezogen" und viel von sich gezeigt hat, im Sharing wieder „angezogen" wird. Dazu fragt der Trainer etwa: *„Im nächsten Schritt geht die Frage an alle: Woher kennen Sie Situationen, wo es schwierig ist, andere zu überzeugen oder wo Sie auf Widerstand und Blockaden stoßen, die vielleicht nicht immer offen geäußert werden, aber doch spürbar sind?"*

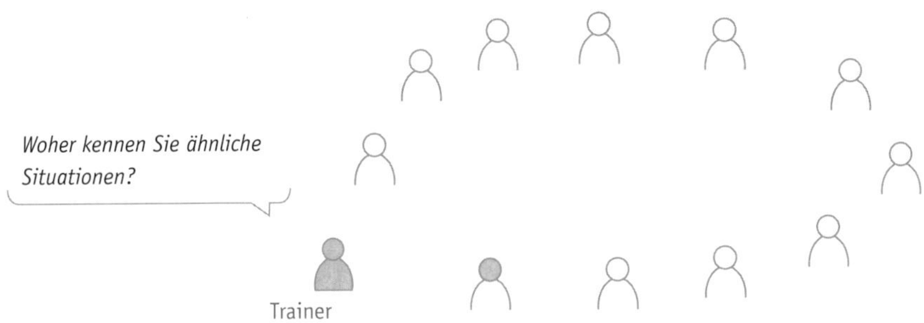

Abb.: Im Sharing teilen die Gruppenmitglieder ähnliche Erfahrungen mit der Coachee, was ein Gefühl der Solidarität und Verbundenheit auslöst.

Beobachter-Feedback

Der dritte und letzte Schritt der Auswertung ist das Beobachter-Feedback. Hier geht es darum, die Gruppe als Quelle für Rückmeldungen zu nutzen. Hier gilt es, die Feedback-Regeln zu beachten, die ausführlich auf S. 290 f. vertieft werden. *„Nun geht die Frage an alle, die zugeschaut haben: Was ist Ihnen aufgefallen? Was haben Sie beobachtet? Hilfreich ist es, wenn Sie einfach Ihre Wahrnehmungen schildern, und zwar möglichst ohne zu bewerten und ohne Ratschläge zu geben."*

Falls es bewertende oder gar abwertende Äußerungen gibt, muss der Trainer sofort intervenieren. Wenn beispielsweise ein Beobachter erklärt: *„Sie wirken ganz schön arrogant."*

Bei solch einer Äußerung muss der Trainer seine Schutzfunktion gegenüber der Coachee wahrnehmen und einschreiten: *„Bitte keine Bewertungen. Das ist nicht hilfreich. Bitte beschreiben Sie konkret, was Sie wahrgenommen haben."*

Abb.: Der Trainer interveniert bei verletzendem Feedback.

Way forward

Abschließend kann der Trainer Feedback geben, falls wichtige Aspekte noch nicht genannt wurden. Nach all den Rückmeldungen gilt es, den Ball an die Coachee zurückzuspielen, etwa mit einer der folgenden Fragen:

- *„Was nehmen Sie mit?"*
- *„Was war für Sie besonders wichtig?"*
- *„Welches Feedback war für Sie besonders hilfreich?"*
- *„Was würden Sie das nächste Mal anders machen?"*

Anschließend geht es um einen Abgleich zwischen dem ursprünglichen Ziel und dem, was bislang erreicht worden ist: *„Wo stehen Sie in Bezug auf Ihr Ziel, andere besser überzeugen zu wollen?"*

Nun kann es sein, dass die Coachee mehr als genug Anregungen erhalten hat und ihr Anliegen als erfüllt betrachtet. Es kann aber auch sein, dass noch ein weiterer Schritt erforderlich ist. Das klärt der Trainer ab: *„Möchten Sie noch einen Schritt weitergehen oder möchten Sie hier einen Punkt machen?"* Falls die Coachee weiterarbeiten möchte, bietet es sich nun an, mit einer lösungsorientierten Methode fortzufahren, etwa mit einem Übenden Rollenspiel (s. S. 116) oder Actstorming (s. S. 144). Ansonsten schließt der Trainer hier die Sequenz ab.

Hinweise

Hilfestellungen für den Rollentausch

- Die Instruktion der Rollenspieler erfolgt hier durch Rollentausch (bzw. Rollenwechsel) statt durch das Eindoppeln, welches beim Übenden Rollenspiel verwendet wurde. Der Grund liegt darin, dass es bei der Nachinszenierung wichtig ist, dass die Coachee die Szene als möglichst realistisch erleben soll. Dazu müssen die Rollenspieler sehen, wie sich die Personen, die sie spielen sollen, konkret verhalten. Hierfür ist es hilfreich, wenn die Coachee das Verhalten der jeweiligen Person vormacht und die Rollenspieler dies nachahmen können. Das ist nur beim Vorstellen im Rollentausch, nicht aber beim Eindoppeln möglich.

- Das Vorstellen im Rollentausch kann für die Coachee schwierig sein, wenn sie die betreffende Person nicht näher kennt. Dann ermuntert der Trainer die Coachee, ihre eigenen Hypothesen und Fantasien zu artikulieren. Diese müssen nicht stimmen; es geht vielmehr darum, die Fähigkeit zu schulen, sich in andere einzufühlen. Schließlich ist es entscheidend für die soziale Kompetenz, antizipieren zu können, welche Bedürfnisse, Interessen und Einstellungen die Interaktionspartner haben. Für den Fall von Frau Fröhlich heißt das, dass sie wissen muss, welche Vorbehalte, Einwände, aber auch welches Interesse die Firmenkundenberater an dem Thema „Datenbank" und an ihr als Marketing-Mitarbeiterin haben könnten, um entsprechend darauf eingehen zu können.

- Wenn es der Coachee beim Vorstellen im Rollentausch schwerfällt, Hypothesen und Fantasien aus der jeweiligen Rolle zu artikulieren, kann der Trainer sie unterstützen, indem er sie im Rollentausch doppelt und selbst Vermutungen äußert. Er kann auch Satzanfänge anbieten, die die Coachee vervollständigen muss („Einleitendes Doppeln"). Diese Technik funktioniert meist gut, um die Coachee zu bewegen, sich stärker auf die Rolle einzulassen. Hier ein Beispiel:

Trainer zur Coachee (im Rollentausch mit A): *„Warum schauen Sie aus dem Fenster?"*

Coachee (im Rollentausch mit A): *„Keine Ahnung."*

Trainer (doppelt): *„Das Thema nervt mich total."*

Coachee (im Rollentausch mit A): *„Genau."*

Trainer (Einleitendes Doppeln): *„Weil ..."*

Coachee (im Rollentausch mit A): *„Weil ich das ohnehin nicht umsetzen werde."*

Trainer (Einleitendes Doppeln): *„Weil ..."*

Coachee (im Rollentausch mit A): *„Weil das System ja dazu eingeführt wird, Leute wie mich überflüssig zu machen."*

- Falls das Stand-In beim Spiegeln Schwierigkeiten hat, das Verhalten der Coachee widerzuspiegeln, kann der Trainer sie dabei unterstützen (was voraussetzt, dass er selbst die Coachee zuvor genau beobachtet hat).

Handlungsalternativen finden: Actstorming

Indikation

Diese Methode eignet sich immer dann, wenn der Coachee nicht weiß, wie er sich in einer bestimmten Situation konkret verhalten soll, beispielsweise: *„Wie gehe ich damit um, wenn die Kunden sich wieder über unsere Preise beschweren?"* Oder: *„Wie soll ich künftig auf die unsachlichen Kommentare des Vorstands reagieren?"*

Ziele

- Der Coachee kann durch „Lernen am Modell" sein Handlungsrepertoire im Umgang mit einer für ihn schwierigen sozialen Situation erweitern.
- Die anderen Teilnehmer können in einem geschützten Rahmen unterschiedliche Bewältigungsstrategien im Umgang mit kritischen Situationen erproben.

Material

- Ggf. Requisiten zum Aufbau der Szene, wie z.B. Stühle und Tische

Überblick

- Aufbau der Situation.
- Der Coachee demonstriert das Verhalten der Interaktionspartner.
- Andere Teilnehmer übernehmen die Rolle der Interaktionspartner.
- Mehrere Seminarteilnehmer übernehmen abwechselnd die Rolle des Coachee und reagieren jeweils unterschiedlich auf die Interaktionspartner.
- Der Coachee kann die Szene beobachten und sich von den unterschiedlichen Handlungsoptionen anregen lassen.
- Feedback durch den Coachee.
- Feedback der Rollenspieler und Beobachter, ggf. Sharing.
- Gegebenenfalls kann der Coachee selbst die eigene Rolle übernehmen und Handlungsstrategien, die ihn inspiriert haben, ausprobieren.

Diese Methode geht zurück auf das Forumtheater des brasilianischen Theaterpädagogen Augusto Boal (s. S. 318). Aus dem Forumtheater wurden verschiedene Varianten für den Bereich des Management-Trainings weiterentwickelt. Eine davon ist das „Actstorming" nach Alexander Redlich (1994). Das methodische Prinzip ähnelt dem Brainstorming, mit dem Unterschied, dass Ideen und Lösungsvorschläge nicht nur verbalisiert, sondern direkt in Handlungen umgesetzt werden*.

Vorgehen

Im Folgenden wird die Methode des Actstormings am folgenden Beispiel geschildert: Im Rahmen eines zweitägigen Konfliktmanagement-Trainings bringt die 32-jährige Personalreferentin Frau Süß folgende Fragestellung ein: *„Wie kann ich schlagfertiger werden?"* Frau Süß arbeitet für einen großen Automobilzulieferer und beklagt sich darüber, dass sie immer mal wieder mit frechen, teilweise herablassenden Bemerkungen seitens ihrer internen Kunden, die meist hohe hierarchische Positionen einnehmen – konfrontiert sei. Insbesondere der Bereichsleiter Herr Zack, mit dem sie eng zusammenarbeite, falle ihr stets durch unangemessene Kommentare auf, die sie meist kommentarlos entgegennehme. Statt sich zu wehren, erdulde sie ihr Schicksal und ärgere sich hinterher.

Goal

Auf positive Zielformulierungen hinwirken

Trainer: *„Was ist Ihr Ziel?"*

Coachee: *„Ich will mich nicht mehr von Leuten wie Herrn Zack überrumpeln lassen. Ich habe es satt, immer brav und nett zu lächeln und mich hinterher über meine Gutmütigkeit zu ärgern."*

Trainer: *„Was möchten Sie stattdessen tun?"*

Coachee: *„Ich will schlagfertig auf dumme Bemerkungen reagieren können."*

Trainer: *„Was heißt ‚schlagfertig' für Sie?"*

Coachee: *„Gute Frage. Jetzt fällt mir schon wieder nichts ein!"*

Trainer: *„Keine Eile. Es geht nur darum, ein Bild davon zu entwickeln, womit Sie zufrieden wären. Angenommen, Sie haben wieder eine dumme Bemerkung erlebt und würden so reagieren, dass Sie mit sich zufrieden sind. Was würden Sie beispielsweise getan haben?"*

* Die Methode des „Actstormings" ähnelt der psychodramatischen Technik des Doppelns (s. S. 246). In der klassischen psychodramatischen Arbeit liegt der Fokus jedoch letztlich immer auf dem Coachee, der gefordert ist, eine Lösung zu entwickeln und zu erproben. Dagegen hat der Coachee beim Actstorming die Möglichkeit, Handlungsalternativen, die andere Seminarteilnehmer demonstrieren, von außen zu beobachten und jene Aspekte zu übernehmen, die er als stimmig erlebt.

Coachee: *„Irgendetwas entgegnet haben. Es muss nichts Besonderes sein, eine ironische Bemerkung zum Beispiel."*

Trainer: *„Ihr Ziel ist es also, auf die dummen Bemerkungen etwas erwidern zu können."*

Coachee: *„Genau."*

Das Ziel ist nun positiv, konkret und realistisch formuliert, sodass der Trainer zur nächsten Phase übergehen kann. Noch ist nicht klar, welche Methode am besten geeignet ist, das Anliegen zu bearbeiten.

Reality

Im nächsten Schritt gibt der Trainer den Teilnehmern Gelegenheit, Fragen zu stellen. Frau Süß gibt daraufhin einige Beispiele für Bemerkungen von Bereichsleitern und insbesondere von Herrn Zack, die sie als unangemessen erlebt, weil sie sie abwerten (*„Da ist ja unser HR-Fräulein"*), degradieren (*„Können Sie das schnell für mich abtippen?"*) oder angreifen (*„Wozu brauchen wir eigentlich diesen ganzen HR-Laden?"*). Sie gibt an, dass sie bereits versucht habe, ernsthaft ein Gespräch mit Herrn Zack zu führen, aber der verharmlose seine Bemerkungen dann und ändere sein Verhalten nicht. Auch die Unterstützung ihres Vorgesetzten habe sie bereits vergeblich gesucht. So gehe es ihr nun darum, auf Bemerkungen von Herrn Zack schlagfertig reagieren zu können.

Bei diesem Thema gibt es verschiedene **methodische Möglichkeiten**. Es wäre eventuell lohnenswert, herauszufinden, welche „inneren Teammitglieder" Frau Süß davon abhalten, sich gegenüber den Bereichsleitern abzugrenzen und wie sie sich „innerlich aufstellen" müsste, damit dies besser gelingt (s. S. 212 ff.). Allerdings richtet sie den Fokus mit ihrer Fragestellung nicht auf diesen innerpsychischen Aspekt, sondern vielmehr auf die Handlungsebene in der zwischenmenschlichen Situation. Von daher könnte ein Übendes Rollenspiel ebenso passen wie das Actstorming. Um eine Entscheidung zu treffen, stimmt der Trainer die Wahl der Methode mit der Coachee ab:

Methode mit der Coachee abstimmen

Trainer: *„Um herauszufinden, wie Sie auf diese Bemerkungen reagieren können, schlage ich vor, dass wir uns die Situation, die Sie genannt haben, hier anschauen und sie nachstellen. Wir brauchen dazu gleich eine Person, die die Rolle von Herrn Zack übernimmt. Dann gibt es zwei Möglichkeiten. Die eine ist, dass Sie selbst Ihre eigene Rolle übernehmen und versuchen, eine passende Reaktion zu finden. Oder wir lassen die anderen Seminarteilnehmer abwechselnd Ihre Rolle übernehmen und an Ihrer Stelle reagieren, wobei Sie zuschauen und auswählen können, was Ihnen am passendsten erscheint. Welche Variante ist Ihnen lieber?"*

Aufbau der Situation

Coachee: *„Offen gestanden, habe ich momentan noch keine Idee, wie ich mit Herrn Zack umgehen kann. Deshalb wäre es mir lieber, zuschauen zu können."*

Trainer: *„Gut. Dann möchte ich Sie bitten, hier vorne Ihr Büro mit einfachen Mitteln aufzubauen, sodass wir uns die Situation vorstellen können. Was brauchen Sie dazu?"*

Coachee: *„Einen Stuhl, einen Schreibtisch und einen Computer."*

Trainer: *„Dann nehmen Sie gerade Ihren Stuhl mit nach vorne. Für den Computer können Sie den Moderationskoffer nehmen. Und vielleicht kann Ihnen jemand helfen, einen Tisch nach vorne zu stellen."* Zu den anderen Teilnehmern sagt er: *„Rücken Sie alle bitte etwas nach hinten, sodass wir hier vorne genügend Platz haben."*

Nachdem die räumliche Situation aufgebaut ist, wird die Rolle des Konfliktpartners (Antagonisten) besetzt. Der Trainer kann hier in die Runde fragen: *„Wer hat Lust, die Rolle von Herrn Zack zu übernehmen?"* Falls sich niemand freiwillig meldet, kann der Trainer die Coachee bitten, eine Person auszuwählen. Dies ist zwar etwas problematisch, wenn es gilt, eine ausgesprochen negative Rolle zu besetzen – so wie hier. Dann kann der Trainer versuchen, dies als Zuschreibung besonderer darstellerischer Qualitäten zu verkaufen, damit sich die ausgewählte Person nicht beleidigt fühlt: *„Frau Süß, wählen Sie jemand aus, dem Sie das schauspielerische Talent zutrauen, diese Rolle zu spielen."*

Ist der Rollenspieler gefunden, muss er in seine Rolle eingeführt werden. Dies geht am einfachsten, wenn die Coachee kurz das Verhalten des Antagonisten demonstriert.

Die Coachee demonstriert das Verhalten des Interaktionspartners

Trainer: *„Damit Sie wissen, wie Sie die Rolle von Herrn Zack spielen müssen, möchte ich Sie, Frau Süß, bitten, kurz das Verhalten von Herrn Zack zu demonstrieren. Können Sie uns das bitte kurz zeigen?"*

Coachee: *„Ich kann's versuchen."*

Die Coachee schlüpft kurz in die Rolle des Antagonisten, um sein Verhalten zu demonstrieren. Anschließend übernimmt eine Rollenspielerin diese Aufgabe, sodass die Coachee die Szene von außen beobachten kann. Da es hier um unterschiedliche Bemerkungen geht, die Herr Zack sagen könnte, sammelt der Trainer mögliche Varianten, die anschließend im Actstorming genutzt werden können: *„Welche anderen Bemerkungen könnten von Herrn Zack noch kommen?"* Der Trainer hält die Punkte auf Flipchart fest.

Nachdem die Coachee das Verhalten des Konfliktpartners vorgespielt hat, bittet die Seminarleitung den Rollenspieler: *„Würden Sie die Rolle*

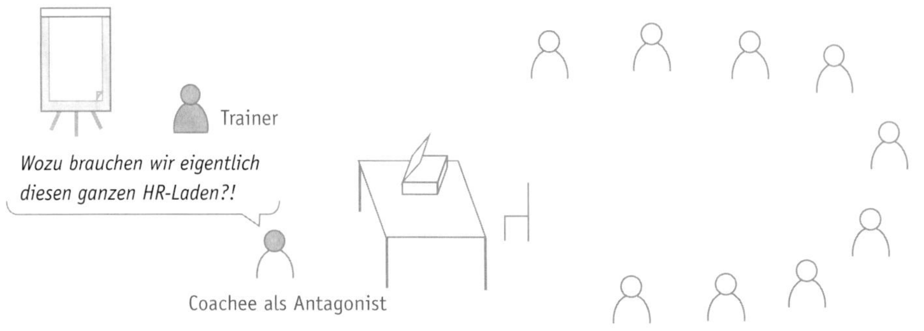

Abb.: Der Trainer interviewt die Coachee im Rollentausch mit ihrer Chefin während des Briefings (Eindoppelns).

bitte direkt mal übernehmen und nachmachen, damit Frau Süß schauen kann, ob das passt? Sie können ruhig ein paar Varianten demonstrieren und später auch ein bisschen abwechseln bei dem, was Sie an Bemerkungen fallen lassen."

Options

Jede Handlungsalternative ist willkommen

Wenn der Rollenspieler in der Lage ist, die Rolle adäquat darzustellen, kann das eigentliche Actstorming beginnen. Hierzu wendet sich der Trainer an die Gruppe: *„Ihre Aufgabe wird es jetzt sein, an Stelle von Frau Süß abwechselnd auf die Bemerkungen von Herrn Zack zu reagieren. Dabei können Sie entweder genauso reagieren, wie Sie es an der Stelle von Frau Süß tatsächlich tun würden. Sie können aber auch etwas komplett anderes ausprobieren, was sie im echten Leben niemals machen würden. Jedes Verhalten ist erwünscht. Wir sammeln also Handlungsideen. Ähnlich wie beim Brainstorming, wo jede Idee erwünscht ist, ist hier jede Handlungsalternative willkommen.*

Wir werden die Szene dann jeweils kurz laufen lassen, sodass wir noch sehen, wie Herr Zack reagiert. Anschließend gebe ich ein Signal und beende die Szene. Die Person, die in der Rolle von Frau Süß war, gibt gewissermaßen die Staffel an die nächste Person weiter.

Als Symbol habe ich hier einen Moderationsstift, den der jeweilige Akteur an die nächste Person weitergibt. Wer eine Idee hat, kann sich gerne melden. Ansonsten kann es – wie im echten Leben – sein, dass Sie mit dem schwierigen Kollegen konfrontiert werden, auch wenn Sie sich das nicht ausgesucht haben. ☺"

Um die verschiedenen Handlungsalternativen mit ihren unterschiedlichen Wortlauten zu dokumentieren, kann der Trainer fragen, ob jemand auf dem Flipchart mitschreibt: *„Damit wir die unterschiedlichen Herangehensweisen festhalten können, wäre es prima, wenn jemand in Stichworten mitschreibt, was diejenigen, die in die Rolle von Frau Süß schlüpfen, entgegnen. Wer würde das übernehmen?“*

Abb.: Auf dem Flipchart werden die unterschiedlichen Herangehensweisen beim „Actstorming“ festgehalten.

Da diese Person im Actstorming keine Rolle übernehmen muss, findet sich meist schnell ein Teilnehmer, der diese Funktion übernimmt.

Anschließend kann es losgehen: *„Wer mag anfangen?“* Meldet sich kein Teilnehmer, so gibt der Trainer dem Rollenspieler den Moderationsstift: *„Bitte suchen Sie sich jemand aus.“*

Die Seminarleitung lässt die Szene nur kurz laufen. Anschließend bricht sie die Szene ab. Die Interaktion wird beim Actstorming nicht direkt im Anschluss reflektiert. Vielmehr schließt sich unmittelbar die nächste Sequenz an. Wie beim Brainstorming ist die Bewertung strikt von der Generierung von Lösungsmöglichkeiten getrennt, um den Fluss der Ideen nicht zu beeinträchtigen. *„Herzlichen Dank! Bitte geben Sie die Staffel an die nächste Person weiter.“*

Abb.: Die Coachee erhält eine Reihe unterschiedlicher Handlungsoptionen durch mehrere Seminarteilnehmer in ihrer Rolle. Es folgt eine Aktion auf die nächste. Erst zum Schluss wird ausgewertet.

Der Trainer lässt nun mehrere Durchgänge laufen, wobei er den Rollenspieler (hier: Herrn Zack) auffordern kann, seine Sätze zu variieren, sodass die Interaktion nicht zu vorhersehbar wird und eine gewisse Spontaneität erfordert. Wenn er den Eindruck hat, dass die Coachee genügend Anregungen bekommen hat oder sich die Handlungsalternativen zunehmend ähneln, kann er das Ende des Actstormings einleiten. *„Hat noch jemand eine ganz andere Idee?"*

Wenn der letzte Durchgang beendet ist, richtet er das Wort an die Coachee: *„Frau Süß, welche Strategien haben Ihnen besonders gefallen?"* Bei der Auswertung wird damit zunächst die Coachee gefragt, welche Handlungsvorschläge ihr am meisten zugesagt haben. Im Anschluss gibt es Feedback vom Rollenspieler und der Gruppe. Anschließend holt der Trainer das Feedback der anderen Teilnehmer ein. Folgende Auswertungsschritte sind hierbei empfehlenswert:

Auswertungsschritte

1. **Rollen-Feedback:** Der Rollenspieler wird eingeladen, seine Wahrnehmungen aus der Rolle zu schildern: *„Als Herr Zack haben Sie verschiedene Reaktionen erlebt. Welche haben Sie besonders beeindruckt und warum?"*

2. **Feedback aus der Gruppe:** Anschließend ist es hilfreich, die Beobachtungen von außen zu sammeln, die oft weitere wertvolle Informationen liefern: *„Frau Süß' Ausgangsfrage war, wie sie mit den Bemerkungen von Herrn Zack schlagfertig umgehen kann. Was war aus Ihrer Sicht besonders effektiv?"*

3. **Sharing:** Wenn noch Zeit bleibt, kann der Trainer die anderen Teilnehmer nach ähnlichen Erfahrungen fragen. Dies dient dazu, den Erfahrungsschatz der Gruppe zu nutzen und die Coachee wieder in die Gruppe zu integrieren, indem deutlich wird, dass sie nicht alleine mit ihrem Thema steht. *„Wer hat ähnliche Erfahrungen gemacht mit unverschämten Bemerkungen? Welche ähnlichen Situationen haben Sie erlebt?"*

Bei Ratschlägen intervenieren

Eine Gefahr bei dieser Fragestellung liegt darin, dass nun Ratschläge nach dem Motto *„Du musst Dich da einfach besser abgrenzen"* oder *„Du darfst halt nicht immer versuchen, es anderen recht zu machen"* erteilt werden. Wenn dies geschieht, muss der Trainer intervenieren, zum Beispiel: *„Es geht jetzt nicht darum, Frau Süß Tipps zu geben, sondern darum, eigene ähnliche Erfahrungen zu teilen. Gibt es eine ähnliche Situation, die Sie erlebt haben?"*

Way forward

Zum Abschluss geht es darum, dass die Coachee Handlungsmöglichkeiten findet, die für sie und ihre Situation stimmig ist. Dies kann der Trainer etwa mit folgenden Fragen unterstützen:

Unterstützende Fragen

- *„Was könnten Sie sich vorstellen zu übernehmen?"*
- *„Wie würden Sie das in Ihren eigenen Worten formulieren?"*
- *„Auf welche Reaktionen müssen Sie sich einstellen und wie würden Sie damit umgehen?"*

Nun besteht die Möglichkeit, dass die Coachee selbst in die Situation einsteigt und versucht, die gewonnenen Handlungsideen zu erproben. Der Trainer fragt sie also: *„Möchten Sie zum Abschluss selbst in die Situation einsteigen und auf die Bemerkungen von Herrn Zack reagieren?"* Meistens sind die Coachees jedoch eher damit beschäftigt, das Gesehene zu verarbeiten und zu verdauen. Abschließend gibt der Trainer das letzte Wort an die Coachee: *„Wie lautet Ihr Fazit?"*

Schließlich erhält die Coachee das Flipchart bzw. ein Foto des Flipcharts, auf dem die unterschiedlichen Handlungsalternativen festgehalten wurden.

Hinweise

- Normalerweise wird es den Gruppenmitgliedern beim Actstorming freigestellt, ob und wann sie sich einbringen möchten. Allerdings habe ich die Erfahrung gemacht, dass es dann passieren kann, dass der „Handlungssturm" ein „laues Lüftchen" bleibt, weil sich viele Seminarteilnehmer lieber zurückhalten. Deshalb halte ich es für zielführend, einen „sanften Zwang" anzuwenden und die Teilnehmer dazu zu bringen, sich der Situation zu stellen. Schließlich können sie sich in der Realität auch nicht aussuchen, von welchen Personen sie mit welchen Anliegen konfrontiert werden. Immerhin bietet hier das Seminar einen deutlich geschützteren Rahmen als das „echte Leben".

Variante

- Vor dem eigentlichen Actstorming kann der Trainer die Teilnehmer zuerst in einem Brainstorming Ideen sammeln und auf Flipchart schreiben lassen, bevor diese dann „durchgespielt" werden. Dies ist gewissermaßen die „sanftere Variante", weil die Teilnehmer sich so besser vorbereiten können. Allerdings hat dies den Nachteil, dass die Übung dann nicht mehr so realitätsnah ist – schließlich müssen sie im Alltag ja auch spontan auf bestimmte Situationen reagieren, ohne sich vorher Gedanken machen zu können. Dieses zweistufige Vorgehen kann aber bei zurückhaltenden oder gehemmten Gruppen sinnvoll sein, um diese nicht zu überfordern. Damit der Teilnehmer möglichst großen Nutzen daraus ziehen kann, empfiehlt es sich, die Teilnehmer zu bitten, ihre Notizen gut leserlich aufzuschreiben. Diese erhält der Coachee am Ende des Coachings.

- Der Trainer kann die Teilnehmer auch bitten, das Brainstorming zu zweit durchzuführen, wobei sich die Paare darauf einigen müssen, wer von den beiden „in den Ring steigt". Auch dadurch stellt der Trainer sicher, dass genügend Handlungsalternativen demonstriert werden.

- Man kann den Coachee auch auffordern, die Rolle des Antagonisten zu übernehmen, statt die Situation von außen zu beobachten. Dies ist allerdings nur dann sinnvoll, wenn es darum geht, einen Perspektivenwechsel des Coachee zu erreichen und sein Einfühlungsvermögen für dessen Sichtweise zu erhöhen. Im beschriebenen Fall ist das Ziel hingegen, dass die Coachee lernt, sich stärker abzugrenzen, statt sich in den Kontrahenten einzufühlen. Daher wäre diese Vorgehensweise hier deplatziert.

Klartext reden: Stunde der Wahrheit

Indikation

Wenn sich beim Coachee eine ganze Menge Ärger und Frust angehäuft hat, der niemals artikuliert worden ist, kann es für den Coachee schwierig sein, dies sofort konstruktiv „rüberbringen" zu müssen. Um gewissermaßen den „Pfropfen" zu lösen, kann es hilfreich sein, erst einmal „frei Schnauze" sprechen und Klartext reden zu können. Eine weitere Indikation liegt vor, wenn der Coachee stets extrem diplomatisch agiert oder agieren muss, etwa weil er sich in einem sehr strategischen, „politischen" Umfeld befindet. Dann kann es sein, dass es dem Coachee vor lauter Vorsicht schwerfällt, seine Gedanken klar zu formulieren. Auch in diesem Fall kann es erleichternd sein, zunächst einmal „ungeschminkt" reden zu können.

Ziele

- Der Coachee kann eine Blockade lösen, um die eigenen Gefühle zu artikulieren.
- Der Coachee erlangt innere Klarheit.

Material

- Requisiten zum Aufbau der Szene, wie z.B. Stühle und Tische

Überblick

- Die Szene wird mit einfachen Mitteln aufgebaut.
- Die Rolle des Konfliktpartnes wird besetzt.
- Rollenspieler werden durch Eindoppeln instruiert: Der Coachee stellt sich hinter den Rollenspieler und stellt Konfliktpartner aus der Ich-Perspektive vor.
- Der Rollenspieler erhält die Anweisung, weitgehend passiv zu bleiben, aber auf die eigene (innere) Reaktion zu achten.
- Der Coachee wird ermuntert, dem Konfliktpartner „ungeschminkt" die Meinung zu sagen.
- Der Coache wird durch Doppeln unterstützt: Der Trainer tritt neben ihn und verbalisiert Gefühle, die beim Coachee mitschwingen, aber nicht ausgedrückt werden.
- Auswertung: Rollen-Feedback und Beobachter-Feedback.
- Es wird ausgewertet, wie das Verhalten des Coachee so gestaltet werden kann, dass dieser seine Ziele erreicht.
- Bei Bedarf führt der Coachee das Gespräch ein zweites Mal, wobei er versucht, sein Verhalten entsprechend anzupassen.

Im klassischen Psychodrama geht es darum, die innere Wahrheit handelnd zu erkunden und zum Ausdruck zu bringen (vgl. Moreno 1959). Dies ist im Management-Training nur begrenzt möglich und erwünscht. Die innere Wahrheit ist nicht das Maß aller Dinge. Vielmehr geht es in der Regel darum, die Teilnehmer dabei zu unterstützen, ihre Rolle im Unternehmen erfolgreich zu erfüllen. Schließlich wird das Seminar vom Unternehmen bezahlt, um seine Mitarbeiter so zu qualifizieren, dass sie ihre Rolle angemessen ausfüllen. Der Mitarbeiter soll nicht lernen, seine Frustration über den Chef „rauszulassen" und der Kundenberater nicht dazu gebracht werden, dem Kunden „die Meinung zu geigen". Vielmehr sollen Emotionen in sozialverträglicher Form artikuliert werden, um Konflikte konstruktiv zu lösen.

Gleichzeitig haben Menschen Gefühle, die nicht immer rollenkonform sein müssen und sich nicht unbedingt „unter dem Deckel" halten lassen. Wo innerer Ärger, Unmut oder Frustration nicht ausgedrückt werden dürfen, können sie den Einzelnen lähmen und Arbeitsbeziehungen vergiften. Daher kann es ein wichtiger Schritt sein, unterdrückte Gefühle „frei von der Leber" artikulieren zu können – zumal dies ohne Folgen bleibt, wenn es im Rahmen eines Seminars geschieht und der Adressat nicht im Raum ist. Deshalb geht es bei dieser Methode darum, dem Konfliktpartner im Spiel „ohne Rücksicht auf Verluste" seine Meinung zu sagen. Erst in einem zweiten Schritt wird dann ausgewertet, wie der Coachee möglicherweise in der Realität variieren muss, um sein Verhalten „sozialverträglich" zu gestalten.

Vorgehen

Die Methode „Stunde der Wahrheit" möchte ich anhand eines Fallbeispiels aus einem dreitägigen Führungskräfteseminar zum Thema „Schwierige Gespräche führen" erläutern. Der 35-jährige Teamleiter Herr Sand hat über ein Jahr lang seine Vorgesetzte Frau Steil während ihrer Mutterzeit vertreten und ist verärgert darüber, dass er von seiner „Chef-Chefin", Bereichsleiterin Frau Reich, keinerlei Anerkennung für die Übernahme dieser Funktion und die damit einhergehende Doppelbelastung erhalten hat. Dies beeinträchtigt ihn in der Zusammenarbeit mit seiner Chef-Chefin in einem aktuellen Projekt massiv.

Goal

Trainer: *„Was möchten Sie für sich herausfinden?"*

Coachee: *„Es hat sich einfach eine Menge Ärger über Frau Reich bei mir angestaut und ich weiß nicht, wie ich damit umgehen soll. In mir sperrt sich alles, wenn es darum geht, in dem aktuellen Projekt mit ihr zusammenzuarbeiten. Ich bin da echt ratlos."*

Trainer: *„Wie lautet Ihre Fragestellung?"*

Coachee: *„Ich denke, ich muss mit ihr reden. Aber ich weiß nicht wie. Da hat sich zu viel angestaut, als dass ich da ruhig und sachlich mit ihr reden könnte."*

Trainer: *„Was könnte passieren, falls Sie ihr sagen würden, was Sie empfinden?"*

Coachee (lacht): *„Dass Sie vom Hocker fällt. Dass ich mich im Ton vergreife und mir alle weiteren Karrierewege verbaue. Da muss ich schon ganz schön aufpassen."*

Der Trainer schlägt die Methode „Stunde der Wahrheit" vor.

Trainer: *„Wie wäre es denn, wenn Sie als ersten Schritt mal frei von der Leber weg alles so sagen würden, wie Sie es empfinden und wir dann im zweiten Schritt gemeinsam überlegen, wie Sie das am geschicktesten rüberbringen können?"*

Coachee: *„Keine schlechte Idee. Aber wie soll das funktionieren?"*

Trainer: *„Dazu kommen wir gleich. Lassen Sie uns zuerst noch herausbekommen, was genau Ihr Ziel ist."*

Coachee: *„Ich möchte klären, wie ich meinen Unmut am besten artikulieren kann."*

Reality

Der Trainer hat hier bereits die Methode vorgeschlagen und das Einverständnis des Coachee eingeholt. Nun ist es empfehlenswert, nicht zu lange zu warten (und zu reden), sondern rasch in Aktion zu treten. Der Trainer gestaltet die Situationsanalyse deshalb bewusst kurz und schließt nur wenige Fragen an, damit die betreffende Situation und die damit verbundenen Gefühle dem Coachee voll bewusst werden. Dies soll es ihm erleichtern, die innere Wahrheit anschließend zu artikulieren. Um den Coachee zu unterstützen, hört der Trainer aktiv zu und legt besonderen Wert darauf, seine Gefühle und Bedürfnisse herauszuarbeiten.

Trainer: *„Was hat Sie denn am meisten verärgert?"*

Coachee: *„Dass nie auch nur ein Wort der Anerkennung kam, dass ich für ein Jahr lang praktisch zwei Jobs auf einmal gemacht habe."*

Trainer: *„Sie haben sich praktisch zerrissen und Ihre Chef-Chefin hat das niemals gewürdigt."*

Coachee: *„Genau. Es gab ja auch keinerlei offizielle Einführung oder Vorstellung, dass ich etwa als Interim-Abteilungsleiter beim Vorstand vorgestellt wurde. Oder dass es am Ende der Zeit eine Auswertung, einen Abschied aus der Rolle gab. Oder eine Gehaltserhöhung, obwohl diese eigentlich überfällig war. Im Gegenteil: Im Jahresgespräch wurde mir dann vorgehalten, dass ich die eine oder andere Sache nicht proaktiv angegangen hätte. Dass ich dafür gar nicht die Zeit haben konnte und dass ich die ganze Abteilung zusammengehalten habe, dass hat die doch überhaupt nicht gemerkt."*

Trainer: *„Es wurde nur das Negative gesehen. Was Sie geleistet haben, wurde gar nicht wahrgenommen."*
Coachee: *„ So ist es. Das hat sich auch darin gezeigt, dass ..."* Usw.

Options

Wenn die Situation ausreichend klar geworden ist und der Coachee auch emotional voll involviert ist, leitet der Trainer zur methodischen Bearbeitung über.

Trainer: *„Angenommen, Sie würden ein Gespräch mit Frau Reich führen, wann und wo würde das stattfinden?"*
Coachee: *„In ihrem Büro. Wahrscheinlich gleich morgens, wenn sie zur Arbeit kommt."*
Trainer: *„Damit wir uns das besser vorstellen können, würden Sie bitte mit ein paar Stühlen und ggf. ein paar anderen Gegenständen aufbauen, wie es in dem Büro aussieht und zeigen, wo Frau Reich sitzen würde und wo Ihr Platz wäre?"*

Die Szene aufbauen

Der Trainer bittet die anderen Teilnehmer gegebenenfalls Platz zu machen, sodass genügend Raum zur Verfügung steht, um das Gespräch zu führen. Der Coachee baut die Szene auf. Dann wird die Rolle der Antagonistin besetzt.

Trainer: *„Welcher Teilnehmer könnte denn die Rolle von Frau Reich übernehmen?"*
Coachee: *„Keine Ahnung. Wer hätte denn Lust?"*
Trainer: *„Sie können ja mal in die Runde schauen und jemanden bitten, dem Sie zutrauen, diese Rolle als Bereichsleiterin darstellen zu können. Natürlich darf die Rolle auch abgelehnt werden."*

Der Trainer besteht darauf, dass der Coachee die Rolle besetzt. Dies trägt dazu bei, dass sich der Coachee auch tatsächlich vorstellen kann, dass er sich mit seiner Chef-Chefin auseinandersetzt und er seine Gefühle auf die Person übertragen kann, mit der er das Gespräch führt. Andernfalls entscheidet alleine die Lust der anderen Gruppenmitglieder darüber, wer sich für die Rolle meldet und es kann leicht geschehen, dass es dem Coachee dann schwerer fällt, sich auf die Interaktion voll einzulassen.

Sobald der Coachee eine Rollenspielerin ausgewählt hat, bittet der Trainer sie, ihren Platz einzunehmen. Dann erläutert er ihr ihre Aufgabe: *„Ihre Aufgabe ist es, die Rolle von Frau Reich zu übernehmen. Sie müssen dabei gar nicht viel machen, da es erst einmal darum geht, dass Herr Sand frei von der Leber sagt, wie er die Situation sieht. Sie brau-*

chen dabei nur zuhören und darauf achten, wie das Gesagte bei Ihnen ankommt. Sie können gerne in der Rolle von Frau Reich nachfragen und das Gespräch am Laufen halten, aber Sie sollen keine Gegenargumentation starten." Die Aufgabe der Rollenspielerin ist damit relativ einfach: Sie muss nichts erwidern, sondern hauptsächlich zuhören und auf ihre Gefühle achten.

Kurzes Eindoppeln der Rollenspielerin

Dann wendet sich der Trainer dem Coachee zu: *„Damit wir ein Gefühl dafür kriegen, wie Ihre Chef-Chefin ‚tickt', möchte ich Sie nun bitten, sie uns kurz vorzustellen. Bitte stellen Sie sich dazu hinter sie und schlüpfen Sie kurz in ihre Rolle und stellen Sie sie vor, indem Sie in der Ich-Form sprechen, also zum Beispiel ‚Ich bin Frau Reich, bin Bereichsleiterin, 45 Jahre alt und seit zehn Jahren im Unternehmen usw.'"*

Um das Eindoppeln zu unterstützen, interviewt der Trainer den Coachee im Rollentausch. Das Interview gestaltet er kurz, da der Fokus bei der „Stunde der Wahrheit" nicht darin liegt, sich in die Konfliktpartnerin einzufühlen, sondern vielmehr, bei den eigenen Gefühlen zu bleiben. Folgende Aspekte sollten jedoch berührt werden:

Erfragte Aspekte beim Doppeln

- Vorstellung der Person: *„Hallo Frau Reich, schön Sie kennenzulernen. Könnten Sie sich bitte kurz vorstellen?"*
- Rolle: *„Können Sie kurz Ihre Aufgabe erläutern und sagen, worauf es für Sie ankommt, um erfolgreich zu sein?"*
- Beziehung zum Coachee: *„Wie ist Ihre Beziehung zu Herrn Sand? Was schätzen Sie an ihm? Was stört Sie? Was wünschen Sie sich von ihm?"*

Wenn die Rollenspielerin eingedoppelt ist und keine weiteren Fragen hat, stimmt der Trainer den Coachee auf das Gespräch ein. Folgende Fragen an den Coachee können dabei helfen:

- *„Wie würden Sie das Gespräch mit Frau Reich initiieren?"*
- *„Wie viel Uhr ist es, wenn das Gespräch stattfindet?"*
- *„Welche Gefühle haben Sie, wenn Sie Frau Reich sehen?"*
- *„Was ärgert Sie am meisten an ihr?"*
- *„Was wollten Sie ihr schon immer mal sagen?"*

Schließlich kann die Stunde der Wahrheit beginnen.

Trainer: *„Was wollten Sie ihr schon immer mal sagen?"*
Coachee: *„Dass sie total undankbar ist. Und es geschafft hat, mich zu demotivieren."*
Trainer: *„Dann sagen Sie ihr das mal."*

Den Coachee auf das Gespräch einstimmen

Im Folgenden unterstützt der Leiter den Coachee, indem er die Technik des Doppelns einsetzt, wenn er spürt, dass der Coachee eigene Gefühle nicht verbalisiert. Dann tritt der Trainer neben den Coachee, formuliert die Gefühle, die er wahrnimmt in der Ich-Form anstelle des Coachee und überprüft, ob diese Äußerung von ihm als stimmig empfunden wird. Diese Technik kann gerade bei der „Stunde der Wahrheit" sehr hilfreich sein. Diese Intervention kann er bereits vorab ankündigen: *„Ich werde versuchen, Sie zu unterstützen, indem ich Ihnen hin und wieder Formulierungen anbiete. Das kann manchmal hilfreich sein und dann können Sie das übernehmen und es kann aber auch nicht passen, dann können Sie den Vorschlag einfach ignorieren."*

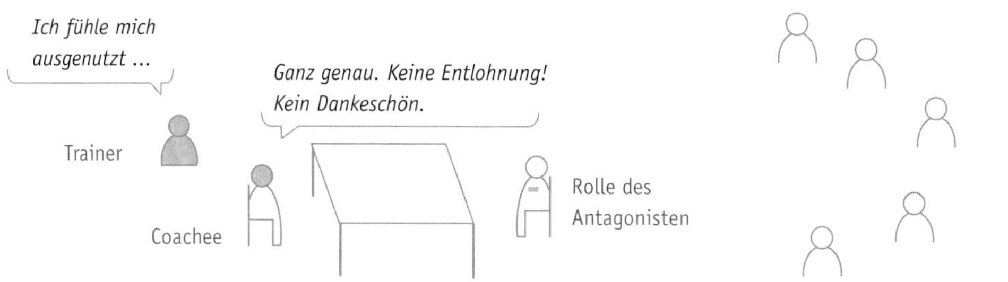

Abb.: In der „Stunde der Wahrheit" ermutigt der Trainer den Coachee, „frei von der Leber" die eigenen Gefühle auszudrücken. Wenn dieser sich damit schwertut, unterstützt der Trainer ihn durch Doppeln.

Beispiel: Doppeln einsetzen

Coachee: *„Es ist ja schon frustrierend, wenn man deutlich mehr leistet als das, was in der Stellenbeschreibung steht und das dann nicht wahrgenommen wird. Man würde sich da schon auch wünschen, dass das wenigstens mal erwähnt wird."*

Trainer: *„Ich bin enttäuscht, dass Sie mein Engagement nie gewürdigt haben."*

Coachee: *„Na ja, so ganz stimmt das auch nicht. Sie haben es schon in der Vorstandssitzung, in der ich präsentiert habe, hervorgehoben. Aber das war es dann auch schon. In meiner Beurteilung hat es sich nicht niedergeschlagen. Die war sogar sehr durchwachsen. Finanziell ist auch nichts rumgesprungen."*

Trainer: *„Ich fühle mich ausgenutzt. Ich habe zwei Jobs gemacht, aber nichts dafür bekommen."*

Coachee: *„Ganz genau. Keinerlei Entlohnung! Kein Dankeschön. Das ist nicht akzeptabel."*

Wenn der Coachee Zugang zu seinen Emotionen gefunden hat, ermuntert der Trainer den Coachee, wieder zurück in das Gespräch mit der Chef-Chefin einzusteigen und diese auszudrücken:

Trainer: *„Sagen Sie ihr das mal."*
Coachee (zur Chef-Chefin): *„Es ist nicht akzeptabel, dass ich keine Entlohnung bekommen habe für all die Zusatzarbeit, die ich geleistet habe. Und dass auch die Anerkennung völlig gefehlt hat."*
Trainer (doppelt): *„Ich habe mich so sehr angestrengt und Sie haben sich nicht mal bedankt."*
Coachee: *„Genau. Ich habe mir echt den A… aufgerissen und Sie haben das nicht mal registriert. Sie sind doch völlig undankbar. Sie sind nur an Ihrer eigenen Karriere interessiert. Menschen interessieren Sie doch gar nicht. Es geht für Sie eh nur um die Zahlen."* (Der Coachee ist mittlerweile sichtlich in Fahrt gekommen und schnauft nun durch, als habe er endlich deutlich ausgesprochen, was ihn schon lange beschäftigt hat.)
Trainer: *„Fehlt noch etwas? Möchten Sie noch etwas loswerden?"*
Coachee: *„Nein, das war's eigentlich."*

Auswertung

Der Trainer leitet nun zur Auswertung über. Als Erstes wird das Rollen-Feedback eingeholt:

Trainer (zur Rollenspielerin): *„Wie ging es Ihnen in der Rolle als Chef-Chefin Frau Reich?"*
Rollenspielerin: *„Och, anfangs ganz gut, das klang alles recht vage und ist gar nicht zu mir durchgedrungen. Später, als Sie dann mitgeholfen haben, wurde es ja schon sehr deutlich, aber ich konnte schon verstehen, dass er enttäuscht war. Nur, als er anfing, mich zu beleidigen, da wäre ich unangenehm geworden."*
Trainer: *„Danke. Sie sind nun aus Ihrer Rolle als Chef-Chefin entlassen."*

Dann wendet sich der Trainer an die „Zuschauer" und bittet um Beobachter-Feedback:

Trainer (zu den Beobachtern): *„Wie haben Sie das Verhalten von Herrn Sand wahrgenommen? Was haben Sie beobachtet und wie hat das auf Sie gewirkt?"*
Teilnehmer 1: *„Anfangs haben Sie ganz oft ‚man' gesagt. Dadurch wurde das Gespräch ganz unpersönlich, so als hätte es nichts mit Ihnen zu tun."*

Teilnehmer 2: *„Ich fand es gut, wie Sie dann später gesagt haben, dass es nicht akzeptabel ist, keine Entlohnung und Anerkennung bekommen zu haben. Das war klar und deutlich."*

Der Trainer fragt nach, inwiefern der Coachee sein Verhalten verändern muss, wenn er das Gespräch in der Realität führen würde:

Trainer: *„Das Ziel von Herrn Sand war es ja, zu klären, wie er seinen Unmut ansprechen kann. Was würden Sie sagen, kann er beibehalten und was muss er ggf. verändern, wenn er in der Realität mit Frau Reich spricht, damit der Schuss nicht nach hinten losgeht?"*

Teilnehmer 3: *„Bis auf den letzten Teil, wo er meinte, die Chef-Chefin sei völlig undankbar und nur an ihrer Karriere interessiert, kann er alles beibehalten."*

Rollenspieler: *„Am Anfang kann er sogar etwas deutlicher werden."*

Trainer: *„Was heißt das?"*

Rollenspieler: *„Wie die Kollegin schon sagte, auf diese unpersönlichen Man-Formulierungen verzichten und direkt sagen, dass er enttäuscht ist."*

Trainer: *„Gibt es noch andere Einschätzungen?"* Wenn das nicht der Fall ist, wendet er sich an den Coachee:

Trainer: *„Herr Sand, Ihr Ziel war ja, zu klären, wie Sie Ihren Unmut gegenüber Ihrer Chef-Chefin ausdrücken können. Wo stehen Sie da jetzt?"*

Coachee: *„Dass ich gar nicht so viel ändern muss. Dass ich sie nicht beleidigen kann, ist schon klar. Aber das würde ich auch nicht machen. Ich bin ja nicht lebensmüde."*

Trainer: *„Was halten Sie davon, das Gespräch nun noch einmal zu führen und auszuprobieren, wie Sie es in der Realität machen möchten?"*

Coachee (zögert): *„Hm. Nein, ich glaube, das reicht erst mal. Das gibt mir doch auch was zu denken. Es ist gut zu wissen, dass ich immer noch recht gemäßigt rüberkomme, auch wenn ich mich innerlich ganz anders fühle."*

Trainer: *„Gut. Dann machen wir hier einen Punkt."*

Hinweise

- Das Erstaunliche ist, dass die „Stunde der Wahrheit" oft relativ gemäßigt ausfällt. Meist sind die Aussagen des Coachee weitaus weniger heftig, als man es angesichts des aufgestauten Ärgers vermuten könnte. Es kommt häufig vor, dass der Coachee nach der „Stunde der Wahrheit" nur Nuancen verändern muss, um das Gespräch „sozialverträglich" und konstruktiv gestalten zu können.

Strategien entwickeln: Disney-Strategie

Indikation

Die „Disney-Strategie" ist besonders dann hilfreich, wenn es darum geht, Ziele und Visionen zu konkretisieren und alltagstauglich zu gestalten. Wenn also ein Coachee vor einem Problem steht und zwar erste Ideen hat, diese aber noch unklar und unausgereift sind, ist diese Methode gut geeignet, um zu mehr Klarheit beizutragen. Die Methode hat sich gerade im Fall von Unternehmensgründungen und Strategieplanungen bewährt.
– *„If you can dream it, you can do it."* (Walt Disney)

Ziele

- Der Coachee generiert Lösungsideen zu einem Problem.
- Er prüft diese Ideen sorgfältig und entwickelt einen durchdachten Umsetzungsplan.

Material

- Vier Stühle, ein Flipchart mit Instruktionen, vier Notizblöcke und Stifte für den Coachee und die drei Rollenspieler, um alle Aspekte zu protokollieren

Überblick

- Der Coach erläutert das Prinzip und klärt mit dem Coachee, ob diese Technik für sein Anliegen geeignet ist.
- Stühle werden aufgestellt für die „neutrale Position", die Phasen des „Träumens", „Planens" und „Kritischen Überprüfens".
- Für jede Phase wird ein Rollenspieler gewählt.
- Der Coachee beschreibt das Problem und die Ausgangsfrage auf dem neutralen Stuhl.
- Der Coachee nimmt die Position des „Träumens" ein und wird interviewt, während der entsprechende Rollenspieler mitprotokolliert. Im Anschluss wechselt der Rollenspieler auf den Stuhl des Träumers und wiederholt die wichtigsten Aussagen.
- Ebenso wird mit den Phasen „Planen"/„Überprüfen" verfahren.
- Anschließend wird der Coachee befragt, wo er in Bezug auf sein Anliegen steht.
- Weitere offene Punkte werden nach dem Prinzip „Träumen – Planen – Überprüfen" bearbeitet, bis der Coachee das Gefühl hat, einen deutlichen Schritt weitergekommen zu sein.
- Feedback durch die Rollenspieler und Beobachter erfolgt.
- Der Coachee hat das letzte Wort.

Ursprung der Methode

Die Walt-Disney-Strategie ist eine Kreativitätstechnik aus dem Neurolinguistischen Programmieren (NLP), die Robert Dilts und Todd Epstein (1991) aus der Analyse der Arbeitsweise Walt Disneys entwickelt haben. Sie stellten fest, dass Disney drei herausragende Qualitäten hatte, die zu seiner einzigartigen Kreativität beitrugen. Dilts beschreibt, es schien als gebe es „drei Walts, den Träumer, den Realisten und den Kritiker“:

Die drei Modi von Walt Disney

1. Der **Träumer** oder Visionär entwickelt Bilder und Ideen, wie das Problem gelöst werden kann. Wie bei einem Brainstorming entwickelt er zahlreiche, zum Teil auch verrückte Ideen, auf der Basis, dass alles möglich und machbar ist.

2. Der **Realist** oder Praktiker denkt und handelt so, dass die Umsetzung des Traums möglich wird. Dabei hat er die Rahmenbedingungen, innerhalb derer die Umsetzung erfolgen muss, im Blick. Er überlegt sorgfältig die einzelnen Schritte zur Verwirklichung. Er überlegt, wie ein Ziel zu erreichen ist und woran das Erreichen zu erkennen ist.

3. Der **Kritiker** analysiert mögliche Probleme und Risiken bei der Umsetzung aus einer kritischen Distanz (Meta-Position) heraus. Mit der inneren Grundhaltung, dass der Traum machbar ist, untersucht er die Pläne des Realisten, um Risiken und Herausforderungen zu identifizieren und zu bewältigen.

Die Kombination der Rollen eines Träumers, Realisten und Kritikers vereinigte Walt Disney nicht nur in seiner Person, sondern machte sie zur Grundlage seiner Produktentwicklung. Dilts und Epstein entwickelten dieses Prinzip zu einer Kreativitätstechnik, die darauf basiert, die verschiedenen Elemente voneinander zu trennen und nacheinander zu durchlaufen. Die Technik lässt sich sowohl in der Einzelberatung als auch im Gruppencoaching einsetzen. In der Arbeit mit Gruppen hat man den Vorteil, dass man die Rollen mit Teilnehmern besetzen kann, die oft zusätzliche Impulse beitragen. Gleichwohl muss man als Leiter darauf achten, dass diese Impulse den Coachee bereichern und nicht irritieren.

Vorgehen

Der 39-jährige IT-Teamleiter eines Energieversorgers, Herr Sand, nimmt an einem Training zum Thema „Veränderungsmanagement“ teil. Das Training hat einen sehr aktuellen Anlass. Die IT-Abteilung wird im Rahmen eines großen Umstrukturierungsprozesses outgesourct und in

Kürze an ein großes IT-Unternehmen verkauft. Damit einhergehend werden gut ein Drittel der Stellen abgebaut. Jeder Mitarbeiter der IT-Abteilung hat das Angebot erhalten, eine attraktive Abfindung zu erhalten und das Unternehmen innerhalb eines halben Jahres zu verlassen. Herr Sand liebäugelt mit dem Gedanken, dieses Angebot anzunehmen und gemeinsam mit einem Bekannten, der bereits freiberuflich tätig ist, ein IT-Beratungsunternehmen zu gründen. Seine Frage lautet *„Wie kann ich mich erfolgreich selbstständig machen?"*

Goal

Trainer: *„Ihre Frage lautet: ‚Wie kann ich mich erfolgreich selbstständig machen?'. Was heißt für Sie ‚erfolgreich'?"*

Coachee: *„‚Erfolgreich' heißt, dass ich in zwei bis drei Jahren mindestens genauso viel verdienen will wie aktuell als Teamleiter. Dass ich genügend Kunden dazu akquiriere und dass es mir Spaß macht, mit meinem Kollegen zusammenzuarbeiten. Und dass ich mich auf das spezialisieren kann, was ich am besten kann."*

Trainer: *„Und was möchten Sie im Rahmen dieses Coachings erreichen?"*

Coachee: *„Klarheit gewinnen, wie ich das angehe. Und ob ich es überhaupt riskiere. Manchmal liege ich nämlich nachts wach und denke, dass das doch alles eine Schnapsidee ist."*

Trainer: *„Ihr Ziel für das Coaching ist es also, zu klären, ob und wenn ja, wie Sie sich selbstständig machen wollen?"*

Coachee: *„Genau."*

Reality

Da sich die Disney-Strategie gerade im Fall von Unternehmensgründungen und Strategieplanungen bewährt hat, möchte der Trainer dem Coachee anbieten, mit dieser Methode zu arbeiten. Die Situationsanalyse wird bei der Arbeit mit der Methode ohnehin eine wichtige Rolle spielen (insbesondere bei der Arbeit mit dem Realisten). Daher fragt der Trainer hier nur kurz in die Runde, ob es an dieser Stelle Verständnisfragen gibt.

Options

Der Trainer beginnt zu erläutern: *„Ich möchte Ihnen eine Kreativitätstechnik vorstellen, die sich bei strategischen Planungen, wie etwa einer Unternehmensgründung, als sehr brauchbar erwiesen hat. Sie ist ursprünglich dadurch entstanden, dass Psychologen die Arbeitsweise von Walt Disney untersucht haben, um seinem Erfolg und seiner Kreativität auf die Spur zu kommen. Sie stellten fest, dass er stets drei Schritte befolgte und streng voneinander trennte, um seine Pläne zu entwickeln."*

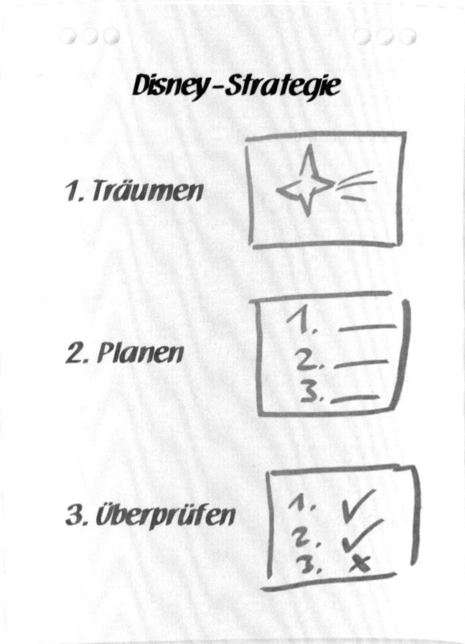

Abb.: Flipchart „Disney-Strategie".

Der Trainer erläutert die Schritte am Flipchart: *„Im* ***ersten Schritt*** *geht es darum, frei zu träumen, Ideen und Visionen zu entwickeln, ohne sich bereits um die Umsetzung und mögliche Probleme zu kümmern. Wenn Sie sich im Zustand des Träumens befinden, kümmern Sie sich noch nicht um die Realität. Je verrückter und je ausgefallener die Ideen sind, umso besser.*

Im ***zweiten Schritt*** *geht es ums realistische Planen. Hier ist die Leitfrage ‚Wie könnt's denn gehen?'. Hier werden alle konkreten Fragen bedacht und beantwortet, die zur Erreichung Ihres Ziels relevant sind. Wie sieht mein Produkt genau aus? Wer sind meine Kunden? Wie kann ich die Kunden erreichen und gewinnen? Wie ist die Marktsituation? Wer sind meine Wettbewerber und wie unterscheide ich mich von ihnen? Welche Preise kann ich für meine Dienstleistungen verlangen? Mit wem kann ich kooperieren? Wie könnten meine ersten Schritte aussehen? Was sind mittel- und langfristige Ziele?*

Im ***dritten Schritt*** *geht es ums kritische Analysieren und Überprüfen: Wo liegen die Gefahren? Wo sind die Schwachstellen? Woran könnte es scheitern? Wie sieht mein Plan B aus?*

Diese drei Schritte werden wir voneinander trennen, weil sich herausgestellt hat, dass dadurch bessere Umsetzungspläne entstehen, als wenn man dies unstrukturiert angeht."

Trainer (zum Coachee): *„Können Sie sich das vorstellen?"*
Coachee: *„Ja, schon. Aber ich weiß noch nicht, wie das jetzt genau ablaufen soll."*
Trainer: *„Klar. Das ist ja mein Job, dafür zu sorgen. Als Erstes möchte ich Sie bitten, hier vorne vier Stühle im Viereck aufzustellen. Einen Stuhl für jeden Schritt (Träumen, Planen, Prüfen) und einen neutralen Stuhl, auf dem Sie alle drei Schritte auf sich wirken lassen und analysieren können."*

Während der Coachee die Stühle bereitstellt, schreibt der Trainer die Bezeichnungen der vier Schritte (Träumer, Realist, Kritker, Neutral) auf Moderationskarten. Damit wendet er sich an den Coachee: *„Dann entscheiden Sie bitte, welcher Stuhl für welchen Schritt steht."*

Der Trainer legt die Moderationskarten zu den jeweiligen Stühlen. Zu jedem Stuhl legt er auch einen Notizblock und einen Stift. Außerdem achtet er darauf, dass alle Stühle bzw. die Personen, die auf ihnen Platz nehmen werden, von der Gruppe gesehen werden können.

Trainer: *„Damit die Gruppe Ihnen bei der Beantwortung Ihrer Frage helfen kann, wählen Sie sich eine Person für jeden Prozessschritt aus, die Sie bei dem jeweiligen Schritt unterstützen wird."*

Coachee: *„Das ist mir egal. Wer hat denn Lust?"*

Anders als bei einer klassischen psychodramatischen Arbeit ist es bei dieser Strategie-Methode weniger entscheidend, dass die Rollenspieler vom Coachee besetzt werden. Von daher kann es der Trainer hier zulassen, dass der Coachee die Wahl der Rollen den anderen Teilnehmern überlässt. Die Rollenspieler weist der Trainer dann an, sich auf ihren jeweiligen Stuhl zu setzen. Der Coachee wird gebeten, auf der neutralen Position Platz zu nehmen. Dann erläutert der Trainer das weitere Vorgehen. Er erklärt dem Coachee: *„Herr Sand, Sie werden gleich jeden Schritt nacheinander durchgehen und sich auf den jeweiligen Stuhl setzen."*

Dann wendet sich der Trainer an die drei Rollenspieler: *„Wenn Herr Sand in Ihre Rolle und damit auf Ihren Stuhl wechselt, nehmen Sie auf seinem – dem neutralen – Stuhl Platz und notieren alles mit, was Herr Sand auf Ihrem Stuhl sagt. Wenn Herr Sand alle Stufen durchlaufen hat, wird er wieder auf seinem Stuhl Platz nehmen und ich werde Sie bitten, auf Ihren Plätzen einige zentrale Aspekte zu wiederholen. An dieser Stelle dürfen Sie, wenn Sie möchten, auch Ihre eigenen Gedanken einbringen – allerdings natürlich nur in Übereinstimmung mit der Rolle, die Sie übernommen haben. Danach kann es sein, dass wir diese Schritte wiederholen, bis Herr Sand ein klares Bild entwickelt hat, ob und wenn ja, wie er sich selbstständig machen will. Gibt es Fragen?"*

Rollenspieler: *„Wozu soll ich dann noch mal wiederholen, was Herr Sand gesagt hat? Und wann soll ich das machen?"*

Trainer: *„Damit er es sich noch mal von außen anhören kann, was oft andere Gedanken auslöst, als wenn er es nur selbst sagt. Ich gebe Ihnen ein Signal, wenn das dran ist."* Dann wendet sich der Trainer wieder an den Coachee.

Trainer (zum Coachee): *„Bevor wir loslegen, bleiben Sie noch kurz auf dem neutralen Stuhl sitzen, Herr Sand und fassen Sie noch mal kurz Ihre Ausgangsfrage zusammen."*

Coachee: *„Die Frage ist, ob und wie es mir gelingen kann, mich selbstständig zu machen."*

1. Träumen

Trainer: *„O.k. Dann gehen Sie doch mal zum ersten Stuhl hinüber, bei dem es darum geht, zu träumen und Ideen zu entwickeln. Tauschen Sie gerade mit Herrn T (der auf dem Stuhl „Träumen" sitzt) den Platz."*

Sobald die Plätze getauscht sind, wendet sich der Trainer an den Coachee: *„Mal angenommen, alle Ihre Wünsche werden wahr – in Bezug auf Ihre Selbstständigkeit – wie würde das aussehen? Wie würde der Erfolg aussehen? Und wie hätten Sie ihn erreicht? Nehmen Sie sich ruhig einen Moment Zeit, sich das vorzustellen."*

Dann wendet er sich an Herrn T, den für das „Träumen" zuständigen Rollenspieler: *„Und Sie möchte ich bitten, alles aufzuschreiben, was Herr Sand sagt. Außerdem können Sie ihn unterstützen, indem Sie ihm Fragen stellen oder auch selbst Vorschläge machen, wenn Sie das Gefühl haben, dass es passt."*

Coachee: *„Ich hätte auf jeden Fall eine ganze Reihe von Kunden in der Energiebranche. Gerade die kleineren Stadtwerke im Umfeld würden mit mir zusammenarbeiten, aber auch Wasserwerke und nach und nach würde sich das auch auf andere Bereiche ausdehnen, die ähnlich strukturiert sind, z.B die Abfallentsorgungsunternehmen. Die haben auch einen großen Bedarf."*

Im Folgenden stellt der Trainer Fragen, damit die Vision möglichst konkret und lebendig wird. Falls der Coachee die Probleme und Herausforderungen thematisiert, erinnert der Trainer daran, dass es momentan keine Grenzen und keine Beschränkungen gibt. Außerdem bindet er den Rollenspieler ein, der für das Träumen zuständig ist und schaut, ob dieser Fragen hat, um den „Traum" möglichst gut verstehen und anschließend verkörpern zu können.

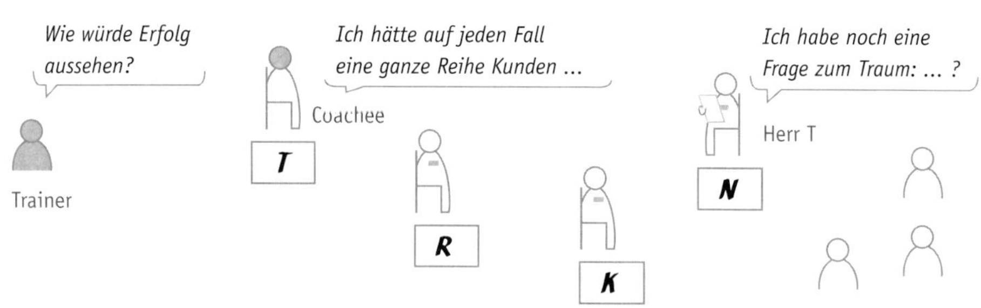

Abb.: Der Coachee spricht in der Position des **T**räumers, des **R**ealisten und des **K**ritikers. Der jeweilige Rollenspieler schreibt auf dem neutralen Stuhl mit, um dann in die Position wechseln zu können.

Wenn dem Coachee keine weiteren neuen Punkte einfallen, tauschen Coachee und Rollenspieler wieder die Plätze. Dann bittet der Trainer den Rollenspieler, die wesentlichsten Punkte zu wiederholen.

Anschließend fragt der Trainer den Coachee, wie sich die Pläne des „Träumers" für ihn (aus der neutralen Position) anhören. Meist äußert der Coachee an dieser Stelle Zweifel an den Ideen, sodass der Trainer direkt zur nächsten Phase des „Planens" überleiten kann: *„Schauen wir als Nächstes, wie Sie Ihr Ziel konkret erreichen könnten und welche Aspekte zu berücksichtigen sind. Bitte tauschen Sie dazu mit Frau R* (der Rollenspielerin für die Rolle des Realisten*) die Plätze."*

2. Planen

Nun interviewt der Trainer den Coachee in der Rolle des „Realisten": *„Im zweiten Schritt geht es nun darum, Ihre Ideen genauer zu planen."* An den Rollenspieler und die Gruppe gerichtet ergänzt er: *„Sie können weitere Nachfragen stellen, um Herrn Sand zu helfen, seine Vorschläge zu konkretisieren. Auch Vorschläge sind willkommen."* Den Rollenspieler bittet der Trainer auch hier, sich Notizen zu machen. Dann wendet er sich wieder an den Coachee, um die „Planung" in Gang zu bringen: *„Also, Herr Sand, wie könnte sich Ihre Selbstständigkeit denn realisieren lassen? Was sind die wichtigsten Schritte?"*

Im Folgenden moderiert der Trainer das Gespräch und bezieht auch die Gruppe und den Rollenspieler mit ein, damit möglichst viele Aspekte berücksichtigt werden. Dabei achtet er konsequent darauf, dass alle Beteiligten noch nicht in die Phase des kritischen Prüfens übergehen, sondern in der Rolle des Realisten die Umsetzung planen. Anschließend bittet der Trainer den Coachee und den Rollenspieler, ihre Plätze wieder zu tauschen. Der Rollenspieler gibt die wichtigsten Punkte zur Planung wieder und der Coachee wird befragt, wie dies für ihn klingt.

3. Kritisches Überprüfen

Die dritte Phase ist die des kritischen Überprüfens. Auch hier wird der „Kritiker", der Rollenspieler für die Phase des Überprüfens, gebeten, mit dem Coachee die Plätze zu tauschen und die Kernaussagen zu notieren. Sowohl der Rollenspieler als auch der Rest der Gruppe werden gebeten, nachzufragen und auf Gefahren und Risiken aufmerksam zu machen. Auch hier eröffnet der Trainer die Phase: *„Was sind die wichtigsten Risiken und Gefahren und wie wollen Sie ihnen begegnen?"*

Auch hier wird die Phase damit abgeschlossen, dass Rollenspieler und Coachee ihre ursprünglichen Plätze einnehmen und der Rollenspieler die wichtigsten Punkte wiedergibt. Im Anschluss befragt der Trainer den Coachee.

Abb.: Der Coachee hört auch den Kernaussagen des „Kritikers“ zu und wird dann vom Trainer befragt.

Trainer: *„Wo stehen Sie gerade in Bezug auf Ihre Ausgangsfrage?“*

Coachee: *„Die Gefahr, dass wir uns nicht genügend von unseren Wettbewerbern abheben, ist mir noch bewusster geworden. Dass wir die Kunden erst einmal überzeugen müssen, dass wir ihnen eine bessere Leistung bieten und dass es sich für sie lohnt, zu uns zu wechseln.“*

Trainer: *„Das heißt, Ihre Frage ist, wie Sie sich von Wettbewerbern unterscheiden können und wie Sie Kunden von Ihren Leistungen überzeugen können?“*

Coachee: *„Ja, das ist die Frage.“*

Trainer: *„Dann wechseln Sie wieder auf den Ideenentwicklungs-Stuhl, den Stuhl des Träumens.“*

Mehrere Durchgänge erforderlich

In Bezug auf die jetzt konkretere Fragestellung werden nun erneut alle drei Phasen durchlaufen. Am Ende wird der Coachee wieder befragt, wo er in Bezug auf sein Anliegen steht. Möglicherweise ist dann noch ein weiterer Punkt offen, sodass der Prozess erneut durchgeführt wird – und zwar in der gleichen Reihenfolge. Dies kann sich mehrfach wiederholen, bis der Coachee das Gefühl hat, nun einen entscheidenden Schritt weitergekommen zu sein. Das muss nicht bedeuten, dass alle offenen Fragen gelöst sind, aber dass der Coachee sich wieder handlungsfähig fühlt und ein klares Bild entwickelt hat, welche Schritte er als Nächstes angehen wird.

Way forward

Wenn die Arbeit mit der Disney-Strategie beendet ist, bedankt sich der Trainer bei den Rollenspielern und bittet den Coachee, die Stühle zurückzustellen. Dann versammeln sich die Teilnehmer wieder im Stuhlkreis zur Auswertung. Zunächst werden die Rollenspieler um eine Rückmeldung gebeten: *„Vielen Dank noch mal an Sie drei, dass*

Sie jeweils eine Rolle übernommen haben. Ich möchte gerne noch Ihr Feedback einholen und wissen, wie es Ihnen in Ihrer Rolle ging und was Ihnen aufgefallen ist."

Anschließend bittet er um ein Beobachter-Feedback und um Sharing. Rat-Schlägen versucht er vorzubeugen: *„Nun die Frage an die Beobachter: Was ist Ihnen aufgefallen? Wer von Ihnen hat vielleicht ähnliche Erfahrungen gemacht oder Ähnliches erlebt wie Herr Sand? Es geht also vor allem um Beobachtungen und das Teilen von Erlebnissen und Empfindungen und weniger darum, Herrn Sand jetzt Ratschläge zu geben."* Das letzte Wort hat der Coachee, an den sich der Trainer dann wendet: *„Herr Sand, wie lautet Ihre vorläufige Antwort auf die Frage, ob und wenn ja wie Sie sich selbstständig machen?"*

Hinweise

- Die hier geschilderte Variante der Disney-Strategie ist insofern psychodramatisch geprägt, als die Rollen mit Teilnehmern besetzt werden und der Coachee an verschiedenen Stellen einen Rollentausch mit ihnen durchführt. Das hat den Vorteil, dass er die Botschaften der drei Anteile auch von außen hören und auf sich wirken lassen kann. So kann er in einen Dialog mit diesen Anteilen treten und dadurch besser zu einer auch emotional stimmigen Lösung finden.

- Die Disney-Strategie lässt sich als eine Variante des Inneren Teams verstehen, bei der drei gewissermaßen archetypische innere Teammitglieder herangezogen werden, um ein Problem systematisch zu lösen. Allerdings geht es in der Arbeit mit dem Inneren Team darum, dem Coachee zu ermöglichen, seine individuellen Anteile zunächst zu erspüren, zu identifizieren und mit ihnen in Kontakt zu treten. Bei der Disney-Strategie dagegen geht man von drei Anteilen aus, die bei jeder Problemlösung relevant und hilfreich sind.

- Die Disney-Strategie verwendet ähnliche Phasen zur Problemlösung wie die vom Zukunftsforscher Robert Jungk entwickelte Methode der Zukunftswerkstatt – allerdings in anderer Reihenfolge. Jungk entwickelte dieses Verfahren zur Lösung gesellschaftlicher Probleme und definierte drei Phasen, die strukturiert durchlaufen werden, um in einer Gruppe gemeinsam Konzepte zu entwickeln: Hier steht die sogenannte Kritikphase am Anfang, in der erarbeitet wird, was in Bezug auf das jeweilige Thema verändert werden soll. In der Utopiephase werden gemeinsam Visionen zu einer positiven Lösung der bestehenden Probleme entwickelt, die dann in der Realisierungsphase auf ihre Umsetzbarkeit überprüft und konkret geplant werden.

Konflikte verstehen und bearbeiten: Teamskulptur

Indikation

Eine Teamskulptur lässt sich immer dann gut einsetzen, wenn es um Spannungen und Konflikte innerhalb eines Teams oder einer Abteilung geht. Dies ist insbesondere dann sinnvoll, wenn es sich bei dem Coachee um den Leiter des Teams oder der Abteilung handelt, da dieser aufgrund seiner Position die besten Möglichkeiten hat, in das System verändernd einzugreifen. Eine Skulptur kann aber auch eingesetzt werden, um die Beziehungen zu anderen „Stakeholdern" wie Kunden, anderen Abteilungen, Schnittstellen, Lieferanten etc. darzustellen und zu analysieren.

Ziele

- Der Coachee kann die Dynamik innerhalb seines sozialen Systems besser verstehen.
- Der Coachee entwickelt Lösungsmöglichkeiten und Handlungsalternativen, um sein System (Team, Abteilung etc.) beeinflussen zu können.

Überblick

- Der Coachee stellt zunächst einen Stellvertreter für sich selbst auf (Doppelgänger).
- Die anderen Personen werden so aufgestellt, dass die räumlichen Entfernungen die emotionalen Beziehungen widerspiegeln; der Coachee bestimmt die Position und Haltung jedes Rollenspielers.
- Der Coachee überprüft, ob die Skulptur stimmig ist und ob ggf. noch ein relevanter Akteur fehlt.
- Der Coachee instruiert die Teammitglieder (Eindoppeln). Jedes Teammitglied erhält hierbei eine „Kernbotschaft".
- Der Coachee lässt Skulptur und Statements auf sich wirken.
- Der Trainer fragt den Coachee und die Rollenspieler (aus ihren Rollen) nach Lösungsoptionen.
- Der Coachee erhält die Gelegenheit, die Skulptur in Richtung eines realistischen Soll-Zustandes umzubauen.
- Der Trainer holt das Feedback der Rollenspieler ein.
- Zum Abschluss nimmt der Coachee seine Position innerhalb der Skulptur ein, um sich das Bild des Soll-Zustandes einzuprägen.
- In der Auswertung findet ein Sharing statt, Rollenspieler- und Beobachter-Feedback wird eingeholt.

Die Skulpturarbeit ist eine psychodramatische Methode, bei der die Beziehungen innerhalb eines sozialen Systems in Form unbewegter Standbilder dargestellt werden. Anders als bei einem psychodramatischen Rollenspiel kommt es hierbei nicht zu einer bewegten Spielszene. Vielmehr nehmen die Rollenspieler eine vom Coachee bestimmte Körperhaltung ein – ähnlich wie Skulpturen in einem Museum. Dadurch können sowohl Teams und Organisationen dargestellt werden als auch innere Anteile oder abstrakte Themen. Im Folgenden soll die Anwendung der Skulpturarbeit für die Arbeit mit einem Coachee beschrieben werden, der die Beziehungen innerhalb einer Abteilung thematisiert.

Darstellung von Teams, Organisationen, inneren Anteilen, abstrakten Themen

Wie in den später entwickelten, systemisch geprägten Formen der Aufstellungsarbeit (s. S. 182 ff.), werden die Beziehungen unter den Teammitgliedern durch räumliche Nähe und Distanz sowie durch einander zu- oder abgewandte Blickrichtung ausgedrückt. Darüber hinaus bietet die psychodramatische Skulpturarbeit weitere Ausdrucksformen wie Körperhaltung, Mimik, Gestik (z.B. ein erhobener Zeigefinger). Und sie ermöglicht die Verwendung symbolischer Gegenstände, die zum Beispiel Machtverhältnisse ausdrücken können, indem besonders machtvolle Personen etwa auf einem Stuhl stehend dargestellt werden. Anders als in der systemischen Aufstellungsarbeit werden in der Skulpturarbeit auch Dialoge zwischen dem Coachee und anderen Teammitgliedern ermöglicht, bei denen der Coachee einen Rollentausch mit anderen Teammitgliedern durchführt. Auch das Instruieren der Rollenspieler (durch Eindoppeln oder Rollentausch) ist ein Charakteristikum für die psychodramatisch geprägte Skulpturarbeit. Grundprinzip ist, dass der Coachee jederzeit Gestalter seiner eigenen Skulptur bleibt. Auch die Veränderung der Skulptur in Richtung eines wünschenswerten Zustandes wird alleine vom Coachee gesteuert, während dies in der systemischen Aufstellungsarbeit – je nach Schule – von den Rollenspielern („Stellvertretern") oder vom Leiter gesteuert wird.

Coachee = Gestalter der Skulptur

Vorgehen

Herr Knabe, der 40-jährige Personalleiter eines internationalen Unternehmens, thematisiert im Rahmen des sogenannten „Führungskreises" – eines internen Gruppencoachings für Abteilungsleiter – die Frage: *„Wie kann ich die Blockaden im Team aufbrechen?"*. Er berichtet, dass es in seinem Team regelmäßig zu starken Spannungen kommt, in deren Verlauf die beiden „Urgesteine", Frau Alt und Frau Hase, sich regelmäßig miteinander verbünden und jegliche Veränderungen, die der Rest des Teams anstrebt, mit der Begründung blockierten, dass sie das „alles schon einmal gemacht" hätten und es „absolut nichts gebracht" habe.

Er könne sich zwar zumeist durchsetzen, aber die Besprechungen seien „unglaublich anstrengend". Außerdem würden die beiden „Alteingesessenen" oft auch einige der jüngeren Kolleginnen auf ihre Seite ziehen. Dies sei äußerst problematisch, da Herr Knabe mit dem Versprechen angetreten ist, endlich eine „moderne, strategisch orientierte HR-Arbeit" im Unternehmen einzuführen, nachdem die Abteilung lange Zeit einen sehr schlechten Ruf gehabt habe und „Personaler" als „bürokratische Bremser" verschrien gewesen seien. Herr Knabe ist vor einem Jahr in das Unternehmen gewechselt und hat die Leitung der HR-Abteilung übernommen. Seine Abteilung, bzw. das Team, das er direkt führt, besteht aus vier Personalreferentinnen (darunter Frau Alt), dem Leiter Personalentwicklung, der Leiterin Hochschulmarketing und der Leiterin Gehaltsabrechnung (Frau Hase). Der Vorgesetzte von Herrn Knabe, Vorstandsmitglied Schneid, hat ihm gegenüber bereits deutlich gemacht, dass er „endlich Ergebnisse sehen" möchte und erwarte, „dass die HR-Abteilung endlich als Business-Partner agiert".

Goal

Trainer: *„Was möchten Sie hier erreichen?"*

Coachee: *„Ich möchte zunächst einmal verstehen, was für eine merkwürdige Gruppendynamik in meinem Führungsteam abläuft. Und natürlich möchte ich irgendwie gegensteuern."*

Trainer: *„Was heißt das für Sie?"*

Coachee: *„Dass ich wissen möchte, wo ich den Hebel ansetzen kann, damit es weniger Konflikte gibt."*

Der Trainer hakt nach, um eine möglichst konkrete, positiv formulierte Zieldefinition zu erreichen.

Trainer: *„Was sollte es stattdessen geben?"*

Coachee: *„Mehr konstruktive Zusammenarbeit."*

Trainer: *„Angenommen die Zusammenarbeit wäre konstruktiver, woran würden Sie das merken?"*

Coachee: *„Dass unsere Besprechungen kürzer wären und dass wir sachlicher miteinander arbeiten."*

Trainer: *„O.K. Ihr Ziel ist also, herauszufinden, wie Sie eine sachlichere Zusammenarbeit erreichen. Und als Grundlage dazu möchten Sie zunächst einmal die Dynamik in Ihrer Abteilung besser verstehen. Stimmt das?"*

Coachee: *„Genau."*

Reality

Der Trainer hat aufgrund der Problematik bereits die Vorstellung entwickelt, dass eine Teamskulptur hier eine geeignete Methode sein könnte. Die Ist-Analyse kann im Rahmen dieser Intervention durchgeführt werden, sodass er direkt dazu überleitet: *„Sie haben gesagt, sie möchten zunächst die Dynamik in Ihrem Team besser verstehen. Eine Coaching-Methode, die hierbei hilfreich ist, ist die sogenannte ‚Teamskulptur'.*

Den Nutzen der Methode erläutern

Stellen Sie sich vor, es gäbe eine Skulptur Ihrer Abteilung, die ausdrückt, wie die Beteiligten zueinanderstehen, etwa anhand der Nähe und Distanz der Mitglieder, ihrer Körperhaltung, Gestik und Mimik. Wie würde diese aussehen, wer würde in der Mitte stehen, wer am Rand, wer wäre Ihnen zugewandt, wer eher abgewandt, wer hätte eine offene Körperhaltung, wer eine verschlossene?

Das Gute ist, wir brauchen keinen Ton und keine Plastik, um eine Skulptur zu bauen – das würde auch ein bisschen lange dauern – Sie können dazu einfach die anderen Teilnehmer bitten, in die Rollen Ihrer Mitarbeiter zu schlüpfen und eine bestimmte Körperhaltung einzunehmen. Der Vorteil ist, dass sie sich mit diesen Mitarbeitern identifizieren und Ihnen möglicherweise Hinweise geben können, wie Sie am besten auf sie einwirken könnten."

Coachee: *„Mir ist noch nicht ganz klar, wie das funktionieren soll."*

Trainer: *„Stellen Sie sich vor, dort vorne wäre der Platz für die Skulptur Ihrer Abteilung. Suchen Sie sich als Erstes eine Person als Stellvertreter für sich selbst aus und sagen Sie ihr, wo sie stehen soll."*

Coachee: *„Na gut, Herr Meier, würden Sie das machen?"*

Der Coachee sucht zuerst eine Position für die eigene Person

Wenn der Coachee einen Platz für seinen Stellvertreter („Doppelgänger") gefunden hat, leitet der Trainer ihn an, die anderen Rollen zu besetzen und auf die „Bühne" zu holen.

Trainer: *„Welche Rolle möchten Sie als Nächstes besetzen?"*

Coachee: *„Die von Frau Alt. Vielleicht könnten Sie das machen, Frau Schulz? Nichts für ungut!"*

Trainer: *„Dann zeigen Sie ihr mal, wo ihr Platz ist und vielleicht können Sie ihr auch gleich vormachen, welche Körperhaltung sie einnimmt, welche Mimik und Gestik sie in der Skulptur zur Dynamik im Team zeigt."*

Coachee: *„Die steht ziemlich weit weg von mir, mit verschränkten Armen und skeptischem Blick."*

Trainer: *„Machen Sie das Frau Schulz mal vor."*

Abb.: Der Coachee zeigt den Rollenspielern ihren Platz in der Teamskulptur und demonstriert ihre Körperhaltung, Mimik und Gestik.

Falls der Coachee – wie dies oft geschieht – zurückhaltend und spärlich mit Mimik und Gestik umgeht, hakt der Trainer nach: *„Übertreiben Sie ruhig ein bisschen: Wenn Frau Alt ihre innere Haltung Ihnen und den Neuerungen, die Sie einführen wollen, gegenüber ausdrücken wollte, mit ihrem ganzen Körper, ihrer Mimik und Gestik, wie würde das aussehen?"*

Das Bild überprüfen und ggf. korrigieren

Den Rollenspieler weist der Trainer an, die ihm zugewiesene Position und Körpersprache einzunehmen und zu demonstrieren, damit der Coachee diese von außen betrachten und gegebenenfalls korrigieren kann.

Trainer (zur Rollenspielerin): *„Stellen Sie sich mal auf Ihren Platz und machen Sie das mal nach."*
Trainer (zum Coachee): *„Passt das so? Oder soll Frau Schulz noch etwas verändern?"*
Coachee: *„Nein, das passt so."*
Trainer (zur Rollenspielerin): *„Danke. Sie können sich jetzt natürlich wieder entspannt hinstellen. Bleiben Sie aber auf dieser Stelle stehen."*

So werden nach und nach alle Rollen besetzt und die Skulptur aufgebaut. Hierbei ermuntert der Trainer den Coachee, immer wieder nachzujustieren. Wenn alle Rollen besetzt sind, lädt er den Coachee ein, die Skulptur zu betrachten und ihre Stimmigkeit zu überprüfen: *„Schauen Sie sich die Skulptur noch mal von außen an, gehen Sie gerne auch herum und verändern Sie sie, bis es für Sie passt. Stellen Sie sich gerne auch mal auf Ihren Platz, um zu überprüfen, ob das Bild stimmig ist."*

Prüfung, ob die Skulptur stimmig ist

Dann prüft auch der Trainer, ob das Bild vollständig ist. Wenn der Trainer die Vermutung hat, dass noch ein relevanter Akteur fehlt, kann er auch nachhaken.

Trainer: *„Fehlt noch etwas bzw. fehlt noch jemand?“*
Coachee: *„Nein, ich glaube das passt.“*
Trainer: *„Ist etwa Ihr Vorgesetzter in diesem Zusammenhang von Bedeutung oder etwa bestimmte Kunden oder Schnittstellen? Sie hatten erwähnt, dass es eine klare Erwartungshaltung an die Abteilung gibt, sich zu verändern?“*
Coachee: *„Ja, das stimmt. Dann würde ich Herrn Schneid noch mit aufnehmen.“*
Trainer: *„O.K. Dann wählen Sie mal jemand für Herrn Schneid.“*

Im nächsten Schritt, werden die Rollenspieler in ihre Rolle eingewiesen. Im Psychodrama spricht man hier von „Eindoppeln“ (s. S. 119). Ziel ist zweierlei: Zum einen sollen die Rollenspieler instruiert werden. Zum anderen geht es darum, dass sich der Coachee in die anderen Personen seines sozialen Systems einfühlt. Dieser Perspektivenwechsel ist ein wesentlicher Schritt, um die Motive und Bedürfnisse der relevanten Akteure besser zu verstehen und dementsprechend besser auf sie einwirken zu können. Statt von „Eindoppeln“ spricht der Trainer gegenüber den Teilnehmern von „Instruieren“ oder „Briefen“ und verwendet damit Begriffe, die den Teilnehmern vertraut sind und in diesem Zusammenhang als passend erlebt werden.

„Briefing“ der Rollenspieler (Eindoppeln)

Trainer (zum Coachee) *„Als Nächstes möchte ich Sie bitten, alle Beteiligten zu ‚briefen‘, damit sie wissen, welche Rolle sie übernommen haben. Stellen Sie sich dazu bitte hinter die jeweilige Person und stellen Sie sie uns vor, indem Sie in der Ich-Form sprechen. Sagen Sie erst etwas zur Person und dann wie Sie aus dieser Perspektive die Situation in der Abteilung sehen und wie eine sachlichere Zusammenarbeit möglich ist. Bei wem möchten Sie anfangen?“*
Coachee: *„Bei Herrn Schneid.“*
Coachee (doppelt Herrn Schneid ein): *„Also, Herr Schneid ist seit zwei Jahren im Vorstand.“*

Der Trainer unterbricht an dieser Stelle sofort, weil der Coachee nicht aus der Perspektive von Herrn Schneid, sondern über ihn spricht. Der Trainer besteht darauf, dass er einen Rollentausch macht.

Trainer: *„Versuchen Sie mal, sich wirklich in Herrn Schneid hineinzuversetzen und so zu tun, als seien Sie Herr Schneid. Versuchen Sie mal, in der Ich-Form als Herr Schneid zu sprechen.“*
Coachee: *„Das ist gar nicht so leicht.“* Der Trainer demonstriert das gewünschte Verhalten, indem er sich neben die Coachee und hinter den Rollenspieler stellt und diesen eindoppelt („brieft“).

Abb.: Wenn die Skulptur aufgebaut ist, „brieft" (doppelt) der Coachee die Rollenspieler.

Trainer (demonstriert das Eindoppeln): *„Ich bin Herr Schneid und seit zwei Jahren im Vorstand."*

Coachee (doppelt): *„Genau, ich bin in den Vorstand aufgerückt und habe klare Vorstellungen, wie wir unser Geschäft entwickeln können."*

Im Folgenden unterstützt der Trainer den Coachee beim Eindoppeln, indem er Fragen stellt. Diese beziehen sich auf folgende Bereiche:

- Angaben zur Person und Rolle (Alter, Position, Betriebszugehörigkeit etc.)
- Beziehungen zum Team (*„Wie erleben Sie die Stimmung in der Abteilung? Wer steht Ihnen besonders nah? Wer weniger? Wo sehen Sie Konflikte? Warum?"*) und zum Coachee (*„Was halten Sie von Herrn Knabe?"*)
- Anliegen des Coachee (*„Was denken Sie, wie die Zusammenarbeit sachlicher gestaltet werden kann?"*)

„Kernbotschaft" = Statement zum Anliegen

Zum Schluss jedes Eindoppelns (Briefings) fordert der Leiter den Coachee auf, die Aussagen der jeweiligen Rolle in einer Kernbotschaft – einem „Haupt-Statement" – zu verdichten. Dieses Statement bringt die (vom Coachee vermutete) Antwort der jeweiligen Person auf die Leitfrage des Coachee auf den Punkt. Er leitet etwa an: *„Wenn Sie nur einen ehrlichen und unverblümten Satz zu der Frage sagen würden, was Herr Knabe tun kann, um die Zusammenarbeit sachlicher zu gestalten, wie würde er lauten?"*

Der Trainer achtet darauf, dass der Coachee jeweils eine kurze und prägnante Kernbotschaft findet. Sobald diese gefunden ist, bittet er den Rollenspieler, sie zu wiederholen, damit er sie sich einprägen kann.

Anschließend fragt er den Coachee, ob das Statement stimmig formuliert ist oder noch einmal verändert werden muss. Dann bittet er den Rollenspieler, die Botschaft aufzuschreiben: *„Bitte nehmen Sie sich einen Stift und eine Moderationskarte und notieren Sie Ihr Haupt-Statement, damit Sie es sich behalten können."*

Tipp: „Kernbotschaften" der Rollen aufschreiben lassen

Beim Briefing (Eindoppeln) der Rollenspieler achtet die Leitung darauf, dass dies prägnant bleibt. Nur die wichtigsten Antagonisten werden etwas ausführlicher instruiert. Bei den anderen Figuren leitet der Trainer nach kurzem Vorstellen der Person zügig zur Kernbotschaft über. Nach dem Eindoppeln erhält der Coachee Gelegenheit, alle Kernbotschaften auf sich wirken zu lassen. Der Trainer wendet sich also zum Coachee: *„Suchen Sie sich mal einen Platz, von dem Sie die ganze Konstellation am besten überblicken können und hören Sie sich die Statements aller Beteiligten an."*

Damit der Coachee am Ende seiner Arbeit alle wesentlichen Aspekte behalten kann, bietet es sich an, einen Protokollführer zu bestimmen, deswegen fragt der Trainer etwa die Zuschauer: *„Wer von Ihnen wäre so nett, für Herrn Knabe alle Statements und alle Lösungsmöglichkeiten, die später noch diskutiert werden, mitzuschreiben?"*

Nun fordert der Trainer die Rollenspieler auf: *„Bitte sagen Sie in der Reihenfolge, in der Sie gebrieft wurden, Ihre Haupt-Statements."* In unserem Beispiel werden unter anderem folgende Statements vorgetragen:

Die Rollenspieler äußern ihre Kernbotschaften

Vorstandsmitglied Herr Schneid: *„Bringen Sie den Laden endlich auf Vordermann und greifen Sie notfalls hart durch! Sie haben meine volle Rückendeckung."*

Personalreferentin Frau Alt: *„Sie sollten uns erfahrenen Kräften erst einmal zuhören, bevor Sie hier versuchen, alles umzukrempeln."*

Leiterin Gehaltsabrechnung Frau Hase: *„Ich weiß gar nicht ob ich bei all diesen Besprechungen dabei sein muss – ich bin doch nur für die Gehaltsabrechnung zuständig."*

Personalreferentin A: *„Ich fände es auch gut, wenn wir uns manchen Irrweg ersparen könnten, indem Sie sich mit Frau Alt besser abstimmen."*

Leiter Personalentwicklung: *„Sie müssen Frau Alt endlich mal zurechtweisen und ihr klarmachen, dass sie von gestern ist!"*

Leiterin Hochschulmarketing: *„Lassen Sie uns doch mal Gesprächsregeln vereinbaren, an die sich jeder zu halten hat – auch Frau Hase und Frau Alt!"*

Options

Wenn alle Kernbotschaften gesagt sind und der Coachee sie auf sich hat wirken lassen, fragt der Trainer ihn, welche Lösungs- und Handlungsoptionen ihm in den Sinn kommen.

Trainer: *„Wenn Sie das alles hören und sehen, welche Ansatzpunkte sehen Sie, um eine sachlichere Zusammenarbeit zu erreichen?"*

Coachee: *„Ich denke, dass ich mal ein ernstes Wörtchen mit Frau Alt sprechen muss. Es ist wirklich unmöglich, wie sie sich in manchen Besprechungen aufführt. Ich denke, es ist eine gute Idee, Gesprächsregeln zu vereinbaren. Vielleicht gäbe es ja die Möglichkeit, sie im Vorfeld der Teambesprechungen stärker einzubinden, damit sie sich in den Besprechungen selbst dann konstruktiver verhält."*

Der Trainer kann nun die anderen Teilnehmer einbeziehen, um weitere Lösungsoptionen zu generieren.

- Dazu befragt er zunächst den Stellvertreter des Coachee (Doppelgänger): *„Welche Ideen haben Sie noch, was Sie aus Ihrer Rolle als Herr Knabe noch tun könnten?"*
- Anschließend fragt er auch die anderen Rollenspieler: *„Welche Möglichkeiten fallen Ihnen aus Ihrer Rolle heraus noch ein? Was bräuchten Sie, um sachlicher zusammenarbeiten zu können?"*
- Dann holt der Trainer die Reaktion des Coachee auf diese Vorschläge ein und fokussiert auf die Aspekte, die bei ihm auf positive Resonanz stoßen.

Trainer (zum Coachee): *„Was spricht Sie besonders an?"*

Coachee: *„Die Möglichkeit, Frau Hase aus manchen Besprechungen herauszunehmen, macht absolut Sinn und würde auch dazu führen, dass Frau Alt mit ihren Bedenken alleine dasteht. Bei ihr könnte eine Doppel-Strategie aus stärkerem Einbinden und dem klaren Aufzeigen von Grenzen wirken."*

Lösungsoptionen generieren

Im nächsten Schritt geht es darum, den Lösungsideen eine Gestalt zu geben. Dazu dient der Aufbau einer Wunsch-Teamskulptur, bei der der Coachee die verschiedenen Optionen berücksichtigen und aufgreifen kann. Nachdem zunächst der Ist-Zustand des Teams aufgebaut worden war, wird nun der Soll-Zustand dargestellt. Der Trainer leitet den Aufbau einer Wunsch-Teamskulptur an:

Trainer (zum Coachee): *„Angenommen, Sie hätten das alles umgesetzt und eine sachlichere Zusammenarbeit erreicht, wie würde die Skulptur dann aussehen?"*

Coachee (lacht): *„Harmonischer. Wir hätten uns alle lieb."*

Der Trainer macht klar, dass es um einen wünschenswerten, aber realistischen Zustand geht: *„Na ja, vielleicht müssen Sie sich nicht alle lieben, aber versuchen Sie mal, das Team so umzustellen, dass ein realistisches Wunschbild entsteht. Wo würden die Beteiligten stehen, wie würden sie zueinander stehen, wenn die Zusammenarbeit einen Schritt sachlicher geworden wäre. Machen Sie den Beteiligten auch vor, wenn sie eine andere Körperhaltung und Körpersprache haben müssten. Gerne können Sie auch erklären, was Sie machen bzw. was die Beteiligten machen müssten."*

Coachee: *„Als Erstes müssten Frau Alt und Frau Hase sich voneinander trennen und in die Runde schauen."*

Die neue Soll-Zustand-Skulptur prüfen

Der Coachee bildet nun seine Skulptur um. Wenn er den Soll-Zustand aufgebaut hat, erhält er vom Trainer wieder die Möglichkeit, die Skulptur zu überprüfen: *„Schauen Sie sich die Skulptur wieder aus verschiedenen Perspektiven an, um zu überprüfen, ob die Skulptur so für Sie passt."*

Danach holt der Trainer ein Feedback der Rollenspieler ein: *„Sagen Sie mal einen Satz dazu, wie es Ihnen in dieser neuen Position geht."* Wenn die Rollenspieler dies getan haben, wendet sich der Leiter nochmals an den Coachee: *„Nachdem Sie die Rückmeldungen gehört haben, möchten Sie die Skulptur nochmals verändern?"*

Abschließend geht es darum, dem Coachee die Gelegenheit zu geben, sich das Bild des Soll-Zustandes einzuprägen und emotional zu verankern. Dazu fordert der Trainer ihn auf, die „Innensicht" einzunehmen: *„Gehen Sie zum Abschluss an Ihren Platz. Bitte nehmen Sie sich einen Moment Zeit, sich dieses Bild einer besseren, sachlicheren Zusammenar-*

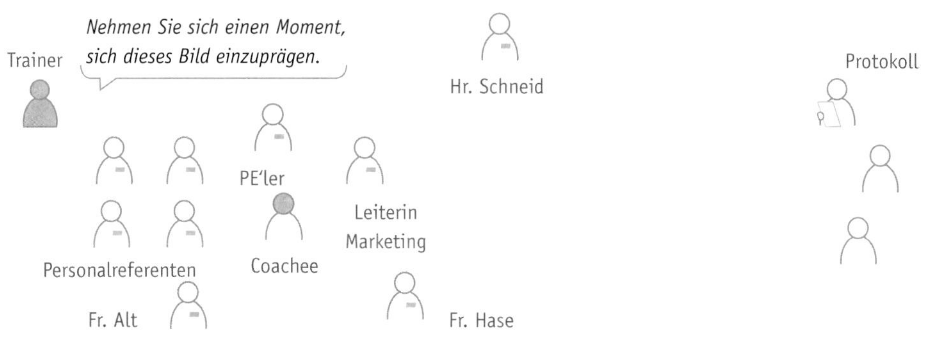

Abb.: Zum Abschluss prägt sich der Coachee das Bild des Soll-Zustandes ein.

beit im Team einzuprägen. Es kann Sie dabei unterstützen, dieses Ziel im Blick zu behalten und weiterzuverfolgen. Nehmen Sie sich so viel Zeit, wie Sie mögen, das Bild abzuspeichern und auf Ihrer Festplatte abzulegen."

Anschließend löst der Trainer die Skulptur auf und „entrollt" die Mitspieler: *„Vielen Dank an Sie alle. Sie sind jetzt aus Ihrer Rolle als Teile der Skulptur entlassen und können gerne wieder Platz nehmen."*

Way forward

Bei der Auswertung werden folgende Schritte berücksichtigt:

1. **Sharing:** *„Welche ähnlichen Situationen und Konstellationen kennen Sie? Auf welche ähnlichen Schwierigkeiten sind Sie bereits gestoßen und wie ging es Ihnen in diesen Situationen?"*

2. **Rollen-Feedback:** *„Welche Rückmeldungen haben Sie aus Ihren Rollen? Was ist Ihnen aufgefallen? Was möchten Sie Herrn Knabe noch aus der Perspektive der Rolle, die Sie übernommen hatten, mitteilen?"* Das Rollen-Feedback kann hier eher kurz gehalten werden, da die Rollenspieler bereits innerhalb der Skulpturarbeit ausreichend Gelegenheit hatten, Feedback zu geben.

3. **Beobachter-Feedback:** Wichtig ist es, die Beobachter, die lange passiv zuschauen mussten, einzubinden: *„Was ist Ihnen von außen aufgefallen? Welche Rückmeldungen haben Sie an Herrn Knabe?"* Wie stets bei Feedback-Prozessen, muss der Trainer auf die Einhaltung der Feedback-Regeln (s. S. 290) achten.

Das letzte Wort hat der Coachee, daher fragt der Trainer ihn nun: *„Wie lautet Ihr Resümee?"*

Hinweise

- Wenn die Rollenspieler nach dem Eindoppeln ihre Kernbotschaften äußern, hat der Trainer zwei Möglichkeiten:

Spiegel-Position vs. Innensicht

  - Den Coachee seine eigene Position in der Skulptur übernehmen lassen, um die Botschaften auf sich wirken zu lassen.
  - Den Coachee eine Position außerhalb der Skulptur suchen lassen, von der er einen guten Überblick über die Konstellation hat („Spiegel-Position").

Die erste Variante hat eine stärkere **emotionale Wirkung**; Der Coachee spürt hierbei die verdichtete Konfliktkonstellation sehr intensiv. Die zweite Option ermöglicht hingegen einen **distanzierteren Überblick** über das Geschehen.

Während im therapeutischen Bereich die emotionale Fokussierung erwünscht ist, muss der Trainer im beruflichen Kontext stets darauf achten, den Coachee vor allzu starken emotionalen Reaktionen zu schützen, die leicht als Gesichtsverlust – als „aus der Rolle fallen“ – erlebt werden können. Schließlich geht es ja darum, ihn in seiner Rolle zu stärken. Deshalb entscheidet sich der Trainer hier zunächst, den Coachee zu bitten, sich eine Position außerhalb der Skulptur zu suchen.

- Zum Abschluss dagegen leitet der Trainer den Coachee an, die „Innensicht“ einzunehmen und die Wunschskulptur vom eigenen Platz aus zu erleben und „abzuspeichern. Alternativ kann man auch die Technik des „Fotografierens“ einsetzen, bei der sich der Coach vorstellt, ein Foto der Skulptur zu machen und „mitzunehmen“. Die Innenperspektive ermöglicht jedoch ein stärkeres emotionales Erleben, was zum – positiven – Abschluss absolut erwünscht ist.

- Nachdem der Coachee die verschiedenen Kernbotschaften angehört hat (s. S. 176), werden in der Regel Handlungsimpulse ausgelöst. Im vorliegenden Beispiel entsteht der Impuls, sich mit der Hauptgegenspielerin Frau Alt auseinanderzusetzen. Hier gibt es für den Trainer die Möglichkeit, eine solche Auseinandersetzung zu ermöglichen. Es könnte also ein Dialog mit Frau Alt folgen, bei dem der Coachee ggf. einen Rollentausch mit ihr durchführt, um die Wirkungen der eigenen Handlungen und Aussagen direkt erfahren zu können. Allerdings kommt es hierdurch zu einer neuen Szene und – methodisch gesehen – zum Übergang von der statischen Skulptur hin zu einer bewegten Spielszene. Dies erfordert Zeit und kann dazu führen, dass der Fokus weg von einer Vielzahl möglicher Lösungen sehr stark auf eine Handlungsoption (hier: Auseinandersetzung mit Frau Alt) eingeengt wird. Deshalb sollte die Leitung in der Regel eher den Aufbau einer Wunsch-Teamskulptur ermöglichen und die Arbeit anschließend auswerten.

Variante

- Der Trainer kann eine dritte Dimension hinzufügen, indem er etwa Machtverhältnisse symbolisiert: durch das Stellen auf Stühle bzw. durch das „Niederhocken“ von wenig mächtigen Individuen.

Systeme verstehen: Organisationsaufstellung

Indikation

Ähnlich wie die Teamskulptur lässt sich auch die Methode der Organisationsaufstellung bei Spannungen, Konflikten, Blockaden oder Veränderungsprozessen innerhalb von Teams oder Organisationen einsetzen. Unterschiede zur Skulpturarbeit liegen vor allem in der Methodik und der ihr zugrunde liegenden Theorie (s. rechts).

Ziele

- Der Coachee erlangt ein tieferes Verständnis der Zusammenhänge innerhalb des eigenen Systems.
- Der Coachee entwickelt unterschiedliche Handlungsoptionen, um auf das eigene System einwirken zu können.

Material

Keines

Überblick

- Der Coachee stellt zunächst einen Stellvertreter für sich auf.
- Die anderen Personen werden vom Coachee so aufgestellt, dass die räumlichen Entfernungen und die Blickrichtungen die emotionalen Beziehungen widerspiegeln.
- Der Trainer fragt die Stellvertreter nach ihren Empfindungen.
- Die Stellverteter werden gebeten, ihre Impulse zur Umstellung des Systems zu erspüren; diese werden nacheinander umgesetzt und die Stellvertreter jeweils nach Veränderungen in ihrem Erleben befragt.
- Der Trainer fragt den Coachee, ob er das Bild umstellen möchte und erkundigt sich auch, ob noch jemand hinzugenommen werden könnte.
- Beim Schlussbild nimmt der Coachee seinen Platz ein und prägt sich die Konstellation ein.
- Auswertung: Es werden Hypothesen gesammelt, wie der Coachee das System in Richtung einer Lösung beeinflussen kann.

Ursprung der Methode

Die wichtigste Vordenkerin der systemischen Aufstellungsarbeit ist Virgina Satir (1916-1988), die die Methode der Skulpturarbeit für die therapeutische Arbeit mit Familien nutzte und weiterentwickelte. Im deutschen Sprachraum sorgten dann insbesondere die Arbeiten des umstrittenen Pfarrers und Therapeuten Bert Hellinger für eine enorme Popularisierung der systemischen Aufstellungsarbeit. Hellinger entwickelte eine Form der „Ultra-Kurztherapie", bei der Klienten im Rahmen einer Therapie- oder Seminargruppe die Beziehungen innerhalb ihrer Herkunftsfamilie anhand von Stellvertretern im Raum aufstellen. Im weiteren Verlauf der Aufstellungsarbeit ist es die Aufgabe des Therapeuten, die Aufstellung so zu verändern, dass sie den – von Hellinger postulierten – „Ordnungen der Liebe" entspricht und eine Aussöhnung des Klienten mit der Herkunftsfamilie ermöglichen. Die Aufstellungsmethodik Hellingers wurde etwa von Vertretern der Heidelberger Schule um Gunthard Weber (z.B. Weber et al. 2005) für die Arbeit mit Organisationen weiterentwickelt und – teils in Abgrenzung zu Hellinger – systemtheoretisch-konstruktivistisch begründet.

Was das hier beschriebene Vorgehen unterscheidet

Im Folgenden wird eine – relativ einfache – Vorgehensweise zur systemisch-konstruktivistischen Aufstellungsarbeit innerhalb eines Trainingskontextes beschrieben, die sich in ihrem Vorgehen deutlich von Hellinger abgrenzt. Während bei Hellinger die Leitung entscheidet, was für den Klienten richtig ist und entsprechende Veränderungen in der Aufstellung herbeiführt, ist sie hier lediglich für den Prozess verantwortlich. Ihre Aufgabe ist es, gemeinsam mit dem Coachee und den anderen Teilnehmern das System zu erforschen und unterschiedliche Wahrnehmungs- und Handlungsoptionen zu generieren. Die Verantwortung für das „richtige" Handeln bleibt jedoch stets beim Coachee. Besonders wichtige Informationen liefern ihm hierbei die sogenannten „Stellvertreter", die Mitglieder des jeweiligen Systems darstellen. Anders als in der psychodramatischen Skulpturarbeit werden sie nicht instruiert, sondern verbalisieren direkt ihre Empfindungen, die sich aufgrund ihrer Position im jeweiligen System ergeben. Damit liefern sie wertvolle Hinweise zur Diagnose des Systems und mögliche Lösungsansätze (s. die Hinweise auf S. 190).

Vorgehen

Beispiel: Herr Jobst ist seit vielen Jahren Geschäftsstellenleiter einer großen Versicherungsgesellschaft und nimmt an dem Seminar „Führen im Veränderungsprozess" teil. Er hat das Thema „Umgang mit der störrischen Sekretärin" eingebracht und berichtet, dass sich seine langjährige Sekretärin Frau Steif seit einer Weile gegen sämtliche Veränderungen sträube, die vom Unternehmen und insbesondere von der Büroleiterin des Innendienstes (die an Herrn Jobst berichtet) vorangetrieben werden. Frau Steif würde sich zahlreichen neuen Arbeitsabläufen widersetzen, obwohl diese erwiesenermaßen effizienter seien. Sie habe sich mit ihrer Widerborstigkeit zunehmend in der Geschäftsstelle isoliert. Dies sei umso bedauerlicher, als dass er, Herr Jobst, stets ein enges und vertrauensvolles Verhältnis zu ihr gehabt habe. Außerdem verfüge sie über hervorragende Beziehungen zu vielen Vertretern, darunter auch zu den Spitzenkräften im gesamten Vertriebsbereich.

Goal

Trainer: *„Was ist Ihr Ziel?"*

Coachee: *„Frau Steif muss endlich aus ihrem Schneckenhaus rauskommen. So kann das einfach nicht weitergehen. Sie kann sich nicht immer weiter von der Geschäftsstelle abkapseln und alles blockieren, was vom Innendienst kommt. Nur ein gutes Verhältnis zu den Vertretern zu haben, reicht einfach nicht."*

Trainer: *„Sie möchten also erreichen, dass sich Frau Steif besser ins Team der Geschäftsstelle integriert."*

Coachee: *„Genau. Allerdings ist das auch ein zweischneidiges Schwert. Selbst wenn sie das wollte – und manchmal bemüht sie sich ja schon – ist ja auch die Frage, ob die Büroleiterin und ihr Team ihr überhaupt eine Chance geben. Die grenzen sie ja teilweise auch richtig aus."*

Trainer: *„Was bedeutet das für Ihre Fragestellung? Was möchten Sie hier für sich klären?"*

Coachee: *„Ich möchte klären, wie ich Frau Steif besser ins Team integrieren kann und wie ich erreichen kann, dass sie Veränderungen aufgeschlossener gegenübersteht."*

Trainer: *„Welche dieser beiden Aspekte hat für Sie Priorität?"*

Coachee: *„Was ich tun kann, dass sie besser ins Team integriert wird. Dann ergibt sich die Veränderungsbereitschaft vielleicht von alleine."*

Reality

Der Trainer gibt den Teilnehmern Gelegenheit, Fragen zur Situation zu stellen. Unter anderem wird nach der Organisationsstruktur gefragt. Herr Jobst wird gebeten, ein Organigramm aufzuzeichnen.

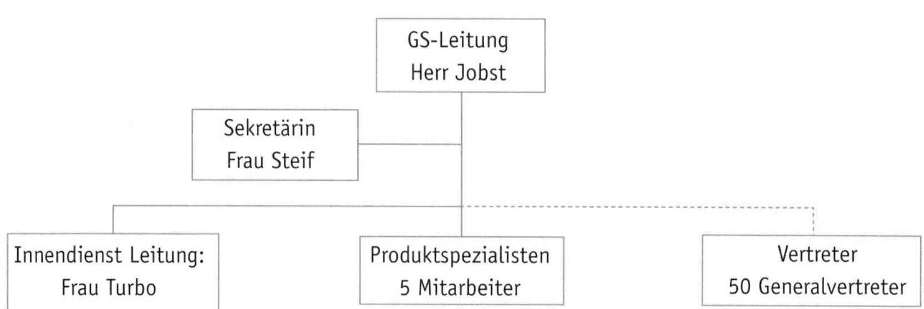

Abb.: Organisationsstruktur

In der Geschäftsstelle seien zumeist nur Frau Steif, das Innendienst-Team und er selbst physisch anwesend. Die Produktspezialisten seien meist zusammen mit den Vertretern beim Kunden, während die Vertreter eigene Büros haben und selbstständig sind, aber eng mit dem GS-Leiter zusammen arbeiten.

Herr Jobst berichtet, dass Frau Steif die dienstälteste Mitarbeiterin sei und früher stets einen sehr guten Stand in der Geschäftsstelle gehabt habe. Auch heute noch komme sie gut mit Vertretern und Produktspezialisten zurecht. Mit dem Innendienst-Team, mit dem sie sehr eng zusammenarbeiten müsse, seien die Beziehungen jedoch zutiefst gestört, insbesondere seit Frau Turbo die Leitung übernommen habe. Mehrere Gespräche mit Frau Steif und mit Frau Turbo hätten nicht gefruchtet. Bei dieser schwierigen Beziehungskonstellation bietet es sich an, mit einer Aufstellung zu arbeiten. Der Trainer erläutert kurz das Vorgehen.

Informelle Organisationsstruktur aufbauen

Trainer: *„Eben haben wir uns die formale Organisationsstruktur angeschaut. Es gibt aber immer auch eine informelle Organisationsstruktur und in dieser – so habe ich es verstanden – ist Frau Steif momentan ‚außen vor' und Sie möchten sie besser integrieren."*

Coachee: *„Das kann man so sagen – auch wenn ich nicht genau weiß, was Sie mit informeller Organisationsstruktur meinen."*

Trainer: *„Damit meine ich die Beziehungen untereinander. Wenn man davon ein Bild machen würde, könnte man sehen, wer wem wie nahesteht, wer wem zu- und abgewandt ist, wer wem den Rücken zukehrt und wer ‚außen vor' ist."*

Coachee: *„Verstehe. Soll ich jetzt ein Bild malen, oder wie?"*

Trainer: *„Nein, das brauchen Sie nicht. Stattdessen können Sie die anderen Seminarteilnehmer nutzen und sie – ähnlich wie Statuen – im Raum aufstellen, sodass ein Bild von der informellen Struktur Ihrer Geschäftsstelle entsteht. Sie können sich für jede Person, die bei Ihrem Thema eine Rolle spielt, einen Teilnehmer auswählen, der sich in diese Person hineinversetzt. Der Vorteil ist, dass Ihnen die Kollegen möglicherweise Hinweise geben können, die für ihre Fragestellung relevant sind."*

Coachee: *„Na gut, probieren können wir's ja."*

Trainer: *„Stellen Sie sich vor, dort vorne wäre der Platz für Ihr Bild. Nehmen Sie sich als Erstes eine Person als Stellvertreter für sich selbst und sagen Sie, wo sie stehen soll."*

Coachee: *„Na gut, Herr Marx, könnten Sie das übernehmen?"*

Als Erstes sucht der Coachee eine Position für die Stellvertretung der eigenen Person. Sobald der Coachee seinen Stellvertreter („Stand-In") aufgestellt hat, leitet der Trainer die Aufstellung der weiteren Mitglieder des Systems an.

Trainer: *„Wen brauchen Sie als Nächstes?"*

Coachee: *„Frau Steif. Würden Sie das machen, Frau Meiser?"*

Teilnehmerin: *„Kein Problem."*

Trainer: *„Geben Sie Frau Steif einen Platz und zeigen Sie ihr, in welche Richtung sie schaut."*

Coachee: *„Woher soll ich wissen, in welche Richtung sie schaut? Auf jeden Fall nicht zu Frau Turbo, aber die ist ja noch gar nicht da."*

Trainer: *„Das können Sie ja später noch berücksichtigen. Sie bestimmen jeweils, wer wo steht und wohin schaut. Sie können alles später noch mal umarrangieren. Sie müssen das nicht erklären, sondern zeigen einfach, wer wo hingehört in Ihrem Bild."*

Der Trainer macht hiermit deutlich, dass der Coachee seine Aufstellung später noch ändern kann und leitet ihn an, möglichst wenig zu erklären (und rational zu durchdenken). Stattdessen soll er dazu gebracht werden, sein System intuitiv aufzubauen. Dies fällt rational-analytisch geprägten Fach- und Führungskräften oft schwer, sodass der Trainer klar und bestimmt darauf hinwirken muss.

Der Coachee stellt alle Mitglieder des Systems auf, idealerweise ohne dabei viel zu sprechen oder Informationen über die Personen, die repräsentiert werden, mitzuteilen. Links ist das Ausgangsbild in der Aufstellung des Geschäftsstellenleiters Herr Jobst zu sehen. Die Pfeile zeigen die Blickrichtungen. Frau Turbo wendet ihren Blick gelegentlich weg von der Gruppe hin zu Herrn Jobst, was durch den gestrichelten Pfeil ausgedrückt wird.

Wenn die Aufstellung komplett ist, gibt der Leiter dem Coachee Gelegenheit, das Bild aus verschiedenen Blickwinkeln zu betrachten und gegebenenfalls zu verändern. Er wendet sich an den Coachee: *„Schauen Sie sich Ihr Bild noch mal von verschiedenen Seiten aus an und schauen Sie, ob Sie noch etwas umstellen möchten."*

Anschließend gibt der Trainer den Stellvertretern Gelegenheit, sich auf ihr inneres Erleben zu konzentrieren: *„Bitte achten Sie genau auf Ihre Wahrnehmungen und Gefühle. Nehmen Sie sich dafür einen Moment Zeit."*

Trainer und Coachee stellen sich an eine Position, von der aus sie eine gute Übersicht über das Geschehen haben. Dann wendet sich der Trainer an die Stellvertreter: *„Bitte sagen Sie kurz in der Reihenfolge, in der Sie aufgestellt wurden, wie Sie sich in Ihrer Position fühlen."* In unserem Beispiel werden unter anderen folgende Antworten gegeben:

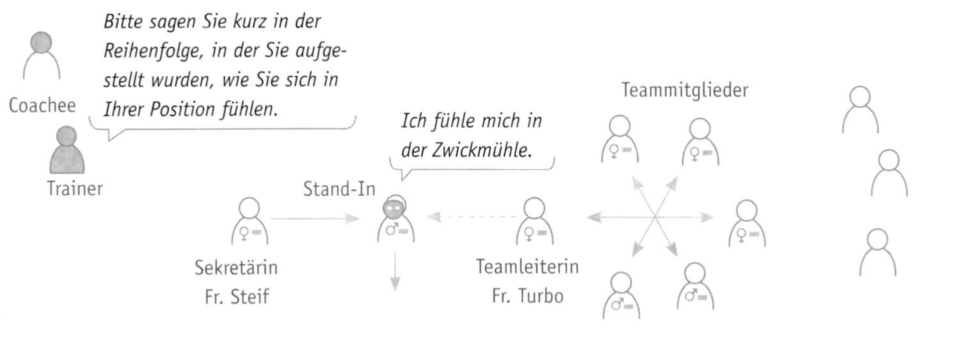

Abb.: Das Ausgangsbild in der Aufstellung. Die Pfeile zeigen Blickrichtungen. Frau Turbo wendet Ihren Blick gelegentlich weg von der Gruppe hin zu Herrn Jobst. Der Trainer befragt die Stellvertreter nach ihrem Empfinden.

Stellvertreter des Coachee („Stand-In"): *„Ich fühle mich wie in der Zwickmühle. Das ist ganz schön unangenehm. Aber ich habe wichtige Aufgaben und schaue nach vorne."*

Sekretärin Frau Steif: *„Zum Glück habe ich meinen Chef. Wenn er mich nur anschauen würde, wäre alles gut. Die anderen brauche ich nicht."*

Teamleiterin Frau Turbo: *„Das ist toll mit unserem Team. Wir halten alle zusammen. Aber es ist unangenehm, dass ich mich immer zu meinem Chef umdrehen muss."*

Teammitglied 1: *„Mir geht's hier prima. Wir lassen hier niemand in unseren Kreis hinein."*

Options

Während im Ausgangsbild der Ist-Zustand des Systems abgebildet wird, geht es im weiteren Verlauf darum, durch Umstellen mögliche Veränderungen des Systems in Richtung eines konstruktiveren Zusammenwirkens zu erkunden. Deshalb leitet der Trainer die Stellvertreter an, eigene Impulse zur Umstellung zu erspüren und umzusetzen. Dabei ist es wichtig, dass diese nicht gleichzeitig, sondern nacheinander vorgenommen werden.

Der Trainer erklärt: *„Im nächsten Schritt geht es darum, mögliche Lösungsbilder zu entwickeln, in denen Sie sich wohler fühlen. Das kann uns Rückschlüsse darüber geben, was Herr Jobst konkret tun könnte, um sein Ziel zu erreichen. Deshalb möchte ich Sie bitten, sich einen Moment Zeit zu nehmen, um zu erspüren, welche Handlungsimpulse sich in Ihnen aus Ihrer jetzigen Position regen.*

Vielleicht möchten Sie Ihre Position verändern, sich drehen, woanders hinschauen oder zu einer anderen Person Kontakt aufnehmen? Wenn Sie einen solchen Impuls spüren, sagen Sie kurz Bescheid und setzen ihn dann um, sodass wir schauen können, was sich dadurch verändert. Wer mag anfangen?" Hier meldet sich als Erstes der Stellvertreter des Coachee Herr Jobst zu Wort.

Stellvertreter des Coachee: *„Ich muss raus aus der Zwickmühle und trete einige Schritte zurück, damit ich alle im Blick habe."*

Nach Unterschieden fragen

Dann befragt die Leitung die anderen Stellvertreter nach ihren Empfindungen. Dabei ist es wichtig, sie nach Veränderungen in ihrem Erleben zu befragen *„Wie geht es Ihnen? Ist es besser oder schlechter?"* oder *„Was hat sich verändert?"*.

Durch die Fragen des Trainers werden die Auswirkungen der Umstellungen auf die Mitglieder des Systems exploriert. Nach und nach erhalten so alle Stellvertreter die Gelegenheit, Veränderungen vorzunehmen. In unserem Beispiel ergibt sich nach den Umstellungen durch die Stellvertreter das unten dargestellte Bild, bei dem alle Stellvertreter deutlich positivere Gefühle äußern.

Dann wendet sich der Trainer wieder an den Coachee: *„Möchten Sie noch etwas ausprobieren, etwa jemand bitten, sich umzustellen?"*

Weitere Personen ergänzen

Coachee: *„Nein."*
Trainer: *„Gibt es noch jemand, den wir in das Bild aufnehmen könnten und der für Sie hilfreich wäre, Ihr Ziel zu erreichen?"*
Coachee: *„Hm. Vielleicht der Vertreter Schiele. Der hat einen guten Draht zu Frau Steif und steht gleichzeitig hinter den Veränderungen, die*

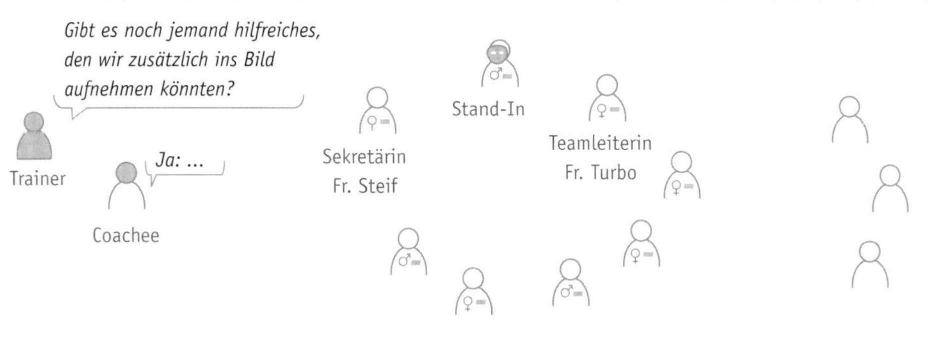

Abb.: Die Aufstellung, nachdem die Stellvertreter das Bild – nach und nach – umgestellt haben.

wir umsetzen wollen. Und einer der Produktspezialisten, Herr Leben. Der ist schon lange dabei und hat besonders zu Frau Steif einen guten Draht."

Trainer: *„Gut. Dann besetzen Sie die beiden Rollen und geben Sie ihnen einen Platz. Möglicherweise müssen Sie dann auch einige der anderen Personen bitten, sich etwas umzustellen."*

Der Coachee stellt die beiden zusätzlichen Personen auf, die zur Erreichung seines Ziels hilfreich sein könnten, und verändert das Schlussbild geringfügig. Auch hier werden anschließend wieder alle Stellvertreter nach Unterschieden in ihrem Erleben gefragt.

Schließlich bittet der Trainer den Coachee, die Innenperspektive einzunehmen, um die veränderte Systemdynamik am eigenen Leib erleben und sich einprägen zu können: *„Dann nehmen Sie abschließend Ihren Platz im Bild ein und schauen Sie, ob das Bild für Sie so stimmig ist."* Sobald der Coachee seinen Platz eingenommen hat, leitet der Trainer an, sich dieses Lösungsbild einzuprägen und emotional zu verankern.

Trainer: *„Passt das so für Sie?"*
Coachee: *„Ja."*
Trainer: *„Dann prägen Sie sich dieses Bild gut ein und nehmen Sie sich einen Moment, um es abzuspeichern."*

Der Trainer löst abschließend die Aufstellung auf und „entrollt" die Stellvertreter: *„Vielen Dank an Sie alle. Sie sind jetzt aus Ihrer Rolle als Teile dieses Bildes entlassen und können gerne wieder Platz nehmen."*

Way forward

Wichtig ist, zu beachten, dass das Lösungsbild – so eindrucksvoll es sein kann – alleine noch keine Lösung ist. Bestenfalls kann es Ideen zur Lösung generieren. Damit diese aber auch umgesetzt werden können, ist die anschließende Phase der Auswertung und des Transfers entscheidend. Zunächst befragt der Trainer den Coachee nach seinen Beobachtungen.

Trainer (zum Coachee): *„Ihre Frage war ja, wie Sie erreichen können, dass Frau Steif besser ins Team integriert wird. Was ist Ihnen diesbezüglich aufgefallen und welche Hypothesen haben Sie?"*

Coachee: *„Offenbar spielt Frau Turbo eine Schlüsselrolle. Sie muss ich gewinnen, um Frau Steif integrieren zu können. Und der Vertreter Herr Schiele kann dabei auch eine Rolle spielen, ebenso wie der Produktspezialist Herr Leben."*

Der Trainer fragt in die Runde, welche weiteren Beobachtungen und Hypothesen es gibt: *„Welche weiteren Beobachtungen gibt es? Was ist Ihnen aufgefallen? Welche Hypothesen haben Sie in Bezug auf Herrn Jobsts Fragestellung entwickelt? Lassen Sie uns gerne unterschiedliche Wahrnehmungen sammeln, anstatt sie zu diskutieren. Herr Jobst kann sich dann jene Punkte auswählen, die für ihn besonders hilfreich sind."* Schließlich hat der Coachee das letzte Wort, der Trainer fragt ihn: *„Herr Jobst, was werden Ihre ersten Schritte sein, um Ihre Sekretärin besser ins Team zu integrieren?"*

Hinweise

Unterschiede zwischen Skulptur und systemischer Aufstellung

Repräsentative Wahrnehmung

Der zentrale Unterschied der systemischen Aufstellung zur psychodramatisch orientierten Skulpturarbeit liegt in der Sparsamkeit und Einfachheit der Mittel. Die systemische Aufstellung ist eine Methode mit einer extrem hohen Verdichtung und Minimierung von Sprache. Der Coachee positioniert die Stellvertreter im Raum, ohne dass diese viel über die von ihnen verkörperte Person wissen. Allein anhand ihrer Positionierung innerhalb des Beziehungsgeflechts entstehen Körperempfindungen, die Hinweise geben auf den Zustand des aufgestellten Systems. Die Rückmeldungen, welche die Stellvertreter geben, werden von den Coachees häufig als sehr stimmig und valide erlebt. Sparrer und Varga von Kibéd bezeichnen dieses Phänomen als „repräsentative Wahrnehmung". Bestimmte systemische Konstellationen lösen – praktisch personenunabhängig – bestimmte Wahrnehmungen und Empfindungen aus. Dies wird in der Organisationsaufstellung genutzt, um durch experimentelles Umstellen des Systems Hinweise zu erlangen, welche Veränderungen der Coachee anstoßen könnte, um mit seinem Anliegen weiterzukommen. Im Einzelnen unterscheidet sich die Organisationsaufstellung von der Skulpturarbeit durch folgende Aspekte:

Unterschiede zwischen Organisationsaufstellung und Skulpturarbeit

- Die Stellvertreter werden nicht eingedoppelt; sie erhalten lediglich spärliche Informationen zu ihrer Rolle.
- Auf körpersprachliche Ausdrucksmöglichkeiten, wie etwa Gestik, Mimik oder die Arbeit mit Requisiten wird verzichtet.
- Es finden keine Interaktionen zwischen dem Coachee und den verschiedenen Stellvertretern statt.
- Es gibt nicht die Möglichkeit, von der Skulptur zu einer bewegten „Spielszene" überzugehen.
- Die Stellvertreter werden zu ihren (Körper-)Empfindungen befragt, welche wichtige Informationen liefern.
- Die Aufstellung wird immer wieder verändert und die Stellvertreter nach Veränderungen in ihrem Erleben befragt, um die Auswirkungen unterschiedlicher Veränderungen im System zu erkunden.

Entscheidungen treffen: Tetralemma-Aufstellung

Indikation

Diese Aufstellung eignet sich zur Beratung bei Entscheidungskonflikten, insbesondere, wenn der Coachee zwischen zwei als gleich stark erlebten Handlungsimpulsen hin- und herschwankt und durch diese Ambivalenz „wie gelähmt" ist. Das Tetralemma ist eine Alternative zur Stuhlarbeit (s. S. 203) und bietet im Vergleich zu dieser noch zwei weitere Alternativen an. Allerdings ist sie für die meisten Teilnehmer auch gewöhnungsbedürftiger, weil sie – durch das „Aufstellen" von Entscheidungsalternativen – noch weiter vom „normalen Arbeitsalltag" entfernt ist. Wenn die Teilnehmer jedoch mit den handlungs- und erlebnisorientierten Methoden bereits vertraut sind und sich mit diesen angefreundet haben, führt die Tetralemma-Aufstellung oft zu neuen Lösungen, die vorher nicht als solche wahrgenommen werden konnten.

Ziele

- Der Coachee analysiert alle Lösungsoptionen für sein Anliegen.
- Er findet eine Lösung, die er als stimmig empfindet.

Material

- Moderationskarten und Stifte

Überblick

- Der Trainer legt zwei Moderationskarten weit voneinander entfernt auf den Boden, auf denen die beiden Optionen stehen, zwischen denen der Coachee hin- und hergerissen ist.
- Er fordert den Coachee auf, sich auf einer imaginären Skala zwischen diesen beiden Polen zu positionieren.
- Jede Position wird mit einem Stellvertreter besetzt.
- Der Coachee nimmt nacheinander beide Positionen ein und argumentiert jeweils aus jeder der beiden Perspektiven; anschl. werden die wichtigsten Punkte vom betreffenden Stellvertreter wiederholt.
- Der Trainer befragt den Coachee, welche Werte und Bedürfnisse hinter den Positionen stehen.
- Der Trainer führt eine dritte Position ein („Beides"), die versucht, die beiden Pole zu verbinden, indem die dahinterstehenden Bedürfnisse und Werte berücksichtigt werden.

- Als Viertes wird die Möglichkeit exploriert, dass die Lösung weder in der einen noch in der anderen Position liegt („Weder noch").
- Der Coachee hört sich die wichtigsten Statements aller vier Stellvertreter an.
- Der Coachee lässt die Statements auf sich wirken und wird zu seiner Reaktion befragt. Er wird eingeladen, einen „Rundgang" durch das Koordinatensystem zu machen und einen Platz zu finden, der für ihn stimmig ist.
- In der Auswertung wird Feedback von den Stellvertretern, Beobachtern und Sharing eingeholt.

Ursprung der Methode

Die Methode der Tetralemma-Aufstellung wurde von Insa Sparrer und Matthias Varga von Kibéd im Rahmen ihres Ansatzes der „Systemischen Strukturaufstellungen" entwickelt. Hauptwurzeln ihrer Methode sind das Psychodrama Morenos, die systemische Familientherapie (Satir, Palazzoli, Simon, Hellinger u.a.), die lösungfokussierte Kurzzeit-Therapie (de Shazer) und die Hypnotherapie von Erickson u.a. (s. Daimler 2008).

Die Tetralemma-Aufstellung ist – neben der Stuhlarbeit und der Arbeit mit dem Inneren Team – eine weitere Methode, um mit Ambivalenzen umzugehen und eine Entscheidungsfindung zu unterstützen. Wie stets bei der Aufstellungsarbeit, geht es darum, innere Bilder zu „externalisieren", also im Raum zu positionieren und dadurch bearbeiten zu können. Die wahrgenommenen Handlungsoptionen werden aufgestellt: Die eine Möglichkeit (das Eine) sowie die entgegengesetzte Option (das Andere). Zusätzlich wird die Möglichkeit aufgestellt, das Eine mit dem Anderen zu verbinden (Beides). Viertens wird die Option in den Raum gestellt, dass „Keins von beiden" die optimale Lösung ist – dass es also eine ganz andere Möglichkeit geben könnte, an die der Coachee noch gar nicht gedacht hat.

Sparrer und von Kibéd wurden zu dieser Aufstellungsvariante von einer Struktur aus der traditionellen indischen Logik inspiriert (s. Daimler 2008). Diese Struktur wird in Sanskrit als „vier Ecken" bezeichnet und wurde im Rechtswesen verwendet, um die möglichen Standpunkte zu kategorisieren, die ein Richter zu einem Streitfall zweier Parteien einnehmen kann: „Er kann der einen Partei recht geben oder der anderen Partei oder beiden (jeder hat recht) oder keiner von beidem" (Sparrer und Varga von Kibéd 2001, S. 77).

Im Folgenden wird eine Variante der Tetralemma-Aufstellung beschrieben, die wiederum vom Psychodrama (welches ja eine der Wurzeln ist) stark beeinflusst ist. So werden beispielsweise die Positionen im Tetralemma nicht nur durch Stellvertreter besetzt, sondern diese auch eingedoppelt – was in der systemischen Strukturaufstellung nicht üblich ist.

Vorgehen

Die Methode des Tetralemmas wird im Folgenden anhand des Themas „Loyalität vs. Gruppenzwang – Wie verhalte ich mich, wenn ständig über die Chefin hergezogen wird?" dargestellt. Der Fall wird von Frau Brand, Marketing-Referentin eines internationalen Großunternehmens in einem zweitägigen Kommunikationsseminar eingebracht

Goal

Fragen zur Zielvereinbarung

Trainer: *„Was möchten Sie hier für sich klären?"*
Protagonist: *„Wie ich darauf reagiere, wenn mal wieder über die Chefin hergezogen wird. Ob ich mich dann dagegenstelle oder ob ich das so stehen lasse oder gar mit ins Horn der Kolleginnen stoße."*

Reality

Situationsanalyse

Der Trainer gibt den Teilnehmern Gelegenheit, Fragen zu stellen. Frau Brand berichtet daraufhin, dass sie seit einem halben Jahr in einem neuen Bereich tätig ist. Die neue Tätigkeit bereitet ihr viel Freude und sie fühlt sich im Team weitgehend wohl. Allerdings ist das Klima zwischen einem Teil des Teams und der Teamleiterin sehr angespannt. Sobald diese den Raum verlässt, werde sofort „über sie hergezogen". Frau Brand könne dies inhaltlich meistens nicht nachvollziehen. Sie finde ihre Vorgesetzte „eher sympathisch" und könne bislang nichts Negatives über sie berichten. Die Mehrzahl der Kolleginnen und Kollegen jedoch – insbesondere die Wortführer in der Gruppe – ließen kein gutes Haar an ihr. Mit Freude äfften sie ihren bayrischen Tonfall und ihre – manchmal etwas eigenwillige – Gestik nach und machten sich über sie lustig. Auch inhaltlich gebe es immer wieder teils offene, teils verdeckte Streitereien. Unangenehm sei dies für Frau Brand vor allem dann, wenn die Kolleginnen – es sind überwiegend Frauen in der Abteilung – ihr gegenüber über die Chefin lästerten und sie nach ihrer Meinung fragten. Sie wolle dann „nicht mitmachen", sich aber auch nicht „ins Abseits stellen", da sie ja gerade erst zu dem Team gestoßen sei und es ihr wichtig sei, sich gut ins Team zu integrieren. „Ich bin da echt hin- und hergerissen", so die Coachee. Sie fühle sich oft „sehr befangen", weil sie einfach nicht wisse, wie sie sich in dieser angespannten Situation positionieren solle. *„Ich weiß nicht, ob ich loyal sein kann oder ob es klüger ist, dem Gruppenzwang nachzugeben"*, bringt sie ihr Dilemma auf den Punkt.

Options

Methodenwahl

Es gibt mehrere methodische Alternativen, um Frau Brands Fall zu bearbeiten. Da sie sagt, sie ist „hin- und hergerissen", würde sich eine Stuhlarbeit anbieten. Auch das Innere Team könnte erhoben und nach weiteren „inneren Teammitgliedern" geforscht werden, um zu explorieren, welche inneren Strebungen hier noch „mitreden" und zur Lösung genutzt werden könnten. Hier entscheidet sich die Leitung für eine Tetralemma-Aufstellung, weil die Coachee sehr auf die beiden Extreme fokussiert ist und es hilfreich erscheint, systematisch nach Alternativen zu suchen („Beides" oder „Keins von beiden"). Außerdem hat die Seminargruppe bereits so viel Vertrauen zueinander und zur Methodik des Seminars gefasst, dass die Leitung zuversichtlich ist, dass sie sich auf diesen eher ungewöhnlichen Ansatz einlassen wird.

Leitung: *„Sie haben gesagt, Sie fühlen sich zwischen Loyalität und Gruppenzwang hin- und hergerissen."*
Coachee: *„Stimmt."*

Moderationskarten im Raum platzieren und Skala aufbauen

Der Trainer schreibt die beiden Begriffe auf jeweils eine Moderationskarte und platziert sie im freien Bereich des Seminarraums.

Trainer: *„Stellen wir uns vor, es gebe eine Skala zwischen diesen beiden Positionen, wo würden Sie dann stehen? Kommen Sie doch mal nach vorne und stellen Sie sich dort hin."*
Coachee: *„Genau in der Mitte."*
Trainer: *„Stehen Sie mal auf und laufen auf dieser Skala entlang und entscheiden Sie dann aus dem Bauch heraus, wo der richtige Platz ist."*

Abb.: Die Coachee stellt sich auf der imaginären Skala zwischen die Positionen „Das Eine" und „Das Andere".

Die Coachee stellt sich etwas näher zur Karte „Loyalität“: *„Im Moment tendiere ich schon eher dazu, mich nicht mitreißen zu lassen und zu versuchen, nicht ins gleiche Horn zu stoßen wie alle anderen.“*

Trainer: *„Gut, dann gehen wir gleich mal zu dieser Position. Vorher wählen sich bitte einen Stellvertreter für diese Position aus. Die Aufgabe des Stellvertreters ist es, die Argumente für diese Position zu protokollieren und später auch zu vertreten. Wählen Sie sich eine Person dafür aus.“*

Stellvertreter auswählen

Die Coachee wählt eine Person aus. Der Trainer stellt einen Stuhl für den Stellvertreter bereit, auf den dieser sich setzen kann, während die Coachee die erste Position einnimmt. Der Trainer erklärt dem Stellvertreter: *„Sie können erst einmal hier auf der Ersatzbank teilnehmen. Nehmen Sie sich ein paar Moderationskarten und einen Stift und schreiben Sie bitte die wichtigsten Stichpunkte möglichst leserlich jeweils auf eine Karte, damit Sie später einen Spickzettel haben, wenn Sie für diese Position argumentieren müssen.“*

„Spickzettel“ und „Ersatzbank“

Dann wendet sich der Trainer an die Coachee und leitet einen Rollentausch mit der ersten Position („Loyalität“) an: *„Dann nehmen Sie mal die Position ein und argumentieren Sie aus dieser Perspektive. Was bedeutet Loyalität für Sie?“*

1. Position: „Das Eine“

Coachee (in der ersten Position): *„Loyalität heißt für mich, dass ich nicht hintenrum über andere herziehen und vorneherum freundlich zu ihnen sein möchte. Ich finde, das ist eine Unart. Wenn mir etwas nicht passt, dann sage ich das der Person auch.“*

Trainer: *„Sagen Sie mal dazu, warum das für Sie so wichtig ist.“*

Coachee (in der ersten Position): *„Weil ich auch so behandelt werden möchte. Ich finde es schrecklich, wenn Menschen hinter meinem Rücken über mich herziehen und erwarte, dass Sie mir Kritik direkt ins Gesicht sagen.“*

Trainer: *„Das heißt, Ehrlichkeit ist Ihnen sehr wichtig“*

Coachee (in der ersten Position): *„Genau.“*

Trainer: *„Was ist Ihnen noch wichtig aus dieser Perspektive?“*

Wenn der Trainer das Interview beendet hat, kann er die Gruppe und insbesondere den Stellvertreter fragen, ob diese noch etwas wissen möchten. Dann wird die Coachee aufgefordert, die erste Position zu verlassen und den Platz dem Stellvertreter zu überlassen. Der Trainer bittet nun den Stellvertreter: *„Nehmen Sie sich Ihre Spickzettel mit und nehmen Sie Ihre Position ein.“*

Den Stellvertreter einbeziehen

Nun bedeutet der Trainer der Coachee, dass sie an der Reihe ist, zuzuhören: *„Suchen Sie sich mal einen Platz, von dem Sie sich die Argumente der Loyalität gut anhören können."*

Wenn dies passiert ist, wendet sich der Trainer wieder an den Stellvertreter: *„Bitte argumentieren Sie aus der Perspektive der Loyalität, sodass Frau Brand diese Argumente auf sich wirken lassen kann."*

Der Stellvertreter für die erste Position nennt die wichtigsten Punkte. Die Coachee lässt diese auf sich wirken. Falls der Stellvertreter Mühe haben sollte, diese Rolle einzunehmen, kann der Trainer entweder selbst aushelfen oder die Coachee bitten, nochmals kurz „nachzuinstruieren". Wenn der Stellvertreter seine Position vorgetragen hat, wendet sich der Trainer an die Coachee:

> Trainer (zur Coachee): *„Passt das so?"*
> Coachee: *„Ja."*

2. Position: „Das Andere"

Dann folgt das gleiche Vorgehen in Bezug auf die zweite Position („Das Andere"). Allerdings muss der Trainer in unserem Beispiel zunächst den Namen, den die Coachee der zweiten Option gegeben hat, problematisieren. Denn „Gruppenzwang" klingt eher abfällig, so als würde sich die Coachee bereits aus moralischen Gründen von dieser Option distanzieren. Günstiger ist es, wenn der Name neutral oder positiv besetzt ist, damit die damit verbundenen Motive ohne Tabus erkundet werden können.

Negative Begriffe hinterfragen

> Trainer: *„Dann wenden wir uns mal der zweiten Position zu. Sie haben sie ‚Gruppenzwang' genannt. Das klingt recht negativ."*
> Coachee: *„Ja, das stimmt. Ich finde es auch problematisch, über die Chefin zu lästern."*
> Trainer: *„Klar. Auf der anderen Seite ist es ja menschlich, zu einer Gruppe dazugehören zu wollen. Sich in eine neue Gruppe zu integrieren, sich nicht ins Abseits stellen zu wollen, ist ja nachvollziehbar und unabdingbar, um sich wohlzufühlen und erfolgreich zusammenzuarbeiten. Daher die Frage, was wäre denn ein positiverer Begriff für ‚Gruppenzwang'."*
> Coachee: *„Zugehörigkeit trifft es vielleicht am besten."*

Anschließend wird auch die zweite Position („Zugehörigkeit") ebenso exploriert wie zuvor die erste Position:

Abb.: Der Trainer interviewt die Coachee in der zweiten Position („Das Andere"). Nachdem die Coachee interviewt wurde, hört sie sich die wichtigsten Punkte an, die vom Stellvertreter wiederholt werden.

- Die Coachee wählt einen Stellvertreter für die zweite Position. Diese nimmt zunächst auf der „Ersatzbank" Platz und protokolliert die Äußerungen der Coachee mit.
- Die Coachee wird in der zweiten Position interviewt.
- Der Stellvertreter nimmt die zweite Position ein und wiederholt die wichtigsten Punkte (die Coachee kann ggf nachkorrigieren).

Werte und Bedürfnisse herausarbeiten

Danach geht es darum, die Bedürfnisse und Werte herauszuarbeiten, die hinter den Positionen stehen. Damit wird gleichzeitig die Überleitung zur dritten Position („Beides") vorbereitet.

Trainer: *„Wenn Sie mal Revue passieren lassen, welche Bedürfnisse und Werte hinter beiden Positionen stehen, welche sind das und wie wichtig sind sie Ihnen?"*

Coachee: *„Ich glaube, am wichtigsten ist mir schon die Ehrlichkeit. Dass ich nicht über jemand herziehe und ihr dann ins Gesicht lächele. Aber ich möchte natürlich auch zum Team gehören und meine Position finden, ganz klar."*

3. Position: „Beides"

Dann leitet der Trainer zur dritten Position („Beides") über: *„Dann schauen wir doch mal, wie Sie möglicherweise beides erreichen können. Gehen wir mal zu dieser freien Stelle dort drüben und legen dort eine Moderationskarte hin, auf die ich mal ‚Beides' schreibe."* Der Trainer beschriftet die Moderationskarte und geht mit der Coachee auf den betreffenden Platz.

In der dritten Position („Beides“) wird exploriert, inwieweit eine Verbindung zwischen den beiden ersten Positionen möglich ist. Der Trainer bittet die Coachee auch hier wieder: *„Nehmen Sie sich auch wieder einen Stellvertreter, der zunächst auf der Ersatzbank Platz nimmt, Sie aber beim Ideensammeln unterstützen kann.“*

Wenn der Stellvertreter besetzt ist, interviewt der Trainer zunächst die Coachee. Der Stellvertreter hat wieder den Zusatzjob, die wichtigsten Punkte zu protokollieren.

Trainer: *„Wie könnte es aussehen, wenn Sie sowohl ehrlich bleiben und es gleichzeitig schaffen, sich ins Team zu integrieren?“*

Coachee: *„Na ja, ich könnte sagen, dass ich mich da raushalten möchte, wenn über die Chefin gelästert wird oder sagen, dass ich mir da noch keine Meinung bilden kann. Gleichzeitig kann ich ja ganz viel tun, um mich ins Team zu integrieren. Zum Beispiel habe ich mich beim Mittagessen bislang eher an mein altes Team gehalten, da könnte ich mich auch bei den neuen Kolleginnen einklinken. Außerdem könnte ich versuchen, zu den Einzelnen einen persönlichen Draht aufzubauen und enger zusammenzuarbeiten.“*

Stellvertreter und Gruppe einbeziehen

An dieser Stelle, an der es um kreative Problemlösung geht, kann der Trainer den Stellvertreter und die Gruppe einbeziehen. Der Trainer wendet sich also an den Stellvertreter und zur Gruppe: *„Vielleicht gibt es ja noch weitere Ideen, wie beides verbunden werden kann. Haben Sie als Stellvertreter Vorschläge? Anschließend sind auch Ideen aus der Gruppe willkommen.“* An die Coachee gewandt fügt der Trainer hinzu: *„Lassen Sie die verschiedenen Ideen einfach auf sich wirken, Sie können später aussortieren, was für Sie hilfreich ist und was nicht.“*

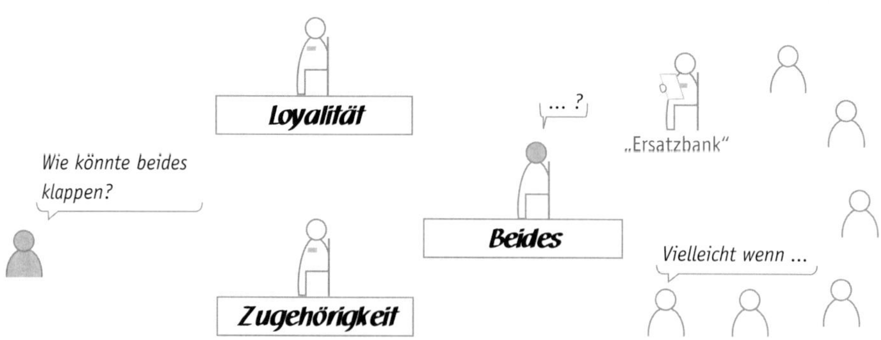

Abb.: Die Coachee nimmt die dritte Position („Beides“) ein. Die Gruppe wird bei der kreativen Problemlösung einbezogen.

Damit beugt der Trainer einer Diskussion der einzelnen Punkte vor, die zu einer Verzettelung führen könnte. Gegebenenfalls kann der Trainer auch einen Teilnehmer bitten, alle Lösungsideen auf einem Flipchart zu sammeln. Wenn alle Ideen genannt sind, wendet sich der Trainer wieder an die Coachee.

Trainer: *„Welche Punkte haben Sie angesprochen?"*

Coachee: *„Ich finde es eine gute Idee, erst einmal Fragen zu stellen, wenn gelästert wird. Damit komme ich zumindest aus dieser Lähmung, dass ich mich innerlich verkrampfe und gar nichts mehr sage."*

Trainer: *„Was ist noch wichtig, um beides erreichen zu können?"*

Coachee: *„Ja, dass ich mich aktiv bemühe, alle besser kennenzulernen. Auch die Chefin."*

Dann bittet der Trainer die Coachee, dem Stellvertreter den Platz zu überlassen. Der Stellvertreter wiederholt die wichtigsten Punkte und die Coachee lässt sie auf sich wirken und wird nach ihrer Reaktion befragt. Dann leitet der Trainer zur vierten Position über („Weder noch").

4. Position: „Weder noch"

Trainer: *„Mal angenommen, die Lösung würde ganz woanders liegen. Bei Aspekten, die wir noch gar nicht berücksichtigt haben und die jenseits des Gegensatzes zwischen Loyalität und Zugehörigkeit zu finden sind."*

Stellvertreter für die vierte Position

Der Trainer schreibt „Weder noch" auf eine Moderationskarte und platziert sie im noch freien Feld des – dann entstehenden – Koordinatensystems und führt die Coachee dort hin: *„Bevor wir versuchen, dazu Ideen zu sammeln, wählen Sie wieder einen Stellvertreter."* Der Stellvertreter nimmt auch hier zunächst auf der „Ersatzbank" Platz, während die Coachee die Position „Weder noch" einnimmt.

Trainer: *„Mal angenommen, die Lösung auf die Situation, dass Ihre Kolleginnen über die Chefin lästern, läge ganz woanders. Weder bei der Loyalität noch bei der Zugehörigkeit. Was könnte das sein?"*

Coachee: *„Keine Ahnung."*

Trainer: *„Was könnten denn ganz andere Alternativen sein?"*

Coachee: *„Vielleicht, dass ich gar nicht immer gleich reagieren muss, wenn gelästert wird. Dass ich mich da innerlich gelassener fühlen kann und nicht gleich sagen muss, dass ich das auch so sehe oder ganz anders finde."*

Auch hier kann der Trainer wieder den Stellvertreter und die Gruppe einbeziehen, um weitere Ideen zu generieren: *„Welche weiteren Ideen gibt es dazu, um was es in Frau Brands Situation noch gehen könnte und wie Lösungsmöglichkeiten aussehen könnten?"*

Mit dieser Fragestellung zielt der Trainer auch auf die Frage ab, welche ausgeblendeten Themen und „blinden Flecken" eine Rolle spielen könnten. An dieser Stelle kann er auch eigene Hypothesen einbringen. Gleichwohl gilt es, eine lösungsorientierte Grundhaltung zu bewahren und Analysen der Persönlichkeitsstruktur der Coachee zu unterlassen bzw. zu unterbinden. Wenn alle Ideen genannt sind, wendet sich der Trainer wieder an die Coachee.

Trainer: *„Welche Punkte haben Sie angesprochen?"*
Coachee: *„Ich finde es eine gute Idee, dass ich gar nicht immer Stellung beziehen muss und einfach nachfragen und aktiv zuhören kann. Dass ich die Chefin nicht gleich verteidigen muss, aber auch nicht in den Chor einstimmen muss. Außerdem ist was dran, dass es jetzt darum geht, meine Position zu finden und abzuwarten, bis ich meinen Senf dazugebe. Das ist schon etwas, was ich von mir kenne: Dass ich meine, immer und überall gleich Position ergreifen zu müssen, statt mir dafür Zeit zu lassen."*
Trainer: *„Dann hören Sie sich auch das noch mal von außen an."*

Der Stellvertreter wiederholt die wichtigsten Punkte und die Coachee lässt diese auf sich wirken. Der Trainer fragt sie kurz, ob dies so für sie passt. Dann eröffnet er die Möglichkeit, noch einmal alle Positionen zu Wort kommen zu lassen.

Trainer: *„Möchten Sie noch mal alle Aspekte auf sich wirken lassen?"*
Coache: *„Ja, warum nicht."*

Der Trainer bittet alle Stellvertreter, kurz ihre wichtigsten Punkte zu nennen und auch die Werte und Bedürfnisse, die dahinter stehen, zu erläutern.

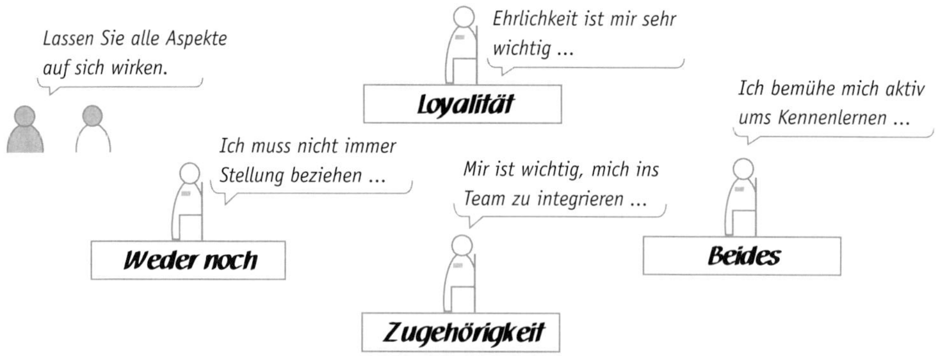

Abb.: Die Coachee lässt alle zentralen Botschaften auf sich wirken.

Zunächst wird keine feste Position gewählt

Wenn alle Botschaften gesagt sind, fordert er die Coachee auf, ihre Position im Tetralemma einzunehmen und diese zu erläutern. Wichtig ist dabei, dass diese nicht starr auf einem Punkt, sondern vielmehr flexibel ist. Dadurch wird auch physisch deutlich, wie differenziert die anfangs starre und festgefahrene Position jetzt ist:

Trainer: *„Gehen Sie mal auf die Position innerhalb dieses Felds, die Ihnen gerade entspricht. Gerne können Sie auch in diesem Feld umhergehen, zu jedem der vier Pole hingehen und jeweils sagen, welche Aspekte Ihnen jeweils wichtig sind."*

Es ist wichtig, dass bei der Einladung an die Coachee, ihre Position im Tetralemma zu bestimmen, diese zunächst nicht als fest verstanden wird, sondern flexibel ist. Die Coachee geht zunächst zum Feld „Beides" und geht dann kurz zu den anderen Punkten und erklärt: *„Wichtig für mich ist, dass ich sowohl einiges dafür tun kann, um mich gut ins Team zu integrieren und gleichzeitig ehrlich bleiben kann – dass das kein Widerspruch ist. Außerdem ist mir klar geworden, dass nicht jeder, der ablästert oder sich beklagt, gleich eine Meinungsäußerung erwartet. Außerdem ist noch ein zentraler Punkt, dass ich mich erst einmal richtig einarbeiten will und mir zu manchem der kontroversen Inhalte erst noch eine Meinung bilden möchte."*

Wenn die Coachee diesen „Rundgang" beendet hat, gibt der Trainer ihr die Möglichkeit, die Fallarbeit abzurunden: *„Stellen Sie sich abschließend dort in das Feld, wo es für Sie stimmig ist. Lassen Sie geistig Ihren Weg Revue passieren und speichern Sie dieses Bild so für sich ab."*

Way forward

In der Auswertung erhalten zunächst die Stellvertreter Gelegenheit, aus ihrer Rolle heraus Feedback zu geben: *„Wir kommen jetzt zur Auswertung. Ziel ist es, dass alle in der Gruppe ihre Beobachtungen und Wahrnehmungen zurückmelden können und Frau Brand eventuell noch die eine oder andere Anregung erhält. Zunächst zu Ihnen vieren, die Sie Stellvertreter für eine Position waren. Gibt es aus dieser Perspektive noch Wahrnehmungen, die Sie gerne zurückmelden möchten?"*

Nach dem „Rollen-Feedback" können sich „Sharing" und „Beobachter-Feedback" anschließen: *„Kommen wir zum Feedback der Gruppe. Was ist Ihnen aufgefallen? Welche ähnlichen Situationen und Entscheidungen haben Sie erlebt? Was ist Ihnen ansonsten aufgefallen?"*

Die Leitung achtet darauf, dass lediglich konstruktives Feedback gegeben wird und interveniert, wenn negative Bewertungen getroffen und Ratschläge erteilt werden. Zum Abschluss erhält die Coachee die Gelegenheit, ein Resümee zu ziehen.

Hinweise

- Bei diesem Beispiel ist es relativ leicht, die Positionen „Beides“ und „Weder noch“ zu besetzen. Viel schwerer ist dies, wenn es um eine klassische Entweder-oder-Entscheidung geht, wie etwa „Soll ich ins Ausland gehen oder nicht?“, „Will ich mich für die Manager-Position bewerben oder nicht?“. Hier scheint der Coachee nur die eine oder die andere Lösung möglich. Aber auch diese starren Fronten werden aufgeweicht, wenn die hinter den Positionen stehenden Bedürfnisse und Werte erkundet werden. Dann wird es möglich, zu explorieren, wie alle wichtigen Aspekte, die hinter der Position stehen, berücksichtig werden können.

- Hier benennt die Coachee die Stellvertreter. Der Grund liegt darin, dass es im Tetralemma darum geht, dass die Coachee die Nähe und Distanz zu den jeweiligen Polen bestimmt, die von den Stellvertretern repräsentiert werden. Die Emotionen zu den realen Personen (Sympathie vs. Antipathie) können die Position im Raum, die die Coachee einnimmt, beeinflussen. Daher ist es besser, wenn die Personen von der Coachee selbst gewählt werden.

- Im Tetralemma gibt es noch eine fünfte Position („All dies nicht und selbst das nicht“). Der Einfachheit halber wird diese Option hier weggelassen. Nach meiner Erfahrung sind die vier Optionen ausreichend, um neue Sichtweisen zu eröffnen.

Mit Ambivalenzen umgehen: Stuhlarbeit

Indikation

Eine Stuhlarbeit ist immer dann geeignet, wenn der Coachee eine starke Ambivalenz zwischen zwei Impulsen oder Handlungstendenzen empfindet und sich hin- und hergerissen fühlt – wie Goethes Faust sagt: *„Zwei Seelen wohnen ach! in meiner Brust, die eine will sich von der anderen trennen.“* Typische Beispiele hierfür sind: *„Soll ich den neuen Job annehmen oder nicht?“, „Familie oder Karriere – was ist mir wichtiger?“, „Soll ich den Konflikt mit meinem Kollegen ansprechen oder nicht?“*

Ziele

- Der Coachee kann seine innere Ambivalenz klären und wird wieder handlungsfähig.
- Über die Identifikation mit dem Protagonisten reflektieren die anderen Teilnehmer den eigenen Umgang mit Ambivalenzen und inneren Konflikten.

Material

- Vier Stühle, Moderationskarten und -stifte

Überblick

- Es werden zwei Stühle aufgestellt, die für die beiden Handlungsoptionen stehen.
- Der Coachee exploriert nacheinander beide Handlungsimpulse.
- Der Coachee wählt für jede Handlungsoption einen Seminarteilnehmer, der diese verkörpert.
- Zusätzlich kann ein leerer Stuhl eingeführt werden, auf dem andere Teilnehmer kurz Platz nehmen können, um Fragen zu stellen oder Anregungen zu geben.
- Der Coachee führt einen Dialog mit den beiden Handlungsoptionen (bzw. den Rollenspielern).
- Der Coachee „brieft“ die Rollenspieler, wenn sie nicht mehr weiterwissen.
- Der Trainer unterstützt den Coachee bei der Moderation des Gesprächs unter anderem durch Aktives Zuhören, Doppeln und Wechseln auf die Meta-Ebene.
- Ziel ist es, eine Lösung zu finden, welche die Bedürfnisse hinter den unterschiedlichen Handlungsoptionen berücksichtigt.
- Die Auswertung erfolgt durch Sharing.

Die Methode der „Stuhlarbeit“ geht auf Fritz Perls, den Begründer der Gestalttherapie zurück. Um innere Konflikte zu bearbeiten, besetzte er innere Anteile mit externen Objekten wie etwa Kissen oder Stühlen. Dadurch ermöglichte er seinen Klienten, sich mit widersprüchlichen Emotionen und Bedürfnissen auseinanderzusetzen und innere Konflikte aufzulösen. Im Folgenden wird eine Variante beschrieben, die auf die Arbeit im Trainingskontext angepasst ist. Sie ist beeinflusst durch das Psychodrama, bei dem auch innere Anteile in der Regel mit Gruppenmitgliedern besetzt werden (was in der Gestalttherapie nicht gemacht wird). Außerdem wird die Theorie des Inneren Teams von Schulz von Thun (1998) aufgegriffen, da diese eine Terminologie zur Verfügung stellt, die im Wirtschaftskontext „anschlussfähig“ ist.

Vorgehen

Die Methode der Stuhlarbeit wird im Folgenden anhand des Themas „Ärger mit dem Chef“ dargestellt, welches Herr Cem, IT-Spezialist eines internationalen Großunternehmens, in einem Nachwuchsführungskräfteentwicklungsprogramms einbringt.

Goal

Fragen zur Zielvereinbarung

Herr Cem berichtet, dass sein Verhältnis zu seinem Chef seit Längerem stark belastet ist, da dieser „null“ auf die Bedürfnisse seiner Mitarbeiter eingehe und keinerlei Rücksicht auf ihr Privatleben nehme. Insbesondere abfällige Bemerkungen wegen eines längeren Urlaubs zur Geburt seiner Tochter haben Herrn Cem sehr verärgert.

Trainer: *„Was ist Ihr Ziel?“*

Coachee: *„Mich wurmen diese Bemerkungen sehr. Mich ärgert es maßlos, dass er mir unterstellt, ich sei faul. Das ist wirklich die Höhe – nur weil ich, wie jeder normale Vater, länger Urlaub hatte, als meine Tochter auf die Welt kam. Das muss man sich mal vorstellen! “*

Trainer: *„Was möchten Sie für sich klären?“*

Coachee: *„Ich möchte für mich klären, ob es Sinn ergibt, das anzusprechen. Schließlich liegt die Situation ja schon länger zurück. Und mein Chef wird sich ohnehin nicht ändern. Der ist eben absolut sachbezogen und hat selbst keine Kinder.“*

Trainer: *„Sie sind also einerseits skeptisch, ob es Erfolg hätte, den Konflikt anzusprechen. Anderseits belastet Sie die Angelegenheit und Sie wünschen sich, dass sie endlich aus der Welt geschafft wird.“*

Coachee: *„Klar. Es ist ja nicht gerade schön, zusammenzuarbeiten, wenn man eigentlich stinksauer auf den anderen ist.“*

Trainer: *„Ihr Ziel ist es also, herauszufinden, ob Sie ein klärendes Gespräch führen möchten.“*
Coachee: *„Genau.“*

Das Ziel ist nun ausreichend klar formuliert und dient als Kontrakt für die weitere Zusammenarbeit.

Reality

Herr Cem arbeitet eigenverantwortlich an verschiedenen strategisch wichtigen IT-Projekten seines Unternehmens. Er engagiert sich stark in seiner Arbeit und ist grundsätzlich mit seiner Tätigkeit und seinem Umfeld sehr zufrieden. Allerdings ist sein Verhältnis zu seinem Vorgesetzten angespannt, seit sich Herr Cem vor knapp einem halben Jahr massiv über ihn geärgert hat. Damals wurde die erste Tochter von Herrn Cem geboren. Aus diesem Grund hatte er für die Zeit nach dem Geburtstermin drei Wochen Urlaub beantragt. Die Tochter von Herrn Cem wurde jedoch eine Woche eher geboren als geplant und lag nach einer komplizierten Geburt eine Woche lang zur Überwachung in der Klinik. Daher nahm Herr Cem eine Woche früher Urlaub, als ursprünglich geplant war. Da er mit seinem Vorgesetzten vereinbart hatte, dass er vor seinem Urlaub alle Arbeiten bezüglich eines aktuellen Projekts erledigt haben würde, arbeitete er in der Woche nach der Geburt seiner Tochter hin und wieder von zu Hause aus und konnte so noch die meisten erforderlichen Arbeiten abschließen. Daraufhin wollte Herr Cem noch eine zusätzliche Woche Urlaub anschließen, um die ersten drei Wochen, in denen die Tochter zu Hause war, daheim verbringen und seine Frau unterstützen zu können. Der Chef jedoch lehnte die entsprechende Anfrage per Mail ab und machte dabei Andeutungen, die Herr Cem so auffasste, als würde dieser ihm Faulheit und mangelnden Einsatz unterstellen. Diese Bemerkung ärgerte Herrn Cem maßlos, da die ersten Wochen nach der Geburt gewiss kein Zuckerschlecken waren und er dennoch das Projekt weitgehend fertiggestellt hatte. Darüber hinaus empfand er die Reaktion des Chefs als eklatanten Mangel an Wertschätzung und Anerkennung, da er sich stets sehr engagiert hatte und stets wertvolle Arbeit für die Abteilung geleistet hatte.

Options

Der Coachee legt den Fokus auf den inneren Konflikt. Es geht ihm in erster Linie darum, herauszufinden, ob er den Konflikt überhaupt thematisieren will und weniger um die Frage, auf welchem Weg er dies tun könnte. Deshalb wählt der Trainer die Methode der Stuhlarbeit. Der Trainer überprüft, ob sein geplantes methodisches Vorgehen zur Bearbeitung des inneren Konflikts passend ist.

Trainer: *„In Bezug auf Ihre Frage, ob Sie das Gespräch suchen, schlagen sozusagen zwei Seelen in Ihrer Brust. Eine, die sagt, ‚Es macht eh' keinen Sinn, denn der Chef wird mich ohnehin nicht verstehen'. Und eine, die sagt, ‚Ich möchte das trotzdem klären, weil es mir auf dem Herzen liegt und mich belastet'. Ist das richtig?"*

Coachee: *„Ja, das kann man so sagen."*

Trainer: *„Dann nehmen wir doch einfach mal einen Stuhl für jede Seele in Ihrer Brust."*

Innere Anteile mit Stühlen besetzen

Der Trainer steht auf und nimmt zwei Stühle, die bislang am Rand gestanden haben und stellt sie an der Öffnung des Stuhlkreises mit etwas Abstand zu den Teilnehmern auf. Er bittet Herrn Cem: *„Nehmen Sie sich bitte auch einen Stuhl und kommen zu mir nach vorne."* Während der Coachee nach vorne kommt, nimmt der Trainer zwei Moderationskarten und beschriftet sie mit „Ansprechen" und „Nicht ansprechen" und legt jede Karte zu einem Stuhl. Die drei Stühle werden in einem Dreieck aufgestellt.

Trainer: *„Herr Cem, welche Möglichkeit ist Ihnen im Moment näher?"*

Coachee: *„Im Moment tendiere ich schon eher dazu, das Ganze mal anzusprechen."*

Trainer: *„Gut, dann setzen Sie sich mal auf diesen Stuhl.*

Dann wendet sich der Trainer an die anderen Gruppenmitglieder: *„Ich möchte Sie bitten, aufmerksam zuzuhören. Denn zwei von Ihnen werden gleich die Aufgabe erhalten, sich in die beiden Möglichkeiten gezielt hineinzuversetzen."*

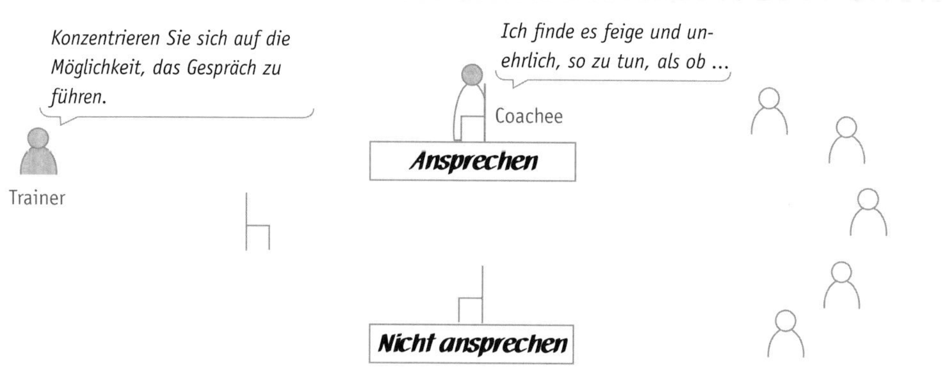

Abb.: Der Coachee lässt alle zentralen Botschaften auf sich wirken.

Dann richtet sich der Trainer wieder an den Coachee. Dieser hat in der Zwischenzeit auf dem Stuhl Platz genommen welcher für die Möglichkeit steht, den Konflikt anzusprechen. Der Trainer versucht nun, die Werte und Bedürfnisse, die hinter den Handlungsoptionen stehen, herauszuarbeiten.

Exploration der inneren Anteile

Trainer (zum Coachee): *„Ich möchte Sie bitten, sich nun voll und ganz auf die Möglichkeit zu konzentrieren, das Gespräch zu führen. Der Stuhl, auf dem Sie jetzt sitzen, steht gewissermaßen für die Seele in Ihrer Brust, die das befürwortet. Sagen Sie mal aus dieser Perspektive heraus, warum es besser ist, das Gespräch zu suchen."*

Coachee: *„Es ist einfach notwendig, das mal anzusprechen, weil ich mit dem Chef keinen normalen Satz mehr wechseln kann. Es ist eine total angespannte Atmosphäre und darauf habe ich einfach keine Lust mehr. Ich finde es einfach feige und unehrlich, so zu tun, als sei alles in Ordnung."*

Trainer: *„Und wie würden Sie empfehlen, das Gespräch zu gestalten?"*

Coachee: *„Am besten wäre es, einfach anzurufen und zu fragen, ob der Chef Zeit hat und dann ganz glasklar zu sagen, was Sache ist."*

Trainer: *„Wie würde das klingen?"*

Coachee: *„Ich würde ihm sagen, dass es eine Frechheit ist, dass er mir nach der Geburt meines Kindes keinen Urlaub gegeben hat und dass er sich offensichtlich nicht vorstellen kann, was es bedeutet ein Kind zu haben."*

Trainer: *„Was ist Ihnen aus dieser Perspektive denn besonders wichtig? Worum geht es Ihnen? Für welchen Wert stehen Sie?"*

Coachee: *„Für Aufrichtigkeit."*

Trainer: *„O.K. Dann setzen Sie sich doch mal auf den anderen Stuhl."*

Identifizierung mit dem ferner stehenden inneren Anteil als Zweites

Trainer: *„Jetzt geht es umgekehrt darum, sich voll auf die andere Seite zu konzentrieren, auf die Option, den Konflikt nicht mehr zu thematisieren. Sagen Sie mal aus dieser Perspektive heraus, warum es besser ist, auf das Gespräch zu verzichten."*

Coachee: *„Es ist einfach zu spät. Ich hätte das vor einem halben Jahr machen sollen. Aber wenn ich jetzt damit ankomme, denkt mein Chef doch, ich hab' sie nicht mehr alle. Wie soll ich das denn begründen, dass ich nicht früher auf ihn zugegangen bin.*

Trainer: *„Der Zug ist abgefahren."*

Coachee: *„Genau. Da würde ich mich doch lächerlich machen, das jetzt wieder aufzuwärmen."*

Trainer: *„Was ist Ihnen denn als innerem Anteil besonders wichtig?"*

Coachee: *„Dass man auch mal fünfe gerade sein lassen kann."*

Trainer: *„Wenn dieser Anteil einen Namen hätte, wie wäre der?"*

Den inneren Anteilen einen Namen geben

Coachee: *„Hm, ‚Gelassenheit'."*

Trainer: *„Vielen Dank. Dann können Sie gerne wieder aufstehen und sich auf Ihren Stuhl setzen."*

Der Trainer schreibt die Begriffe „Aufrichtigkeit" und „Gelassenheit" auf Moderationskarten und legt sie neben die Karten „Gespräch führen" und „Kein Gespräch führen". Den Anteilen einen Namen zu geben, ist deshalb wichtig, weil damit klar wird, für welche Bedürfnisse und Werte sie stehen. Auch wenn später möglicherweise eine Position (Gespräch führen vs. „nicht führen") aufgegeben wird, so müssen beide Werte ernst genommen und berücksichtigt werden. Dies wird damit klar. Wenn sich der Coachee gesetzt hat, erläutert der Trainer das weitere Vorgehen. Dabei wendet er sich zunächst an den Coachee.

Innere Anteile besetzen

Trainer: *„Ich denke, dass beide Anteile ihre Berechtigung haben – sowohl die Aufrichtigkeit als auch die Gelassenheit. Deshalb geht es im nächsten Schritt darum, eine Lösung zu finden, bei der beide Seiten berücksichtigt werden. Das machen wir, indem Sie mit beiden Anteilen diskutieren."*

Coachee: *„Wie soll das gehen?"*

Trainer: *„Wir brauchen für jeden der beiden Seiten eine Person, die diese Rolle einnimmt. Wer kann sich denn gut mit der Aufrichtigkeit identifizieren?"*

Um die Hemmschwelle zu senken, kann der Trainer ergänzen: *„Es wird nichts Besonderes von Ihnen verlangt. Sie versuchen einfach, sich in diese Perspektive hineinzuversetzen und aus ihr zu argumentieren."* Anschließend wird auch der andere innere Anteil – die Gelassenheit – besetzt.

Im Gegensatz zum klassischen psychodramatischen Vorgehen, bei dem der Coachee die Rollen besetzt, fragt der Trainer hier nach Freiwilligen, eine Rolle zu übernehmen. Das liegt daran, dass es für die Qualität der weiteren Arbeit wichtig ist, dass sich die Personen voll mit dem jeweiligen inneren Anteil identifizieren können sollten. Das ist wahrscheinlicher, wenn sie freiwillig die betreffende Rolle übernommen haben.

Wenn die Rollenspieler ihre Plätze eingenommen haben, klärt der Trainer ab, ob sie noch Informationsbedarf haben: *„Brauchen Sie noch Instruktionen?"* Falls die Rollenspieler dies bejahen, würde der Trainer den Coachee bitten, sich hinter den jeweiligen Rollenspieler zu stellen und ihn zu „briefen" (s. S. 120).

Berater-Stuhl für die Gruppe

Dann führt der Trainer noch einen „Berater-Stuhl" ein. Diese Intervention hat sich in meiner Erfahrung bewährt, um die Gruppe einzubeziehen und ihr zu ermöglichen, weitere Impulse einzubringen. *„Hier stelle ich zusätzlich noch einen ‚Berater-Stuhl' hin. Dort kann jeder aus der Gruppe kurz Platz nehmen, um Fragen zu stellen oder ähnliche Erfahrungen, die sie selbst gemacht haben, zu teilen. Außerdem können Sie auch Kompromissvorschläge einbringen, die aber die Interessen des Coachee und seiner beiden Anteile berücksichtigen müssen. Verboten sind dagegen Ratschläge im Sinne von ‚Sie müssen es so und so machen'."* Dann wendet sich der Trainer dem Coachee zu und leitet ihn an, die Diskussion zu eröffnen.

Trainer: *„Herr Cem, sagen Sie zum Einstieg des Gesprächs doch mal zu Ihren beiden Anteilen, wo Sie gerade stehen und dann können Sie das Wort an die beiden weitergeben. Wenn Sie das Gefühl haben, dass die Aussage eines Rollenspielers für Sie nicht passt, unterbrechen Sie kurz und treten hinter ihn, um die Aussage entsprechend zu korrigieren. Sie haben die Gesprächsführung, sind also praktisch der Moderator des Gesprächs und treffen am Ende auch die Entscheidung. Ich werde Sie dabei unterstützen. Legen Sie los."*

Coachee: *„Also gut. Also, ich denke, dass ich das Thema schon ansprechen muss, aber ich kann natürlich nicht mit der Faust auf den Tisch hauen und muss auch hören, wie er das sieht."*

Trainer: *„Wessen Meinung möchten Sie zuerst hören?"*

Coachee: *„Die der Gelassenheit."*

Gelassenheit: *„Die ganze Sache ist so lange her. Da wäre es übertrieben, das jetzt noch anzusprechen."*

Trainer: *„Unter welcher Bedingung wäre es denn für Sie als Gelassenheit in Ordnung, den Konflikt anzusprechen?"*

Gelassenheit: *„Das wäre dann O.K., wenn Du ihn nicht angreifst und alles sehr konstruktiv ansprichst – so wie wir es im Seminar gelernt haben! Und zugibst, dass Du auch einen Fehler gemacht hast, es nicht früher zu thematisieren."*

Trainer (zur „Aufrichtigkeit): *„Was meinen Sie als Aufrichtigkeit dazu?"*

Aufrichtigkeit: *„Na ja, es soll aber keine Weichspülerei sein. Es muss schon ehrlich rüberkommen."*

Coachee: *„Absolut! Wenn ich nur wüsste, wie!"*

Trainer: *„Dazu können wir uns ja mal ein paar Ideen der Berater einholen. Wie gesagt, für Sie als Berater geht es nicht darum, Ratschläge zu geben, aber darum, eigene Erfahrungen zu teilen oder Hypothesen zu formulieren, welche Lösungen alle Aspekte berücksichtigen würden."*

Abb.: Der Trainer unterstützt den Coachee bei der Diskussion mit den inneren Anteilen, indem er Bedingungen für einen Konsens auslotet. Wenn der Coachee nicht weiterweiß, werden die Ideen der Gruppe eingeholt.

Falls die Gruppe zögerlich ist, kann der Trainer auch den Coachee fragen, von wem er gerne „beraten" werden möchte. Meistens werden hier einige Impulse von der Gruppe eingebracht, die vom Coachee als hilfreich erlebt werden. Anschließend fragt der Trainer den Coachee: *„Wo stehen Sie gerade?"* Falls für den Coachee noch Aspekte offen sind, werden diese ähnlich weiterdiskutiert, bis eine Lösung gefunden ist, mit der sowohl der Coachee als auch die beiden Anteile gut leben können.

Rollen-Feedback

Abschließend bedankt sich der Trainer bei den Rollenspielern, die aus ihrer Rolle entlassen werden. Alle kehren in den Stuhlkreis zur Auswertung zurück. In der Auswertung erhalten zunächst die Rollenspieler Gelegenheit, aus ihrer Rolle heraus Feedback zu geben: *„Wir kommen jetzt zur Auswertung. Ziel ist es, dass alle in der Gruppe ihre Beobachtungen und Wahrnehmungen zurückmelden können und Herr Cem eventuell noch die eine oder andere Anregung erhält. Zunächst zu Ihnen beiden, die Sie als innere Anteile fungiert haben. Gibt es aus dieser Perspektive noch Beobachtungen, die Sie gerne zurückmelden möchten?"*

Nach dem „Rollen-Feedback" können sich „Sharing" und „Beobachter-Feedback" anschließen: *„Kommen wir zum Feedback der Gruppe. Was ist Ihnen aufgefallen? Was konnten Sie gut nachvollziehen – vielleicht aus eigener Erfahrung? Welche Gedanken, Gefühle oder ähnliche Erlebnisse können Sie mit Herrn Cem teilen? Was ist Ihnen ansonsten aufgefallen?"*

Der Leiter achtet darauf, dass lediglich konstruktives Feedback gegeben wird und interveniert, wenn negative Bewertungen getroffen und Ratschläge erteilt werden.

Zum Abschluss erhält der Coachee die Gelegenheit, die eigene Lösung zu artikulieren und zu konkretisieren. Dies kann der Trainer etwa mit folgenden Fragen unterstützen:

Way forward

- *„Wie lautet Ihr Resümee?"*
- *„Wie werden Sie bei der Umsetzung vorgehen?"*
- *„Was ist Ihr nächster Schritt?"*

Hinweise

- Es passiert des Öfteren, dass die Rollenspieler nach einer Weile Gefallen an ihrer Darstellung finden und ihre Rollen so intensiv ausagieren, dass sich eine Eigendynamik entwickelt, die nicht mehr dem Ziel der inneren Klärung des Coachee dient. Insbesondere, wenn die Rollenspieler sich nicht mehr an ihre Vorgaben halten oder den Coachee kaum zu Wort kommen lassen, muss die Leitung intervenieren und deutlich machen, dass sie lediglich innere Anteile des Coachee repräsentieren und sich an seine Anweisungen zu halten haben. Hier kann ein Rollentausch, bei dem der Coachee kurz in die Rolle des inneren Anteils schlüpft, hilfreich sein, um die Rollenspieler wieder „einzufangen". Bei mehreren relevanten „inneren Stimmen" bietet sich die Arbeit mit dem „Inneren Team" an, s. die beiden folgenden Methoden.

Varianten

- Beim hier beschriebenen Vorgehen lässt der Trainer die inneren Anteile des Coachee von Rollenspielern verkörpern. Dies entspricht der Vorgehensweise im Psychodrama, wo sämtliche Rollen – seien dies Personen oder innere Anteile – stets mit Personen aus der Gruppe besetzt werden. Alternativ kann er auch den Coachee anleiten, jeweils die verschiedenen inneren Anteile selbst einzunehmen, wie es eher der gestalttherapeutischen Herangehensweise entspricht. Dies hat im Rahmen eines Seminars allerdings den Nachteil, dass die anderen Teilnehmer dann über längere Zeit hin passiv bleiben und sich erst in der Auswertung wieder einbringen können.

Mit inneren Konflikten umgehen: Visualisierung des „Inneren Teams"

Indikation

„Faust beklagte, dass er zwei Seelen in seiner Brust habe. Ich habe eine ganze sich zankende Republik." (Bismarck) – Dieser Ausgangslage entsprechend, passt die Arbeit mit dem „Inneren Team" immer dann, wenn der Fokus auf der intrapsychischen Ebene liegt. Das Modell bietet eine hervorragende Grundlage, um Anliegen, die auf die bessere Bewältigung von inneren Konflikten abzielen, anschaulich und effektiv zu bearbeiten. Beispiele für geeignete Themen sind etwa: *„Ich stehe vor einer schwierigen Entscheidung – was soll ich tun?", „Wie kann ich lernen, in schwierigen Gesprächen ruhiger zu bleiben?", „Wie kann ich lernen, Kritik nicht persönlich zu nehmen?" Etc.*

Ziele

- Der Coachee gewinnt ein besseres Verständnis der intrapsychischen Dynamik des von ihm eingebrachten Anliegens.
- Er entwickelt ein Bild, mit welcher „inneren Aufstellung" er sein Problem besser bewältigen kann.
- Die anderen Teilnehmer verstehen das Modell und können es auf eigene innere Konflikte übertragen.

Material

- Flipchart, unterschiedlich farbige Moderationsstifte

Überblick

- Das Anliegen des Coachee wird aufgegriffen und der Grundgedanke des Modells „Inneres Team" erläutert.
- Am Flipchart wird das „Oberhaupt" des Inneren Teams und die Fragestellung aufgezeichnet.
- Es findet eine Erhebung und das Aufmalen des ersten inneren Teammitglieds statt:
  - Welche innere Stimme meldet sich als Erstes zu Wort?
  - Botschaft, Name, Geste/Symbol, Platz im Team ermitteln.
- Es findet eine Erhebung der weiteren inneren Teammitglieder statt.
- Positive Funktionen der inneren Teammitglieder herausarbeiten und aufschreiben.
- Die innere Aufstellung überprüfen und bei Bedarf verändern.
- Zwischenbilanz und Abstimmung.

Urspung der Methode

Das „Innere Team" ist ein Modell des Hamburger Kommunikationspsychologen Schulz von Thun (1998), welches darauf abzielt, intrapsychische Prozesse durch die Metapher des „Teams" zu veranschaulichen. Innerseelische Vorgänge, so die Prämisse, lassen sich mit einem Team vergleichen, in dem es unterschiedliche Teammitglieder (innere Anteile) gibt, die unterschiedliche Interessen und Positionen haben.
Wie in einem Team sind Konflikte zwischen den Mitgliedern nicht die Ausnahme, sondern die Regel. Deshalb geht es in der Arbeit mit dem Inneren Team darum, die einzelnen (inneren) Teammitglieder besser kennenzulernen, sie zu verstehen und Lösungen zu finden, die für alle Anteile tragfähig sind.

Vorgehen

Die Arbeit mit dem Inneren Team wird anhand des Praxisfalls „Wie kann ich gelassener mit meinem Kollegen umgehen?" dargestellt. Coachee ist Frau Brause, Referentin für fachliche Weiterbildung innerhalb eines großen Unternehmens. Diesen Fall habe ich in ähnlicher Form bereits in meinem Buch „Kommunikationstrainings erfolgreich leiten" beschrieben.

Goal

Fragen zur Zielvereinbarung

Frau Brause schildert, dass sie sich ständig über ihren Kollegen, Herrn Jung, aufrege und sich mittlerweile selbst darüber ärgert, dass dieser sie so auf die Palme bringe. Sie habe schon mehrere Male mit ihm gesprochen, aber das führe zu nichts. Daher wolle sie lernen, gelassener mit ihm umzugehen.

Trainer: *„Was möchten Sie hier herausfinden?"*

Coachee: *„Mir geht es weniger darum, zu üben, wie ich das Gespräch mit dem Kollegen am besten führe, sondern ich will erreichen, dass ich mich nicht mehr so aufrege. Und andererseits will ich aber auch den Konflikt nicht vermeiden."*

Trainer: *„O.k. Dann versuchen Sie mal, dieses Ziel positiv zu formulieren, und zwar in einem Satz: Ich will herausfinden ..."*

Coachee: *„Ich will herausfinden, wie ich gelassener mit meinem Kollegen umgehen kann."*

Reality

Situationsanalyse

Vor knapp einem Jahr hat Frau Brause mit Herrn Jung einen neuen Kollegen bekommen. Zunächst ließ sich die Zusammenarbeit gut an, mittlerweile gibt es jedoch einige Punkte, die Frau Brause stören.
So vermittle der Kollege den Mitarbeitern teilweise Inhalte, die Frau Brause irrelevant und praxisfern findet, während er Aspekte ausklam-

mere, die sie für absolut notwendig hält. Außerdem führe er deutlich weniger Schulungen durch als sie und habe kürzere Seminarzeiten. Kurzum, er mache sich „einen Lenz", während sie sich „immer voll reinhängt", wie sie sagt. Nun habe sie gegenüber Herrn Jung durchaus schon einige „kernige" Bemerkungen fallen lassen, mit denen sie deutlich gemacht habe, wie sie über seine Arbeit denkt. Geändert habe sich jedoch nichts. Sie wolle sich nun nicht gleich beim Chef über den Kollegen beschweren. Und streng genommen sei es auch die Sache von Herrn Jung, wie er seine Schulungen gestalte. Aber andererseits sei es ungünstig, wenn die Mitarbeiter unterschiedlich geschult werden. Das sei für deren Arbeit ungünstig und vermittle auch ein negatives Bild von der Schulungsabteilung. Eigentlich sei es also an der Zeit, sich mit Herrn Jung auseinanderzusetzen. Dies falle ihr jedoch schwer, da sie befürchte, „über das Ziel hinauszuschießen". Sie neige nämlich dazu, „sehr emotional" aufzutreten und andere vor den Kopf zu stoßen. Das wolle sie dieses Mal vermeiden.

Das Modell erläutern

Für die Coachee steht die Klärung ihres inneren Konfliktes im Fokus sowie der Umgang mit ihren eigenen Gefühlen, für die der Kollege der Auslöser ist. Deshalb entschließt sich der Trainer, mit dem Inneren Team zu arbeiten. Wenn dieses noch nicht behandelt worden ist, sollte er das Modell kurz vorstellen.

Abb.: Vorbereitung des Flipcharts „Inneres Team".

Trainer: *„Wenn ich Sie richtig verstanden habe, fühlen Sie sich innerlich hin- und hergerissen, wie Sie mit ihrem Kollegen umgehen wollen."*

Coachee: *„Genau."*

Trainer: *„Ich würde Ihnen gern ein Modell anbieten, das ich hilfreich finde, um zu mehr innerer Klarheit zu finden."*

Der Trainer steht auf, geht zum Flipchart und zeichnet mit wenigen Strichen einen Menschen mit großem Bauch auf das Papier.

Trainer: *„Keine Angst. Das soll kein Porträt von Ihnen sein."*

Coachee (lacht): *„Da bin ich aber froh."*

Trainer: *„Ich möchte nur genug Platz lassen für die verschiedenen Anteile, die sich bei Ihnen angesichts dieser Situation zu Wort melden. Das Modell geht nämlich davon aus, dass es in jedem von uns verschiedene Anteile gibt, die wir uns* *vorstellen können, als wären sie eigenständige Personen, als Mitglieder unseres Inneren Teams."*

Erhebung des ersten inneren Teammitglieds

Coachee (schaut fragend und erwartungsvoll): *„Aha."*

Trainer: *„Welchen Impuls spüren Sie denn als Erstes, wenn Sie an Ihre Frage denken, wie Sie mit Herrn Jung umgehen wollen?"*

Coachee: *„Als Erstes habe ich das Gefühl, dass ich es lieber sein lasse, mich mit Herrn Jung zu streiten."*

Trainer: *„Es gibt also einen Anteil, der sagt ‚Lass das lieber sein'."*

Coachee: *„Genau."*

Trainer: *„Weil ...?"*

Coachee: *„Weil ich sonst wieder zu laut und zu heftig werde. Das passiert mir leicht in Konflikten."*

Trainer: *„Und dieser innere Anteil warnt Sie davor."*

Coachee: *„Genau."*

Trainer: *„Wenn dieser Anteil sprechen könnte, wie würde seine zentrale Botschaft lauten?"*

Coachee: *„Hm. Ich glaube: ‚Lass ihn in Frieden!'"*

Trainer: *„Und wenn wir diesen Anteil als ein inneres Teammitglied sehen, wie könnte es dann heißen?"*

Coachee: *„Wie könnte es heißen? Hm. Keine Ahnung."*

Trainer: *„Ist das die Warnende? Oder die Vorsichtige?"*

Coachee: *„Eher die Ängstliche, würde ich sagen."*

Der Trainer geht zum Flipchart und fragt nach: *„Wo ist der Platz der Ängstlichen im Inneren Team? Hat sie einen großen Einfluss oder eher wenig? Ist sie eher im Zentrum oder eher am Rand?"*

Coachee: *„Also, im Moment hat sie einen ziemlich großen Einfluss. Also ist sie eher im Zentrum."*

Der Trainer malt mit einfachsten Mitteln eine Person mit ängstlichem Gesichtsausdruck ins Zentrum des Inneren Teams. Er lässt dabei genug Platz für weitere innere Teammitglieder, die möglicherweise später hinzukommen. Unter die Abbildung des inneren Teammitglieds schreibt er den Namen dieses Anteils. An ihren Mund zeichnet er eine Sprechblase, in der die zentrale Botschaft zu lesen ist. Nachdem das erste innere Teammitglied eingezeichnet ist, sind die weiteren dran. Jedes innere Teammitglied erhält einen Namen und eine Botschaft.

Abb.: Erstes inneres Teammitglied mit Botschaft.

Erhebung des zweiten inneren Teammitglieds

Der Trainer wendet sich wieder der Coachee zu: *„Welche Stimme meldet sich als nächste?"*

Coachee: *„Na ja, es gibt eine Stimme, die ist einfach ärgerlich, weil manche Sachen, die der Jung vermittelt, einfach fachlich nicht gut sind."*

Trainer: *„Diese Stimme achtet also auf die Qualität der Arbeit von Herrn Jung."*

Coachee: *„Ja, ich habe selbst auch einen hohen Anspruch an mich. Ich will, dass wir wirklich die Dinge vermitteln, die die Mitarbeiter auch brauchen. Und ich will, dass sie topfit aus den Schulungen rausgehen. Ich merke einfach, dass der Herr Jung das alles nicht so genau nimmt."*

Trainer: *„Wie lautet die Botschaft dieses Anteils?"*

Coachee: *„Hm. ‚Sag dem mal, dass das so nicht geht.' Der muss einige Sachen umstellen."*

Trainer: *„Wie heißt dieses innere Teammitglied?"*

Coachee: *„Schwer zu sagen, ‚Die Perfektionistin' vielleicht."* Die Coachee schaut den Trainer zweifelnd an.

Trainer: *„‚Die Perfektionistin', stimmt das?"*

Coachee: *„Hm. Mir fällt gerade nichts Besseres ein."*

Der Trainer zu den anderen Teilnehmern: *„Wer hat eine Idee?"* Die Teilnehmer machen verschiedene Vorschläge. Die Coachee entscheidet sich für den Namen „Die Ambitionierte".

Trainer: *„Wo ist der Platz der Ambitionierten?"*

Coachee: *„Auch relativ zentral. Etwas hinter der Ängstlichen."*

Der Trainer weiß nicht, wie er dieses innere Teammitglied zeichnen kann. Deshalb fragt er: *„Was für eine Geste könnte die Ambitionierte machen? Oder gibt es ein Symbol, dass für die Ambitionierte passt?"*

Coachee: *„Vielleicht ein Lineal. Weil sie alles ganz genau nimmt."*

Der Trainer malt „Die Ambitionierte" auf das Flipchart und versieht sie mit ihrem Namen und einer Kernbotschaft.

Erhebung des dritten inneren Teammitglieds

Trainer: *„Welche Stimme meldet sich noch?"*

Coachee: *„Also, ich merke einfach, dass mich der Kollege wahnsinnig auf die Palme bringt. Ich bin einfach stinksauer."*

Trainer: *„Ist das die Ambitionierte, die so sauer ist?"*

Coachee: *„Nein, ich glaube, das ist noch mal ein anderer Anteil. Der sagt: ‚Der macht sich 'nen Lenz. Der ist 'ne Niete! So geht das nicht!' Aber ich weiß natürlich, dass das nicht in Ordnung ist, so über ihn zu denken."*

Trainer: *„Aha, da meldet sich also anschließend noch eine andere Stimme, die diese Wut, die Sie auf den Kollegen haben, verurteilt."*

Coachee (lacht): „Ja, genau."

Trainer: *„Lassen Sie uns zunächst noch bei diesem Anteil bleiben, der wütend ist. Wie lautet denn seine zentrale Botschaft?"*

Coachee: *„Die zentrale Botschaft ist: ‚Sag ihm endlich mal die Meinung!'"*

Trainer: *„Wie möchten Sie dieses innere Teammitglied nennen?"*

Coachee: *„Die Wütende."*

Trainer: *„Wo ist der Platz der Wütenden?"*

Coachee: *„Die gehört neben die ‚Ambitionierte'."*

Der Trainer malt „Die Wütende" auf das Flipchart und versieht sie mit ihrem Namen und einer Kernbotschaft. Damit hat er das dritte innere Teammitglied der Coachee eingezeichnet.

Erhebung des vierten inneren Teammitglieds

Trainer: *„Dann gibt es ja noch eine Stimme, die der Wütenden sagt, dass es nicht in Ordnung ist, so zu denken. Ist das die Ängstliche?"*

Coachee: *„Ja, das sagt die Ängstliche. Aber es gibt auch noch einen anderen Anteil. Die könnten wir die Freundliche oder die Gutmütige nennen. Und die will auch keinen Streit. Die will vor allem Harmonie und ein gutes Klima in der Zusammenarbeit. Und die hasst es, wenn ich so explodiere und einen Kollegen angreife."*

Trainer: *„Wie möchten Sie diesen Anteil nennen? Frau Freundlich?"*

Coachee: *„Ja, das gefällt mir gut. Frau Freundlich. Und ihre Botschaft lautet: ‚Akzeptiere ihn so, wie er ist.'"* Die Coachee strahlt.

Trainer: *„Diesen Anteil mögen Sie gern, nicht wahr?"*

Coachee: *„Ja, das stimmt. Es ist ja auch wahr: Der Herr Jung ist eigentlich ein netter Kerl und er muss ja auch nicht so verbissen sein wie ich. Es ist sein gutes Recht, dass er andere Schwerpunkte setzt als ich."*

Trainer: *„Wo ist der Platz von Frau Freundlich?"*

Coachee: *„Die ist ziemlich weit vorne. Neben der Ängstlichen."*

Der Trainer malt „Frau Freundlich" auf das Flipchart und versieht sie mit ihrem Namen und ihrer Kernbotschaft.

Abb.: Der Trainer hat alle inneren Teammitglieder der Coachee eingezeichnet.

Trainer: *„Welche innere Stimme gibt es noch?"*
Coachee: *„Das war's, glaube ich."*
Trainer: *„Gut, dann haben wir jetzt Ihr Inneres Team für die Situation mit Ihrem Kollegen zusammen. Stimmt das Bild so?"*
Coachee: *„Ja. Das passt."*

Options

Die Erhebung des Inneren Teams – und damit die Analyse der inneren Situation – ist damit abgeschlossen. Im nächsten Schritt geht es darum, den Blick der Coachee auf das eigene Innere Team und damit auch auf die Situation zu verändern. Dies geschieht, indem die positiven Funktionen der einzelnen Teammitglieder herausgearbeitet werden. Dadurch werden die Werte deutlich, die hinter ihnen stehen und berücksichtigt werden müssen, um eine tragfähige, von allen inneren Teammitgliedern akzeptierte Lösung zu finden. Dadurch wird ein erster Schritt getan, um Lösungsoptionen zu entwickeln. Dazu erklärt der Trainer: *„Grundsätzlich ist es so, dass alle inneren Teammitglieder ihre Berechtigung haben. Wir können kein inneres Teammitglied entlassen oder rausschmeißen. Um einen inneren Konflikt zu bewältigen, geht es vielmehr darum, alle inneren Anteile zu verstehen und einzubeziehen. Nur dann können wir den inneren Konflikt lösen. Die Grundregel ist: Jedes Teammitglied hat einen Zipfel der Wahrheit. Und nur, wenn wir die positive Funktion, die jeder Anteil hat, beachten, können wir den inneren Konflikt konstruktiv auflösen."*

Positive Funktionen herausarbeiten

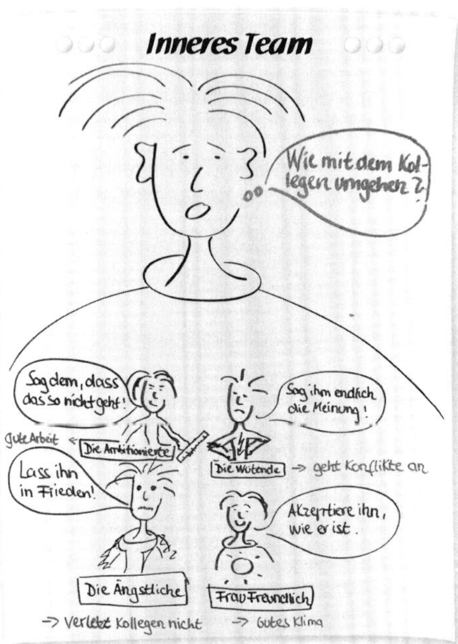

Abb.: Positive Funktionen der inneren Teammitglieder werden eingetragen.

Die Coachee und einige Teilnehmer nicken. Der Trainer fährt fort: *„Die Frage ist also: Wozu ist das jeweilige innere Teammitglied gut? Die Frage richtet sich zum einen an Sie, Frau Brause. Oft weiß man aber selbst nicht genau, was das Gute an manchen Anteilen ist, gerade wenn man sie selbst nicht so mag. Deshalb sind auch die anderen gefragt. Fangen wir mit der Ängstlichen an. Welche Funktion hat die Ängstliche?"*

Die Coachee arbeitet, gegebenenfalls mit Unterstützung der anderen Teilnehmer, die positiven Funktionen der verschiedenen inneren Teammitglieder heraus. Der Trainer moderiert den Prozess und achtet darauf, dass Frau Brause jene Aspekte, die von den anderen Teilnehmern genannt werden, versteht und ihnen zustimmt, bevor er sie aufschreibt. Ist die Coachee mit der

Formulierung einverstanden, dann wird die positive Funktion mit grünem Stift zum jeweiligen Teammitglied geschrieben. Folgende positive Funktionen werden herausgearbeitet:

- Die **Ängstliche**: Sorgt dafür, dass Frau Brause ihren Kollegen achtsam behandelt und ihn nicht verletzt.
- Die **Ambitionierte**: Sorgt für die hohe Arbeitsqualität von Frau Brause. Achtet darauf, dass die gesamte Abteilung eine gute Arbeit macht.
- Die **Wütende**: Erzeugt Energie, um Konflikte anzugehen.
- Frau **Freundlich**: Schafft ein gutes Klima. Fühlt sich in andere ein.

Das Innere Team überprüfen und verändern

Nun möchte der Trainer von der Coachee erfahren, wie ihr Inneres Team aufgestellt sein soll, damit sie den Konflikt gut bewältigen kann. Er zeichnet mit Pfeilen die Veränderungen ein, welche die Coachee im Inneren Team vornehmen will.

Trainer: *„Nun ist die Frage: Wie müssten Sie innerlich aufgestellt sein, damit Sie die Situation mit dem Kollegen gut bewältigen können? Welche inneren Teammitglieder müssten nach vorne kommen und den Kontakt zu Herrn Jung gestalten? Und welche müssten sich eher im Hintergrund halten?"*

Coachee: *„Hm. Die Ängstliche und die Wütende hätte ich gerne mehr im Hintergrund."* Der Trainer zeichnet mit einem grünen Stift Pfeile ein, die signalisieren, dass diese beiden Anteile in den Hintergrund gehören.

Coachee: *„Und die Ambitionierte und die Gutmütige können nach vorne gehen."* Der Trainer zeichnet die Pfeile entsprechend ein.

Trainer: *„Jetzt besteht noch die Möglichkeit, ein neues inneres Teammitglied einzustellen. Am besten einen Anteil, den Sie von sich aus anderen Situationen kennen, aber in Bezug auf Ihren Kollegen im Moment nicht zur Verfügung haben. Haben Sie eine Idee?"*

Coachee: *„Hm. Nein, also, damit bin ich jetzt überfordert."*

Trainer: *„Haben die anderen Vorschläge?"*

Die Teilnehmer machen verschiedene Vorschläge. Die Teilnehmerin entscheidet sich, eine „Sachliche" einzustellen.

Abb.: Die Coachee hat ein neues inneres Teammitglied „eingestellt", mit dessen Unterstützung sie die Konfliktsituation besser bewältigen kann.

Trainer: *„Wie lautet die Botschaft der Sachlichen?“*

Coachee: *„Prüf genau den Sachverhalt, schreib Dir die Dinge auf, die Du besprechen willst und dann trag Deine Argumente sachlich vor und suche Lösungen.“*

Trainer: *„Gibt es ein Symbol für die Sachliche?“*

Coachee: *„Ja, eine Waage. Weil die Sachliche alle Argumente genau abwägt.“*

Trainer: *„Wo soll der Platz von der Sachlichen sein?“*

Coachee: *„Ganz weit vorne. Neben der Ambitionierten und Frau Freundlich.“* Der Trainer zeichnet „Die Sachliche“ mit grünem Stift ein und versieht sie mit ihrem Namen und ihrer Botschaft.

Trainer: *„Ist die innere Aufstellung so gut?“*

Coachee: *„Ja, ich glaube schon.“*

Zwischenbilanz und Abstimmung

Nun geht es darum, eine Zwischenbilanz zu ziehen und das weitere Vorgehen abzustimmen: *„Ihr Ziel war ja, herauszufinden, wie Sie mit Ihrem Kollegen umgehen wollen. Wie lautet denn bis hierhin Ihre Bilanz?“* Wenn die Coachee ihr Ziel bereits zu diesem Zeitpunkt als erreicht ansehen würde, wäre die Beratung hiermit beendet. Der Trainer würde dann noch ein Sharing und eventuell eine Ergebnissicherung anschließen (s. S. 126 und S. 95). Falls die Coachee noch weiteren Klärungsbedarf anmeldet, kann der Trainer eine „Diskussion mit dem Inneren Team“ anschließen. Diese Methode wird nun beschrieben.

Hinweise

- Die Beratung mit dem Inneren Team ist eine sehr persönliche Form der Praxisberatung. Schließlich kehrt die Coachee hier ihr Innerstes nach außen. Der Trainer muss sich daher sicher sein, dass sowohl bei der Coachee als auch bei den anderen Teilnehmern die Bereitschaft für diese intime Form der Fallarbeit vorhanden ist. Außerdem muss sich der Trainer mit der Anwendung der Methode sicher sein und sollte entsprechende Fortbildungen absolviert haben.

- Oft ist die Arbeit am Flipchart bereits ausreichend, damit die Coachee eine innere Klärung erreicht, insbesondere dann, wenn sie anschließend noch Feedback aus der Gruppe erhält. Nur manchmal ist es notwendig, einen weiteren Schritt anzuschließen und eine Diskussion mit dem Inneren Team zu führen (s. S. 221 ff.).

- Der Trainer sollte das Zeichnen innerer Teammitglieder vor dem Seminar üben. Die Zeichnungen müssen nicht schön sein, auch mit bescheidensten künstlerischen Fähigkeiten kann man hilfreiche Visualisierungen erstellen.

Innere Klarheit finden: Innere Teambesprechung

Indikation

Die „Innere Teambesprechung" eignet sich zur Fortsetzung der Arbeit mit dem „Inneren Team" (s. S. 212 ff.), sofern dadurch das Anliegen des Coachee noch nicht vollständig bearbeitet werden konnte.

Ziele

- Der Coachee findet eine Lösung, die von allen inneren Anteilen mitgetragen wird.
- Andere Teilnehmer können von der Arbeit mit dem Inneren Team profitieren, indem sie den lösungsorientierten Dialog mit inneren Anteilen auf eigene Themen übertragen.

Material

- Stühle, einen Tisch sowie „Namensschilder" für die inneren Teammitglieder

Überblick

- Jedes innere Teammitglied wird durch einen Rollenspieler dargestellt.
- Das Briefing („Eindoppeln") der Rollenspieler erfolgt.
- Es gibt eine Diskussion des Coachee mit seinen „inneren Teammitgliedern".
- Der Coachee bezieht abschließend Stellung.
- Auswertung durch Sharing.

Die Innere Teambesprechung als fortsetzende Methode

Die „Innere Teambesprechung" setzt die Arbeit mit dem Inneren Team am Flipchart in erlebnisaktivierender Form fort. Während die inneren Anteile bei der Arbeit am Flipchart noch aus „sicherer Distanz" analysiert werden, „schlüpft" der Coachee hier in jeden Anteil hinein, besetzt seine inneren Teammitglieder – wie im Psychodrama üblich – mit Rollenspielern und findet durch die Diskussion mit ihnen eine tragfähige Lösung für das jeweilige Anliegen. Damit ist die „Innere Teambesprechung" im Grunde die Erweiterung der Methode der „Stuhlarbeit" (s. S. 203 ff.). Während der Coachee dort mit zwei Anteilen diskutiert, findet hier das Gespräch mit mehreren Teammitgliedern statt.

Vorgehen

Die Erhebung der inneren Teammitglieder ist die Voraussetzung für die Diskussion mit dem Inneren Team. Daher wird das Vorgehen im Weiteren anhand des zuvor dargestellten Falls von Frau Brause (s. S. 213 ff.) beschrieben. Ihr Anliegen lautete „Wie kann ich gelassener mit meinem Kollegen umgehen?". Alle inneren Teammitglieder wurden herausgearbeitet (s. S. 215), ihre positiven Funktionen analysiert (s. S. 218) und ein weiteres Teammitglied („die Sachliche") eingestellt. Auf dieser Basis wird nun weitergearbeitet.

Besetzung der Rollen

Trainer: *„Lassen Sie uns noch einen Schritt weitergehen, damit Sie mehr Klarheit bekommen. Dazu möchte ich Ihnen Gelegenheit geben, sich mit Ihren einzelnen inneren Teammitgliedern auseinanderzusetzen."*

Coachee: *„O.k. Aber ich habe keine Ahnung, wie das gehen soll."*

Trainer an die Gruppe: *„Dazu brauchen wir Ihre Mithilfe. Wir brauchen für jedes innere Teammitglied eine Person, die sich in diese Rolle hineinversetzt und aus der Rolle heraus argumentiert. Alle Rollenspieler bekommen Instruktionen, sodass Sie dann wissen, was Sie zu tun haben. Sie haben also einen leichten Job. Wer möchte welche Rolle übernehmen?"*

Hier kann es einen Moment dauern, bis alle Rollen vergeben sind. Aber nach einigem Werben finden sich meist genügend Teilnehmer bereit, sodass auch die vermeintlich unattraktiven Rollen (hier: „Die Ängstliche" oder „Die Wütende") vergeben werden können. In den Hinweisen am Ende dieser Methodenbeschreibung (S. 228) finden Sie mögliche Optionen, wie Sie damit umgehen können, falls Sie auf Schwierigkeiten stoßen, Rollenspieler zu gewinnen.

Das Innere Team am Besprechungstisch

Der Trainer wendet sich an alle Rollenspieler: *„Nehmen Sie bitte Ihren Stuhl mit und einen Tisch vom Rand und setzen Sie sich um den Tisch zusammen."* Dann verteilt er Kärtchen, Stifte und Klebestreifen an die Teilnehmer, damit sie sich „Namensschilder" basteln können, auf denen ihre Rolle steht und erklärt: *„Schreiben Sie bitte Ihre Rolle auf das Kärtchen und kleben es sich an."*

Nun wendet sich der Trainer an die Coachee: *„Und Sie setzen sich mit Ihren inneren Teammitgliedern zusammen und führen ein Gespräch mit ihnen. Ich setze mich neben Sie, um Sie dabei zu unterstützen."* Die Coachee, der Trainer und die Rollenspieler setzen sich um den Besprechungstisch zusammen (s. S. 224).

Goal

Klärung des Ziels

Auch wenn alle Coaching-Phasen im Rahmen der vorangegangenen Arbeit mit dem Inneren Team bereits durchlaufen wurden, muss nun zunächst noch einmal die Zielvereinbarung überprüft werden.

Trainer (zur Coachee): *„So wie eine gute Führungskraft bei einer Entscheidung alle Mitarbeiter mit einbezieht, ist es jetzt Ihr Job, allen inneren ‚Mitarbeitern' gut zuzuhören und dann eine Entscheidung zu treffen, die möglichst alle berücksichtigt. Ist Ihr Ziel nach wie vor, herauszufinden, wie Sie mit dem Kollegen umgehen wollen? Oder ist Ihr Ziel mittlerweile noch konkreter geworden?"*

Coachee: *„Ich weiß schon, dass ich ihn ansprechen werde. Aber ich habe noch nicht so klar, wie ich das Gespräch angehen werde."*

Trainer: *„Gut. Das Ziel ist also, herauszufinden, wie Sie das Gespräch mit dem Kollegen führen möchten?"*

Coachee: *„Ja."*

Trainer: *„Zu dieser Frage können Sie jetzt ein inneres Teammitglied nach dem anderen befragen. Ihr Job ist es, nachzufragen, gut zuzuhören und das zu berücksichtigen, was von jedem Einzelnen kommt. Ich unterstütze Sie dabei. Erst wenn wir alle inneren Stimmen angehört haben, geht es um eine Lösung."*

Coachee: *„O.k."*

Reality

Nun müssen die Rollenspieler noch in ihre Rolle eingewiesen werden. Da die zentralen Botschaften der verschiedenen inneren Teammitglieder bereits herausgearbeitet worden sind und auf dem Flipchart stehen, ist hier nur ein kurzes Briefing („Eindoppeln") der Rollenspieler erforderlich:

Trainer (zur Coachee): *„Die Rollenspieler brauchen jetzt noch Ihre Instruktionen, damit sie wissen, was sie gleich sagen sollen. Dazu möchte ich Sie bitten, dass Sie sich nacheinander kurz hinter jeden Rollenspieler stellen, sich in dessen Rolle versetzen und in der Ich-Form die wichtigsten Botschaften des jeweiligen inneren Teammitglieds sagen. Fangen wir mal mit der ‚Ängstlichen' an. Stellen Sie sich mal hinter die Rollenspielerin des ängstlichen Anteils und sagen Sie mal als ‚Die Ängstliche', wie Frau Brause das Gespräch mit dem Kollegen führen sollte."*

Coachee (brieft ‚Die Ängstliche'): *„Ich finde, sie sollte das Gespräch überhaupt nicht führen. Das gibt doch nur Ärger."*

Trainer: *„Das wäre der Ängstlichen am liebsten, ich weiß. Das geht aber nicht. Denn Frau Brause hat sich schon entschieden, dass sie das Gespräch führen will. Wenn Sie als Ängstliche davon mal ausgehen, was würden Sie ihr dann raten, wie sie dabei vorgehen sollte?"*

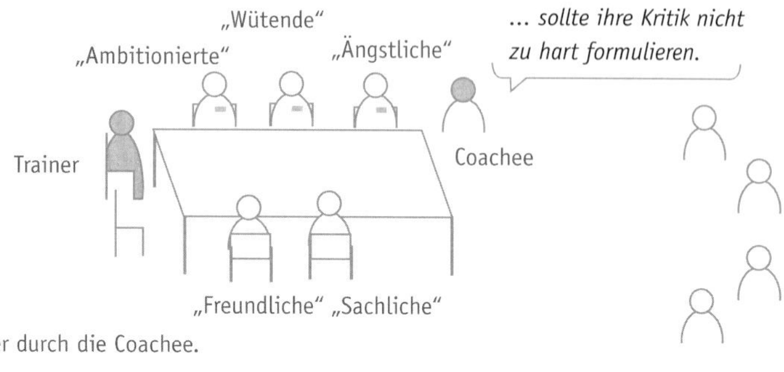

Abb.: Briefing der Rollenspieler durch die Coachee.

Die Botschaften der inneren Anteile müssen lösungsorientiert sein

Coachee (briefl „Die Ängstliche"): *„Dann sollte sie auf jeden Fall ihre Kritik nicht zu hart formulieren und sie nicht vor den Kopf stoßen. Sie sollte freundlich bleiben."*

Trainer (zur Rollenspielerin): *„Haben Sie noch Fragen zu Ihrer Rolle?"*

Rollenspielerin („Die Ängstliche): *„Nein."*

Die Coachee doppelt in ähnlicher Weise alle Rollenspieler ein. Der Trainer achtet darauf, dass die Botschaften, welche die Inneren Teammitglieder erhalten, für die Lösung des Anliegens der Coachee hilfreich sind. Außerdem vergewissert er sich, ob die Instruktionen für die Rollenspieler ausreichend klar sind.

Options

Trainer (zu den Rollenspielern): *„Ihr Job ist es, sich mithilfe der Vorgaben von Frau Brause aus Ihrer Rolle heraus an der Diskussion zu beteiligen und zu einer Lösung beizutragen. Haben Sie noch Fragen zu Ihrer Rolle?"*

Rollenspielerin („Die Wütende"): *„Wie heftig soll ich denn meine Rolle spielen?"*

Trainer: *„Na ja, Sie sollen den Seminarraum und die Teilnehmer schon heil lassen. Aber Ihre Meinung können Sie deutlich sagen, nicht wahr, Frau Brause?"*

Coachee (grinst): *„Auf jeden Fall."*

Trainer (zur Coachee): *„Legen wir los. Sie sind der Boss und können jeweils sagen, wer an der Reihe ist."*

Coachee: *„Ich möchte wissen, wie ich das Gespräch mit meinem Kollegen gut führen kann. Was meinst Du dazu, Ambitionierte?"*

Ambitionierte: *„Du musst ihm sagen, dass das so nicht weitergeht. Dass er nicht so schludern kann. Das musst Du ihm mal stecken. Und wenn er das nicht begreift, dann gehst Du eben zum Chef!"*

Abb.: Der Trainer sorgt für konstruktive Kommunikation im Inneren Team.

Wenn innere Teammitgliedern „über die Strenge schlagen" und nicht mehr lösungsorientiert argumentieren, werden sie vom Trainer „eingefangen". Daher wendet sich der Trainer nun an „die Ambitionierte".

Trainer (zur Ambitionierten): *„Jetzt haben Sie als Ambitionierte gesagt, wie Sie's am liebsten hätten, wenn es nur nach Ihnen ginge. Was wäre denn Ihre Mindestforderung an Frau Brause, wenn Sie die Interessen der anderen inneren Teammitglieder berücksichtigen?"*

Ambitionierte: *„Meine Mindestforderung ist, dass Frau Brause klar und deutlich sagt, was Sie als die Ziele der Fortbildungen ansieht ..."*

Trainer (zur Ambitionierten): *„Sagen Sie es ihr direkt."*

Ambitionierte: *„Du musst ihm klar sagen, wo Du die Ziele der Fortbildungen siehst und wo Du bei ihm Abweichungen erkennst."*

Coachee: *„Mhm. Ja, das klingt gut. Und was meinst Du, Ängstliche?"*

Ängstliche: *„Ich finde, Du kannst nicht gleich Forderungen stellen. Du musst schon vorsichtig sein. Du darfst ihn nicht vor den Kopf stoßen."*

Coachee (ärgerlich): *„Ach, das regt mich auf. Warum musst Du immer so ängstlich sein! Stell Dich doch nicht so an!"*

Wenn das „Oberhaupt" des inneren Teams ein inneres Teammitglied offenkundig missbilligt, muss der Trainer intervenieren und dafür sorgen, dass dieser innere ‚Anteil respektiert und einbezogen wird. Nur dann ist eine dauerhaft tragfähige Lösung möglich, mit der die Coachee auch langfristig „mit sich im Reinen" ist.

Trainer (zur Coachee): *„Es fällt Ihnen nicht leicht, diesen ängstlichen Anteil zu akzeptieren, nicht wahr?"*

Coachee nickt.

Trainer: *„Was ist denn Wahres dran, an dem, was sie sagt?"*

Coachee: *„Was ich schon akzeptieren kann, ist, dass ich nicht zu heftig werden darf und ihn nicht vor den Kopf stoßen sollte."*

Trainer (zur Coachee): *„Das heißt also, dass es Sinn ergibt, die Kritik konstruktiv anzusprechen?"*

Coachee: *„Klar."*

Trainer (zur Coachee): *„Wen fragen Sie als Nächstes?"*

Coachee: *„Frau Freundlich. Was meinst Du?"*

Frau Freundlich: *„Ich sehe das ähnlich. Ich fände es gut, wenn Du zuerst das Positive sagst. Es gibt doch bestimmt einiges, was Dir an ihm oder an seiner Arbeit gefällt. Das solltest Du zuerst sagen. Dann kannst Du ja auch was Kritisches ansprechen."*

Coachee: *„Das ist eine gute Idee, dass ich erst das Positive anspreche. Und Du, Wütende, was meinst Du?"*

Wütende: *„Ich finde, Du musst aber auch klar und deutlich bleiben. Und nicht um den heißen Brei drumherumreden."*

Coachee: *„Das stimmt auch. Und Du, Sachliche, was meinst Du?"*

Sachliche: *„Ich finde auch gut, wenn Du erst das Positive und dann das Kritische sagst. Außerdem solltest Du Dir vor dem Gespräch eine Liste machen, welche Punkte Du ansprechen willst und was Du erreichen willst. Und Du musst aufpassen, dass Du Herrn Jung nicht abwertest. Vielleicht kannst Du Dich ja auch vorher mal in seine Lage hineinversetzen."*

Coachee: *„Ja, das finde ich gut. Eine Liste machen ist auf jeden Fall hilfreich und mir erst mal klarmachen, was ich erreichen will. Und das mit dem Hineinversetzen ist bestimmt gut, auch wenn ich nicht weiß, ob es mir gelingt."*

Trainer: *„Dann sagen Sie Ihrem inneren Team mal, wie Sie in das Gespräch gehen wollen. Wie könnte eine Lösung aussehen, die alle inneren Teammitglieder berücksichtigt?"*

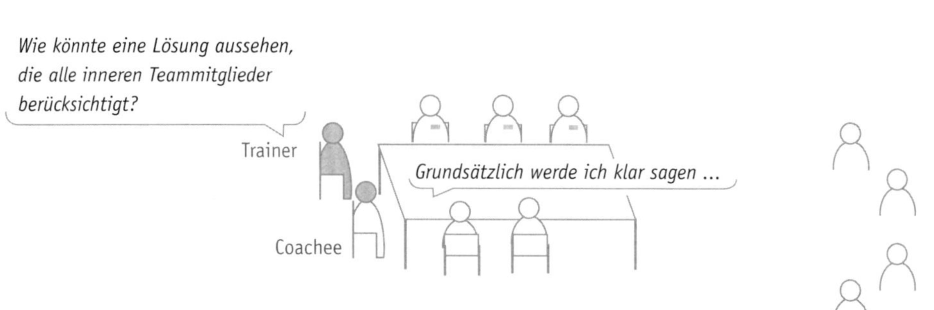

Abb.: Zum Abschluss der Inneren Teambesprechung hat die Coachee das letzte Wort.

Coachee: *„Grundsätzlich werde ich klar sagen, was mich stört. Aber zunächst möchte ich das Positive ansprechen, denn das gibt es ja weiß Gott auch. Das Gespräch werde ich gut vorbereiten und schauen, welche Punkte ich auf jeden Fall ansprechen will. Mir ist wichtig, dass ich einige Punkte kläre, aber auch, dass ich mit Herrn Jung weiter gut zusammenarbeiten kann. Der Gesprächsleitfaden wird mir da sicher eine Hilfe sein."*

Trainer: *„Können wir damit einen Punkt machen?"*

Coachee: *„Ja. Vielen Dank an alle."*

Trainer (zu den Rollenspielern): *„Dann können Sie Ihre Schilder abnehmen, als Zeichen, dass Sie jetzt auch Ihre Rolle wieder abgeben. Vielen Dank."*

Way forward

Zur Auswertung der Beratungsarbeit mit dem Inneren Team eignet sich erneut das „Sharing", das die Seminarleitung folgendermaßen einleiten kann: *„Ich möchte auch an diesen Praxisfall gerne wieder ein sogenanntes ‚Sharing' anschließen. Die Fragen dazu sind: Welche ähnlichen Situationen habe ich erlebt? Welche inneren Teammitglieder kenne ich?"* Hier ist es hilfreich, wenn sich möglichst viele Teilnehmer beteiligen; Wiederholungen schaden nicht. Der Trainer kann dies entsprechend unterstützen.

Zum Abschluss der Praxisberatung geht es darum, vom individuellen Fall zu abstrahieren und allgemeingültige Schlüsse zu ziehen. Bei der Fallarbeit mit dem Inneren Team ist es ratsam, zunächst einige Erläuterungen zu dem theoretischen Modell zu geben: *„Ich denke, es ist sinnvoll, wenn ich Ihnen ein paar Sätze zu dem Modell sage, mit dem wir gerade gearbeitet haben. Dieses Modell des Inneren Teams veranschaulicht die Erkenntnis, dass in uns allen unterschiedliche Regungen, Strebungen und innere Anteile existieren, die miteinander in Konflikt geraten können. Diese unterschiedlichen Anteile können wir uns als innere Teammitglieder vorstellen, und uns selbst als Chef dieses Inneren Teams.*

Die inneren Teammitglieder von Frau Brause, die wir jetzt kennenlernen durften, können bei anderen Menschen in ähnlicher Weise auch existieren. So hat wohl jeder Mensch ängstliche, wütende oder freundliche Anteile. Allerdings gibt es auch viele Unterschiede von Mensch zu Mensch. Jeder hat sein eigenes individuelles Inneres Team mit ganz persönlichen inneren Teammitgliedern. So hat vielleicht der eine einen stark ausgeprägten distanzierten, reservierten Anteil, der im Umgang mit Menschen zunächst die Bühne betritt, während jene inneren Teammitglieder, die nach Kontakt und Nähe suchen, viel Zeit brauchen, um sich nach vorne zu wagen. Bei anderen ist genau das Gegenteil der Fall. Da tritt im Kon-

takt mit anderen Menschen stets ein freundliches, offenes Teammitglied auf, während jene inneren Teammitglieder, die dafür sorgen, sich abzugrenzen und auch mal ‚Nein' zu sagen, sich kaum einmal nach vorne wagen.

Es ist keine Seltenheit, dass unsere unterschiedlichen inneren Teammitglieder miteinander in Konflikt geraten. Das kann dann dazu führen, dass wir in der Kommunikation unklar und widersprüchlich werden. Deshalb ist es wichtig für uns, ein gutes Gespür für unsere inneren Teammitglieder zu entwickeln, um klar und stimmig zu kommunizieren. Welche Fragen und Anmerkungen gibt es dazu?"

Hinweise

- Sowohl für den Coachee als auch für die anderen Teilnehmer ist es in der Regel sehr ungewohnt und befremdlich, die Rolle eines inneren Anteils zu übernehmen und aus dieser Perspektive in der Ich-Form zu sprechen. Daher muss der Trainer hier besonders gut erklären, was die Teilnehmer zu tun haben und was der Sinn und Zweck des Ganzen ist.

- Falls sich für die Diskussion mit dem Inneren Team nicht genügend Rollenspieler finden, hat der Trainer mehrere Möglichkeiten, zu reagieren:

Vorgehensweisen, wenn sich zu wenig Rollenspieler finden

1. Der Trainer kann werben, etwa mit den folgenden Worten: *„Ich möchte Sie bitten, Frau Brause zu unterstützen und eine Rolle zu übernehmen, damit wir noch einen Schritt weiter gehen können und Frau Brause für sich eine Klarheit findet. Sie müssen nichts Besonderes leisten. Sie kriegen ein paar Sätze vorgegeben und bekommen gesagt, was zu tun ist. Da kann überhaupt nichts schiefgehen."*

2. Der Trainer wärmt die Teilnehmer an, indem er sie dazu auffordert, aufzustehen, durch den Raum zu gehen und dabei nacheinander die Körperhaltung der verschiedenen inneren Anteile, hier also der Ängstlichen, der Ambitionierten, der Wütenden usw., einzunehmen. Nach dieser Anwärmung kann er noch mal fragen, wer welche Rolle übernimmt.

3. Der Trainer lässt den Coachee bestimmen, welches innere Teammitglied von welchem Teilnehmer gespielt wird.

- Manchmal taucht nach den theoretischen Erläuterungen am Ende der Fallarbeit die Frage auf, wie man denn ohne einen Berater oder Trainer das Modell für sich selbst nutzen könne. Hier kann der Trainer zunächst die anderen Teilnehmer fragen, welche Ideen sie haben und schließlich ergänzen: *„Gerade in schwierigen Situationen, in denen Sie merken, dass Sie mit sich selbst nicht im Reinen sind, können Sie sich die Zeit nehmen und alle unterschiedlichen inneren Anteile, die Sie spüren, aufschreiben und ihre Botschaften festhalten. Das schafft innere Klarheit. Dann geht es darum, zu prüfen, welchen ‚Zipfel der Wahrheit' jeder Anteil hat und schließlich zu einer Lösung zu kommen, die diese Aspekte berücksichtigt."*

Variante

Skulptur des Inneren Teams

- Alternativ zur „Inneren Teambesprechung" kann der Trainer eine Skulptur des Inneren Teams aufbauen lassen. Das methodische Vorgehen ist dabei identisch mit der Skulpturarbeit, wie sie auf S. 170 ff. beschrieben wird – nur dass statt realen Personen innere Anteile aufgebaut werden.

  Innere Teamskulpturen sind auf der einen Seite für die Teilnehmer deutlich gewöhnungsbedürftiger als die Innere Teambesprechung, bei der es ja ähnlich zugeht wie im Arbeitsleben (auch wenn es sich um innere Anteile handelt). Auf der anderen Seite ist die Skulpturarbeit wesentlich ausdrucksstärker, da jedes innere Teammitglied eine Körperhaltung und einen nonverbalen Ausdruck erhält, was die Selbstexploration und Selbsterkenntnis deutlich fördert. Wenn die Teilnehmer also bereits mit der Methode der Skulpturarbeit vertraut sind, so setze ich sie auch in der Arbeit mit dem Inneren Team gerne ein, da sie sehr plastisch und eindrucksvoll ist und dadurch neue Erkenntnisse noch effektiver zu Tage fördert. Insbesondere das Schlussbild eines „Wunsch-Teams der inneren Teammitglieder" ist für die Coachees meist sehr einprägsam und hilfreich.

Ein „heißes Eisen“: Bearbeitung im Hier & Jetzt

Indikation

Diese Methode eignet sich, wenn der Coachee an situationsübergreifenden Verhaltensweisen arbeiten möchte. Sei es, dass es dem Coachee schwerfällt, Lob oder Kritik zu äußern bzw. zu empfangen oder ob es um Schwierigkeiten geht, vor anderen zu sprechen, Small Talk zu halten oder seinen Standpunkt zu vertreten: All dies lässt sich zwar auch in einem – wie auch immer gearteten – Rollenspiel bearbeiten, aber die Bearbeitung im Hier und Jetzt ist oft noch wirksamer. Denn dies aktualisiert das „Problem“ des Coachee in der realen Situation und macht es dadurch bearbeitbar. Die „Bearbeitung im Hier und Jetzt“ erfordert ein hohes Maß an Vertrauen und Offenheit untereinander sowie hohe gruppendynamische Kompetenz und Erfahrung aufseiten der Leitung.

Ziele

- Der Coachee erprobt ungewohnte Verhaltensweisen in einem geschützten Rahmen.
- Der Coachee stellt sich einer als schwierig empfunden Situation oder Aufgabe und erhält hierbei Unterstützung und Feedback, sodass der Transfer in den Alltag erleichtert wird.

Material

- Je nach Anliegen

Überblick

- Der Trainer stellt dem Coachee die Aufgabe, jene Verhaltensweisen oder Kompetenzen, die er entwickeln möchte, direkt im Seminar zu üben.
- Der Trainer schafft einen Rahmen, in dem der Coachee die betreffenden Kompetenzen üben kann, also beispielsweise Lob oder Kritik zu äußern, Small Talk zu halten, seinen Standpunkt zu vertreten etc.
- Alternativ bezieht sich der Trainer auf Situationen innerhalb des Seminars, in denen die jeweilige Kompetenz gefragt war und beobachtet werden konnte.
- Der Coachee erhält Feedback und Sharing.
- Mit dem Coachee wird ein Umsetzungsplan erarbeitet.

Die Beziehungen der Teilnehmer im Raum sind im Fokus

Ein Grundprinzip der klassischen Gruppendynamik ist es, das „Hier und Jetzt" zu thematisieren. Statt an Fallbeispielen aus dem Alltag zu arbeiten, werden die aktuellen Beziehungen und Interaktionen der Gruppenteilnehmer thematisiert und reflektiert. Wer Schwierigkeiten hat, sich abzugrenzen, Kritik zu äußern oder entgegenzunehmen, wird dazu aufgefordert, dies im Rahmen der Gruppe zu erproben. Wird dieses Prinzip im Rahmen eines Management-Trainings umgesetzt, ist Vorsicht geboten: Die „Bearbeitung im Hier und Jetzt" ist ein „heißes Eisen", denn hier geht es nicht um das, was „dort draußen" mit Kollegen, Kunden oder Vorgesetzten geschieht, sondern um die Beziehungen unter den Teilnehmern im Raum. Es geht darum, miteinander in Kontakt zu treten und einander offen Feedback zu geben. Niemand spielt eine Rolle, sondern ausschließlich sich selbst. Deshalb müssen die Teilnehmer ein hohes Maß an Vertrauen zueinander und zum Leiter haben, wertschätzend miteinander umgehen und zu offener Kommunikation bereit sein, damit die Methode funktioniert.

Viel Vertrauen als Voraussetzung

Vorgehen

Im Folgenden wird die Methode der „Bearbeitung im Hier & Jetzt" anhand des Falls von Abteilungsleiter Herrn Schulze dargestellt, der im Rahmen eines Führungstrainings das Thema „Glaubwürdig Lob aussprechen" einbringt.

Goal

Trainer: *„Herr Schulze, Ihr Thema lautet ‚Glaubwürdig Lob aussprechen'. Was heißt das für Sie?"*

Coachee: *„Das heißt, dass man eben öfter mal ein Wort der Anerkennung sagt."*

Trainer: *„Was heißt ‚öfter'?"*

Coachee: *„Na ja, das man eben auch mal was sagt, wenn jemand etwas gut gemacht hat."*

Die „Man"-Formulierungen legen nahe, dass der Coachee sich nicht hundertprozentig mit seinem Anliegen identifiziert. Daher hakt der Trainer nach.

Trainer: *„Weshalb ist Ihnen das wichtig?"*

Coachee: *„Na ja, wir hatten neulich so ein sogenanntes 360°-Feedback und da wurde mir zurückgemeldet, dass ich nie ein Lob ausspreche und die Mitarbeiter dadurch wenig motiviert sind."*

Trainer: *„Wie sehen Sie das?"*

Coachee: *„Das stimmt schon. Aber ich halte auch nichts von Lobhudelei. Heuchler gibt es unter den Managern schon genug. Aber es ist* *schon richtig, dass man seine Mitarbeiter auch mal loben sollte. Und das geht einem doch eher schwer über die Lippen."*

Trainer: *„Es fällt Ihnen also schwer, anderen eine positive Rückmeldung zu geben. Gleichzeitig ist es Ihnen wichtig, dass dies dann auch ehrlich gemeint ist."*

Coachee: *„Genau."*

Trainer: *„Was möchten Sie hier erreichen?"*

Coachee: *„Dass man eben leichter mal was Positives über die Lippen bringt."*

Trainer: *„Man?"*

Coachee: *„Äh, also, dass ich leichter etwas Postives sage."*

Trainer: *„Sie möchten erreichen, dass es Ihnen künftig leichter fällt, anderen eine positive Rückmeldung zu geben."*

Coachee: *„Ja."*

Trainer: *„Woran würden Sie im Alltag merken, dass Sie Ihr Ziel erreicht haben?"*

Coachee: *„Dass man eben öfter mal was Positives sagt, gerade zu seinen Mitarbeitern."*

Trainer: *„Welchen Vorteil würde das bringen?"*

Coachee: *„Dass die Mitarbeiter motivierter sind. Und dass das 360°-Feedback positiver ist."*

Obwohl der Anstoß für das Anliegen von Herrn Schulze von außen kommt, erkennt er doch an, dass er an seinem Verhalten etwas ändern möchte und daraus Vorteile für sein Team und sich selbst entstehen.

Reality

Eine Reihe von Fragen sind geeignet, um die Situation genauer zu analysieren.

Trainer: *„Sie möchten Ihre Mitarbeiter künftig öfter loben. Wie oft tun Sie das denn derzeit?"*

Coachee: *„Na ja, schon eher selten. Wenn jemand was Besonderes geleistet hat."*

Trainer: *„Was heißt ‚was Besonderes' für Sie?"*

Coachee: *„Wenn man ein Projekt erfolgreich abgeschlossen hat zum Beispiel. Als wir neulich das neue Produkt erfolgreich eingeführt haben und der Vorstand zufrieden war, das war schon sehr positiv."*

Trainer: *„Wie haben Sie Ihre Anerkennung dann ausgedrückt?"*

Coachee: *„Da habe ich im Teammeeting gesagt, dass das eine super Sache ist und der Vorstand sehr zufrieden mit unserer Arbeit war."*

Trainer: *„Und wie ist das angekommen?"*

Coachee: *„Ganz gut."*

Trainer: *„Und was fehlt Ihren Mitarbeitern?"*

Coachee: *„Dass man sich eben auch mal persönlich die Zeit nimmt, um zu sagen, was man gut findet."*

Trainer: *„Was hindert Sie daran?"*

Coachee: *„Es ist einfach eben selten Zeit."*

Nach Ausnahmen fragen

Trainer: *„In welchen Situationen haben Sie denn die richtigen Worte gefunden und Lob ausgesprochen?"*

Coachee: *„In den Teammeetings kommt das schon positiv rüber, denke ich. Auch in den E-Mails schreibe ich immer was Positives."*

Trainer: *„Und in welchen Situationen fällt es Ihnen schwerer?"*

Coachee: *„In Einzelgesprächen. Da spricht man eher über Fachliches."*

Der Trainer gibt anschließend den anderen Teilnehmern Gelegenheit, weitere Fragen zu stellen.

Options

Bei der Bearbeitung im „Hier & Jetzt" wird der Coachee aufgefordert, jenes Verhalten, das ihm schwerfällt, direkt im Seminar im Umgang mit den anderen Seminarteilnehmern zu üben. Da der Coachee lernen möchte, leichter positives Feedback zu geben und dies nicht an spezifische Situationen oder Personen gebunden ist, bietet es sich an, dieses Verhalten direkt im Seminarkontext zu erproben. Bei dem Thema „Loben" hat dies den angenehmen Nebeneffekt, dass andere Teilenehmer möglicherweise ebenfalls profitieren, indem sie über etwas eine positive Rückmeldung erhalten – sofern der Coachee dazu in der Lage ist!

„Experiment"

Dazu erklärt der Trainer: *„Ich möchte Sie zu einem kleinen Experiment einladen. Ihr Ziel ist es ja, zu lernen, leichter ein Lob auszusprechen. Ich schlage Ihnen vor, dass Sie dies direkt hier ausprobieren. Nehmen Sie sich einen Moment Zeit und notieren Sie auf einem Block, was Ihnen an Ihren Kolleginnen und Kollegen im Seminar bislang Positives aufgefallen ist. Dabei muss es sich nicht um etwas Besonderes handeln, sondern Sie können auch kleine Beobachtungen festhalten. Anschließend suchen Sie sich dann drei Personen aus, denen Sie ein positives Feedback geben möchten."*

Coachee: *„Ui, das finde ich aber ganz schön schwer."*

Trainer: *„Klar, deshalb haben Sie das Thema ja auch eingebracht. Was würde Ihnen die Aufgabe denn erleichtern?"*

Coachee: *„Wenn ich etwas mehr Zeit zum Nachdenken hätte. Und es wäre gut, wenn man sich mit jemand austauschen könnte."*

Die Aufgabe auf die Bedürfnisse des Coachee zuschneiden

Trainer: *„Gut, dann suchen Sie sich eine oder zwei Personen aus, mit denen Sie sich austauschen können. Dann ziehen Sie sich fünf Minuten zurück, um sich Notizen zu drei Personen zu machen, denen Sie dann ein positives Feedback geben. Alle anderen haben fünf Minuten Pause."*

Nach fünf Minuten bittet der Trainer alle Teilnehmer wieder, in den Stuhlkreis zu kommen. Dann wendet er sich an den Coachee:

Trainer: *„Ist Ihnen etwas eingefallen?"*
Coachee: *„Ja, schon."*
Trainer: *„Mit wem möchten Sie anfangen?"*
Coachee: *„Mit Herrn Heinze."*
Trainer: *„Gut, dann nehmen Sie bitte Ihren Stuhl und setzen Sie sich gegenüber von Herrn Heinze hin und formulieren Sie Ihre Rückmeldung."*
Coachee zu Herrn Heinze: *„Ich finde gut, wie Sie auf andere Menschen zugehen. Das ist schon auffallend. Das würde einem selbst schon eher schwerfallen. Während andere erst mal abwarten, stellen Sie sich direkt vor. Und auch in den Pausen sind Sie gleich im Mittelpunkt. Gut, da hab ich vielleicht auch nicht so das Bedürfnis, mich so zu produzieren, aber das finde ich schon gut."*
Trainer zu Herrn Heinze: *„Herr Heinze, wie ist denn dieses Lob bei Ihnen angekommen?"*
Herr Heinze: *„Na ja, es geht so. Grundsätzlich schon positiv, aber auch nicht gerade überschwänglich. Und diese Unterstellung bezüglich des ‚Produzierens' fand ich ziemlich seltsam."*
Trainer: *„Was heißt seltsam? Wie hat es auf Sie gewirkt?"*
Herr Heinze: *„Eher negativ."*

Abb.: Der Coachee übt jenes Verhalten, das ihm schwerfällt, im „Hier und Jetzt".

Trainer an die Gruppe: *„Wie haben die Aussagen von Herrn Schulze auf Sie gewirkt?"*

Teilnehmer 1: *„Das war ein fragwürdiges Lob. Es hat positiv angefangen und wurde dann negativer. Er hat Herrn Heinze schlechte Motive unterstellt, das war eher Kritik als Lob."*

Teilnehmer 2: *„Herr Schulze hat die ganze Zeit so gegrinst, das wirkte alles eher ironisch."*

Teilnehmer 3: *„Gut fand ich den positiven, persönlichen Anfang mit der persönlichen Anrede. Aber dann hat er immer ‚man' gesagt, das wirkte dann ganz unpersönlich."*

Trainer zum Coachee: *„Herr Schulze, wie reagieren Sie auf das Feedback?"*

Coachee: *„Ja, das stimmt schon, dass ich da auch Kritik reingemischt habe. Das Grinsen war mir überhaupt nicht bewusst, das ist ein guter Hinweis. Man hat mir schon öfter gesagt, dass mein Lob oft wie Ironie klingen würde. Das kann damit zusammenhängen."*

Trainer: *„Dann versuchen Sie doch noch mal, Ihr Lob als reines Lob zu formulieren und das Grinsen wegzulassen."*

Der Coachee versucht, das Feedback aufzunehmen und unternimmt einen zweiten Durchgang.

Coachee: *„O.K. Also, Herr Heinze, was ich bei Ihnen wirklich gut finde, ist Ihre Fähigkeit, auf andere zuzugehen. Ich wünschte, ich könnte das auch."*

Trainer an Herrn Heinze: *„Wie ist es dieses Mal angekommen?"*

Herr Heinze: *„Deutlich besser."*

Der Trainer fordert den Coachee anschließend auf, auch den beiden anderen Teilnehmern, die er ausgewählt hat, positives Feedback zu geben. Auch diese Sequenzen wertet er dann aus, indem er fragt, wie die Empänger darauf reagieren. Die Erkenntnisse werden auf einem Flipchart festgehalten.

Der Trainer achtet insbesondere darauf, ob jene Verhaltensweisen, die dazu beitrugen, das eigene Ziel (nämlich Lob zu erteilen) zu unterminieren, erneut auftreten. Geschieht dies, thematisiert er dies entsprechend, indem er nachfragt, ob das Lob nun klar und eindeutig gewirkt habe und die Mimik mit der Botschaft im Einklang gestanden habe.

Way forward

Anschließend geht es darum, das Erlebte zu reflektieren und die Umsetzung in den Alltag zu planen. Potenzielle Hindernisse und Wege zu ihrer Überwindung müssen ebenso erkundet werden wie Gelegenheiten, das gewünschte Verhalten in die Tat umzusetzen und mögliche Verstärkungsmechanismen.

Trainer: *„Wie ging es Ihnen denn dabei, Lob zu verteilen?"*

Coachee: *„Och, man gewöhnt sich daran* (lacht). *Na ja, am Anfang ist es mir schon etwas schwergefallen. Es war interessant, dass ich grinse, wenn ich andere lobe. Es kann gut sein, dass das häufiger vorkommt und die Leute dann denken, ich würde sie auf den Arm nehmen."*

Trainer: *„Das klingt, als sei das ein echter Aha-Effekt bei Ihnen gewesen. Und als sei es Ihnen im Verlaufe der Übung bereits zunehmend leichter gefallen, Lob zu verteilen?"*

Coachee: *„Ja, das stimmt schon. Aber es war auch nicht ganz leicht, weil wir uns hier ja nicht so gut untereinander kennen."*

Trainer: *„Wem gegenüber möchten Sie denn in Ihrem Alltag mehr Lob aussprechen?"*

Coachee: *„Mehr ist gut (lacht), ich sollte vielleicht überhaupt mal ab und zu was Positives sagen."*

Trainer: *„Bei wem und wann fangen Sie an?"*

Coachee: *„Naja, in erster Linie geht es sicher um meine Mitarbeiter. Als erstes sollte ich vielleicht mit meinem Stellvertreter anfangen. Der hat, als ich kürzlich im Urlaub war, echt einen super Job gemacht."*

Trainer: *„Wann und wo werden Sie das Lob aussprechen?"* usw.

Der Trainer hilft durch seine Fragen, die Umsetzungspläne des Coachee zu konkretisieren. Weitere folgenden Fragen können hierbei hilfreich sein:

Coaching-Fragen zum Transfer

- *„Woran werden Sie merken, dass Sie Ihren Plan umgesetzt haben?"*
- *„Was könnte Sie in Ihrem Alltag davon abhalten, Ihren Plan umzusetzen? Wie werden Sie dies merken? Wie werden Sie damit umgehen?"*
- *„Wer könnte Ihnen Feedback dazu geben, ob Sie Ihren Plan umgesetzt haben?"*
- *„Wer könnte Sie an Ihr Vorhaben erinnern?"*
- *„Wie können Sie sich selbst daran erinnern?"*
- *„Wie können Sie sich selbst belohnen, wenn Sie Ihren Plan umgesetzt haben?"*
- *„Was genau muss passieren, damit Sie Ihren Plan vollständig umsetzen können?"*
- *„Was ist das absolute Minimum, dass Sie erreichen möchten? Bis wann? Wie überprüfen Sie dies?"*

Abschließend könnte der Trainer noch einen Input zum Thema „Lob geben" anschließen, indem er etwa auf Erkenntnisse der Verhaltenspsychologie eingeht, dass sich ein Verhältnis von positivem zu negativem Feedback von 3:1 als besonders wirksam für die Verstärkung von erwünschtem Verhalten herausgestellt hat.

Am Schluss könnte eine Übung stehen, bei der die Teilnehmer eingeladen werden, jeweils einer Person ein positives Feedback zu geben. Dadurch erhalten alle Teilnehmer die Gelegenheit, die Fähigkeit, positives Feedback zu geben, zu üben.

Hinweise

In dem dargestellten Fall handelt es sich insofern um eine vergleichsweise einfache Situation, als es um positives Feedback geht, was sich relativ leicht im Seminar üben lässt. Schließlich werden die anderen Teilnehmer vergleichsweise gerne an einer Übung teilnehmen, in der sie mit Lob bedacht werden: Auch wenn es vielen Menschen nicht ganz leichtfällt, Lob entgegenzunehmen, so wird dies doch als angenehmer erlebt, als kritisiert zu werden. Wenn das Anliegen des Coachee jedoch darin besteht zu lernen, Kritik zu formulieren, ist die Bearbeitung im Hier und Jetzt ungleich heikler. Der Trainer muss dann darauf achten, dass durch die Kritik keine Verletzungen bei den anderen Teilnehmern entstehen. Folgende Maßnahmen kann er ergreifen, um dies sicherzustellen:

Maßnahmen, um Verletzungen zu verhindern

- Prinzip der Freiwilligkeit: Der Trainer stellt es jedem Teilnehmer frei, an der Übung teilzunehmen.
- Einführung von Feedback-Regeln: Bevor der Coachee die Möglichkeit erhält, anderen Teilnehmern ein kritisches Feedback zu geben, wird erarbeitet, wie Kritik formuliert werden sollte, sodass sie konstruktiv ist.
- „Nachsorge": Nach einer Übung, in der kritisches Feedback gegeben wird, sollte der Trainer ein wachsames Auge auf die Teilenehmer haben, die kritisiert wurden und nachfragen, wie das Feedback bei ihnen angekommen ist und was es ausgelöst hat. Es kann gut sein, dass hierdurch weitere Anliegen entstehen.

Kollegiales Coaching

Indikation

Kollegiales Coaching ist immer dann indiziert, wenn die Teilnehmer bereits mit der Coaching-Methode vertraut sind und in der Lage sind, einander gegenseitig ohne Anleitung des Trainers zu beraten. Dies macht im Kontext eines Seminars oder Workshops insbesondere dann Sinn, wenn noch mehrere Anliegen auf der Agenda stehen, aber die Zeit nicht mehr ausreicht, um sie im Plenum zu bearbeiten. Dann bietet es sich an, die Anliegen in Kleingruppen bearbeiten zu lassen. Hierfür stellt der Trainer den Teilnehmern eine klare Struktur zur Verfügung, damit die Session möglichst effektiv verläuft. Aus meiner Sicht ist die Methode des Kollegialen Coachings gegen Ende eines Workshops oder Seminars empfehlenswert, da damit der Übergang in den Alltag, in dem kein Trainer mehr zur Verfügung steht, eingeleitet wird.

Ziele

- Die Teilnehmer entwickeln Lösungsmöglichkeiten für individuelle Anliegen und Fragen.

Zeit:

- 60 Minuten (5 Min. Themenwahl, 45 Min. Kollegiales Coaching, 10 Min. Bericht der Coachees)

Material

- Flipchart und Arbeitsblatt „Kollegiales Coaching"

Überblick

- Der Trainer stellt eine Struktur zum Kollegialen Coaching am Flipchart vor und teilt die Arbeitsblätter aus.
- Die Teilnehmer teilen sich per soziometrischer Wahl in Kleingruppen auf.
- Kollegiales Coaching erfolgt in Kleingruppen anhand der vorgestellten Struktur.
- Die Coachees berichten im Plenum von den Anregungen, die sie erhalten haben.

Beim Kollegialen Coaching beraten sich die Teilnehmer gegenseitig anhand einer vorgegebenen Struktur, ohne dass eine Leitung anwesend ist. Die Struktur des Kollegialen Coachings dient dazu, die Beratungs-

sequenz effizient zu gestalten und typische Fallstricke, wie das Erteilen von „Rat-Schlägen" zu vermeiden. Dies funktioniert in der Regel nur dann, wenn die Teilnehmer zuvor bereits Erfahrung in der Bearbeitung von Anliegen gesammelt und so zentrale Kompetenzen erworben haben, wie das konstruktive Geben und Nehmen von Feedback. In der Literatur wird Kollegiales Coaching auch als kollegiale (Fach-)Beratung, Peer-Supervision oder Intervision bezeichnet (vgl. Lippmann 2004).
Es gibt verschiedene Methoden und Vorgehensweisen zur Gestaltung Kollegialen Coachings. Im Folgenden wird eine Struktur vorgestellt, die das GROW-Modell mit Elementen des „Reflecting Teams" kombiniert.
Das GROW-Modell dient als Grundstruktur. In den Phasen „Reality" und „Options" wird jeweils eine Sequenz eingefügt, bei der die Coachs – wie es für das „Reflecting Team" typisch ist – ihre Wahrnehmungen und Hypothesen untereinander austauschen, ohne mit dem Coachee zu interagieren. Die Interaktion zwischen den Beratern und dem Coachee wird in diesen Momenten gezielt unterbrochen, um den Coachee dazu zu bringen, sich auf alternative Wahrnehmungen und Interpretationsmuster gezielt einzulassen. Der Coachee wird praktisch dazu genötigt, von den eigenen Deutungsmustern Abstand zu nehmen und sich auf andere Weltsichten einzulassen. Dies kann dazu beitragen, dass sich dem Coachee neue Sichtweisen und Handlungsoptionen erschließen.

Vorgehen

Wie oben beschrieben, bietet sich die Methode der Kollegialen Beratung insbesondere in der Schlussphase eines Trainings oder Workshops an, wenn die Zeit für die noch zu bearbeitenden Anliegen knapp wird. Dann können die offenen Fragestellungen in Kleingruppen bearbeitet werden. Im folgenden Beispiel sind nach der Mittagspause eines Führungstrainings noch drei Anliegen offen.

„Wir haben nun noch drei Anliegen auf der Agenda stehen. Um sie im Plenum zu bearbeiten, wird die Zeit nicht mehr ausreichen. Deshalb schlage ich vor, die Coaching-Sessions in Kleingruppen zu verlagern. Dies hat zum einen den Vorteil, dass alle potenziellen Coachees noch Anregungen zu ihrer Fragestellung erhalten können. Alle anderen werden als Coach fungieren und haben dadurch die Gelegenheit, die eigenen Coaching-Skills weiter zu trainieren, was im Führungsalltag bei Mitarbeitergesprächen sehr hilfreich sein kann."

Vorgehen beim Kollegialen Coaching

Nach der Einleitung und der Darstellung des Nutzens der Methode für die Teilnehmer, erläutert der Trainer das Vorgehen beim Kollegialen Coaching anhand des GROW-Modells am Flipchart: *„Sie werden insgesamt 45 Minuten Zeit für diese Sequenz haben. Es gibt in jeder Klein-*

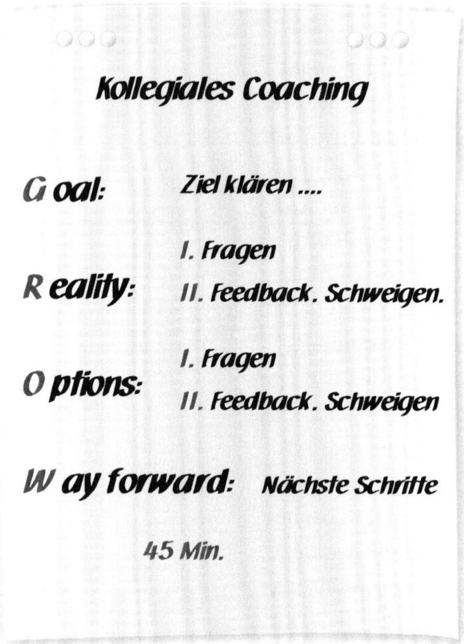

Abb.: Das Flipchart „Kollegiales Coaching" gibt den Teilnehmern ein Schema an die Hand, mit dessen Hilfe sie sich gegenseitig konstruktiv beraten können.

gruppe einen Coachee, der seine Fragestellung einbringt und drei Coachs. Klären Sie bitte gleich zu Beginn, wer von den Coachs auf die Zeit und die Einhaltung der Struktur achtet. Die Struktur orientiert sich am GROW-Modell:

In der ***ersten Phase*** *geht es – wie immer – um das ‚****Goal****', das Ziel. Ist das Ziel bereits klar, konkret und realistisch? Falls nicht, haken die Coachs hier nach, um dies sicherzustellen. Dies sollte nicht mehr als fünf Minuten in Anspruch nehmen.*

In der ***zweiten Phase*** *geht es um ‚****Reality****' – die Analyse der Situation. Diese gliedert sich in zwei Teile. Im ersten Teil erläutert der Coachee die Situation. Die Coachs dürfen lediglich Fragen stellen, eigene Vorschläge oder Lösungsideen sind strengstens verboten. Alle offenen Fragen, die zur Klärung und Analyse der Situation dienen, sind hingegen erwünscht. Ich werde Ihnen gleich ein Arbeitsblatt austeilen, auf dem Sie einige Beispiele für solche Fragen finden. Diese Phase sollte maximal 15 Minuten dauern.*

Im zweiten Teil der Situationsanalyse erfolgt das Feedback der Coachs. Dieses erfolgt allerdings indirekt: Die Coachs sprechen den Coachee nicht direkt an, sondern reden miteinander und tun so, als sei der Coachee gar nicht da. Die Coachs sprechen darüber, was ihnen auffällt, welche Beobachtungen sie gemacht haben, welche Hypothesen sie gebildet haben und wie es ihnen geht, wenn sie sich in den Coachee und in die anderen Beteiligten hineinversetzen. Für den Coachee ist das eine besonders spannende Phase, denn er erfährt ungefiltert, was die anderen in der Gruppe denken. Damit dies funktioniert, muss der Coachee allerdings hier der Versuchung widerstehen, nachzufragen oder mitzudiskutieren. Er darf hier nur zuhören. Dieses indirekte Feedback sollte max. fünf Minuten dauern.

In der ***dritten Phase*** *geht es um* ***Options*** *– Lösungsoptionen. Auch diese Phase gliedert sich wieder in zwei Teile: Im ersten Teil stellen die Coachs wieder alle möglichen Fragen, die diesmal darauf abzielen, Lösungsoptionen zu sammeln und zu analysieren. Einige dieser Fragen finden Sie auf dem Arbeitsblatt wieder, das ich Ihnen gleich gebe.*

Anschließend geben die Coachs wieder indirektes Feedback, indem sie sich miteinander zu den unterschiedlichen Lösungsoptionen und ihren möglichen Auswirkungen austauschen. Auch hier darf der Coachee wieder nur zuhören und nicht mitdiskutieren. Für die Phase ‚Options' stehen insgesamt 15 Minuten zur Verfügung – 10 Minuten für die Fragen und 5 Minuten für das indirekte Feedback.

In der ***vierten und letzten Phase – Way forward*** *– Umsetzung – gibt der Coachee eine Rückmeldung dazu, wo er in Bezug auf das anfangs formulierte Ziel steht. Dann geht es darum, die nächsten Schritte zu planen."*

Aufteilung in Kleingruppen

Wenn es hierzu keine Fragen gibt, leitet der Trainer die Aufteilung in Kleingruppen an. Hier empfiehlt es sich, den Teilnehmern zu ermöglichen, sich mit jenen Themen zu beschäftigen, die sie am meisten interessieren. Daher wählt der Trainer hier ein soziometrisches Vorgehen. Allerdings muss gleichzeitig gewährleistet sein, dass sich die Teilnehmer gleichmäßig verteilen.

Der Trainer bittet die Coachees, ihr jeweiliges Thema mit ein oder zwei Stichworten auf eine Moderationskarte zu schreiben und die Fragestellung ggf. kurz zu erläutern. Dann sorgt der Trainer dafür, dass die Moderationskarten mit den Themen gleichmäßig auf dem Boden verteilt werden und fordert die Teilnehmer auf: *„Bitte teilen Sie sich gleichmäßig zu den drei Themen auf."*

Thema A **Thema B** **Thema C**

Die Teilnehmer teilen sich zur Kollegialen Beratung auf die drei Themen auf – nach ihrem Interesse am Thema. Während der anschließenden Kollegialen Beratung steht der Trainer zur Verfügung, um die Kleingruppen bei Bedarf unterstützen zu können. Nachdem die Teilnehmer ihre Session in den Kleingruppen beendet haben, folgt ein kurzer Bericht im Plenum: *„Ich möchte die Coachees kurz bitten, zu sagen, was sie aus der Beratung mitgenommen haben."*

Variante

Die Auswertung der Kleingruppen-Arbeit kann auch per „Fishbowl" durchgeführt werden. Bei dieser – auch Innen-/Außenkreis-Methode genannten – Technik spricht eine Kleingruppe im Innenkreis (im „Goldfisch-Glas") miteinander, während die übrigen Teilnehmer in einem Außenkreis die Diskussion beobachten: *„Jetzt geht es darum,*

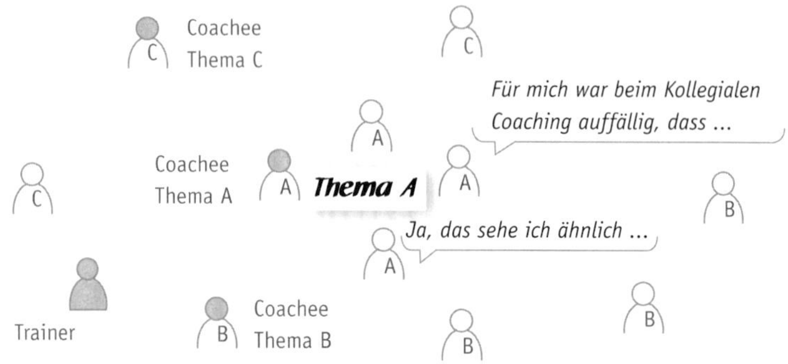

Abb.: Bei der Auswertung im Fishbowl setzen sich die Mitglieder einer Kleingruppe in die Mitte des Kreises und sprechen miteinander darüber, wie sie das Kollegiale Coaching erlebt haben. Sie tun dabei so, als seien sie unter sich.

dass jede Kleingruppe Gelegenheit hat, zu berichten, wie die Coaching-Sequenz gelaufen ist. Dazu möchte ich zunächst die Kleingruppe zum Thema A bitten, sich in einem kleinen Kreis in der Mitte zusammenzusetzen. Ich erkläre gleich, wie's weitergeht."

Sobald die Mitglieder der Kleingruppe zum Thema A im Innenkreis Platz genommen haben, wird die Instruktion fortgeführt: *„Ich möchte Sie bitten, sich innerhalb der Gruppe darüber auszutauschen, wie Sie die Coaching-Session erlebt haben. Dabei tun Sie so, als wären wir außen gar nicht da. Zunächst schildern die Coachs kurz, wie es ihnen in ihrer Rolle als Coach ergangen ist. Zum Schluss würde ich gerne vom Coachee wissen, was er von der Session mitgenommen hat."*

Hinweise

- Die Methode des Kollegialen Coachings kann gut gegen Ende eines Workshops oder Seminars den Übergang in den Alltag einleiten, in dem kein Trainer mehr zur Verfügung steht. Dass die Teilnehmer sich untereinander anhand einer strukturierten Methode beraten, kann den Boden bereiten, um sich später ggf. weiterhin zu treffen und zu relevanten Themen auszutauschen. Kollegiales Coaching kann dadurch als zentrale Methode der Personal- und Organisationsentwicklung in die Organisation getragen werden.

- Das Kollegiale Coaching bietet darüber hinaus den Vorteil, dass alle ihre Coaching-Kompetenzen trainieren können. Wenn die Session abschließend im Plenum reflektiert wird, erhalten sie noch ein Feedback, inwiefern ihr Coaching für den Coachee von Nutzen war.

Leitfaden zum Kollegialen Coaching

Nehmen Sie sich insgesamt 45 Minuten Zeit für diese Sequenz. Klären Sie untereinander, wer von den Coachs auf die Zeit und die Einhaltung der Struktur achtet. Es ist wichtig, dafür zu sorgen, dass auch für die letzten beiden Phasen noch ausreichend Zeit zur Verfügung steht. Gehen Sie beim Kollegialen Coaching anhand des GROW-Modells vor.

1. Goal – Zielvereinbarung (max. 5 Minuten)
Der Coachee formuliert sein Ziel: Was möchte er in dieser Session erreichen? Die Coachs fragen ggf. nach und überprüfen, inwiefern das Ziel klar, konkret und realistisch ist.

2. Reality – Ist-Analyse (max. 15 Minuten)
Der Coachee erläutert die Situation. Die Coachs dürfen lediglich Fragen stellen, eigene Vorschläge oder Lösungsideen sind strengstens verboten. Alle Fragen, die zur Klärung und Analyse der Situation dienen, sind erwünscht. Hier einige Beispiele zur Anregung:

- Wie ist die Situation genau?
- Worin äußert sich das „Problem"? Wann äußert es sich, wann nicht? Wann ist es anders?
- Wie ist der Verlauf? Wie war es am Anfang? Welche Veränderungen gab es? Wie ist es aktuell? Wann und wodurch traten Veränderungen auf?
- Wer ist beteiligt? Wer ist indirekt betroffen? Wenn ich die anderen Beteiligten fragen würde, wie würden sie die Situation beschreiben? Wie würden sie indirekt Beteiligte beschreiben?
- Wer hat welche Interessen? Wer hat welchen Nutzen aus der Situation?
- Was haben Sie dazu beigetragen, dass die Situation so ist, wie sie ist?

3. Options – Lösungsoptionen (max. 15 Minuten)
Diese Phase gliedert sich in zwei Teile.

I. Fragen (10 Minuten)
Die Coachs stellen Fragen, die dazu beitragen sollen, Lösungsoptionen zu sammeln und zu analysieren. Sie dürfen lediglich Fragen stellen, eigene Vorschläge oder Lösungsideen sind strengstens verboten. Alle Fragen, die zur Klärung und Analyse der Situation dienen, sind erwünscht. Hier einige Beispiele zur Anregung:

- Was haben Sie bereits unternommen, um das Problem zu lösen? Mit welchem Ergebnis?
- Was müssten Sie tun, um das Problem zu verschlimmern?
- Wenn über Nacht ein Wunder geschehen würde, wie wäre die Situation dann?

- Wer könnte Ihnen helfen?
- Angenommen, das Problem ist gelöst und Sie schauen zurück, was haben Sie als erstes getan?
- Wenn Sie später Ihren Enkeln von dem Problem erzählen, welche positiven Seiten hat es gehabt?

II. Feedback (5 Minuten)
Die Coachs sprechen miteinander über die unterschiedlichen Lösungsoptionen und mögliche Auswirkungen: Was würde aus ihrer Sicht die Situation verbessern bzw. verschlimmern? Welche Lösungsmöglichkeiten wurden ggf. übersehen, die es noch geben könnte?

II. Weiteres Feedback (5 Minuten)
Die Coachs sprechen miteinander über die Situation und schildern ihre Eindrücke, Beobachtungen und Hypothesen. Folgende Aspekte können hierbei u.a. thematisiert werden:

- Was mir auffällt.
- Welche Hypothesen ich dazu habe, wie der Coachee selbst zu der Situation beigetragen hat.
- Wie es mir geht, wenn ich mich mit dem Coachee bzw. den anderen Beteiligten identifiziere.
- Die Coachs tun in dieser Phase so, als sei der Coachee nicht anwesend. Der Coachee hingegen darf lediglich zuhören, aber keine Fragen stellen oder ins Gespräch einsteigen.

4. Way forward – Umsetzung (max. 5 Minuten)
Der Coachee schildert, wo er in Bezug auf das anfangs formulierte Ziel steht. Bei der Planung der Umsetzung können die Coachs etwa durch folgende Fragen helfen:

- Was werden Sie konkret tun?
- Was ist Ihr erster Schritt?
- Welche Hindernisse könnten auftreten und wie gehen Sie damit um?
- Wo holen Sie sich Unterstützung?
- Woran werden Sie merken, dass Sie ihr Ziel erreicht haben?
- Auf einer Skala von 0–10, wie viel Energie haben Sie für die Umsetzung?

Glossar der Interventionstechniken – und wie Sie diese im Training einsetzen

	Definition	Wie im Management-Training einsetzen?
Aufbau der Szene	Um am Thema des Coachee praxisorientiert zu arbeiten, ist es wichtig, seine subjektive Realität „in den Seminarraum zu holen". Dies geschieht, indem die jeweilige Szene mit einfachen Mitteln und Gegenständen aufgebaut wird.	*„Wo findet das Gespräch statt?", „Wie sieht es dort aus?", „Damit wir uns die Situation vorstellen können, nehmen Sie sich bitte Stühle und weitere Gegenstände und bauen sie hier auf."*
Rollen besetzen	Damit eine Situation „aus dem echten Leben" simuliert werden kann, müssen die dazu gehörenden Personen durch Rollenspieler dargestellt werden.	*„Wer ist in dieser Situation anwesend?", „Bitte wählen Sie jemand für X (Y, Z...)."* Wichtig ist, dass der Coachee die Rollenspieler bestimmt, damit die Szene für ihn „stimmig" ist.
Vorstellen im Rollentausch	Um die Rollenspieler zu instruieren und um sich in die anderen Akteure einzufühlen, übernimmt der Coachee zunächst kurz die jeweilige Rolle und demonstriert das Verhalten der betreffenden Person. Der Rollenspieler verlässt so lange seinen Platz, sodass er das Verhalten des Coachee im Rollentausch beobachten und anschließend nachahmen kann.	Zum Coachee: *„Jetzt brauchen die Rollenspieler noch Instruktionen. Deshalb möchte ich Sie bitten, kurz ihren Platz einzunehmen und sich in die jeweilige Rolle zu versetzen. Schlüpfen Sie kurz in die Rolle und stellen sie uns vor, indem Sie in der Ich-Form sprechen."*

	Definition	Wie im Management-Training einsetzen?
Eindoppeln („Instruieren"/„Briefen")	Um den Rollenspieler zu instruieren, stellt sich der Coachee hinter ihn und stellt die Person, die dieser darstellen soll, aus der Ich-Perspektive vor. Der Trainer kann ihn hierbei interviewen.	*„Damit wir ein Gefühl dafür bekommen, wie diese Person die Situation sieht, möchte ich Sie bitten, sie uns kurz vorzustellen. Bitte stellen Sie sich dazu hinter sie und schlüpfen Sie kurz in diese Rolle und stellen Sie sie vor, indem Sie in der Ich-Form sprechen."* Der Trainer interviewt den Coachee in Bezug auf die jeweilige Person und Rolle, deren Beziehung zum Coachee und ihre Einstellung zum Anliegen.
Kernbotschaft („Haupt-Statement")	Zum Schluss des Eindoppelns kann der Leiter den Coachee auffordern, die Aussagen der jeweiligen Rolle in einer Kernbotschaft – einem „Haupt-Statement" – zu verdichten. Dieses Statement bringt die (vom Coachee vermutete) Antwort der jeweiligen Person auf die Leitfrage auf den Punkt. Diese Technik wird insbesondere bei der Skulpturarbeit eingesetzt.	*„Wenn Sie nur einen ehrlichen und unverblümten Satz zu der Ausgangsfrage sagen würden, wie würde er lauten?"* Der Trainer achtet darauf, dass der Coachee jeweils eine kurze und prägnante Kernbotschaft findet. Sobald diese gefunden ist, bittet er den Rollenspieler, sie zu wiederholen und ggf. aufzuschreiben, damit er sie sich einprägen kann.
Rollenwechsel	Beim Rollenwechsel übernimmt der Coachee die Rolle einer anderen Person, ohne dass ein anderer Teilnehmer in die Rolle des Coachee schlüpft.	*„Damit wir uns besser vorstellen können, wie Person X die Situation sehen würde, schlüpfen Sie doch bitte mal in ihre Rolle. Versuchen Sie mal, sich voll und ganz in diese Rolle hineinzuversetzen und in der Ich-Form aus ihrer Perspektive zu sprechen."*
Rollentausch	Der Coachee und ein Rollenspieler tauschen wechselseitig ihre Rollen. Hierdurch kann der Coachee eine andere Perspektive übernehmen und die Wirkung des eigenen Handelns aus dieser Sicht erleben.	*„Tauschen Sie doch mal kurz die Rolle mit X, damit Sie sehen, wie die Situation aus dieser Perspektive wirkt."*
Doppeln	Beim Doppeln stellt sich der Trainer oder ein Teilnehmer hinter bzw. neben den Coachee und spricht aus dessen Rolle in der Ich-Form Gedanken und Gefühle aus, die er beim Coachee wahrzunehmen glaubt. Die gedoppelten Inhalte kann der Coachee aufgreifen und weiterentwickeln oder ablehnen. Sie dienen in jedem Falle dazu, eigene Gefühle und Interessen zu erforschen, zu erkennen und zu artikulieren.	Um das eigene Doppeln anzukündigen: *„Ich werde Sie unterstützen, indem ich mich neben Sie stelle und Ihnen Vorschläge mache, was Sie noch sagen könnten. Sie können das dann aufgreifen oder verwerfen."* Wenn die Teilnehmer doppeln sollen (zum Coachee): *„Falls Sie nicht weiterwissen, können Sie sich jemanden aus der Gruppe holen, der Sie unterstützt. Er stellt sich dann hinter Sie und sagt ein paar Sätze für Sie. Wenn Sie die stimmig finden, können Sie sie übernehmen."*
Innerer Monolog („Lautes Denken")	Der Trainer hält die Szene an und bittet den Coachee, seine Gedanken und Gefühle, die er in der echten Situation nicht geäußert hat, zu verbalisieren.	*„Denken Sie mal laut."* Anschließend fragt der Trainer nach, hört aktiv zu und doppelt. Ziel ist es, eine innere Klärung herbeizuführen, um anschließend auch nach außen hin klarer kommunizieren zu können.

	Definition	Wie im Management-Training einsetzen?
Spiegeln	Die Rolle des Coachee wird von einem Rollenspieler übernommen, der dessen Verhalten nachahmt (spiegelt). Der Coachee beobachtet die Szene von außen, sodass er sich wie in einem Spiegel beobachten kann.	Zum Coachee: *„Gehen Sie bitte raus aus der Szene und schauen sie sich von außen an. Suchen Sie sich einen Platz, von dem Sie einen guten Überblick haben."* Zum Rollenspieler („Stand-In"): *„Nehmen Sie bitte den Platz des Coachee ein und versuchen Sie, möglichst genauso zu handeln, wie er es eben getan hat."*
Entrollen	Wenn die methodische Bearbeitung beendet ist, werden alle Rollenspieler aus ihren Rollen „entlassen", was der Trainer explizit formuliert, der auch die Szene auflöst und einen Platzwechsel vornehmen lässt. Dadurch wird sichergestellt, dass sie sich bewusst von der Rolle „dis-identifizieren" und lösen.	*„Herr X, vielen Dank, dass Sie die Rolle als Y übernommen haben. Sie sind jetzt aus der Rolle entlassen und sind jetzt wieder Herr X. Nehmen Sie nun gerne wieder im Stuhlkreis Platz."*
Sharing	In der Auswertung teilen die Gruppenmitglieder eigene Erfahrungen mit, die jenen des Coachee ähneln. Dadurch erfährt der Coachee, dass er mit seinem „Problem" nicht alleine dasteht. Moreno spricht davon, dass der Coachee, der sich in der Arbeit seelisch „ausgezogen" und viel von sich gezeigt hat, im Sharing wieder „angezogen" wird.	*„Im nächsten Schritt geht die Frage an alle: Woher kennen Sie Situationen, in denen Sie Ähnliches erlebt haben wie der Coachee? Welche Aspekte können Sie teilen? Wo ist es Ihnen schon einmal ähnlich ergangen?"* Wichtig ist, dass hier keine Ratschläge gegeben werden, sondern ähnliche Erlebnisse oder Gefühle geteilt werden.
Rollen-Feedback	Die Rollenspieler schildern, wie es ihnen in ihrer Rolle ergangen ist und wie sie den Coachee aus dieser Perspektive wahrgenommen haben.	*„Welche Rückmeldungen haben Sie aus Ihren Rollen? Was ist Ihnen aufgefallen? Was möchten Sie dem Coachee aus der Perspektive der Rolle, die Sie übernommen hatten, mitteilen?"*
Beobachter-Feedback	Beim Beobachter-Feedback werden jene Teilnehmer, die nicht als Rollenspieler involviert waren, gebeten, dem Coachee ein Feedback zu geben. Dies erfolgt nach dem „Sharing" und dem „Rollen-Feedback".	*„Was ist Ihnen von außen aufgefallen?", „Welche Rückmeldungen haben Sie an den Coachee?"* Der Trainer achtet dabei konsequent auf die Einhaltung der Feedback-Regeln. Insbesondere besteht er darauf, dass Beobachtungen und keine Bewertungen zurückgemeldet werden.

4. Kapitel

Trainingssequenzen erfolgreich leiten

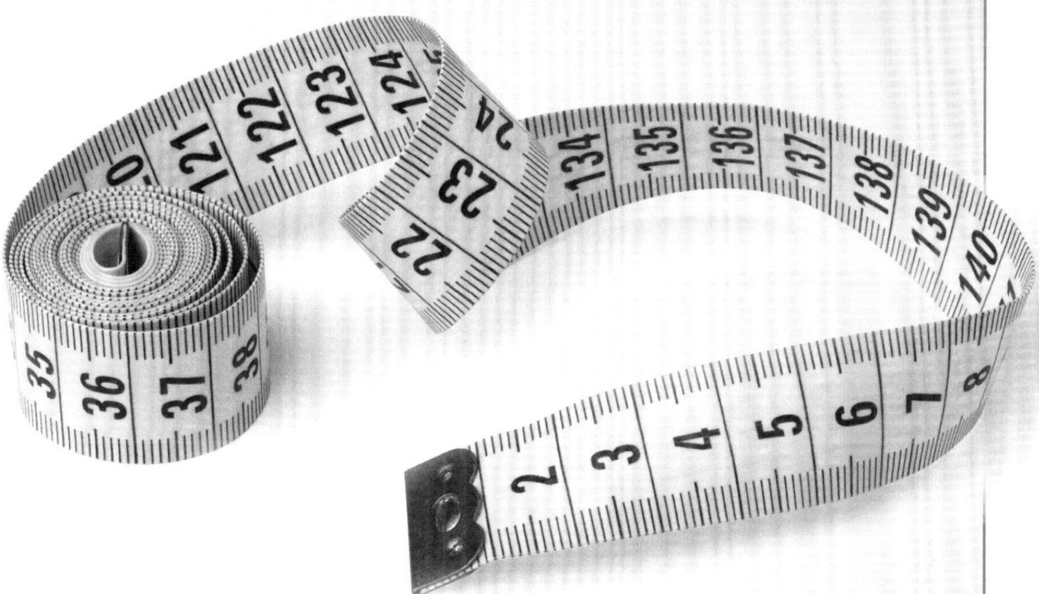

Inhalt des Kapitels

Beispiele der Teilnehmer in Trainingssequenzen aufgreifen

In Trainingssequenzen geht es wie im vorangegangenen Kapitel darum, handlungs- und praxisorientiert zu lernen. Während es in Coaching-Sequenzen jedoch um die Arbeit an individuellen Anliegen einzelner Teilnehmer geht, wird hier an Themen und Kompetenzen gearbeitet, die für alle Teilnehmer relevant sind. Beide Phasen ergänzen einander und sollten aufeinander folgen. Während es in der einen Phase darum geht, Lösungen für konkrete Herausforderungen zu finden, geht in der anderen darum, allen Teilnehmern zu ermöglichen, sich mit Situationen auseinanderzusetzen, die so oder ähnlich in ihrem Alltag auftauchen könnten und für ihre Rolle relevant sind. Auf eine Phase der Praxisberatung sollte eine weitere folgen, in der Kompetenzen, die für alle wichtig sind, trainiert werden können. Das Material für Trainingssequenzen kann sich aus verschiedenen Quellen speisen:

Material für Trainingssequenzen

1. Man kann Übungen verwenden, deren Inhalte für die jeweilige Zielgruppe nicht direkt relevant sind, die aber Kompetenzen trainieren, die im Arbeitsalltag wichtig sind. Dies ist zum Beispiel bei gruppendynamischen Übungen wie der Turmbau-Übung (s. Schmidt 2020) oder erlebnisorientierten Szenarios wie „Rohrbombe“ (s. Schmidt 2018) der Fall. Hier werden Aufgaben aus einem fremdem Kontext gestellt, in der jedoch Kompetenzen aus den Bereichen Kommunikation, Kooperation, Konfliktmanagement oder Führung beobachtet, reflektiert und weiterentwickelt werden können. Da Übungen dieser Art eher „allgemeiner Natur“ sind und es im vorliegenden Buch um maßgeschneiderte, praxisorientierte Methoden geht, sind sie hier nicht beschrieben, zumal es dazu bereits zahlreiche gute Bücher und Toolsammlungen gibt (z.B. unter *www.trainerkoffer.de*).

2. Aus der Bedarfsabfrage im Vorfeld lassen sich Rollenspiele, Szenarios und Case Studies entwickeln, die auf das jeweilige Arbeitsumfeld und die Rollen der Teilnehmer zugeschnitten sind. (Die Begriffe „Rollenspiel“, „Szenario“ und „Case Study“ erläutert eine Definition, die Sie unter den Download-Ressourcen zu diesem Buch erhalten, vgl. S. 10)

3. Aus Beispielen der Teilnehmer lassen sich im Seminar ad-hoc-Szenarios entwickeln, die genutzt werden können, um wichtige Kompetenzen zu trainieren.

Fälle und Beispielsituationen, die die Teilnehmer ins Seminar einbringen, können nicht nur im Rahmen einer – meist komplexen – Coaching-Sequenz bearbeitet werden. Man kann sie auch für kürzere Übungssequenzen gezielt erheben und nutzen. Ein paar mögliche Vorgehensweisen werden im Folgenden exemplarisch beschrieben.

Coaching-Fallbeispiele in Kleingruppen vertiefen

Ziele

- Die Teilnehmer trainieren zentrale Kompetenzen anhand eines Fallbeispiels.

Zeit

- 35 Minuten (5 Min. Instruktion, je 10–15 Min. für Rollenspiel, Auswertung und Debriefing)

Material

Keines

Überblick

- Die Gruppe teilt sich in Kleingruppen auf, sodass es in jeder Kleingruppe (mindestens) zwei Rollenspieler und einen Beobachter gibt.
- In jeder Kleingruppe wird die in der Coaching-Sequenz thematisierte Gesprächssituation durchgespielt.
- Anschließend gibt es ein Debriefing (Feedback der Rollenspieler, dann Beobachter-Feedback).
- Abschließend berichten die Beobachter kurz von Beobachtungen und Erkenntnissen aus den Kleingruppen.

Im Anschluss an eine Coaching-Sequenz, in der eine Variante des psychodramatischen Rollenspiels verwendet wurde („Rollentausch“, „Übendes Rollenspiel“, „Nachinszenierung“ oder „Stunde der Wahrheit“), kann die betreffende Fallsituation in Kleingruppen vertieft werden. Dies würde ich (nur) dann empfehlen, wenn der Fall auf viel Resonanz bei den Teilnehmern stößt, etwa weil er exemplarisch für eine immer wiederkehrende Herausforderung im beruflichen Alltag ist.

Vorgehen

Anschließend an die Coaching-Sequenz sowie ggf. einen anschließenden Input (sowie ggf. eine kurze Pause) leitet der Trainer eine Trainingssequenz in Kleingruppen an: *„Viele von Ihnen haben gesagt, dass es auch für Sie ein wichtiges Thema ist, Gehaltsgespräche mit Mitarbeitern souverän führen zu können. In der Coaching-Sequenz eben haben wir uns mit einer Situation beschäftigt, die dafür exemplarisch ist. Das könnte auch auf Sie als Führungskraft in ähnlicher Form zukommen. Also dass ein Mitarbeiter Gehaltsforderungen stellt, die Sie nicht erfüllen können, Sie aber gleichzeitig den Mitarbeiter auf keinen Fall demotivieren oder gar verlieren möchten. Deshalb möchte ich Sie einladen, das Thema ‚Gehaltsgespräche führen' anhand des Falls von Frau Meier und ihres Mitarbeiters Herrn Schmitz aufzugreifen und in Kleingruppen zu vertiefen.*

Dazu möchte ich gerne vier Kleingruppen bilden, sodass jeweils eine Person die Rolle der Führungskraft und eine die des Mitarbeiters übernimmt. Eine weitere Person fungiert jeweils als Beobachter. Bitte sprechen Sie kurz miteinander ab, wer welche Rolle einnimmt. Dann haben Sie zehn Minuten Zeit für das Rollenspiel und zehn Minuten für die Auswertung. Bei der Auswertung schildern zunächst die beiden Rollenspieler und dann der Beobachter die eigenen Beobachtungen. Der Beobachter hat auch die Aufgabe, auf die Zeit zu achten.

Lassen Sie uns zur Bildung der Kleingruppen gerade der Reihe nach bis vier abzählen, sodass sich (bei 12 Teilnehmern) vier Kleingruppen à drei Personen ergeben."

Während der Rollenspielsequenz besucht der Trainer die Kleingruppen, um sicherzustellen, dass die Gruppen das Rollenspiel durchführen und nicht nur über die Situation reden.

Wenn die Kleingruppen zurück im Plenum sind, leitet der Trainer das „Debriefing" an: *„Abschließend möchte ich die Beobachter bitten, ihre ‚Lessons learned' zu teilen."* Nachdem dies geschehen ist, fragt der Trainer, ob es noch weitere Anmerkungen und Fragen gibt, bevor er die Sequenz abschließt.

Kommunikations-Aikido bei „Killerphrasen“

Ziele

- Die Teilnehmer trainieren ihre Fähigkeit, souverän auf kritische Äußerungen und „Killerphrasen“ zu reagieren.

Zeit

- 15 Minuten

Material

Keines

Überblick

- Die Gruppe stellt sich im Kreis auf.
- Jeder Teilnehmer überlegt sich eine destruktive kritische Äußerung.
- Der Trainer erläutert kurz das Grundprinzip des Aikido, bei einem Angriff die Energie des Gegners anzunehmen und zurückzuleiten.
- Ein Teilnehmer erhält einen Ball und wirft diesen einer Person zu, an die er die destruktive Äußerung richtet.
- Die andere Person hat die Aufgabe, auf den Angriff spontan zu reagieren und den Angriff – gemäß des Prinzips des Aikido – nichteskalierend zu beantworten.
- Dies wird fortgesetzt, bis alle Teilnehmer an der Reihe waren.
- In der Reflexion wird herausgearbeitet, welche Reaktionen besonders effektiv waren.

Beispiele der Teilnehmer als „Übungsmaterial“

Die Methode „Kommunikations-Aikido“ wird im Folgenden exemplarisch für Methoden skizziert, bei denen Beispiele der Teilnehmer als „Übungsmaterial“ herangezogen werden, um bestimmte Kompetenzen zu trainieren.

Hier geht es darum, spontan und flexibel auf Angriffe zu reagieren. Hierzu wird das Prinzip der betont defensiven japanischen Kampfsportart Aikido genutzt: Der Angriff des Gegners wird „willkommen geheißen“ und die Energie des Angriffs für die eigene Reaktion genutzt. Mit dieser Methode kann ein weitverbreitetes Anliegen von Teilnehmern in Kommunikations- oder Rhetorik-Seminaren auf spielerische Art bearbeitet werden: mit unerwarteten Angriffen souverän umgehen zu können.

Vorgehen

Der Trainer erläutert Ziel und Nutzen der Übung: „*In der folgenden Sequenz geht es darum, möglichst souverän auf Angriffe von anderen reagieren zu können. Jeder von uns kennt Situationen, in denen man von einer kritischen Bemerkung, einem zynischen Spruch oder einem Totschlagargument überrascht wird. Oft ist man dann erst einmal perplex und sprachlos. Hinterher ärgert man sich, dass man dem Angriff nichts entgegengehalten hat. Natürlich fallen einem – wenn der Angreifer längst von der Bildfläche verschwunden ist – die besten Erwiderungen ein. Aber dann ist es zu spät. Deshalb geht es jetzt darum, die eigene Spontaneität und Flexibilität im Umgang mit solchen Angriffen zu trainieren, um sofort handlungsfähig zu sein und auf Angriffe souverän reagieren zu können. Bitte stehen Sie dazu auf und bilden Sie einen Kreis.*"

Eine destruktive Äußerung überlegen

Im nächsten Schritt muss sich jeder Teilnehmer ein Beispiel ausdenken: „*Nehmen Sie sich jetzt einen Moment Zeit, sich eine destruktive Äußerung zu überlegen. Vielleicht eine, die Ihnen mal an den Kopf geschleudert wurde oder eine, die Sie mal gehört haben. Oder eine, die Sie selbst mal gedacht, aber lieber doch nicht ausgesprochen haben. Es können typische Killerphrasen sein wie ‚Das haben wir noch nie gemacht', ironische Sticheleien wie ‚Wie lange sind Sie eigentlich dabei, dass Sie glauben, hier mitreden zu können?' oder direkte Angriffe wie ‚Denken Sie doch erst mal nach, bevor Sie reden'.*"

Manchmal kann es etwas dauern, bis alle Teilnehmer ein Beispiel gefunden haben. Dann kann der Trainer dennoch fortfahren, indem er darauf hinweist, dass ihnen wahrscheinlich noch ein Beispiel einfallen wird, wenn die Übung läuft (was tatsächlich fast immer der Fall ist).

Grundprinzip: Die Energie zurückleiten

Im nächsten Schritt geht es darum, das Grundprinzip des Aikido und die Vorgehensweise bei der Übung zu erläutern: „*Gleich werden Sie die Aufgabe haben, auf die Angriffe spontan zu reagieren. Dafür kann es hilfreich sein, wenn Sie ein Prinzip aus dem Aikido anwenden. Aikido ist eine japanische Kampfsportart, die sich auf die Abwehr von Angriffen spezialisiert hat. Im Aikido gibt es keine Angriffstechniken, sondern lediglich Techniken zur Verteidigung gegen einen Angriff. Dabei wird die Energie des Angriffs für die eigene Reaktion genutzt, um sie auf den Angreifer zurückzuleiten, ohne ihn zu verletzen. Statt den Angriff an sich abprallen zu lassen – sich also ‚hart' zu machen – weicht man erst einmal zurück und heißt den Angriff sogar innerlich willkommen. Dann nutzt man die Energie des Angriffs für die eigene Reaktion.*

Für den Umgang mit verbalen Angriffen heißt dies: Ich akzeptiere den Angriff, statt mich aufzuregen. Statt mich anzuspannen, atme ich erst einmal durch, bleibe gelassen und gebe beim Ausatmen eine Replik auf den Angriff. Das kann eine Gegenfrage sein. Man kann eine humorvolle Bemerkung machen, mit der man sich selbst oder auch den Angreifer ‚auf den Arm nimmt'. Oder man gibt eine kurze, prägnante, bewusst sachliche Erwiderung zurück.

Bei dieser Übung setzen wir dieses Prinzip auch körperlich um, um es zu verinnerlichen und zu üben: Wenn wir angegriffen werden, treten wir einen Schritt zurück, holen tief Luft und mit dem Ausatmen geben wir eine Replik zurück."

Ein Beispiel geben

Es kann hilfreich sein, das Vorgehen anhand eines Beispiels zu erläutern: *„Mal angenommen, ich erhalte die Botschaft ‚Das haben wir noch nie gemacht'. Statt mich zurückzuziehen oder aggressiv zu werden, reagiere ich folgendermaßen: Ich trete zunächst einen Schritt zurück und atme ein. Dann trete ich wieder nach vorne, atme aus und gebe eine Antwort, zum Beispiel ‚Wie schön, dann ist es jetzt ja das erste Mal'. Oder ich sage einfach ‚Na und?'.*

Es geht also nicht darum, eine besonders brillante Erwiderung zu geben, sondern auf die eigene spontane Reaktion zu vertrauen."

Ball zur Strukturierung einsetzen

Um die Übung zu strukturieren, kann der Trainer einen Ball einsetzen, damit klar ist, wer jeweils an der Reihe ist. *„Die Übung funktioniert folgendermaßen. Wer den Ball hat, kann seine destruktive Äußerung machen. Anschließend wirft man den Ball jemanden zu, der darauf reagieren muss."*

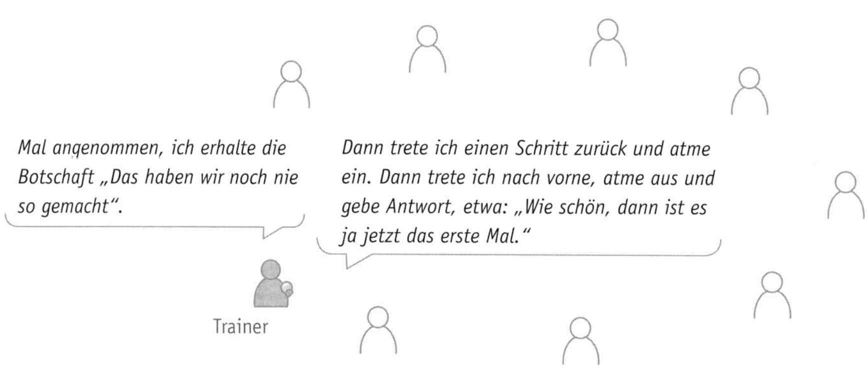

Abb.: Die Seminarleitung erläutert das Vorgehen anhand eines Beispiels.

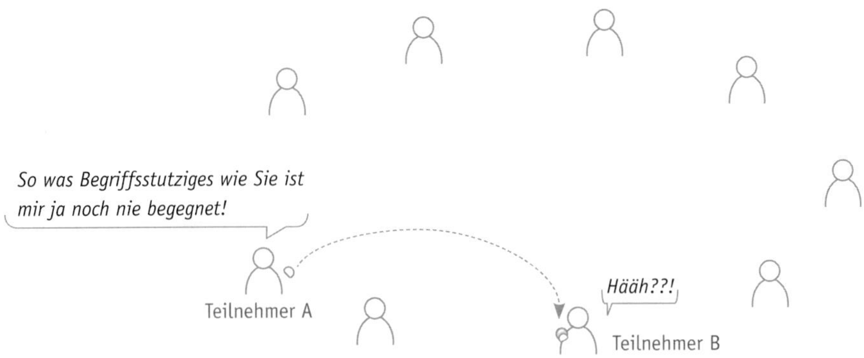

Abb.: Teilnehmer A macht die destruktive Äußerung und wirft dann den Ball zu Teilnehmer B, der auf die Äußerung reagieren muss.

Dann kann der Trainer das „Spiel“ eröffnen. Dazu kann er entweder selbst seinen „Angriff“ starten und einem Teilnehmer den Ball zuwerfen. Oder er kann die Eröffnung einem Teilnehmer überlassen: *„Wer mag mit einer destruktiven Bemerkung beginnen?“*

Der Trainer übergibt den Ball und achtet darauf, dass der „Angreifer“ zunächst den Satz sagt und dann den Ball dem Empfänger zuwirft. Der Empfänger darf sich bei seiner Replik bewusst Zeit lassen. Der Trainer achtet darauf, dass der Empfänger die „Regeln“ einhält: Schritt zurück treten, einatmen – dann ausatmen und antworten.

Dem ersten Impuls vertrauen

Falls sich Teilnehmer bei der Replik des Angriffs schwertun, kann der Trainer sie ermuntern: *„Es geht einfach darum, irgendetwas zu erwidern. Bleiben Sie ruhig bei dem ersten Impuls, den Sie haben. Es muss überhaupt nichts Besonderes sein.“*

Im Laufe der Übung kann es schwer werden, den Überblick zu behalten, wer schon an der Reihe war. Dann kann der Trainer folgendermaßen für Klarheit sorgen: *„Wenn Sie den Ball schon bekommen haben, verschränken Sie Ihre Arme bitte auf dem Rücken.“*

Wenn alle Teilnehmer an der Reihe waren, leitet der Trainer zur Reflexion über, etwa mit folgenden Fragen:

Fragen zur Reflexion

- *„Was ist Ihnen aufgefallen?“*
- *„Welche Reaktionen waren besonders effektiv? Warum?“*
- *„Was können wir schlussfolgern für den Umgang mit Angriffen?“*

Die wichtigsten Punkte, die während der Reflexion von den Teilnehmenden genannt werden, können gegebenenfalls auf einem Flipchart festgehalten werden.

Hinweise

Fehlerfreundliche Kultur schaffen

- Bei dieser Übung ist es wichtig, zu betonen, dass es keine „falschen" Reaktionen gibt. Ansonsten entsteht schnell ein Leistungsdruck, besonders originell oder schlagfertig sein zu müssen, was mögliche Handlungsblockaden nur verstärkt. Stattdessen geht es darum, dem ersten Impuls zu vertrauen – ein Prinzip, das auch im Improvisationstheater und im Theatersport eine wichtige Rolle spielt.
- Die Übung kann gut auch mehrfach innerhalb eines Seminars als Auflockerungsübung eingesetzt werden. Sie macht den Teilnehmern meist viel Spaß – sicher auch deshalb, weil sie erlaubt, sich mal „richtig destruktiv" verhalten zu können.

Varianten

- Natürlich kann man die Session auch ohne den Verweis auf Aikido leiten und einfach die Beispiele der Teilnehmer nutzen, um verschiedene Reaktionsmöglichkeiten auf Angriffe und destruktive Bemerkungen zu erproben.

- Das Prinzip, kurze Praxisbeispiele von Teilnehmern zu erheben und diese dann für eine kurze Übungssequenz zu verwenden, lässt sich auch für andere Themen gut nutzen. So kann man die Teilnehmer etwa bitten, eine kurze Situation zu beschreiben, in der man kritisches Feedback geben könnte. Diese Situation wird dann kurz beschrieben und ein anderer Teilnehmer hat die Aufgabe, das Feedback zu formulieren. Anschließend wird kurz reflektiert, wie das Feedback „ankommt". Anschließend können weitere Teilnehmer alternative Formulierungen ausprobieren, bevor das nächste Beispiel genutzt wird. Auch hier empfiehlt sich, im Stehen zu arbeiten und bewusst das Tempo hoch zu halten, damit die Übung einen experimentellen Charakter gewinnt und dazu ermuntert, etwas im geschützten Rahmen auszuprobieren, um daraus lernen zu können.

Mini-Cases vorbereiten und einsetzen

Spezifische Handlungskompetenzen trainieren

Mit dem Begriff „Mini-Case“ sind kurze Fallstudien gemeint, die aus einer sehr prägnant dargestellten Situationsbeschreibung oder sogar nur einem Satz bestehen. Im Unterschied zu klassischen Case Studies, die üblicherweise theoretisch diskutiert werden, werden diese Mini-Cases handlungsorientiert eingesetzt. Die Teilnehmer werden also in irgendeiner Form dazu aufgefordert, sich auf ein kurzes Rollenspiel einzulassen. Im Unterschied zum „richtigen“ Rollenspiel – wie es anschließend behandelt wird (s. 270 ff.) – gibt es jedoch keine längere Interaktion. Vielmehr wird nur ein Ausschnitt aus einer Interaktion herausgegriffen, um spezifische Handlungskompetenzen isoliert trainieren zu können.

Die Mini-Cases müssen vor Beginn des Trainings auf der Basis von Befragungen der Teilnehmer und ihrer Stakeholder gewonnen werden (vgl. erstes Kapitel S. 22 ff.). Sie bilden kritische Situationen ab, die für die Teilnehmer relevant sind. Im Folgenden finden Sie hierfür zwei Anwendungsbeispiele. In der ersten Durchführungsversion geht es um etwas komplexere Situationen zum Thema „Feedback geben“, während im zweiten Anwedungsbeispiel zum Thema „Auf den Gesprächspartner eingehen“ (ab S. 264) nur einzelne Sätze verwendet werden.

Weitere Anwendungsbeispiele von Mini-Cases sind beispielsweise die Themen „Einwandbehandlung“ sowie der „Umgang mit Widerständen bei Veränderungsprozessen“ oder „Störungen in Besprechungs- oder Präsentationssituationen“. Der Vorteil der Methode ist, dass sie schnell und effizient durchführbar ist, ein hohes Aktivitätsniveau erzeugt und anschließend gemeinsam ausgewertet und durch einen Input ergänzt werden kann.

Konstruktiv Feedback geben

Ziele

- Die Teilnehmer trainieren die Fähigkeit, kritisches Feedback konstruktiv anzusprechen.

Zeit

- 40 Minuten (10 Min. Instruktion, 15 Min. Kleingruppenarbeit, 10 Min. Auswertung, 5 Min. Puffer)

Material

- Drei Fallstudien (stehen als Download-Ressource zur Verfügung), Flipchart mit Instruktionen

Überblick

- Der Trainer erarbeitet mit den Teilnehmern Kriterien konstruktiven Feedbacks und stellt einen entsprechenden Leitfaden vor (WWW-Modell).
- Die Teilnehmer finden sich in Kleingruppen zu dritt zusammen (A, B und C) und erhalten ein Arbeitsblatt mit drei Mini-Case-Studies.
- A gibt das Feedback, B empfängt es und C beobachtet und strukturiert die Auswertung, anschließend wird gewechselt, bis alle Teilnehmer jede Rolle einmal übernommen haben.

Die folgenden Mini-Case-Studies dienen dazu, die Feedback-Kompetenzen der Teilnehmer zu trainieren. Sie beziehen sich auf Situationen, in denen Feedback in alle Richtungen gegeben werden muss (zu Mitarbeitern, Kollegen und zum Vorgesetzten). Dadurch können anschließend auch Unterschiede zum Führen nach „Unten", „Oben" und zu „Peers" thematisiert werden. Von daher eignen sich diese Szenarios insbesondere für die Arbeit mit Führungskräften der unteren und mittleren Ebene.

Vorgehen

Bevor die Mini-Case-Studies eingesetzt werden, ist es hilfreich, zunächst Kriterien konstruktiven Feedbacks zu sammeln: *„Was macht aus Ihrer Sicht konstruktives Feedback aus? Wie muss es gegeben werden, damit es hilfreich ist?"*

Dies kann – entweder in Kleingruppen oder im Plenum – auf Flipcharts gesammelt werden. Die von den Teilnehmern genannten Punkte kann der Trainer durch einen praktischen Leitfaden ergänzen, wie etwa das „WWW-Modell" (Schmidt 2018). „WWW" bezieht sich auf „Wahrnehmung", „Wirkung" und „Wunsch".

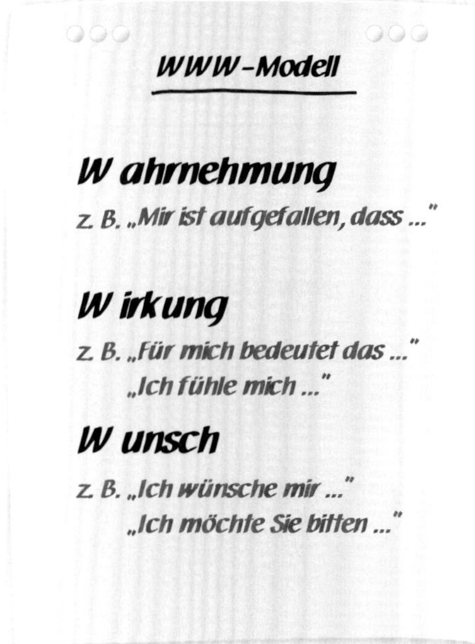

Abb.: Das WWW-Modell unterstützt konstruktives Feedback und wird auf einem Flipchart vorgestellt.

Wahrnehmung: Um konstruktiv Feedback zu geben, ist es hilfreich, mit der eigenen Wahrnehmung, der eigenen Sichtweise, zu beginnen und möglichst konkret – ohne Verallgemeinerungen und ohne Bewertungen – zu beschreiben, was man gesehen und gehört hat.

Wenn sich die Führungskraft etwa darüber ärgert, dass der Mitarbeiter stets zu einer sehr frühen Uhrzeit die Firma verlässt und dadurch für Kundenanrufe, die sich nach dieser Zeit häufen, nicht mehr zur Verfügung steht, kann sie den Einstieg folgendermaßen wählen: *„Mir ist aufgefallen, dass Sie meistens um 16 Uhr nach Hause gehen."*

Wirkung: Anschließend ist es sinnvoll, die Wirkung auf die eigene Person oder ggf. auch auf andere deutlich zu machen. Dies kann sowohl Sachverhalte umfassen als auch Gefühle der eigenen Person. Hier geht es darum, transparent zu machen, welche Beeinträchtigungen durch den Konflikt hervorgerufen werden.

Die Führungskraft in unserem Beispiel könnte etwa sagen: *„Für die Kunden bedeutet das, dass sie Sie nicht erreichen können und ihr Anliegen nicht gelöst wird. Viele Anrufe werden dann an mich weitergeleitet, allerdings kann ich den Kunden oft nicht weiterhelfen und bekomme dann den Ärger der Kunden ab. Das ist für mich frustrierend und für die Kunden auch."*

Wunsch: Schließlich geht es darum, die eigenen Wünsche und Bedürfnisse zu formulieren, etwa: *„Mir ist wichtig, dass Sie künftig länger bleiben."*

Im nächsten Schritt muss der Monolog zum Dialog werden. Es geht darum, die Sichtweise des anderen zu erfragen und zu verstehen, bevor eine Lösung gefunden werden kann.

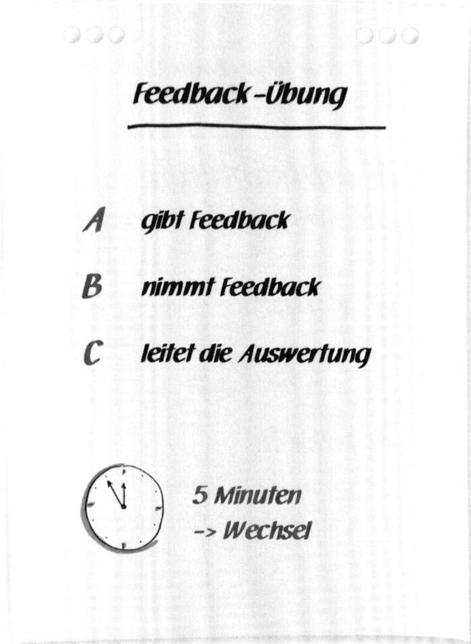

Abb.: Das Flipchart zeigt die Instruktionen zur Feedback-Übung mit Mini-Cases.

Dann kann die eigentliche Übung beginnen. Dazu werden Kleingruppen à drei Personen gebildet – etwa durch Abzählen (bei zwölf Teilnehmern muss entsprechend bis vier durchgezählt werden, um vier Gruppen mit jeweils drei Personen zu erhalten). Wenn sich die Kleingruppen zusammengefunden haben, teilt der Trainer die Szenarios aus und leitet die Übung an: *„Im nächsten Schritt gebe ich Ihnen ein paar kurze Szenarios an die Hand, in denen es darum geht, konstruktives Feedback zu geben. Sie können dazu den WWW-Feedback-Leitfaden verwenden. Sie werden in Kleingruppen zu dritt arbeiten. A ist der Feedback-Geber, B der Empfänger und C der Beobachter."*

„Auf Ihrem Arbeitsblatt finden Sie drei Szenarios, in denen es darum geht, kritisches Feedback konstruktiv zu formulieren (s. rechts). *Für jedes Szenario haben Sie fünf Minuten Zeit. Jeder ist einmal A, B und C. A versetzt sich in die Situation desjenigen, der Feedback gibt und adressiert sein Feedback an B, der sich in die Lage des Feedback-Empfängers versetzt. B kann entsprechend aus dieser Rolle nachfragen oder kurz reagieren. Allerdings soll kein längerer Dialog entstehen. Es geht im Wesentlichen darum, das Feedback anzusprechen. Dabei kann A das WWW-Schema verwenden, das ich gerade vorgestellt habe.*

Anschließend leitet C die Auswertung an. Dabei hat zunächst B Gelegenheit zu sagen, wie das Feedback angekommen ist und wie er oder sie darauf reagiert hätte. Dann kann C seine Beobachtungen schildern; also gewissermaßen Feedback zum Feedback geben. C hat auch die Aufgabe, auf die Zeit zu achten. Nach fünf Minuten gebe ich Ihnen ebenfalls ein Signal, zu wechseln. "

Wenn keine Fragen bestehen, verteilt der Trainer die Szenarios und lässt die Übung laufen. Er achtet darauf, dass die Teilnehmer die Übungen tatsächlich durchführen und nicht nur über die Situationen sprechen. Nach fünf Minuten gibt er das Signal, die Rollen zu wechseln.

Mini-Case-Studies „Feedback-Geben"

Fall 1: Feedback an einen Kollegen oder eine Kollegin
Sie haben kürzlich Ihrem Kollegen Stefan Stumm erzählt, dass Sie in drei Monaten eine neue Stelle in Asien übernehmen werden. Mit Ihrem Kollegen verbindet Sie ein vertrauensvolles Verhältnis, deshalb haben Sie nur ihm diese Neuigkeit anvertraut – außer Ihrem Chef, der selbstverständlich informiert ist. Sie waren fest davon ausgegangen, dass diese Information von Ihrem Kollegen vertraulich behandelt wird. Schließlich möchten Sie den Kollegen, mit denen Sie eng zusammengearbeitet haben, selbst Bescheid geben. Da Sie momentan ein wichtiges Projekt zum Abschluss bringen müssen, wäre es Ihnen nicht recht, wenn sich Ihr baldiger Abschied herumspricht. Schließlich könnte es dann leicht passieren, dass Sie an Autorität einbüßen und Ihre Anweisungen nicht mehr ohne Weiteres befolgt werden. Nun sprach Sie jedoch Frau Schwatz heute Morgen darauf an und gratulierte Ihnen zum neuen Job. Sie waren völlig perplex, zumal Frau Schwatz dafür bekannt ist, dass sie nichts für sich behalten kann. Sie sind enttäuscht, dass Ihr Kollege seinen Mund offensichtlich nicht halten konnte.

Fall 2: Feedback an einen Mitarbeiter oder eine Mitarbeiterin
Herr Marko Maurer ist eigentlich ein leistungsstarker Mitarbeiter, der fachlich sehr versiert ist, strukturiert und gewissenhaft seine Arbeit erledigt. Defizite stellen Sie dagegen in puncto Kundenservice fest. Herr Maurer wirkt am Telefon manchmal kurz angebunden und verwendet des Öfteren Reizformulierungen wie „Da hätten Sie sich früher melden sollen" oder „Das habe ich Ihnen doch vorhin schon erklärt", die nicht dem Standard entsprechen, den Ihr Unternehmen in Puncto Kundenservice bieten möchte. Außerdem wickelt er Kundenanfragen häufig lieber schriftlich ab, statt Kunden anzurufen, was nachgewiesenermaßen die Kundenbindung stärkt und deshalb das bevorzugte Medium im Umgang mit Kunden sein sollte. Das alles ist längst in einer Policy geregelt, die für alle Mitarbeiter verbindlich gilt. Hier möchten Sie ihm ein klares Feedback geben und eine Verhaltensänderung bewirken.

Fall 3: Feedback an den Vorgesetzten oder die Vorgesetzte
In den regelmäßigen Besprechungen mit Ihrem Chef haben Sie oft den Eindruck, dass er nicht ganz bei der Sache ist. Oft arbeitet er noch am PC, wenn Sie pünktlich den Raum betreten und lässt Sie gute fünf Minuten warten, selbst wenn Sie anbieten, später noch mal wiederzukommen. Auch die Besprechungen selbst werden öfter unterbrochen, weil er immer wieder versäumt, das Telefon umzustellen. Dabei wäre es kein Problem, auf Ihren Stellvertreter umzustellen. So aber werden Sie immer wieder im Gespräch unterbrochen und sitzen untätig herum. Das ist gerade bei dem enormen Arbeitsdruck, der im Moment herrscht, problematisch. Außerdem haben Sie den Eindruck, dass Ihre Arbeit wohl nicht so wichtig ist, zumal Ihr Chef während der Gespräche aufs Smartphone schaut, was Sie wirklich unhöflich finden.

Auf den Gesprächspartner eingehen

Ziele

- Die Teilnehmer trainieren ihre Fähigkeit, aktiv zuzuhören und auf die Gefühle und Bedürfnisse ihrer Gesprächspartner einzugehen.

Zeit

- 25 Minuten (5 Min. Instruktion, 15 Min. Übung im Plenum, 5 Min. Puffer)

Material

- Flipchart „Aktives Zuhören", Mini-Cases mit prägnanten Sätzen auf jeweils einem Zettel (auch als Download-Ressource)

Überblick

- Der Trainer erläutert die Technik des Aktiven Zuhörens.
- Anhand eines Beispiels übt er das Aktive Zuhören zusammen mit der Gruppe.
- Die Teilnehmer stellen sich im Kreis auf. Jeder erhält einen Zettel, auf dem eine kritische Äußerung eines Mitarbeiters steht.
- Ein Teilnehmer liest jeweils eine Äußerung vor, auf die ein anderer aktiv zuhörend reagieren muss.

Die folgende Übung dient dazu, die Fähigkeit zum Aktiven Zuhören zu trainieren. Beim Aktiven Zuhören geht es darum, die Kernaussagen des Gesprächspartners so zusammenzufassen, dass sich dieser verstanden fühlt. Die höchste und anspruchsvollste Ebene des Aktiven Zuhörens ist die des „Empathischen Verstehens", bei dem Gefühle und Bedürfnisse, die nicht explizit geäußert werden, „zwischen den Zeilen" heraus gehört und so zurückgespiegelt werden, dass sich der Gesprächspartner emotional verstanden fühlt. In „Kommunikationstrainings erfolgreich leiten" (Schmidt 2020) ist der entsprechende Input zu finden.

Vorgehen

Die Seminarleitung erklärt: *„In der folgenden Übung geht es darum, die Fähigkeit zu trainieren, auf die Gefühle des Gegenübers einzugehen, indem ich sie benenne und spiegele.*

Ein Beispiel: Mein Kollege hat mir etwas anvertraut. Mir war nicht klar, dass ich das für mich behalten sollte und ich habe anderen Kollegen davon erzählt. Nun ist er sehr verärgert und sagt mir das sehr deutlich mit den Worten: ‚Sag mal, warum musstest Du das denn weitererzählen? Kannst Du nichts für Dich behalten?'

Die Gefahr ist groß, dass ich mich rechtfertige, nach dem Motto: ‚Du hättest mir sagen müssen, dass das geheim war, woher sollte ich das wissen!?' Das wird die Verärgerung des Kollegen vermutlich steigern.

Wenn es mir dagegen gelingt, die Gefühle zu benennen und zurückzuspiegeln, könnte ich etwa sagen: ‚Dir ist es richtig unangenehm, dass die Kollegen das erfahren haben.' – Oder: ‚Du bist ganz schön sauer, dass ich das weitererzählt habe.' Wahrscheinlich wird der Kollege das bejahen und – gerade wenn ich mich evtl. noch entschuldige – das Gefühl haben, dass ich verstanden habe, worum es ihm geht."

Anschließend leitet der Trainer zu einem Beispiel über, das er mit allen Teilnehmern erarbeitet, um die Gruppe auf die anschließende Übung vorzubereiten: *„Stellen Sie sich vor, ein langjähriger, verdienter Mitarbeiter steht in Ihrem Zimmer. Er lässt folgende Bemerkung fallen: ‚Bei Ihnen werden auch nur neue Mitarbeiter gefördert! Bei uns Älteren ist es ja selbstverständlich, was man leistet.'*

Wie könnten Sie nun aktiv zuhören und seine Gefühle und Bedürfnisse spiegeln?"

Der Trainer sammelt einige Beispiele und diskutiert anschließend, welche Reaktionen stimmig sind: *„‚Sie sind enttäuscht', ist eine Möglichkeit, zu antworten, weil diese Äußerung das Gefühl des Mitarbeiters vermutlich auf den Punkt bringt. ‚Sie wünschen sich, besser gefördert zu werden' wäre auch passend, weil man damit auf die Wünsche und Bedürfnisse des Mitarbeiters eingeht."*

Dann leitet der Trainer zur Übung „Aktives Zuhören" über: *„Lassen Sie uns nun einen Schritt weitergehen. Ich möchte Sie einladen, Ihre Fähigkeit, aktiv zuzuhören, anhand von möglichen Mitarbeiter-Äußerungen zu trainieren. Wie im Alltag auch, sind Sie gefordert, spontan zu reagieren und die Gefühle und Bedürfnisse herauszuhören und zurückzuspiegeln. Dazu möchte ich Sie bitten, aufzustehen und sich im Kreis aufzustellen."*

Sobald dies geschehen ist, erhält jeder Teilnehmer einen Zettel, auf dem eine kritische Mitarbeiter-Äußerung steht (s. S. 267, steht auch als Download-Ressource zur Verfügung).

Dann instruiert der Trainer die Übung: *„Ich möchte Sie nun bitten, nacheinander Ihren Satz vorzulesen und sich in die Rolle des Mitarbeiters zu versetzen, der diesen Satz sagt. Vergegenwärtigen Sie sich, welche Gefühle und Bedürfnisse Sie in dieser Rolle haben und bringen Sie das in der Art und Weise, wie Sie Ihren Satz sagen, zum Ausdruck."*

Wenn Sie den Satz vorgelesen haben, fordern Sie einen anderen Teilnehmer auf, darauf mit Aktivem Zuhören zu reagieren. Anschließend geben Sie ein Feedback, inwiefern Sie sich richtig verstanden gefühlt haben. Wenn Sie sich nicht optimal verstanden fühlen, können andere einen weiteren Versuch wagen. Alles klar?"

Dann kann es losgehen. Der erste Seminarteilnehmer (Teilnehmer 1) liest seinen Satz vor und wählt dann jemand aus, der darauf reagieren soll (Teilnehmer 2).

Falls Teilnehmer 1 das Aktive Zuhören als nicht (oder nicht völlig) stimmig empfindet, können andere Teilnehmer weitere Versuche unternehmen, die Gefühle von Teilnehmer 1 zurückzuspiegeln. Sobald Teilnehmer 1 sich „emotional verstanden" fühlt", geht es weiter. Teilnehmer 2 sagt seinen Satz und bittet den nächsten Teilnehmer, darauf einzugehen. Dies wird so lange fortgesetzt, bis alle Teilnehmer an der Reihe waren.

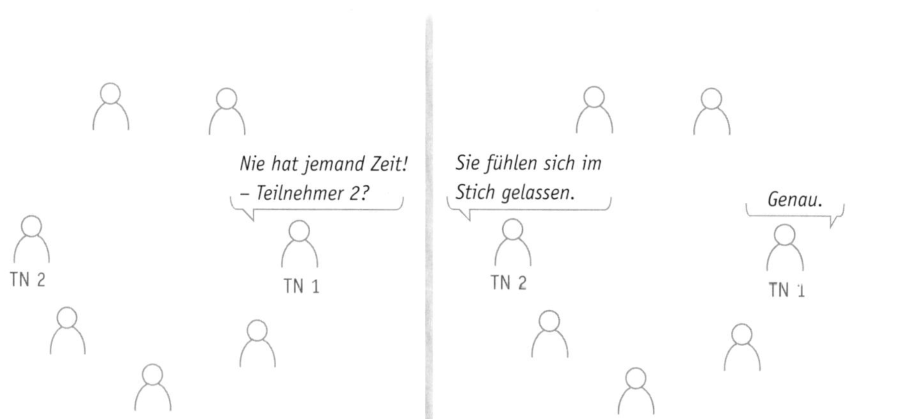

Abb.: Bei der Übung „Auf den Gesprächspartner eingehen" trägt ein Teilnehmer ein Mini-Case vor (in diesem Fall nur einen Satz), in dem eine Emotion mitschwingt. Ein anderer Teilnehmer hat die Aufgabe, diese Emotion herauszuhören und zurückzuspiegeln.

Mini-Case-Übung „Auf den Gesprächspartner eingehen"

- Ich frage mich, warum ständig in meine Kompetenzen eingegriffen wird. Meine Arbeit muss wohl so schlecht sein, dass man mich nichts alleine machen lässt.
- Es wäre ja schön, auch mal ein Feedback zu bekommen, aber solange nicht gemeckert wird, gehe ich mal davon aus, dass schon alles in Ordnung ist.
- Es ist vielleicht nicht nachvollziehbar, was für eine Arbeit in diesem Konzept steckt. Das kann man sich wahrscheinlich nicht vorstellen, wie aufwendig das ist, wenn man sich nicht selbst damit beschäftigt hat.
- Es kommt immer mehr und mehr Arbeit dazu, aber wie wir das schaffen sollen, interessiert keinen.
- Bei uns verlaufen solche Initiativen ohnehin immer im Sande. Da ist es ja vergebliche Liebesmüh, sich in dieser Sache zu engagieren.
- Es wäre ja schön, wenn man in den Besprechungen auch mal was sagen könnte.
- Es wäre ja schön gewesen, wenn man auch mal mit eingebunden wird, aber offensichtlich ist das hier nicht gefragt.
- Wenn mal was schiefläuft, ist hier gleich der Teufel los, aber dass meistens alles perfekt funktioniert, bemerkt nie jemand.
- Nie hat jemand Zeit. Erklärt bekomme ich nichts, aber wehe, wenn was schiefgeht!
- Wenn Sie mich gefragt hätten, wäre das nicht passiert. Aber wer fragt mich schon?
- Es wäre ja schön, wenn sich mal jemand für uns einsetzen würde und nicht alle nur dem Chef nach dem Mund reden würden. Aber für uns setzt sich ja nie jemand ein. Wir dürfen immer nur umsetzen.
- Es wäre ja schön, wenn man auch mal persönlich informiert werden würde. Aber das hält wohl niemand für nötig.
- Immer werden nur die einfachsten Tätigkeiten an mich delegiert und die interessanten Projekte bekommen andere.
- Sie sind ja ständig unterwegs. Für die trivialen Aufgaben, die mich beschäftigen, haben Sie ja keine Zeit! Es gibt offenbar Wichtigeres zu tun.

Mini-Cases kritischer Mitarbeiter-Äußerungen für die Übung „Auf den Gesprächspartner eingehen“

Bei dieser Übung gibt es keine vorgefertigten „richtigen“ und „falschen“ Lösungen. Der Sender entscheidet, ob der Empfänger die Gefühle und Bedürfnisse, die in der Äußerung mitschwingen, richtig herausgehört und zurückgespiegelt hat. Im Folgenden werden mögliche Formulierungen vorgeschlagen, die passend sein könnten:

Hinweise

- Da bei dieser Übung leicht ein erheblicher Leistungsdruck entstehen kann, sollte der Trainer versuchen, diesen zu mindern, zum Beispiel mit den folgenden Worten: „Auch wenn Sie mit dem Benennen des Gefühls danebenliegen, macht das nichts, weil der andere dies dann korrigieren kann und auch dadurch eine Klärung stattfindet.“

- Ein Input, der im Zusammenhang mit dieser Übung hilfreich sein kann, bezieht sich auf die NLP-Technik des „Pacing“. Pacing lässt sich übersetzen durch „in gleichem Schritt mit jemand gehen“. Dabei geht es darum, sich beim Zuhören voll auf den anderen und dessen Energie-Level einzustellen und dieses auch nonverbal zu „spiegeln“. Durch dieses „Angleichen“ wird es noch wahrscheinlicher, dass sich der andere – auch emotional – verstanden fühlt.

- Die hier beschriebene Übung findet sich in ähnlicher Form bereits in „Konfliktmanagement-Trainings erfolgreich leiten“ (Schmidt 2018). Im vorliegenden Buch habe ich sie um weitere Mini-Cases und um Beispiele passenden Aktiven Zuhörens für jedes Szenario ergänzt.

Mini-Case-Übung „Auf den Gesprächspartner eingehen“ – mögliche Lösungen

- Sie fühlen sich kontrolliert. Sie wünschen sich mehr Vertrauen. Sie haben den Eindruck, dass ich Ihre Arbeit nicht zu schätzen weiß.

- Ihnen fehlt die Wertschätzung. Sie sind unsicher, was ich von Ihrer Arbeit halte. Sie wünschen sich regelmäßigere Rückmeldung.

- Niemand scheint zu bemerken, wie hart Sie eigentlich gearbeitet haben. Sie haben sich so sehr engagiert und haben das Gefühl, keinerlei Anerkennung dafür zu bekommen.
- Sie fühlen sich völlig überlastet. Sie haben den Eindruck, dass ich Ihre Arbeitsbelastung gar nicht wahrnehme.
- Sie sind frustriert, dass Sie sich vergeblich so sehr engagiert haben. Sie wünschen sich mehr Unterstützung.
- Sie möchten sich aktiv beteiligen können. Sie sind ärgerlich, dass Sie kaum zu Wort kommen.
- Sie fühlen sich übergangen. Sie sind frustriert, dass Sie sich nicht einbringen konnten. Sie möchten künftig miteinbezogen werden.
- Sie finden die Kritik überzogen und haben das Gefühl, dass das Positive gar nicht wahrgenommen wird. Sie wünschen sich, dass ich es anerkenne, was Sie und die Kollegen hier leisten.
- Sie fühlen sich alleine gelassen/im Stich gelassen. Sie finden die Kritik ungerecht, weil Sie gar nicht richtig eingearbeitet wurden. Ihnen fehlt ein Ansprechpartner. Sie benötigen mehr Unterstützung.
- Sie fühlen sich übergangen. Sie möchten sich stärker einbringen können. Ihre Expertise wird nicht genutzt.
- Sie fühlen sich im Stich gelassen. Sie wünschen sich mehr Rückendeckung von mir gegenüber dem Chef.
- Sie fühlen sich außen vor gelassen. Sie sind enttäuscht, dass ich Sie nicht informiert habe.
- Sie fühlen sich unterfordert. Sie wünschen sich mehr Verantwortung.
- Sie fühlen sich alleine gelassen. Sie wünschen sich mehr Unterstützung.

Methodisches Vorgehen

Ziele

- Die Teilnehmer trainieren Kernkompetenzen, die für ihre jeweiligen Funktionen relevant sind.
- Die Rollenspiel-Akteure erhalten Feedback zu ihrem Gesprächsverhalten.
- Die Beobachter lernen „am Modell".

Zeit

- 45–90 Minuten (Vorbereitung: 15–30 Min., Durchführung: 15–45 Min., Auswertung: 15–30 Min.)

Material

- Rollenspiel-Instruktionen (s. S. 276 ff, S. 294 ff. und Download-Ressourcen), Beobachterbögen, Feedback-Regeln, Stühle und ggf. Tisch

Überblick

- Die Rollen (Akteure und Beobachter) werden festgelegt.
- Protagonisten, Antagonisten und Beobachter werden instruiert.
- Auch der Rahmen wird festeglegt: Raum, Zeit etc.
- Durchführen des Rollenspiels – gegebenenfalls unter Einsatz methodischer Varianten (z.B. „Stopptaste", „Publikumsjoker", „Souffleure", „Kontinuierliches Rollenspiel").
- Nach dem Rollenspiel auswerten:
  - 1. Spieler,
  - 2. Beobachter,
  - 3. Trainer.
- Gegebenenfalls wird ein weiterer Durchgang angeschlossen (z.B. in Kleingruppen).

Es gibt eine Reihe von Studien, welche die Wirksamkeit von Rollenspielen belegen. So konnten die Verhaltensforscher Mann und Honroth Mann bereits 1959 nachweisen, dass das Spielen einer bestimmten

Rolle im Rollenspiel die Übernahme dieser Rolle im späteren Alltag erleichtert (vgl. Stadler & Kern 2010). Neue Anforderungen werden erfolgreicher erfüllt, wenn sie in einer Simulation erprobt werden können.

Spielgelneurone

Aus der Sicht der Neurowissenschaften lässt sich dies plausibel erklären: ob eine bestimmte Handlung in einem Rollenspiel erprobt oder im Alltag ausgeführt wird, die neuronalen Muster sind die gleichen. Daher ist das Trainieren bestimmter Verhaltensweisen im Seminar – sei es das Halten einer Präsentation, die Durchführung eines Mitarbeitergesprächs oder das Führen einer Verhandlung so effektiv. Dies gilt nicht nur für diejenigen, die das Rollenspiel durchführen, sondern auch für jene, die es beobachten. Bei den Beobachtern werden – über die sogenannten „Spiegelneurone" – die gleichen neuronalen Netzwerke aktiviert wie bei den Akteuren. So konnte in Experimenten etwa gezeigt werden, dass exakt die gleichen neuronalen Muster gebildet werden, wenn Versuchspersonen Gitarrengriffe selbst übten, wie wenn sie andere bei der Einübung der Akkorde beobachteten (vgl. Bauer 2005). Diese Forschungsergebnisse veranschaulichen, warum lernen durch Beobachtung effektiv funktioniert.

Es profitiert also stets die gesamte Gruppe von Rollenspielen (wie auch bei einer Fallarbeit) – die Hauptakteure sicherlich am meisten, weil sie Feedback zu ihrem Verhalten erhalten und dieses entsprechend anpassen können, aber die Beobachter lernen ebenfalls daraus.

Abb.: Das Trainieren einer Rolle im Rollenspiel erleichtert erwiesenermaßen die Rollenübernahme in der Praxis.

Warum Rollenspiele so unbeliebt sind – und was man dagegen tun kann

„Bloß keine Rollenspiele"

Wenn Rollenspiele so effektiv sind, warum sind sie dann so unbeliebt? Jeder Trainer kennt sie, die Teilnehmer-Äußerung: *„Bloß keine Rollenspiele."* Rollenspiele genießen keinen guten Ruf, aber warum eigentlich? Es gibt wohl eine Reihe von Gründen:

- *„Wie peinlich"*: Wer an einem Rollenspiel teilnimmt, exponiert sich. Man wird von einer Reihe von Kollegen beobachtet und bewertet. Das heißt, man ist sehr angreifbar. Man kann sich blamieren, man kann bloßgestellt, möglicherweise lächerlich gemacht werden. Das alles muss nicht passieren, aber es ist eine Möglichkeit. Und da der Mensch ein soziales Wesen ist, ist die Angst vor Gesichtsverlust eine Ur-Angst des Menschen: Die Angst vor dem „sozialen Tod" – der Ablehnung der Gruppe. Deshalb ist es die vielleicht wichtigste Aufgabe des Leiters bei Rollenspielen, die Teilnehmer vor Gesichtsverlust zu schützen.

- *„Das ist doch kindisch"*: Rollenspiele durchzuführen, ist ein wichtiger Bestandteil der kindlichen Entwicklung. Erste Formen von Rollenspielen können bei Kleinkindern bereits zwischen dem 8. und 16. Lebensmonat beobachtet werden (vgl. Stadler und Spörrle 2008) und nehmen anschließend an Komplexität und Bedeutung im kindlichen Spiel zu. Insbesondere im Vorschulalter werden Rollenspiele von Kindern gerne gespielt. In der Regel hat dadurch jeder Mensch Erfahrungen mit Rollenspielen gemacht – in der Kindheit. Von daher sind Rollenspiele in erster Linie mit der Kindheit assoziiert und so verwundert es nicht, wenn es als Zumutung erlebt wird, im Rahmen eines beruflichen Seminars auf Kindergarten-Niveau regredieren zu sollen. Deshalb ist es umso wichtiger, den Einsatz von Rollenspielen gut zu begründen und den Nutzen für den beruflichen Alltag deutlich zu machen.

- *„Das ist doch unrealistisch"*: Dieser Vorbehalt begegnet einem seltener, wenn man sich die Mühe macht, die Szenarios wirklich optimal auf den Bedarf der Teilnehmer zuzuschneiden. Auch eine gute „Anwärmung" der Teilnehmer für die Rollenspiele trägt dazu bei, dass sie sich besser auf die Situationen einlassen können. Dennoch, auch wenn Sie Rollenspiele nach allen Regeln der Kunst einsetzen, kann Ihnen dieser Einwand begegnen. Denn die Realität jedes einzelnen Teilnehmers ist anders und selbst die identische Realität würde von jedem Menschen unterschiedlich wahrgenommen werden. Von daher ist es angemessen, als Trainer einzugestehen, dass man im Seminar „mit einer Simulation" arbeitet, die „nicht die Realität" ist, aber „eine typische Situation abbildet, um aus ihr lernen zu können".

- *„Ich bin doch kein Schauspieler"*: Viele Teilnehmer fühlen sich unter Druck, eine gute „schauspielerische Leistung" abliefern zu müssen, wenn sie unverhofft auf die „Bühne" gebeten werden. Wenn der Trainer dies wahrnimmt, kann er darauf eingehen, indem er klarstellt, dass es keineswegs um eine gute „Schauspielerleistung" geht, sondern darum, sich in eine bestimmte Rolle hineinzuversetzen, etwa in die eines Kunden oder Mitarbeiters – und daraus zu lernen. Für den Kundenbetreuer ist es wichtig zu wissen, was beim Kunden wie ankommt. Die Führungskraft sollte sich – nicht nur, aber auch im Rollenspiel – in Mitarbeiter hineinversetzen können. Von daher geht es nicht um die „Darsteller-Leistung"; es wird weder ein Oscar für eine gute noch eine „goldene Himbeere" für eine schlechte Darstellung vergeben. Für den „Protagonisten" – also die Person, die eine bestimmte Kompetenz im Rahmen des Rollenspiels trainiert – geht es ohnehin nicht darum, zu „schauspielern", sondern spontan und authentisch zu agieren, um hilfreiches Feedback bekommen zu können.

- *„Nicht schon wieder"*: Möglicherweise haben Teilnehmer in der Vergangenheit tatsächlich die Erfahrung gemacht, in Rollenspielen bloßgestellt zu werden oder zumindest Kritik zu erfahren, die für sie schwer verdaulich war. Vielleicht haben sie auch einfach erlebt, dass Rollenspiele mit unklaren Instruktionen eingesetzt wurden oder nicht systematisch ausgewertet wurden. Leider werden Rollenspiele in Seminaren oft nicht besonders professionell eingesetzt, sodass es regelmäßig vorkommt, dass Teilnehmer mit negativen Vorerfahrungen in ein Seminar kommen. Da hilft es nur, zu fragen, was hinter den Vorbehalten steckt, um dann – hoffentlich glaubhaft – versichern zu können, dass der Einsatz in diesem Seminar anders, professioneller und besser erfolgen wird.

Und wenn das auch nicht hilft und Teilnehmer nicht beim Rollenspiel mitmachen möchten? Dann ist es eben so und der Trainer hat es zu akzeptieren. Schließlich ist der Trainer für den Teilnehmer da – und nicht umgekehrt.

Maßgeschneiderte Rollenspiele konzipieren

Wie bei allen Elementen eines Trainings ist es als Erstes entscheidend, die Ziele der Sequenz klar zu definieren. Was soll mit dem Rollenspiel erreicht werden? Was sollen die Teilnehmer hinterher können? Woran kann man das festmachen? Wie lassen sich die geforderten Kompetenzen operationalisieren, das heißt, wie lassen sie sich konkret beobachten?

Kritische Situationen erfragen und verdichten

Wenn dies definiert ist, können typische kritische Situationen erfragt und beschrieben werden, in denen die gewünschten Kompetenzen gefordert sind. Diese Situationen können per Fragebogen oder Interview – bzw. idealerweise einer Kombination aus beidem – erfragt werden (s. S. 26 ff. und S. 31). Die verschiedenen realen Situationen können dann kombiniert und verdichtet werden, um Fälle zu konstruieren, in denen sich die geforderten Kompetenzen gut beobachten lassen. Selbstverständlich müssen alle Details, die Hinweise auf reale handelnde Personen anonymisiert werden – es sei denn die betreffenden Personen sind damit einverstanden, dass ihr „Fall" im Seminar verwendet wird.

In der Regel gibt es einen „Protagonisten", einen Hauptdarsteller, der eine typische kritische Situation absolvieren muss und der bezüglich der geforderten Kompetenzen beobachtet wird. Eine Ausnahme bildet die Gruppenübung, bei der gleich mehrere Teilnehmer eingebunden sind und beobachtet werden.

Die Rollenspiel-Instruktionen für den Protagonisten müssen ausreichend Information bieten, damit er sich in die Situation hineinversetzen kann. Oft kranken Rollenspiel-Instruktionen daran, dass sie zu vage bleiben und dem Protagonisten nicht ausreichend „Material" liefern, um das Rollenspiel realitätsnah durchführen zu können. Wenn etwa die Führungskraft den Mitarbeiter kritisiert, weil dieser Fehler gemacht hat, dann muss dieser Fehler auch genau beschrieben sein und gegebenenfalls die entsprechenden Belege – wie etwa ein fehlerhaftes Dokument – zur Verfügung gestellt werden. Fachliche Bezüge und die branchen- und firmenspezifische Terminologie sollten verwendet werden, um das Gefühl entstehen zu lassen, dass die Situation „aus dem Leben gegriffen ist".

Maßgeschneiderte Rollenspiele entwickeln

Suboptimal sind dagegen Rollenspiele „von der Stange", die nicht auf das jeweilige Unternehmen zugeschnitten sind. Zuweilen kann es zwar erhellend sein, den Blick auf eine andere Branche zu werfen, um daraus für den eigenen Bereich zu lernen. Wenn man dies tut, muss man allerdings sehr genau auf den Transfer eingehen und ableiten, was dies für die eigene Praxis bedeutet. Effektiver ist es, eine Situation zu wählen, die der Zielgruppe im Alltag begegnet. Auf den Seiten 294–300 sind dennoch Vorlagen für Rollenspiele zu finden, die Sie gerne verwenden können. Sie können auch als Download-Ressource heruntergeladen werden, sodass Sie den Fall dann auf Ihre Zielgruppe anpassen und zuschneiden können.

Rollenspiel-Instruktionen müssen genügend Informationen bieten, um ins Rollenspiel einsteigen zu können, andererseits dürfen sie dem Protagonisten aber auch kein starres Korsett aufzwingen, es müssen genügend Handlungsoptionen vorhanden sein, um die Situation auf unterschiedliche Arten bewältigen zu können. Außerdem sollten die Beschreibungen der Rolle nur äußerliche Rahmenbedingungen, nicht aber bestimmte Persönlichkeitsmerkmale vorschreiben, damit der Teilnehmer seine Rolle frei und spontan gestalten und aus dem Feedback etwas über die Wirkung des eigenen Verhaltens erfahren kann.

Selbstverständlich muss klar sein, wer Protagonist ist und als solcher authentisch agieren kann, um zu seinem Verhalten Feedback zu erhalten, und wer „nur" eine Rolle spielt. Der Antagonist („Gegenspieler"), also beispielsweise der Kunde bei einem Kundengespräch oder der Mitarbeiter bei einem Mitarbeitergespräch, hat gewissermaßen eine „Dienstleisterfunktion". Er soll das Lernen des Protagonisten und der Gruppe ermöglichen, indem er eine bestimmte Rolle möglichst entsprechend der getroffenen Vorgaben spielt. Idealerweise ermöglicht er dadurch ein „mittleres Anspruchsniveau": Er soll den Protagonisten fordern, ohne ihn zu überfordern. Die Rollenspiel-Instruktionen sollten dies erleichtern. Sie sollten möglichst genau seine Grundeinstellungen, seine Persönlichkeitszüge und seine konkreten Verhaltensweisen beschreiben. Mögliche Gesprächsentwicklungen – etwa mögliche Argumente des Protagonisten – sollten bereits vorweggenommen werden und der Rollenspieler mit entsprechenden Argumentationshilfen versorgt werden.

Checkliste zur Konzeption von Rollenspielen

Bereits im ersten Kapitel wurde erläutert, was der Trainer im Vorfeld tun muss, um die erforderlichen Informationen für die Entwicklung von Rollenspielen, Case Studies und anderen Übungsmaterialien zu erhalten (s. S. 26 ff.). Folgende Aspekte gilt es insbesondere zu berücksichtigen:

- Die Teilnehmer und ihre Stakeholder (z.B. Vorgesetzte) befragen, welches die wichtigsten Fähigkeiten sind, die in Bezug auf das Thema relevant sind bzw. in Zukunft relevant sein werden. Diese Informationen dienen zur Definition der Beobachtungskriterien.

- Die Teilnehmer und ihre Stakeholder befragen, welche typischen schwierigen Situationen im Alltag in Bezug auf das Thema auftreten bzw. in Zukunft vermutlich auftreten werden. Diese Informationen dienen zur Konzeption der Rollenspiel-Instruktionen.

Wie sieht eine gute Rollenspiel-Instruktion aus?

- Sie ist möglichst kurz und prägnant und umfasst max. 1–1,5 Seiten.

- Sie sollte eine überschaubare Anzahl von Problem- und Aufgabenstellungen enthalten – üblicherweise nicht mehr als drei zu klärende Themenbereiche pro Rollenspiel.

- Sie enthält alle nötigen Informationen, damit die Spieler handlungsfähig sind und kein Bedarf entsteht, Lücken zu füllen und Informationen zu erfinden.

- Sie lässt genügend Handlungsspielraum für unterschiedliche Lösungsoptionen.

- Es gibt nicht nur „Probleme" – etwa Kritikpunkte bei einem Kritikgespräch – sondern immer auch positive Aspekte.

- Der Rahmen ist klar definiert: Die Rollen, die Aufgaben- und Zielstellung, der räumliche und zeitliche Rahmen werden klargestellt.

- Ein Rollenspiel sollte nicht länger als 30 Minuten bei einem Zweiergespräch und nicht länger als 45 Minuten bei einer Gruppendiskussion dauern.

- Für die Auswertung sollte genau so viel Zeit eingeplant werden wie für die Durchführung.

Wie sollten Rollenspiel-Instruktionen aufgebaut sein?

Eine Rollenspiel-Instruktion gliedert sich wie ein klassischer Aufsatz in Einleitung, Hauptteil und Schluss, ggf. ergänzt durch einen Anhang.

- **Einleitung**: Informationen zur Person, Rolle und ihren Aufgaben, zum Unternehmen und zur aktuellen Situation.
- **Hauptteil**: Problem- und Aufgabenstellung, Darstellung der Historie und Genese der Probleme, Zusammenhänge und Hintergründe werden skizziert, wichtigste Fakten und Personen werden vorgestellt. Der Hauptteil beansprucht 50–75% der Instruktionen.
- **Schluss:** Anlass und Ziele des Gesprächs werden genannt. Der Gesprächsrahmen – wie etwa die Dauer – werden definiert.
- **Anhang:** Im Anhang können ggf. fachliche Informationen, Zahlen, Statistiken und Hintergrundinformationen dargestellt werden, die den Hauptteil der Instruktionen sprengen würden. Dies ist dann erforderlich, wenn der Trainer von heterogenem Wissensstand der Teilnehmer ausgehen muss. Auch Fachbegriffe und Abkürzungen können ggf. erläutert werden. Für die „Antagonisten-Rolle" – wie den „schwierigen Mitarbeiter" bei einem Kritikgespräch – hat es sich bewährt, die wichtigsten Argumente noch einmal in Stichpunkten zusammenzufassen.

Diese Struktur können Sie auch anhand der beiden Rollenspiele „Mitarbeitergespräch" (s. S. 294 ff.) und „Kollegengespräch" (s. S. 297 ff.) nachvollziehen.

Rollenspiele professionell anleiten

Rollenspiele – keine kinderleichte Methode

Beim Einsatz von Rollenspielen kann man einiges falsch machen und mein Eindruck ist, dass dies oft auch geschieht. Das soll nicht arrogant klingen. Einige der Leitlinien, die ich im Folgenden beschreibe, sind auch aus eigener, leidvoller Erfahrung entstanden. Ich glaube, dass die Methode des Rollenspiels leicht unterschätzt werden kann, weil sie so verbreitet ist und so (kinder-)leicht erscheint. Aber das ist ein Trugschluss. Rollenspiele sind eine komplexe pädagogische Intervention und meist nur dann erfolgreich, wenn eine Reihe von Faktoren berücksichtigt. Ich hoffe, dass Ihnen die hier aufgeführten Punkte helfen, einige Stolpersteine zu umgehen und erfolgreich mit Rollenspielen zu arbeiten.

- **Die Teilnehmer „anwärmen"**: Wie bereits erwähnt, ist es essenziell, die Teilnehmer Schritt für Schritt an handlungsorientiertes Lernen heranzuführen. Neben interaktiven Einheiten zum Kennenlernen und dem thematischen Einstieg sollten Sequenzen eingesetzt werden, in denen kurz realitätsnahe Situationen simuliert werden und die Teilnehmer „in Aktion" treten müssen. Mini-Cases, wie sie im dritten Abschnitt beschrieben werden, sind hierzu etwa bestens geeignet. Dadurch wird die Hemmschwelle, sich auf ein „richtiges" Rollenspiel einzulassen, deutlich herabgesetzt.

- **Auf die eigene Sprache achten**: Mitentscheidend für die Akzeptanz von Rollenspielen ist es, wie sie vom Trainer eingeleitet werden. Es ist wichtig, genau auf die eigene Sprache zu achten und die Bilder, die hierdurch suggeriert werden, zu berücksichtigen. So klingt der Begriff „Rollenspiel" für viele Menschen nach „Vater-Mutter-Kind spielen" und sollte daher nicht gebraucht werden. Stattdessen können die Begriffe „Szenario", „Simulation" oder „Case Study" verwendet werden. Sie klingen – im Gegensatz zum „Rollenspiel" – nach betriebswirtschaftlich orientierten Methoden und führen daher zu deutlich größerer Akzeptanz in einem Business-Training. Auch das Wort „spielen" sollte vermieden werden – es klingt für mache Menschen verdächtig nach „Kindergeburtstag". Statt zu sagen „wir spielen jetzt ein Verkaufsgespräch", sollte der Trainer etwa eher formulieren, dass „wir jetzt ein Verkaufsgespräch durchführen". Auch Formulierungen aus dem Psycho-Jargon – wie dass man „hinspüren" solle, was man noch „braucht" – sollten gemieden werden, möchte man als seriös und professionell wahrgenommen werden.

- **Den Nutzen klarmachen**: Was für jede Instruktion des Trainers gilt, ist aufgrund der vielen potenziellen Widerstände bei Rollenspielen besonders wichtig: Der Trainer muss überzeugend vermitteln, was die Teilnehmer davon haben, sich darauf einzulassen. Mögliche Nutzenformulierungen können folgendermaßen lauten:

  - *„In der folgenden Übung haben Sie die Möglichkeit, den vorgestellten Gesprächsleitfaden praktisch umzusetzen. Dadurch wird es Ihnen leichter fallen, ihn im Alltag umzusetzen."*

  - *„Ich habe Ihnen einige Szenarios mitgebracht, in denen der Umgang mit schwierigen Kunden (Mitarbeitern, Vorgesetzten etc.) praxisnah trainiert werden kann, sodass Sie im Anschluss an das Seminar auf diese Situation optimal vorbereitet sind."*

  - *„Es hat sich herausgestellt, dass die Fähigkeit, Einwände zu behandeln (Feedback zu geben, aktiv zuzuhören etc), am effektivsten verbessert werden kann, indem man sie praktisch übt. Genau das werden wir im nächsten Schritt tun. Ich habe Szenarios vorbereitet, die genau auf Ihre Situation als Kundenbetreuer abgestimmt sind."*

  - *„Im nächsten Schritt geht es darum, Mitarbeitergespräche (Verhandlungen, Verkaufs-/Kundengespräche etc.) zu führen. Wir werden dies anhand von Case Studies tun, in denen reale Situationen aus Ihrem Unternehmen beschrieben werden. Die Gespräche werden wir dann gemeinsam auswerten, sodass Sie für sich eine Gesprächsstruktur entwickeln können, die für Sie am besten passt."*

- **Die Rollen strukturiert vergeben**: Ein Stolperstein in der Durchführung eines Rollenspiels ist die Vergabe der Rollen. Wenn der Trainer offen fragt, wer die Rolle des Hauptakteurs – etwa der Führungskraft in einem Führungstraining – übernehmen möchte, muss er mit Schweigen und „Wegducken" rechnen.

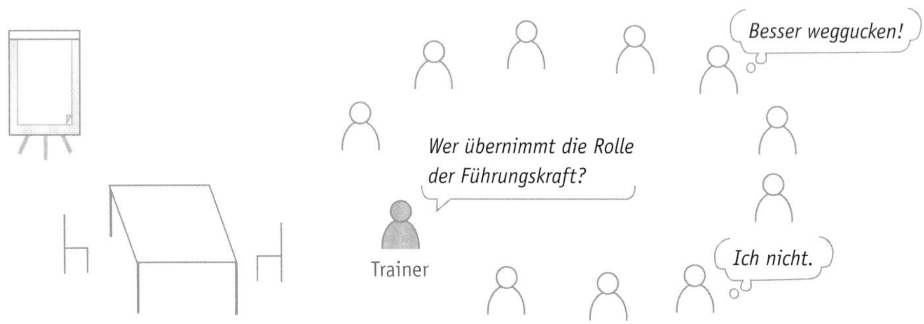

Abb.: Wenn der Trainer fragt, wer die Rolle des Hauptakteurs übernimmt, muss er mit Schweigen und „Wegducken" rechnen.

Also braucht der Trainer einen Plan B. Folgende Vorgehensweisen haben sich bewährt:

Was gegen „Wegducken" hilft

- **Soziometrische Wahl:** Bei jedem Rollenspiel gibt es mindestens drei Rollen zu verteilen: Zwei (oder mehr) Akteure und einen (oder mehrere) Beobachter. Die Rolle des Beobachters kann man weiter differenzieren, indem man unterschiedliche Beobachtungsaufgaben stellt (z.B. verbale vs. nonverbale Ebene, Sachebene vs. Beziehungsebene etc.). Wenn man zwei Rollenspielakteure benötigt und den Beobachtern zwei unterschiedliche Aufgaben zuweist, so entstehen vier Alternativen, die der Trainer durch die vier Ecken des Raumes symbolisiert.

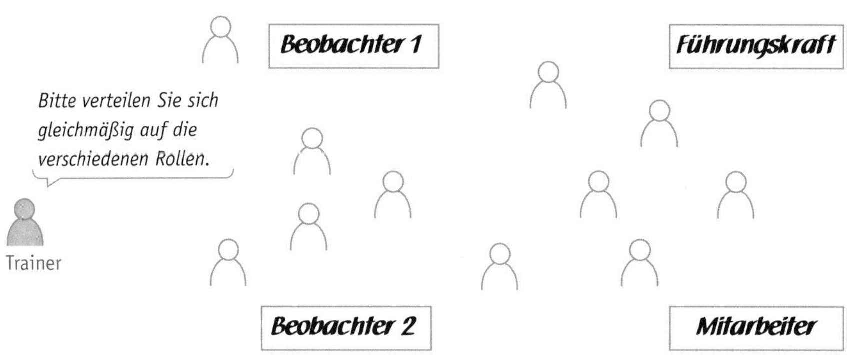

Abb.: Die Soziometrie eignet sich, um zu entscheiden, wer welche Rolle beim Rollenspiel übernimmt.

Indem er die Teilnehmer anweist, sich gleichmäßig aufzuteilen, überlässt er die Entscheidung, wer die Rolle des Hauptakteurs übernimmt, der Gruppe. Falls anschließend das Rollenspiel nur einmal im Plenum durchgeführt wird, kann er die Entscheidung darüber, wer jeweils das Rollenspiel durchführt, den Kleingruppen überlassen. Alternativ können auch zwei oder mehrere Runden durchgeführt werden.

- **Entscheidung nach Lernzielen:** Manchmal passt eine Rollenspielsequenz thematisch optimal zu den Lernzielen eines oder mehrerer Teilnehmer. Dann kann der Trainer dies ansprechen: *„Frau Meier, Sie hatten als Lernziel genannt, Kritikgespräche souveräner zu führen. In der nächsten Übung gibt es die Gelegenheit, das anhand einer Fallstudie auszuprobieren. Möchten Sie das tun?"* Dies kann der Trainer auch in einer Pause absprechen, um dem Teilnehmer den Druck zu nehmen, sich vor der Gruppe entscheiden zu müssen.

- **Lose ziehen:** Natürlich kann der Trainer die Rollen auch einfach auslosen.

▶ **Genügend Zeit zur Vorbereitung geben**: Je nach Komplexität des Rollenspiels und Umfang der Instruktionen empfiehlt es sich, 15–20 Minuten zur Vorbereitung einzuräumen. Mehr Zeit ist erforderlich, wenn die Teilnehmer die einzelnen Rollen in Kleingruppen vorbereiten und das Gespräch gemeinsam planen. Auch wenn die Gesprächsvorbereitung selbst ein expliziter inhaltlicher Bestandteil ist, der im Seminar trainiert wird, muss hierfür angemessen Zeit eingeräumt werden. Alle Parteien, Protagonist, Antagonist und Beobachter, sollten vor Beginn des Rollenspiels Gelegenheit haben, dem Trainer Fragen stellen zu können, ohne dass die anderen Parteien dies mithören können. Daher empfiehlt es sich, die Gruppen bei der Gesprächsvorbereitung räumlich zu trennen.

▶ **Die Antagonisten „briefen"**: Die Rolle des „Gegenspielers" (z.B. schwieriger Kunde, schwieriger Mitarbeiter etc.) sollte in den Instruktionen so klar beschrieben sein, dass die Person, welche die Rolle spielt, weiß, wie sie sich zu verhalten hat. Dies schließt Persönlichkeitsmerkmale, Grundeinstellungen ebenso ein wie konkrete Verhaltensweisen, wörtliche Zitate, Argumente und mögliche Gegenargumente. Dennoch ist es hilfreich, nachzufragen, ob es Fragen gibt und gegebenenfalls kurz zu „üben", indem der Trainer fragt, wie der Antagonist auf zu erwartende Aktionen des Protagonisten reagiert.

- **Die Beobachter „briefen"**: Die Beobachter erhalten die Instruktionen aller Rollenspiel-Parteien und ihren Beobachtungsbogen (s. S. 286 ff.). Falls Feedback-Regeln vorab noch nicht thematisiert worden sind, so sollten diese auf dem Beobachtungsbogen zu finden sein. Der Bogen kann etwa folgendermaßen aussehen, wobei die Kriterien – je nach Zielsetzung – noch ergänzt werden müssen.
  „Ihre Aufgabe als Beobachter ist es, den Gesprächspartnern Feedback dazu zu geben, wie ihr Verhalten auf Sie wirkt. Damit Sie eine fundierte Rückmeldung geben können, ist es hilfreich, wenn Sie sich während des Gesprächs notieren, was Ihnen auffällt. Wenn Sie Feedback geben, achten Sie bitte auf die folgenden Hinweise:

Hinweise an Feedback-Geber

  - *Beschreiben Sie, was Sie wahrgenommen haben, und wie dies auf Sie persönlich gewirkt hat, anstatt die Gesprächspartner zu bewerten.*
  - *Bleiben Sie bei Ihrer Rückmeldung konkret. Treffen Sie keine verallgemeinernden Aussagen (z.B. ‚Du bist unsicher').*
  - *Sagen Sie immer auch, was Ihnen gefallen hat.*
  - *Geben Sie direkt Feedback. Sprechen Sie denjenigen an, auf den Sie sich beziehen. Geben Sie jedem der Gesprächspartner ein individuelles Feedback.*
  - *Geben Sie ein kurzes und prägnantes Feedback, sodass alle Beobachter Gelegenheit haben, zu Wort zu kommen."*

- **Den Raum „einrichten"**: Bevor das Rollenspiel beginnt, ist es hilfreich, den Raum so einzurichten, dass man sich die Gesprächssituation gut vorstellen kann. In der Regel reichen hierfür Stühle und ein Tisch. Im Zweifel kann man die Hauptakteure fragen, wo ein solches Gespräch in der Realität stattfinden würde und wie es dort aussehen würde. Dies kann man dann mit einfachen Mitteln „nachbauen".

- **Nach Lernzielen fragen**: Bevor das Rollenspiel beginnt, kann der Leiter den Hauptakteur fragen, was er in dem Rollenspiel erreichen möchte und wozu er anschließend Feedback erhalten will.

- **Zeitlichen Rahmen vorgeben**: Der Trainer muss deutlich machen, wie viel Zeit für das Rollenspiel zur Verfügung steht. Kurz vor Ablauf der Zeit kann er gegebenenfalls ein Zeichen geben, damit das Gespräch zum Abschluss gebracht werden kann. Auch dies sollte er vor Beginn bereits ankündigen.

Rollenspiele variantenreich durchführen

Es ist sinnvoll, nicht immer mit der „klassischen Variante" im Plenum zu arbeiten, bei der ein Gespräch von Anfang bis Ende ohne Unterbrechung durchgeführt und anschließend ausgewertet wird. Dies ist schon aus Zeitgründen nicht effektiv. Es empfiehlt sich stattdessen, verschiedene Varianten einzusetzen. Hier einige Beispiele:

- **„Stopptaste"**: Für den Hauptakteur ist es entlastend, zu wissen, jederzeit aus dem Rollenspiel aussteigen zu können. So hat er jederzeit die Kontrolle über das Geschehen und muss es nicht „auf Biegen und Brechen" zu Ende führen. Deshalb gebe ich vor Beginn eines Rollenspiels gerne folgende Instruktion: *„Sie haben jederzeit die Möglichkeit, die Stopptaste zu drücken, wenn Sie nicht mehr weiterwissen und sich Ideen von der Gruppe zu holen wollen. Dann können Sie an der Stelle wieder einsteigen, an der Sie aufgehört haben oder Sie können ‚zurückspulen' und zu einem früheren Zeitpunkt wieder beginnen".*

- **„Publikumsjoker"**: Auch hier kann der Hauptakteur die „Stopptaste" drücken und vorübergehend aus dem Spiel aussteigen, wenn er nicht mehr weiterweiß. Zusätzlich darf er einen „Publikumsjoker" ziehen und einen anderen Teilnehmer (der sich ebenfalls auf diese Rolle vorbereitet hat) bitten, vorübergehend einzuspringen. Er darf auch noch weitere Publikumsjoker nehmen, bis er eine Strategie gesehen hat, die er selbst ausprobieren möchte. Im Gegensatz zur „Stopptaste" nimmt der Protagonist hier vorübergehend eine Beobachter-Position ein und schaut sich alternative Vorgehensweisen von außen an – wie bei der Coaching-Methode des „Actstormings" (s. S. 144). Hier kehrt der Protagonist allerdings anschließend wieder in die Hauptrolle zurück und kann dabei auf die Handlungsentwürfe zurückgreifen, die er beobachtet hat. Der Trainer sorgt dafür, dass die „Joker" nur eine kurze Sequenz spielen (max. zwei Minuten) und dass der Hauptakteur dann zurück „in den Ring" steigt.Die Instruktion kann etwa folgendermaßen lauten: *„Sie haben jederzeit die Möglichkeit, die Stopptaste zu drücken, wenn Sie nicht mehr weiterwissen und einen oder mehrere Teilnehmer einzuladen, an Ihrer Stelle einen Versuch zu machen. Sie können sich das für einen Moment von außen anschauen und sich von den Kolleginnen und Kollegen inspirieren lassen und steigen dann selbst wieder ins Geschehen ein."*

- **„Souffleure"**: Bei dieser Variante haben die anderen Teilnehmer die Möglichkeit, die „Stopptaste" zu drücken und das Spiel anzuhalten. Sie stellen sich dann hinter den Hauptakteur und schlagen ihm eine Formulierung vor*. Der Protagonist kann die Reaktion des Gegenspielers abwarten und dann entscheiden, ob er den Vorschlag des Souffleurs annimmt. Im Gegensatz zum Publikumsjoker liegt hier die Möglichkeit zur Initiative bei den anderen Teilnehmern – der Protagonist hat aber immer noch die Möglichkeit, Vorschläge aufzugreifen oder abzulehnen. *„Bei dem folgenden Gespräch haben Sie als Zuschauer die Möglichkeit, die ‚Stopptaste' zu drücken, wenn Sie das Gefühl haben, dass das Gespräch ins Stocken gerät und Sie denken, dass Sie eine gute Idee haben, wie Sie es in andere Bahnen lenken können. Sie rufen dann einfach ‚Stopp!', dann wird das Gespräch angehalten, Sie stellen sich hinter den Stuhl von Herrn X (dem Protagonisten) und machen ihm einen Formulierungsvorschlag. Diesen können Sie, Herr X, dann aufgreifen, indem Sie die jeweilige Botschaft mit eigenen Worten wiedergeben und weitermachen. Oder Sie können sie verwerfen und das Gespräch so fortsetzen, wie es für Sie stimmig ist."*

Hierbei kann der Leiter selbstverständlich auch selbst Angebote machen und insbesondere solche Äußerungen verbalisieren, die er beim Protagonisten „zwischen den Zeilen" heraushört, die aber nicht geäußert werden, obwohl sie dem Gespräch eine positive Wendung geben könnten. Zusätzlich kann der Leiter auch dem Protagonisten die Möglichkeit eröffnen, sich bei Bedarf aktiv einen Souffleur zu holen: *„Sie, Herr X, können auch ‚Stopp!' sagen und sich jemand wünschen, der sich hinter Ihren Stuhl stellt und Ihnen einen Vorschlag ‚soufliert'. Sie können sich auch mehrere Alternativen einholen und dann entscheiden, wie Sie weitermachen."*

- **Kontinuierliches Rollenspiel**: Hier wird von Anfang an festgelegt, dass das Spiel in verschiedene Phasen aufgeteilt und diese von unterschiedlichen Akteuren bestritten werden. So kann bei einem Mediationsgespräch jemand den Einstieg, eine zweite Person die Konfliktbearbeitung und eine dritte die Lösungssuche und den Abschluss übernehmen.

* Diese Intervention wird als „Doppeln" bezeichnet. Beim Doppeln spricht ein Teilnehmer oder der Leiter Gedanken und Gefühle des Coachee aus, die er bei diesem zu erkennen glaubt, obwohl sie nicht geäußert werden. Bei der hier vorgestellten Vorgehensweise werden die Teilnehmer eingeladen, auch eigene Gedanken einzubringen, die nicht unbedingt aufgrund der Einfühlung in den Coachee geäußert werden, da das Ziel des Rollenspiels vor allem darin liegt, ein effektives Rollenhandeln zu ermöglichen. Dazu können auch andere Strategien beitragen als jene, die der Coachee potenziell zur Verfügung hat. Da der Coachee gedoppelte Äußerungen zurückzuweisen kann, kann er selektieren, welche Botschaften er als für sich stimmig erlebt.

- **Wechsel von Plenum und Kleingruppen**: Aus meiner Erfahrung empfiehlt es sich, Rollenspiele anfangs im Plenum durchzuführen, damit der Ablauf – insbesondere die systematische und konstruktive Auswertung – allen Teilnehmern vertraut ist. Anschließend ist es dann sinnvoll, weitere Durchgänge in Kleingruppen – etwa Triaden (Protagonist, Antagonist und Beobachter) – durchzuführen, um möglichst vielen Teilnehmern die Möglichkeit zu geben, die Übung aus der Protagonistenrolle durchzuführen und Feedback zu erhalten.

Rollenspiele strukturiert auswerten

Während das Rollenspiel durchgeführt wird, machen Beobachter und Trainer sich Notizen, um anschließend fundiert Rückmeldung geben zu können. Damit das Feedback sich auf jene Kompetenzen bezieht, die im Rollenspiel trainiert werden sollten, empfiehlt es sich, Beobachtungsbögen einzusetzen (s. folgende Seiten). Hier werden die jeweiligen Kriterien definiert und konkretisiert durch sogenannte „Verhaltensanker" – möglichst sachlich formulierte Beschreibungen eines beobachtbaren Verhaltens. Zusätzlich können Rating-Skalen eingesetzt werden, um das Feedback besonders klar zu gestalten. Dies würde ich allerdings eher in einem Development-Center oder einem ähnlichen Format einsetzen als in einem normalen Seminar. Die Vergabe von „Noten" kann hier einen unnötigen Bewertungsdruck schaffen.

Die Formulare sollten von den Beobachtern und vom Trainer ausgefüllt werden. Es empfiehlt sich, die Dimensionen auf die Beobachter aufzuteilen, sodass jeder eine spezifische Beobachtungsaufgabe erhält. Nach dem Gespräch kann auch der Teilnehmer des Rollenspiels selbst aufgefordert werden, Beobachtungsbögen auszufüllen, um einen Abgleich zwischen Selbst- und Fremdeinschätzung zu erreichen.

Auf den folgenden Seiten finden Sie drei Beispiele von Beobachtungsbögen für die Kriterien „Aktives Zuhören", „Kritik konstruktiv ansprechen" und „Gespräche zielorientiert führen". Zum Zugriff auf die Download-Ressourcen s. den Hinweis auf S. 10.

Beobachtungsbogen

Übung: .... Datum: ....

Teilnehmer: .... Beobachter: ....

Kriterium: Aktives Zuhören

Definition: Die Fähigkeit, sich voll und ganz auf den Gesprächspartner einzulassen und ein hohes Maß an Verständnis durch Zusammenfassen wesentlicher Äußerungen und Wiederspiegeln emotionaler Inhalte zu signalisieren, sodass sich die andere Person voll und ganz verstanden fühlt.

Verhaltensanker:

Positive Indikatoren	Negative Indikatoren
– Stellt Blickkontakt her	– Stellt wenig oder unangemessenen Blickkontakt her (z.B. Starren)
– Baut Rapport auf, spiegelt den Gesprächspartner auf der nonverbalen Ebene (Körperhaltung, Gestik, Mimik)	– Kein Rapport beobachtbar, lehnt sich z.B. nach vorne, während der Gesprächspartner sich zurückzieht o. Ä.
– Hört aufmerksam zu und signalisiert dies durch non- und paraverbale Signale wie Nicken, „mhm", „ja", „aha"	– Bleibt stumm, unterbricht mehrfach, knüpft nicht an Äußerungen des anderen an
– Fasst Kernaussagen des anderen zusammen, um das eigene Verständnis sicherzustellen	– Geht nicht auf Äußerungen des Gesprächspartners ein, stellt eigenes Verständnis nicht sicher
– Spiegelt Gefühle und Bedürfnisse des Gesprächspartners zurück und geht auf sie ein	– Geht nicht auf Gefühle und Bedürfnisse ein, verfolgt nur eigene Interessen

Ihre Beobachtungen:

....

....

....

....

Gesamteinschätzung:

schwach ausgeprägt	eher schwach ausgeprägt	mittel	ausgeprägt	eher stark ausgeprägt	stark ausgeprägt
☐	☐	☐	☐	☐	☐

Beobachtungsbogen

Übung: .... Datum: ....

Teilnehmer: .... Beobachter: ....

Kriterium: Kritik konstruktiv äußern

Definition: Die Fähigkeit, kritische Verhaltensweisen der anderen Person und seine Auswirkungen klar und deutlich anzusprechen, ohne den Gesprächspartner unnötig zu verletzen.

Verhaltensanker:

Positive Indikatoren	Negative Indikatoren
– Spricht den Konflikt klar und deutlich an	– Vermeidet das Ansprechen des Konflikts oder verwässert die Aussage (Konjunktive, „vielleicht", „irgendwie" etc.)
– Beschreibt die eigene Wahrnehmung, erklärt Wirkungen auf sich und andere und schildert eigene Gefühle und Bedürfnisse	– Wertet den anderen ab, macht Vorwürfe, verallgemeinert die Kritik („Sie sind ...", „immer" etc.), trifft Unterstellungen, zeigt aggressive Verhaltensweisen (Tonfall, Gestik etc.)
– Äußert neben Kritik auch Positives, zeigt Wertschätzung des anderen	– Gibt einseitig negatives Feedback
– Versucht, Lösungen für die Zukunft zu finden und zu vereinbaren	– Fokussiert auf die Vergangenheit, wiederholt Kritikpunkte mehrfach

Ihre Beobachtungen:

....

....

....

....

Gesamteinschätzung:

schwach ausgeprägt	eher schwach ausgeprägt	mittel	ausgeprägt	eher stark ausgeprägt	stark ausgeprägt
☐	☐	☐	☐	☐	☐

Beobachtungsbogen

Übung: .... Datum: ....

Teilnehmer: .... Beobachter: ....

Kriterium: Gespräch zielorientiert führen

Definition: Die Fähigkeit, das Gespräch so zu strukturieren, dass am Ende des Gesprächs die eigenen Ziele erreicht werden.

Verhaltensanker:

Positive Indikatoren	Negative Indikatoren
– Strukturiert das Gespräch durch Fragen und Zusammenfassen	– Lässt keinen roten Faden erkennen
– Argumentiert klar und nachvollziehbar	– Drückt sich unklar und unverständlich aus
– Geht auf Bedenken des Gesprächspartners ein und kann diese entkräften	– Geht über Bedenken und Äußerungen des anderen hinweg
– Schafft Transparenz bezüglich eigener Bedürfnisse und sorgt dafür, dass sie berücksichtigt werden	– Lässt den anderen im Unklaren über eigene Motive
– Trifft klare und konkrete Vereinbarungen	– Lässt zentrale Themen offen

Ihre Beobachtungen:

....

....

....

....

....

Gesamteinschätzung:

schwach ausgeprägt	eher schwach ausgeprägt	mittel	ausgeprägt	eher stark ausgeprägt	stark ausgeprägt
☐	☐	☐	☐	☐	☐

Wenn das Gespräch beendet ist, sollte der Trainer einen Applaus für die Rollenspieler initiieren, um zu würdigen, dass sie sich exponiert haben und „in den Ring gestiegen" sind. Die anschließende Auswertung muss nach einer klaren Struktur erfolgen. Aus meiner Sicht ist in der Regel die folgende Reihenfolge am effektivsten:

1. **Selbsteinschätzung des Protagonisten**: Der Protagonist hat den schwierigsten Part. Er exponiert sich und versucht, eine anspruchsvolle Gesprächssituation so gut wie möglich zu meistern. All das löst in der Regel Stress aus und wird oft wie eine Prüfungssituation erlebt. Daher hat der „Hauptdarsteller" im Anschluss an das Gespräch meist das Bedürfnis, über sein Erleben zu sprechen. Das hat den Vorteil, dass er hierdurch Distanz zu dem Geschehen herstellt, aus der Szene aussteigt und beginnt, sie zu reflektieren.

   Nach dem Positiven fragen

   Meistens sind die Selbsteinschätzungen der Protagonisten recht kritisch. Wenn nur negative Punkte geäußert werden, sollte der Trainer gezielt nach dem Positiven fragen, um eine realistisch-konstruktive Selbstwahrnehmung zu fördern. Falls die Selbsteinschätzung hingegen allzu positiv ist (was seltener vorkommt), beeinflusst dies die Beobachter oft dahingehend, dass sie sich kaum trauen, die kritischen Aspekte zu äußern. Auch hier ist der Trainer gefordert, gegenzusteuern und zu fragen, was der Protagonist hätte anders machen können.

2. **Feedback des Rollenspielers**: Anschließend wird der bzw. die Rollenspieler befragt: *„Wie haben Sie als Mitarbeiter (Kunde, Verhandlungspartner etc.) das Gespräch erlebt?"* Falls die Antagonisten mehr zum eigenen Verhalten oder zur eigenen Rollengestaltung sagen als dass sie Feedback geben (*„Ich fand es ja ganz schwierig, mich in diese Rolle zu versetzen …"*), hakt der Trainer nach, um sicherzustellen, dass der Protagonist Feedback zu seiner Wirkung erhält. Zum Beispiel: *„Wie haben Sie Frau X als Ihre Vorgesetzte erlebt?"*

   Feedback aus der Rolle heraus

   Wichtig ist, dass der Rollenspieler aus seiner Rolle sein Erleben schildert, statt ein distanziertes Beobachter-Feedback zu geben (*„Er hätte härter durchgreifen müssen"*). Wenn dies geschieht, fragt der Trainer nach der Wahrnehmung aus der Rolle heraus (*„Wie haben Sie ihn denn aus der Mitarbeiterperspektive erlebt?"*).

   Am Ende des Feedbacks bedankt sich der Trainer für die Rollenübernahme und „entlässt" den Spieler aus seiner Rolle. *„Danke, dass Sie die Rolle des renitenten Mitarbeiters Meier übernommen haben. Jetzt* *können Sie die Rolle getrost wieder ablegen und sind jetzt – zum Glück – wieder Herr Schulz."* Ein solches „Entrollen" ist wichtig, damit Rollenaspekte nicht am Rollenspieler „hängen bleiben" und dieser nicht dauerhaft mit der übernommenen Rolle identifiziert wird. Sonst können Affekte, die sich auf den Charakter der Rolle beziehen, leicht auf die Person des Rollenspielers übertragen werden*.

3. **Feedback der Beobachter:** Anschließend bittet der Trainer die Beobachter, Feedback zu geben. Hierbei kann er entweder alle Beobachter zu Wort kommen lassen oder – etwa wenn die Zeit knapp ist – den Protagonist auffordern, sich eine bestimmte Anzahl von Feedback-Gebern auszusuchen („Nimm zwei").

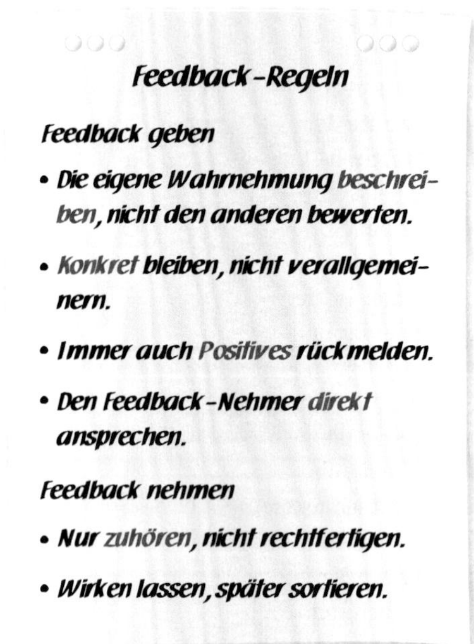

Abb.: Die Feedback-Regeln auf Flipchart.

Die zentrale Aufgabe der Seminarleitung in dieser Phase ist es, den Protagonisten vor verletzendem Feedback zu schützen. Dazu helfen die Feedback-Regeln (s. links). Diese können auch vor Beginn der Feedback-Runde noch einmal explizit erläutert und auf einem Flipchart präsentiert werden.

Die Beachtung der Feedback-Regeln muss anschließend von Anfang an konsequent eingehalten werden. Wenn sie verletzt werden, ist es äußerst wichtig, sofort zu intervenieren. Wenn beispielsweise ein Beobachter sagt: *„Ich fand es nicht gut, dass Herr Müller seine Kritik so unklar geäußert hat"*, kann der Trainer etwa folgendermaßen reagieren: *„Geben Sie Ihr Feedback bitte direkt an Herrn Müller und versuchen Sie, auf Bewertungen zu verzichten. Es ist hilfreicher, wenn Sie ihm sagen, was Sie konkret beobachtet haben."*

Es ist manchmal mühsam, bei jeder Regelverletzung zu intervenieren. Daher ist die Verführung groß, das eine oder andere Mal

* Im Psychodrama wird daher jeder Rollenspieler in Form eines Rituals „entrollt", in dem sowohl Antagonist als auch Protagonist bestätigen, dass man nun nicht mehr Person X sei – oft verbunden mit einer Geste, wie dem imaginären „Abstreifen" der Rolle oder einer Umarmung. Ein solches Vorgehen würde im Rahmen eines Business-Trainings befremdlich wirken, aber die – gerne mit Humor gepaarte – Bemerkung, dass die Rollenübernahme nun beendet ist, ist sinnvoll und angemessen.

lieber ein Auge zuzudrücken. Nach meiner Erfahrung rächt sich das jedoch. Wenn man die Feedback-Kultur in einer Gruppe nicht von Anfang an in konstruktive Bahnen lenkt, wird es später umso schwieriger, noch eine Veränderung herbeizuführen. Deshalb habe ich mir angewöhnt, bei der Einhaltung der Feedback-Regeln sehr genau zu sein.

Konsequent auf die Feedback-Regeln achten

Ebenso wichtig wie Regeln für die Feedback-Geber sind die Leitlinien für Feedback-Empfänger. Die natürliche Reaktion auf Rückmeldungen, insbesondere kritische, ist es, das eigene Verhalten zu erklären: *„Normalerweise würde ich natürlich mit einem Mitarbeiter nicht so umgehen, aber im echten Leben kennt man seine Pappenheimer ja auch; das ist ganz was anderes."* Diese Erklärungen dienen zum Selbstschutz, führen aber auch dazu, dass man das Feedback nicht wirklich an sich heranlässt und dadurch auch nicht daraus lernen kann. Um dem vorzubeugen, muss der Trainer vor der Auswertung auch Regeln für Feedback-Empfänger aufstellen und anschließend für ihre Einhaltung sorgen. Die wichtigste Regel lautet: *„Nur zuhören – keine Erklärungen oder Rechtfertigungen. Nachfragen ist dagegen selbstverständlich erwünscht."*

4. **Feedback der Seminarleitung**: Das Feedback des Trainers ist für die Rollenspieler natürlich von besonderem Interesse. Es wird von ihm als „Experten" zu Recht erwartet, dass er ein fundiertes und differenziertes Feedback gibt. Eine Gefahr liegt allerdings darin, dass das Feedback des Trainers als unumstößliche Wahrheit empfunden wird. Gerade wenn dieser Psychologe ist, wird ihm schnell unterstellt, bis in jene dunklen Winkel der Seele schauen zu können, die einem selbst verborgen bleiben. Wenn ich das Gefühl habe, dass mein Feedback derart überbewertet wird, stelle ich klar, dass mein Feedback lediglich meine Wahrnehmung ist und die Sichtweisen der anderen Teilnehmer ebenso wichtig sind.

Hinweis

Videokamera einsetzen

- Die Qualität der Auswertung kann durch den Einsatz einer Videokamera gesteigert werden. Die Videoauswertung hat den Vorteil, dass die Teilnehmer, die das Gespräch geführt haben, sich einen eigenen, objektiven Eindruck von ihrem Kommunikationsverhalten machen können. Allerdings haben viele Menschen eine Abneigung dagegen, sich auf Video zu sehen (und zu hören). Außerdem ist eine Videoauswertung zeitaufwendiger. Von daher gilt es den Mehrwert, den eine Videoaufzeichnung zweifellos liefert, gegen den Mehraufwand abzuwägen.

Vorlagen für Gespräche im Rollenspiel

Im Folgenden finden Sie exemplarische Szenarios für drei zentrale Gesprächsformen: Mitarbeitergespräch, Kollegengespräch und Gruppendiskussion. Meine Empfehlung ist, diese Instruktionen auf die jeweilige Zielgruppe zuzuschneiden und um unternehmens- und rollenspezifische Informationen zu ergänzen. Deshalb finden Sie die Rollenspiele als Word-Dokument unter den Downoad-Ressourcen (s. S. 10), sodass Sie den Text beliebig überarbeiten und ergänzen können. Weitere Rollenspiele finden Sie in den Büchern von Eva Neumann und Sabine Venske-Heß: „Mit Rollen spielen" (2010).

Beobachtungskriterien

Welche Beobachtungskriterien eingesetzt werden, hängt selbstverständlich von den Lernzielen und Themen des Seminars ab.

Für das **Kollegengespräch** gilt: Falls das Kommunikationsmodell von Schulz von Thun im Seminar behandelt wird, lässt sich das Rollenspiel gut anhand der vier Ebenen der Kommunikation auswerten:

Vier Ebenen der Kommunikation

1. Sachebene – Wie verständlich und nachvollziehbar argumentiert A, wie B?

2. Selbstaussageseite – Wie klar und nachvollziehbar vertritt A seinen Standpunkt, wie B? Wie deutlich werden die eigenen Bedürfnisse und Gefühle ausgedrückt?

3. Beziehungsebene – Wie wird das Klima von den Gesprächspartnern gestaltet? Wie gehen sie miteinander um? Inwiefern geht der eine auf den anderen ein? Was lässt sich auf der nonverbalen Ebene der Kommunikation (Körperhaltung, Gestik, Mimik, Blickkontakt etc.) beobachten?

4. Appellseite – Inwiefern erreicht A bzw. B sein Ziel?

Bei einer **Gruppendiskussion** können etwa folgende Aspekte in einem Kommunikationstraining eine Rolle spielen:

- Eigeninitiative: Inwiefern gibt der Teilnehmer neue Impulse und treibt die Diskussion voran? Inwiefern ist es ihm gelungen, hilfreiche Informationen, Erläuterungen oder auch Fragen einzubringen, die der Gruppe weitergeholfen haben?

- Gesprächsmoderation: Inwiefern macht der Teilnehmer Vorschläge zur Strukturierung der Diskussion? Inwiefern behält er das Ziel im Auge und sorgt für die Erreichung des Ziels? Inwiefern bindet er andere Teilnehmer ein? Wie gut gelingt es ihm, anderen zuzuhören und auf sie einzugehen?

- Argumentation: Inwiefern gelingt es dem Teilnehmer, die eigenen Argumente klar und logisch zu formulieren? Inwiefern greift er Beiträge anderer auf und entwickelt diese weiter? Inwiefern gelingt es ihm, Akzeptanz in der Gruppe zu finden?

Hinweise für eine Gruppendiskussion

- Die ideale Gruppengröße für eine Gruppendiskussion liegt nach meiner Erfahrung bei vier bis sechs Teilnehmern.

- Um zu gewährleisten, dass jeder Teilnehmer Feedback erhält, sollte man jedem Beobachter ein bis zwei Teilnehmer zuteilen, die sie gezielt beobachten und denen sie anschließend Feedback geben. Zusätzlich sollte es Beobachter geben, die sich auf die Interaktion der Gesamtgruppe fokussieren und hierzu Rückmeldung geben können.

- Folgendes Vorgehen hat sich bewährt, um die Beobachtungen der Teilnehmer zu nutzen und sicherzustellen, dass sie einander Feedback geben. Nach der Diskussion erhält jeder jeweils so viele Moderationskarten oder Post-its, wie es Teilnehmer gibt. Die Zettel werden jeweils mit einem Teilnehmernamen beschriftet. Darauf wird notiert, was die jeweilige Person zur Diskussion beigetragen hat und was sie anders/zusätzlich hätte tun können.

- Ein weiterer Auswertungsschritt gibt Aufschluss darüber, wer in den Augen der Gruppe eine Führungsrolle wahrgenommen hat: Auf einem Flipchart werden in einem Kreis die Namen aller Teilnehmer notiert. Jeder wird gebeten, einzuzeichnen, wer den stärksten Anteil an der Lösung der Aufgabe hatte und zwar so, dass man vom eigenen Namen einen Pfeil zu der Person einzeichnet, die den stärksten Einfluss hatte. So erhält man in kurzer Zeit ein klares Bild. Natürlich muss dies in der Reflexion besprochen und auf die jeweiligen Verhaltensweisen und ihre Wirkung zurückbezogen werden.

Szenario I: Mitarbeitergespräch

Führungskraft

Informationen zur Rolle: Seit knapp einem Jahr sind Sie als Leitung des Controllings eines Unternehmens tätig, welches in seiner Branche zu den Marktführern gehört. Zuvor waren Sie bereits einige Jahre in anderen Funktionen des gleichen Unternehmens beschäftigt. Bei Ihrer aktuellen Stelle handelt es sich um Ihre erste Führungsposition. Insgesamt sind Sie recht zufrieden damit, wie es Ihnen gelungen ist, Ihre neue Rolle zu meistern. Ihr Team besteht aus sieben Mitarbeitern, die unterschiedlich lange für die Firma tätig sind.

Informationen zum Mitarbeiter: Heute haben Sie ein Mitarbeitergespräch mit Herrn bzw. Frau Loyal vereinbart. Frau Loyal gehört zu den erfahrenen Mitarbeitern in Ihrer Gruppe. Sie arbeitet bereits seit 20 Jahren für die Firma und wechselte kurz nach Ihnen ins Team, weil ihre alte Gruppe im Rahmen einer Umstrukturierung aufgelöst und auf verschiedene Teams verteilt wurde. Anfangs waren Sie wirklich zufrieden mit der Leistung von Frau Loyal, doch seit einer Weile ist diese deutlich schlechter geworden. Letzte Woche ist es bereits zum dritten Mal vorgekommen, dass sie die Frist zur Abgabe des monatlichen Reports an den Bereichsleiter, Herrn Schulze, um mehr als einen Tag verpasst hat.

Herr Schulze steht derzeit selbst unter Druck beim Vorstand und ist daher dringend darauf angewiesen, die Zahlen rechtzeitig zu erhalten. Es hat Sie daher nicht gewundert, dass Sie gestern eine heftige Beschwerde von Herrn Schulze erhalten haben. Er hat Ihnen unmissverständlich klargemacht, dass er weitere Verspätungen nicht akzeptieren wird und diese unweigerlich zu Konsequenzen führen würden. Wenn es Ihnen nicht gelänge, Ihr Team zu führen, dann wären Sie wohl nicht die richtige Person für diesen Job.

Möglicherweise hat Frau Loyal ein Problem mit ihrem Zeitmanagement. Sie haben sie in der letzten Zeit etwas genauer beobachtet und festgestellt, dass sie ihre Arbeit nicht nur genau macht, sondern vielmehr penibel. Und das kostet viel Zeit. So kontrolliert sie jeden Arbeitsvorgang mehrfach, bevor sie ihn abschließt. Das führt natürlich dazu, dass ihr keine Fehler unterlaufen, aber das Arbeitstempo leidet sichtlich darunter.

Sie haben den Eindruck, dass Frau Loyal auch deshalb so langsam ist, weil sie zwischendurch immer wieder mit privaten Angelegenheiten beschäftigt zu sein scheint. Sie haben mehrfach miterlebt, wie sie längere Telefongespräche führte, die offenkundig privater Natur waren, auch wenn Sie den genauen Inhalt nicht erfassen konnten. Gestern sahen Sie, wie sie die Seiten von Amazon und Facebook geöffnet hatte, wozu es keinerlei betrieblichen Hintergrund geben kann. Dies können Sie nicht akzeptieren. Es gibt die klare Policy, dass das Internet nur zu betrieblichen Zwecken genutzt werden darf.

Außerdem finden Sie es bedauerlich, dass Frau Loyal sich bislang so wenig in das Team integriert hat. Sie scheint wenig daran interessiert zu sein, Kontakt zu den neuen Kollegen, die überwiegend jünger sind, herzustellen, und trifft sich stattdessen, etwa zum Mittagessen, lieber mit den Mitgliedern ihres alten Teams.

Gesprächsziele: In dem Gespräch möchten Sie nun herausfinden, weshalb sie wichtige Aufgaben nicht rechtzeitig fertigstellen konnte und wie dies in Zukunft verändert werden kann. Sie wollen klarstellen, dass die aktuelle Arbeitsleistung nicht akzeptabel ist. Sie möchten Vereinbarungen treffen, die ein effizienteres Arbeiten und die eindeutige Fokussierung auf die Erledigung der Aufgaben gewährleisten.

Herr bzw. Frau Loyal

Informationen zur Rolle: Sie sind seit zwanzig Jahren als Referentin Controlling in Ihrer Firma tätig. Sie sind eine sehr erfahrene und fachlich kompetente Mitarbeiterin. Sie haben lange Zeit in dem Team gearbeitet, welches von Herrn Alt geleitet wurde und in dem Sie sich außerordentlich wohlgefühlt hatten. Dort hatte ein sehr angenehmes und freundschaftliches Klima geherrscht, nicht zuletzt aufgrund des kollegialen und wertschätzenden Führungsstils von Herrn Alt, der vor einem Jahr in den Ruhestand ging. Im Rahmen einer betrieblichen Umstrukturierung wurde das Team von Herrn Alt aufgelöst und Sie und Ihre Kollegen wurden auf andere Gruppen verteilt, was Sie alle sehr bedauert haben.

In der neuen Gruppe fühlen Sie sich noch nicht so richtig zu Hause. Nicht, dass irgendjemand explizit unfreundlich wäre, aber Sie haben nicht wirklich einen Draht zu den neuen Kollegen gefunden. Sie sind überwiegend deutlich jünger und nicht „auf einer Wellenlänge" mit Ihnen. Keiner ist auf Sie zugegangen, um Sie zu integrieren. Niemand scheint sich wirklich für Sie zu interessieren. Da es bereits feststehende Cliquen gibt, ziehen Sie es vor, sich mit Ihren alten Kollegen zu treffen, wenn es etwa ums Mittagessen geht.

Situation des Mitarbeiters: Was die Arbeit betrifft, fühlen Sie sich eher unterfordert. In Ihrer alten Gruppe waren Sie die Mentorin für neue Mitarbeiter und haben viele Schulungen durchgeführt – eine Tätigkeit, die Ihnen viel Spaß gemacht hat, die aber hier anscheinend von anderen Teammitgliedern ausgefüllt wird. Aber irgendwie fragt hier niemand danach, was Sie sich wünschen würden und welche Aufgaben Sie übernehmen möchten. So erledigen Sie eben das Nötigste. Das kommt Ihnen ganz gelegen, da Sie momentan privat einiges um die Ohren haben. Abends müssen Sie sich momentan oft um Ihre kranke Mutter kümmern, die seit ihrem Schlaganfall vor vier Monaten pflegebedürftig ist. Deshalb müssen Sie einiges organisieren, um ihre Betreuung sicherzustellen. Sie müssen sich mit Krankenkassen und Pflegediensten herumschlagen und abends für sie da sein. Das wird kein Dauerzustand sein, aber Sie müssen eben die Betreuung organisieren und es können noch einige Monate ins Land ziehen, bis dies alles geklärt ist. Da Ihre Schwester im Ausland lebt, stehen Sie mit dieser Aufgabe alleine da.

Unter der privaten Belastung leidet auch Ihre Arbeitsleistung etwas. So haben Sie ein paar Reports für den Bereich von Herrn Schulze erst einen oder zwei Tage später fertigstellen können, was aber kein Problem sein sollte. Ihre privaten Themen beschäftigen Sie manchmal auch auf der Arbeit, zumal Ihre Internet-Verbindung zu Hause momentan gestört ist und Sie deshalb neulich mal schnell nach Literatur zum Thema „Pflege von Angehörigen" bei Amazon recherchiert und sich auf Facebook kurz mit alten Schulkollegen ausgetauscht haben, die in einer ähnlichen Situation sind. Auf der Arbeit haben Sie davon niemandem erzählt. Schließlich ist das Verhältnis nicht so vertrauensvoll, dass Sie so ohne Weiteres ein so persönliches Thema preisgeben wollen.

Haltung und Ziele des Mitarbeiters: Nun hat Ihre Teamleitung Sie zu einem Gespräch gebeten. Sie wissen nicht, worum es sich handelt. Möglicherweise möchte er einfach mal hören, wie es Ihnen geht. Falls Ihre Vorgesetzte sich wirklich interessiert, aufgeschlossen und wertschätzend zeigt, können Sie sich vorstellen, zu erzählen, was Ihnen auf dem Herzen liegt – aber nur dann! Allerdings sind Sie eher skeptisch, schließlich erleben Sie Ihr Verhältnis zur Teamleitung bislang eher als neutral-distanziert. Wenn Ihre Vorgesetzte Kritik daran äußert, dass Sie Ihre Reports zu spät fertiggestellt haben, können Sie das schwer nachvollziehen. Schließlich handelte es sich jeweils nur um ein oder zwei Tage. In Ihrer alten Gruppe war dies absolut üblich und spielte nie eine Rolle. Nur Choleriker wie Bereichsleiter Schulze können sich darüber echauffieren, wenn Reporte – die die Bereichsleiter dann oft ohnehin nur oberflächlich lesen – einen Tag später eintreffen. Dafür sind Ihre Reporte immer fehlerfrei, während bei den jüngeren Kollegen manchmal etwas schlampig gearbeitet wird. Ihr alter Chef Herr Alt wusste Ihre Gründlichkeit immer zu schätzen und Sie hoffen, auch von Ihrem/r neuen Vorgesetzten die verdiente Anerkennung endlich zu erhalten.

Zeitempfehlung

- Vorbereitung: 20 Min.
- Durchführung: 20 Min.
- Auswertung: 20 Min.

Szenario II: Kollegengespräch

Rolle A

Informationen zur Rolle A: Im kommenden Sommer werden Sie heiraten. Schon immer war es ein gemeinsamer Traum von Ihnen und Ihrem zukünftigen Partner, für einen längeren Zeitraum nach Asien zu reisen. Diesen Traum wollen Sie sich nun verwirklichen und haben bereits jetzt – es ist Anfang Februar – eine vierwöchige Hochzeitsreise nach Vietnam gebucht.

Vorgeschichte: Sie haben das bereits vor einigen Monaten mit Ihrer Vorgesetzten und Ihrem Kollegen B, mit dem Sie sich gegenseitig vertreten, abgesprochen. B ist ein sehr erfahrener Kollege, der Sie eingearbeitet hat, als Sie vor eineinhalb Jahren neu in die Abteilung kamen. B hat seine Aufgabe als Mentor mit Leidenschaft und Hingabe übernommen, wofür Sie sehr dankbar sind. Er hat sich extrem viel Zeit für Sie genommen und war jederzeit für Sie verfügbar, wenn Sie Fragen zu Ihrem neuen, sehr komplexen Arbeitsgebiet haben. Auch hat B dafür gesorgt, dass Sie sich gut ins Team integrieren konnten und hat Sie mit allen wichtigen Kollegen und Schnittstellen in der Abteilung bekanntgemacht.

Problemstellung aus der Sicht von A: Da Sie gemeinsam für das gleiche Arbeitsgebiet verantwortlich sind, wurde vereinbart, dass immer nur einer von Ihnen fehlen kann. An dieser Vereinbarung gibt es nichts zu deuteln. Deshalb haben Sie Ihren Urlaubswunsch frühzeitig im vergangenen Herbst mit B abgesprochen. Weil sich Ihre Flitterwochen direkt an Ihre Hochzeit anschließen und diese direkt vor Beginn der Sommerferien stattfindet, liegt Ihr Urlaub in den ersten vier Wochen der Sommerferien. Da B zwei schulpflichtige Kinder hat, befürchteten Sie zunächst, dass es Probleme geben könnte. Aber B meinte, dass es für ihn in Ordnung sei, die letzten beiden Wochen der Sommerferien wegzufahren. Darüber waren Sie froh, zumal Sie sowohl in den letzten Herbst- und Sommerferien auf seine Urlaubswünsche Rücksicht genommen hatten, obwohl Sie und Ihr Freund zu jener Zeit auch gerne in Urlaub gefahren wären. Aber da Sie wissen, dass B schulpflichtige Kinder hat, haben Sie das gar nicht weiter thematisiert. Auf jeden Fall aber haben Sie das Gefühl, dass Ihr Urlaubswunsch nun Vorrang haben sollte – zumal eine Hochzeitsreise ja nun wirklich ein (hoffentlich) einmaliges Ereignis ist.

Gesprächsziele für A: Umso mehr hat es Sie irritiert, dass Ihre Vorgesetzte heute früh andeutete, dass B nun doch in den Wochen 3–5 der Schulferien in Urlaub fahren will und Sie Ihren Urlaub auf zwei Wochen reduzieren sollen. Das geht natürlich auf gar keinen Fall. Denn für zwei Wochen braucht man nicht nach Asien zu reisen. Außerdem würden Ihnen möglicherweise Stornokosten entstehen. Das ist nicht akzeptabel, zumal Sie Ihren Urlaub längst mit B abgesprochen hatten. Sie finden es ärgerlich, dass er das nun in Frage stellt.

Irgendwie passt es aber auch ins Bild. Sie haben seit einer Weile das Gefühl, von B noch immer als „Frischling" behandelt zu werden und empfinden ihre Arbeitsbeziehung nicht als gleichberechtigt, obwohl Ihre Einarbeitung längst abgeschlossen ist. Noch immer neigt B dazu, viel zu erklären, wodurch Sie sich manchmal „von oben herab" behandelt fühlen, obwohl Sie längst selbst fachlich versiert sind. Auch in Besprechungen empfinden Sie B manchmal als dominant. So hat er Ihnen neulich in der Besprechung zum Projekt „Alpha", für das Sie verantwortlich sind, das Heft aus der Hand genommen, als die Bereichsleitung eine knifflige Frage stellte und Sie einen Moment zögerten. Es macht natürlich keinen guten Eindruck, wenn Sie gefragt werden und B für Sie antwortet. Darüber sind Sie noch immer verärgert. So sehr Sie B schätzen und dankbar für die tolle Einarbeitung sind, so erwarten Sie doch, jetzt „auf Augenhöhe" behandelt zu werden. Auch auf diesem Hintergrund ist es Ihnen wichtig, dass B auf Ihre berechtigten Bedürfnisse, was den Urlaub betrifft, Rücksicht nimmt. B kommt nun auf Sie zu.

Rolle B

Informationen zur Rolle B: Sie arbeiten seit mehreren Jahren in Ihrer jetzigen Abteilung und gehören zu den erfahrensten Mitarbeitern. Ihre fachlichen Leistungen sind hervorragend und Sie werden allseits geschätzt, auch wegen Ihrer freundlichen und engagierten Art. Sie haben bereits einige Kolleginnen und Kollegen eingearbeitet, so auch A, mit dem Sie sich nun ein gemeinsames Aufgabengebiet teilen. In Ihrer Abwesenheit vertreten Sie sich gegenseitig, sodass immer nur einer von Ihnen fehlen kann. An dieser Vereinbarung gibt es nichts zu deuteln.

A hatte Ihnen schon im vergangenen Herbst mitgeteilt, dass er nächsten Sommer heiraten möchte und eine vierwöchige Hochzeitsreise nach Asien geplant hat. Diese Reise fällt in die ersten vier Wochen der Sommerferien. Da Sie zwei schulpflichtige Kinder haben, hat A Sie gefragt, ob das in Ordnung sei. Da Sie zu diesem Zeitpunkt ohnehin vorhatten, nur zwei Wochen an die Nordsee zu fahren, waren Sie einverstanden, in den letzten beiden Wochen der Sommerferien Urlaub zu nehmen.

Problemstellung aus der Sicht von B: Jetzt ist es Anfang Februar und die Situation hat sich plötzlich schlagartig geändert. Ihre Schwester, die seit drei Jahren in Kanada lebt, hat Ihnen am vergangenen Wochenende überraschend mitgeteilt, dass sie im kommenden Sommer ebenfalls heiraten wird und Sie gemeinsam mit Ihrer Familie nach Kanada eingeladen. Die Hochzeit wird am Samstag am Ende der dritten Ferienwoche im Sommer stattfinden. Sie werden Trauzeuge sein. Am Dienstag in der Woche zuvor veranstaltet Ihre Schwester einen großen Polterabend. Da sollen und wollen Sie natürlich auf jeden Fall auch dabei sein. Sie möchten deshalb spätestens am Montagabend der dritten Ferienwoche nach Kanada fliegen, sodass Sie Polterabend und Hochzeit miterleben können. Anschließend an die Hochzeit möchten Sie noch zwei Wochen durch Kanada reisen, worauf Sie sich schon riesig freuen.

Da Sie so schnell wie möglich Ihren Flug buchen wollen, haben Sie bereits mit Ihrer Vorgesetzten gesprochen. Die sagte, dass Sie und A auf keinen Fall beide fehlen dürfen. Maximal ein bis zwei Tage wäre das möglich. Deshalb möchten Sie nun mit A sprechen. Sie hoffen, dass er seinen Urlaub auf zwei Wochen verkürzt. Dafür können Sie ihm ja anbieten, dass er ein anderes Mal länger in Urlaub fahren kann. Schließlich ist A im Gegensatz zu Ihnen nicht auf die Ferien angewiesen. Deshalb gab es diesbezüglich auch noch nie Probleme, da es für A natürlich günstiger ist, außerhalb der Schulferien zu verreisen. Vielleicht lassen sich A's Flitterwochen ja auch noch komplett verlegen? Da wäre die Reise sicher ohnehin günstiger und A könnte problemlos vier Wochen Urlaub nehmen – vielleicht ja sogar fünf, wenn man noch mal mit der Chefin redet.

Einstellung von B: Ihr Verhältnis zu A ist sehr positiv, deshalb sind Sie zuversichtlich. Sie haben ihn eingearbeitet und sich dafür extrem viel Zeit genommen und waren stets für wirklich jede Frage für ihn da. Das hat Ihnen auch viel Spaß gemacht. Noch heute erklären Sie gerne mal das eine oder andere und versuchen, nützliche Hintergrundinformationen zu vermitteln. Nicht zuletzt deshalb hat sich A ja so gut eingefunden und macht einen sehr guten Job. Manchmal ist A sicher noch etwas unsicher, so wie neulich bei der Besprechung zum Projekt „Alpha", das er leitet. Da hatte die Bereichsleitung manch knifflige Frage gestellt, bei deren Beantwortung A etwas zögerlich wirkte. Deshalb sind Sie an einer besonders schwierigen Stelle für A in die Bresche gesprungen, um ihn zu unterstützen.

A hat Ihnen einiges zu verdanken und so sind Sie zuversichtlich, dass er auf Ihre Wünsche eingehen wird. Sie gehen auf A zu.

Zeitempfehlung

- Vorbereitung: 20 Min.
- Durchführung: 20 Min.
- Auswertung: 20 Min.

Szenario 3: Gruppendiskussion

Instruktion: Einigen Sie sich in der Gruppe, welches der drei nachfolgenden Themen Sie in den folgenden 40 Minuten diskutieren möchten. Ihre Aufgabe ist es jeweils, eine Präsentation vor der Geschäftsleitung vorzubereiten.

- Welche Möglichkeiten der Kostenreduzierung sehen Sie im Unternehmen? Stellen Sie die fünf wichtigsten Einsparungsmaßnahmen dar und schätzen Sie das Einsparpotenzial ab. Bereiten Sie eine Präsentation vor der Geschäftsleitung vor und berücksichtigen Sie auch mögliche Gegenargumente.

- Wie kann das Unternehmensleitbild Ihres Unternehmens besser gelebt und in die Praxis umgesetzt werden? Wie in vielen anderen Unternehmen, gibt es durchaus Unterschiede zwischen dem Leitbild und der realen Praxis zu beobachten. Wo sehen Sie die größten Diskrepanzen? Was sollte getan werden, um das Leitbild des Unternehmens und die Werte, die auf dem Papier stehen, besser in die Praxis umzusetzen? Erstellen Sie einen Fünf-Punkte-Plan mit den wichtigsten Maßnahmen. Bereiten Sie eine Präsentation vor der Geschäftsleitung vor und berücksichtigen Sie auch mögliche Gegenargumente.

- Der Markt und die Anforderungen der Kunden verändern sich mit einer immer stärker werdenden Dynamik. Die einzige Konstante ist die ständige Veränderung. In diesem Wettbewerb gilt es, innovativ zu sein, neue Entwicklungen und Kundenbedürfnisse zu antizipieren und proaktiv zu handeln. Welche Bereiche sehen Sie, in denen Veränderungen notwendig wären? Arbeiten Sie die fünf wichtigsten Veränderungsmaßnahmen heraus, die Ihrem Unternehmen einen Wettbewerbsvorteil verschaffen würden. Bereiten Sie eine Präsentation vor der Geschäftsleitung vor und berücksichtigen Sie auch mögliche Gegenargumente.

Zeit: 40 Minuten.

As real as it can get – die Arbeit mit professionellen Schauspielern

Eine hilfreiche Maßnahme, um Rollenspiele realitätsnah durchzuführen, ist der Einsatz professioneller Schauspieler. Wenn diese gut ausgebildet und mit dem Unternehmenskontext vertraut sind, wird das Rollenspiel durch sie um ein Vielfaches realitätsnäher. Denn für viele Menschen ist es doch recht schwer, sich vorzustellen, dass der nette Controller jetzt auf einmal ein schwieriger Kunde und die pfiffige Kollegin aus dem Marketing nun eine introvertierte Mitarbeiterin sein soll. Gerade wenn sich die Teilnehmer untereinander gut kennen, ist dies ein echtes Hindernis. Schauspieler sind den Teilnehmern unbekannt und daher neutral, außerdem ist es eben ihre Profession, andere Rollen glaubhaft darzustellen und sie können es daher deutlich besser als der Durchschnittsbürger. Arbeitet man mit echten Profis, denen es gelingt, die jeweiligen Charaktere – Kunden, Mitarbeiter, Vorgesetzte – „zum Leben zu erwecken", hört man ihn kaum noch, den klassischen Einwand gegenüber Rollenspielen: *„Das ist ja alles ganz anders als in der Wirklichkeit".*

Weitere Hinweise zur Zusammenarbeit mit Business-Schauspielern finden sich in dem Buch „Mit Rollen spielen II" (Neumann/Hess 2010).

5. Kapitel

Reflexionssequenzen erfolgreich leiten

Inhalt des Kapitels

Reflexion im Seminar

Reflexionssequenzen eignen sich gut für den Einstieg in ein Thema oder für den Abschluss einer Coachings- oder Trainingssequenz. Bei ihnen geht es im Gegensatz zu Trainings-Sessions nicht darum, bestimmte Alltagssituationen zu simulieren und „durchzuspielen". Vielmehr werden Erfahrungen aus dem Arbeitsalltag reflektiert, sodass ein gemeinsamer Bezugsrahmen zwischen der Situation der einzelnen Teilnehmer und dem Thema entsteht. Es wird versucht, aus den reflektierten Alltagssituationen zu lernen und Schlussfolgerungen für die künftige Ausgestaltung der eigenen Rolle zu ziehen.

Eine besonders lebendige und interaktive Form der Durchführung einer Reflexionsaufgabe ist die Soziometrie, die bereits als Kennenlern-Methode vorgestellt wurde (s. S. 53). Weitere mögliche Methoden, den Teilnehmern Aufgaben zu stellen, die zur Reflexion anleiten, werden im Folgenden vorgestellt. Für die Reflexionsaufgaben mit szenischer Darstellung gilt, dass sie sich insbesondere zum Ende eines Trainings eignen, weil die Teilnehmer dann bereits miteinander und mit der handlungsorientierten Arbeitsweise vertraut sind. Dieses Vorgehen würde ich jedoch nur dann empfehlen, wenn eine Gruppe an dieser kreativen Art der Seminararbeit Freude gefunden hat und sich darauf bereitwillig einlässt.

Reflexionsaufgaben in Kleingruppen

Indikation

Als Abschluss oder zum Einstieg in ein Thema.

Ziele

- Reflexion eigener Erfahrungen.
- Ein gemeinsamer Bezugsrahmen wir hergestellt (indem etwa Modelle guter/schlechter Führung o.Ä. diskutiert werden).

Zeit

- 45 Minuten (10 Min. Instruktion und Einzelarbeit, 15 Min. Kleingruppenarbeit, 15 Min. Präsentation, 5 Min. Puffer)

Material

- Kleingruppenräume oder ein ausreichend großer Seminarraum, Flipchart oder Moderationskarten und Stifte

Überblick

- Einzelarbeit: Zum jeweiligen Thema werden positive und negative Beispiele gesammelt.
- Es folgt ein Austausch in Kleingruppen und das Sammeln der wesentlichen Aspekte auf Flipcharts.
- Präsentation der Kleingruppenergebnisse im Plenum.

Reflexionsaufgaben in Kleingruppen sind geeignet, um die Teilnehmer zu einem Erfahrungsaustauch in Bezug auf ein Thema anzuregen und daraus für die Praxis lernen zu können. Beispiele für Reflexionsaufgaben sind etwa:

- Kundenservice: *„Welche Erfahrungen habe ich als Kunde gesammelt? Welche Erfahrungen von besonders gutem/schlechten Kundenservice fallen mir spontan ein?"*

- Konfliktmanagement: *„Welche beruflichen Konflikte hatte ich in der zurückliegenden Zeit? Was war hilfreich, um Konflikte konstruktiv zu lösen? Was hat zu destruktiven Konflikten geführt?"*

- Führung: *„Welche Führungskräfte habe ich selbst erlebt? Welches Führungsverhalten haben sie gezeigt? Was waren besonders positive/negative Erfahrungen?“*

Mehrstufiges Vorgehen

Bei Reflexionsaufgaben dieser Art ist es sinnvoll, in mehreren Stufen vorzugehen: Damit jeder Teilnehmer Gelegenheit hat, unbeeinflusst eigene Erfahrungen zu reflektieren, empfiehlt es sich, mit einer kurzen Einzelarbeit einzusteigen, bevor man einen Austausch in Kleingruppen ermöglicht, sodass jeder Einzelne ausreichend zu Wort kommen kann. Erst am Ende der Session steht der Austausch im Plenum.

Vorgehen

Das Vorgehen wird anhand einer Session zum Thema „Führung“ erläutert. *„Jetzt geht es darum, in das Thema ‚Führung‘ einzusteigen. Zu Beginn möchte ich Sie einladen, sich zu eigenen Erfahrungen auszutauschen, die Sie selbst im Umgang mit Führungskräften gesammelt haben. Nehmen Sie sich etwas Zeit, Revue passieren zu lassen, welche Führungspersonen Sie im Laufe Ihres Lebens kennengelernt haben. Dabei können Sie sowohl an Führungspersonen im Beruf, aber auch in anderen Bereichen wie Schule, Ausbildung, Studium oder Freizeit denken. Bitte nehmen Sie sich – zunächst jeder für sich – ein paar Minuten Zeit, um sich Notizen zu folgenden beiden Aspekten zu machen:*

- *Welche positiven Beispiele von Führung habe ich erlebt? Wer ist für mich in dieser Hinsicht ein Vorbild? Was haben diese Personen getan bzw. nicht getan? Nennen Sie konkrete Beispiele für positives Führungsverhalten.*

- *Welche negativen Beispiele von Führung habe ich erlebt? Wer ist für mich in dieser Hinsicht ein abschreckendes (gerne anonymes!) Beispiel? Was haben diese Personen getan bzw. nicht getan? Nennen Sie konkrete Beispiele für negatives Führungsverhalten.“*

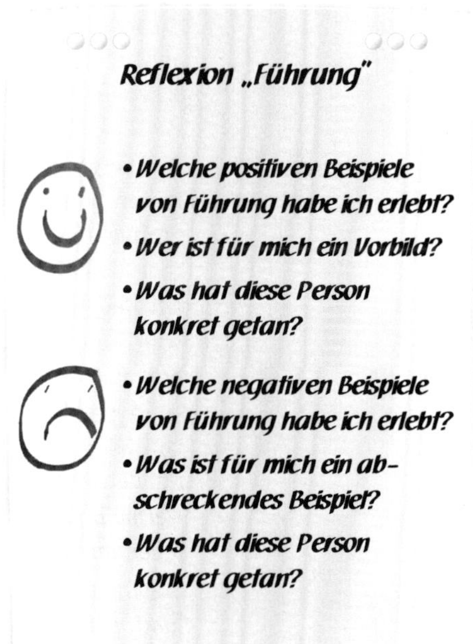

Abb.: Flipchart „Führung – Reflexion eigener Erfahrungen“.

Der Trainer zeigt das Flipchart mit der entsprechenden Aufgabenstellung.

Nachdem alle Teilnehmer Gelegenheit hatten, sich Notizen zu machen (ca. drei bis fünf Minuten), leitet der Trainer die Gruppenarbeit an:

Kleingruppenarbeit

„Tauschen Sie sich nun in Kleingruppen mit jeweils drei Personen dazu aus und sammeln Sie auf einem Flipchart die wichtigsten Punkte für positives und negatives Führungsverhalten."

Der Trainer gibt den Kleingruppen 15 Minuten Zeit für diese Aufgabe und geht vor Ablauf der Zeit zu den Kleingruppen, um bei Bedarf Unterstützung anbieten zu können und ggf. zusätzliche Zeit einzuräumen. Anschließend werden die Kleingruppen-Ergebnisse präsentiert: *„Bitte stellen Sie kurz Ihre wichtigsten Punkte vor."*

Hinweise

- Reflexionsübungen zu grundsätzlichen Themen laden zu längeren Diskussionen ein, insbesondere wenn es darum geht, Schlussfolgerungen aus den eigenen Erfahrungen zu ziehen. Während der eine Teilnehmer es wichtig findet, Freiräume zu geben, hebt der andere hervor, dass es darauf ankommt, Verbindlichkeit herzustellen und Fehlverhalten klar zu sanktionieren. Mancher Teilnehmer hält es für wichtig, dass die Führungskraft fachlich versiert ist, während andere die Führungs- und Kommunikationskompetenz für viel entscheidender halten.

  Bei diesen kontroversen Diskussionen ist es hilfreich, nach konkreten Beispielen zu fragen, sodass der Erfahrungshintergrund nachvollziehbar wird und die „allgemeingültigen" Positionen relativiert werden. Das sogenannte „Werte- und Entwicklungsquadrat", ein Modell des Kommunikationswissenschaftlers Friedemann Schulz von Thuns (Miteinander Reden, Bd. 2) kann hier helfen, zu verstehen, dass es kaum absolute Werte gibt, sondern es vielmehr gilt, ein dynamisches Gleichgewicht zwischen gegensätzlichen Werten zu finden (z.B. „Freiraum eröffnen" vs. „Orientierung geben").

Varianten

- Statt alle Kleingruppen am gleichen Thema arbeiten zu lassen, kann man jeder Kleingruppe einen spezifischen Themenschwerpunkt geben (zum Beispiel: Delegieren, Motivieren, Entscheiden, Kommunizieren etc.).

- Um die Erfahrungen transparenter darzustellen, kann der Trainer die Kleingruppen auffordern, ihre Ergebnisse in Form einer kurzen Geschichte, Szene, Skulptur oder Pantomime darzustellen. Diese Variante ist lebendiger und interessanter, funktioniert aber nur, wenn die Gruppe bereit ist, sich auf kreative Methoden einzulassen und sich nicht scheut, sich zu exponieren. Hier bietet sich der Zeitpunkt zum Ende einer Session an, wenn die Teilnehmer bereits miteinander und mit der handlungsorientierten Arbeitsweise vertraut sind. Die Aufgabe kann hier beispielsweise darin bestehen, die wichtigsten Aspekte zum Seminarthema (zum Beispiel „Führung“) zu sammeln und in einer Szene zu verdichten, wobei man die Kleingruppen auch hier unterschiedliche Schwerpunktthemen bearbeiten lassen kann.

Mit Soziodrama arbeiten – am Beispiel der Stakeholder-Analyse

Indikation

Zum Einstieg in ein Thema, in diesem Fall zum Hineinversetzen in die „Stakeholder".

Ziele

- Reflexion der Erwartungen an die eigene Person bzw. Rolle.
- Klärung der eigenen Rolle und der eigenen Prioritäten.

Zeit

- ca. 100 Minuten

Material

- Moderationskarten, Arbeitsblatt „Stakeholder-Analyse" (zum Download vorhanden), Stifte, Stoppuhr

Überblick

- Der Trainer verteilt Plakate mit den Überschriften „Kunden", „Mitarbeiter", „Vorgesetzte" und „Sonstige" in den vier Ecken des Raumes.
- Die Teilnehmer teilen sich gleichmäßig in Kleingruppen à vier Personen auf und begeben sich jeweils in eine Ecke des Raumes.
- Innerhalb der Kleingruppe arbeiten die Teilnehmer jeweils paarweise zusammen.
- A interviewt B im Rollentausch mit dem jeweiligen Stakeholder (4 Min.), dann erfolgt ein Wechsel.
- Nach dem Interview im Rollentausch (2 x 4 Min.) notieren die Teilnehmer die wichtigsten Erwartungen ihrer Stakeholder auf einem Arbeitsblatt (2 Min.).
- Im Uhrzeigersinn wechseln die Kleingruppen zur nächsten Ecke des Raumes.
- Innerhalb der Kleingruppen arbeiten jeweils andere Personen zusammen.
- Die Übung läuft nach dem gleichen Prinzip weiter, bis alle Kleingruppen in allen vier Ecken des Raumes waren (insgesamt 40 Min.).

- Anschließend wertet jeder Teilnehmer in Einzelarbeit aus, welche Erwartungen wie wichtig sind, wo es Konflikte gibt und wie die Person mit diesen umgehen möchte (5 Min.).
- Reflexion in den Kleingruppen: Jede Person berichtet kurz, die anderen fragen nach (4 x 5 Min.).
- Auswertung im Plenum per Fishbowl (3 x 5 Min.).

Wie das Psychodrama und die Soziometrie, geht auch die Methode des Soziodramas auf die Arbeiten von Jacob Levy Moreno (1889–1974) zurück. Im Soziodrama erforscht eine Gruppe (Lateinisch: „Socius" = Mitmensch, Gefährte) eine für sie relevante Fragestellung, indem sie sie durch gemeinsame Aktion simuliert (Griechisch: „Drama" = Handlung). Die anschließende Reflexion bringt der Gruppe neue Erkenntnisse über das zu erforschende Thema, aber auch über sich selbst.

Als Instrument der Organisationsentwicklung können mithilfe des Soziodramas innerbetriebliche Abläufe optimiert werden. Im Training wird es eingesetzt, um sich gezielt in bestimmte Rollenträger wie Kunden, Kollegen, Konkurrenten oder andere „Stakeholder"* hineinzuversetzen. Dies dient dazu, die eigene Rolle bewusster und erfolgreicher zu gestalten. Im Folgenden wird die Methode am Beispiel eines Führungstrainings dargestellt. Mittels eines Rollentauschs versetzen sich die Teilnehmer in die Perspektive ihrer wichtigsten Stakeholder und entwickeln dann eine Strategie zum Umgang mit deren Erwartungen.

Vorgehen

Vor Beginn der Übung verteilt der Trainer Plakate oder Moderationskarten mit den Überschriften „Kunden", „Mitarbeiter", „Vorgesetzte" und „Sonstige" in den vier Ecken des Raumes. Dann leitet der Trainer die soziodramatische Übung ein. Dabei verwendet er nicht den Begriff des Soziodramas, da dieser im Kontext eines Management-Trainings nur für Irritation sorgen würde. Generell gilt es, „Trainer-Jargon" zu vermeiden und stattdessen die Sprache der Teilnehmer zu sprechen und den Nutzen einer Übung hervorzuheben (s. S. 80).

„Trainer-Jargon" vermeiden

* „Stake" kann mit Einsatz, Anteil oder Anspruch übersetzt werden, „holder" mit Eigentümer. Der Stakeholder ist daher jemand, der einen legitimen Anspruch an die jeweilige Person bzw. ihre Rolle stellt. Die Stakeholder-Analyse ist eine Standardmethode des Projektmanagements. Im Folgenden wird der Fokus auf die soziodramatisch geprägte Variante dieser Methode gelegt.

„Über Ihren Erfolg als Führungskraft entscheidet immer unter anderem, wie gut es Ihnen gelingt, die Erwartungen Ihrer wichtigsten ‚Stakeholder' zu antizipieren und zu ‚managen': Ihre Kunden, Vorgesetzten oder Mitarbeiter werden ihre Erwartungen oft nicht explizit aussprechen. Oft sind sie nur unterschwellig spürbar. Daher sind sie uns in der Regel nur zum Teil bewusst. Deshalb geht es nun darum, sich gezielt in die Perspektive der für Sie wichtigsten Stakeholder zu versetzen und sich darüber klar zu werden, welche Erwartungen diese an Sie haben. Anschließend stellt sich dann die Frage, wie Sie mit diesen Erwartungen umgehen wollen."

Wenn es keine Fragen gibt, fährt der Trainer fort: *„Die verschiedenen Stakeholder-Gruppen sehen Sie jeweils in den Ecken des Raumes: Kunden, Mitarbeiter, Vorgesetzte und ‚Sonstige' – Sonstige können Kollegen sein, Wettbewerber, die Geschäftsleitung, aber auch Personen aus Ihrem privaten Umfeld, wie Ihr Partner, Ihre Kinder und so weiter, die ebenfalls Erwartungen an Sie haben, die mit anderen Erwartungen im Konflikt stehen können. Hier können Sie sich aussuchen, mit wem Sie sich auseinandersetzen möchten."*

Die Teilnehmer werden dann in Kleingruppen aufgeteilt: *„Bitte teilen Sie sich jetzt in drei Gruppen mit jeweils vier Personen auf. Gehen Sie dazu entweder zu den Kunden, den Vorgesetzten oder den Mitarbeitern. Die Ecke mit den Sonstigen bleibt zunächst frei. Sie werden anschließend rotieren, sodass jeder von Ihnen sich mit allen vier Gruppierungen beschäftigen wird. Jetzt geht es nur darum, wer wo beginnt."*

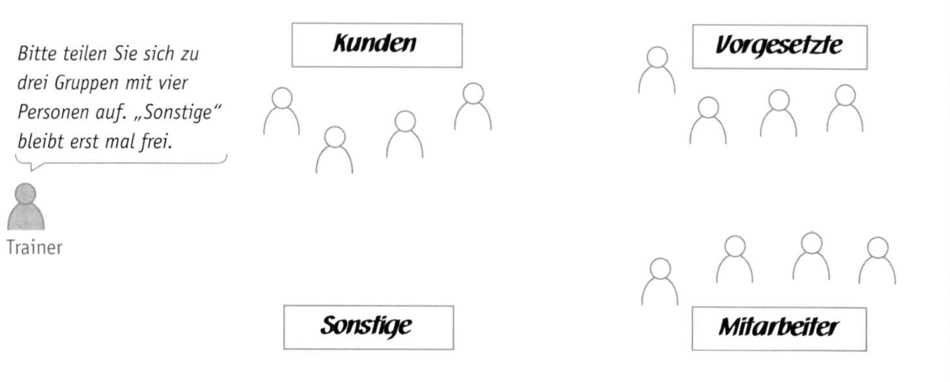

Abb.: In Kleingruppen mit je vier Personen setzen sich die Teilnehmer jeweils mit einer Stakeholder-Gruppe im Rollentausch auseinander. Dann wird im Uhrzeigersinn gewechselt, bis sich alle Gruppen mit allen Stakeholdern befasst haben.

Sobald sich die Kleingruppen aufgeteilt haben, beginnt der Trainer, die Übung zu instruieren: *„Sie arbeiten jeweils zu zweit zusammen und werden sich dabei bei jeder Runde abwechseln. Einigen Sie sich bitte in Ihrer Kleingruppe, mit wem Sie zuerst zusammenarbeiten und wer jeweils A und B ist."*

Dann erklärt der Trainer den Ablauf der Übung anhand des vorbereiteten Flipcharts: *„A hat die Aufgabe, die Welt aus den Augen des jeweiligen Stakeholders zu sehen und aus dessen Perspektive herauszufinden, welche Erwartungen der Stakeholder an Sie als Führungskraft hat.*

Identifikation statt Imitation

Das gelingt am besten, wenn Sie als A versuchen, sich mit Haut und Haaren in diese Person hineinzuversetzen – wenn Sie versuchen, die gleiche Körperhaltung einzunehmen, die Mimik, Gestik und die Art zu sprechen. Es geht nicht darum, jemand zu imitieren oder zu schauspielern. Vielmehr ist das Ziel, sich voll und ganz mit der Person zu identifizieren und die Welt mit ihren Augen zu sehen. Dazu sprechen Sie aus ihrer Perspektive in der Ich-Form. Sie können dabei einfach spekulieren und Erwartungen formulieren, die der Stakeholder vielleicht nicht aussprechen würde, aber möglicherweise doch insgeheim hegt.

B hat die Aufgabe, A zu interviewen, nachzufragen und herauszuarbeiten, welche Erwartungen der Stakeholder an A hat, was er an A gut findet und was A verändern sollte.

Wenn A die Rolle einer Stakeholder-Gruppe einnehmen soll – die also aus mehreren unterschiedlichen Personen besteht – kann A auch die Rolle wechseln – also erst Mitarbeiter X und dann Mitarbeiter Y sein.

Pro Durchgang gibt es vier Minuten Zeit. Dann wird gewechselt und B nimmt die Rolle seines Stakeholders ein und wird von A interviewt. Ich gebe Ihnen das Signal zum Wechsel. Gibt es Fragen?"

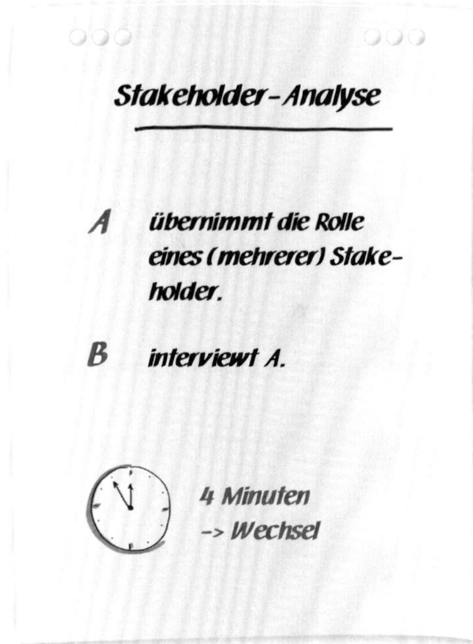

Abb.: Flipchart zum Vorgehen bei der Stakeholder-Analyse.

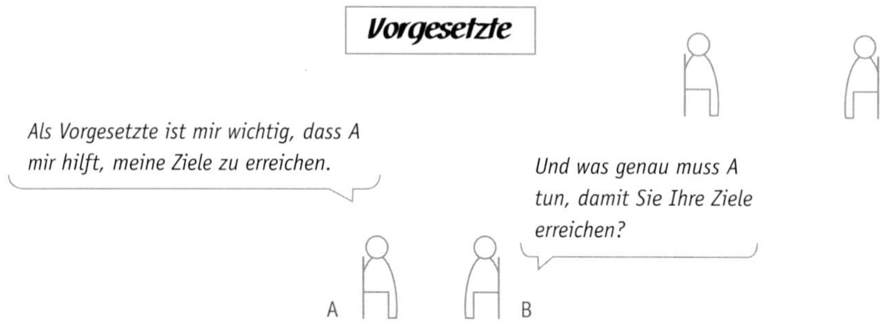

Abb.: In den Kleingruppen arbeiten die Teilnehmer jeweils paarweise zusammen. Dabei interviewt ein Teilnehmer (B) den anderen (A) im Rollentausch mit einem Stakeholder. Anschließend wird gewechselt.

Der Trainer achtet genau auf die Zeit und ordnet nach vier Minuten einen Wechsel an. Nach weiteren vier Minuten leitet er die Auswertung an. Dazu teilt er die Arbeitsblätter zur Stakeholder-Analyse aus (die Vorlage kann als Download-Ressource heruntergeladen werden, s. S. 10). *„Bitte nehmen Sie sich jetzt zwei Minuten, um sich die wichtigsten Erwartungen des jeweiligen Stakeholders, in den Sie sich hineinversetzt haben, zu notieren."* Die Auswertung erfolgt in Einzelarbeit.

Arbeitsblatt zur Stakeholder-Analyse

Stakeholder	Erwartung	Einschätzung/Strategie
1		
2		
3		

Abb.: Ausschnitt Arbeitsblatt zur Stakeholder-Analyse.

Dann wechseln die Kleingruppen: *„Bitte gehen Sie jetzt im Uhrzeigersinn weiter zur nächsten Ecke des Raumes."*

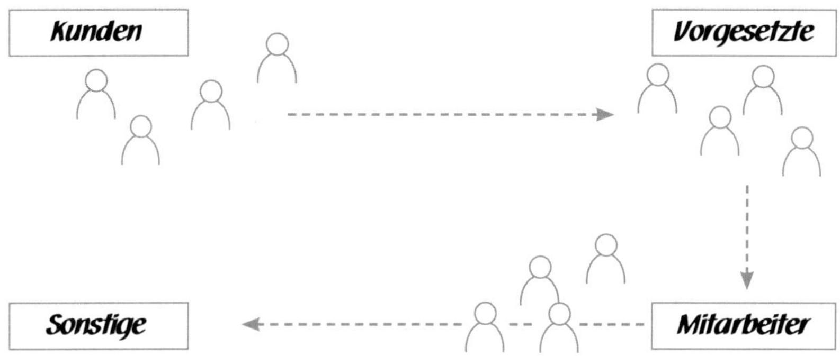

Abb.: Nach jedem Durchgang wechseln die Kleingruppen im Uhrzeigersinn, bis sich alle Kleingruppen mit jeder Stakeholder-Gruppe befasst haben.

„Bitte arbeiten Sie jetzt wieder paarweise mit einer anderen Person zusammen, einigen sich wieder, wer A und wer B ist und führen Sie die Übung genauso wie eben durch, nur dass Sie sich jetzt in einen anderen Stakeholder hineinversetzen."

Reflexion in Einzelarbeit

Die Übung läuft nach dem gleichen Prinzip weiter, bis alle Kleingruppen in allen vier Ecken des Raumes waren. Dies dauert insgesamt gut 40 Minuten. Anschließend gibt es eine kurze Reflexion in Einzelarbeit: *„Nehmen Sie sich ein paar Minuten Zeit, um einzuschätzen, welche Erwartungen es gibt, welche die wichtigsten sind und wo es Konflikte gibt.*

Markieren Sie die wichtigsten Erwartungen mit einem Ausrufezeichen. Malen Sie einen Blitz, wo es einen Konflikt gibt, etwa weil Sie dieser Erwartung nicht entsprechen wollen oder weil zwei Erwartungen einander widersprechen.

Tragen Sie dann in Ihrem Arbeitsblatt ein, wie Sie mit diesen Erwartungen umgehen wollen, sodass Sie ein klares Bild bekommen, wie Ihre Strategie im Umgang mit den verschiedenen Erwartungen ist."

Austausch in Kleingruppen

Nach maximal fünf Minuten erfolgt ein Austausch in den Kleingruppen: *„Berichten Sie innerhalb Ihrer Kleingruppe kurz, welches die für Sie wichtigsten Aspekte sind, die anderen können jeweils nachfragen und Ihnen gegebenenfalls Feedback geben. Dafür haben Sie pro Person fünf Minuten Zeit."* Auch hier achtet der Trainer jeweils auf die Zeit und gibt Bescheid, wenn gewechselt werden soll.

Fishbowl

Zum Abschluss gibt es eine kurze Auswertung im Plenum. Diese kann der Trainer etwa per „Fishbowl" durchführen. Hierbei sitzen die Teilnehmer einer Kleingruppe im Innenkreis und reflektieren ihre Arbeit. Die anderen sitzen im Außenkreis und hören zu, wobei es keine Interaktion zwischen Innen- und Außenkreis gibt. Dies ermöglicht eine strukturierte und fokussierte Reflexion der Kleingruppen.

Der Trainer wendet sich an eine Kleingruppe: *„Nehmen Sie bitte Ihre Stühle und setzen sich in einem kleinen Kreis in der Mitte zusammen. Ich erkläre gleich, wie es weitergeht."*

Wenn die Teilnehmer im Fishbowl sitzen, fährt der Trainer fort. *„Ich möchte, dass Sie nun kurz innerhalb der Gruppe darüber sprechen, was für Sie die wichtigsten Themen waren, die bei Ihnen in der Gruppe aufgetaucht sind. Was waren die zentralen Erwartungen der verschiedenen Stakeholder-Gruppen, wo gibt es Konflikte und welche Strategien gibt es, damit umzugehen? Tun Sie dabei so, als wären wir außen gar nicht da."*

Meistens ist die Aufgabenstellung nicht gleich klar. Die Teilnehmer zögern dann oder sprechen den Trainer oder die anderen Teilnehmer außerhalb der Kleingruppe direkt an. Dann korrigiert der Trainer: *„Wir hier außen sind jetzt gar nicht da. Sprechen Sie miteinander."*

Wenn es noch Diskussionsbedarf gibt, kann zum Abschluss diskutiert werden, wie „erfolgreiches Stakeholder-Management" aussieht. Der Trainer kann die wichtigsten Punkte auf einem Flipchart sammeln.

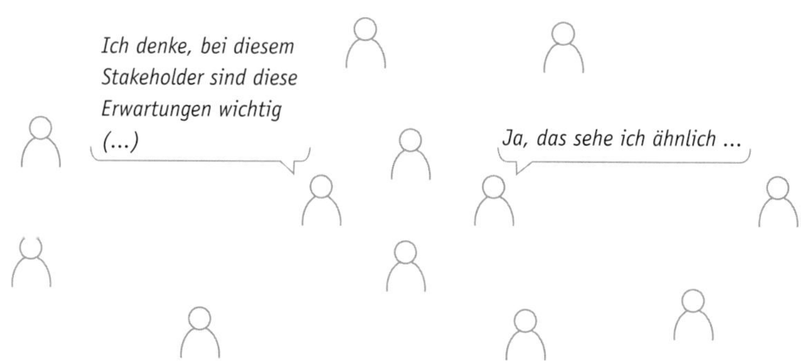

Abb.: Bei der Auswertung im Fishbowl setzen sich die Mitglieder einer Kleingruppe in die Mitte des Kreises und sprechen miteinander darüber, welche Erkenntnisse sie aus der Übung mitnehmen. Sie tun dabei so, als seien sie unter sich.

Variante

- Im vorliegenden Beispiel werden innerhalb der Kleingruppen Paare gebildet, die sich gegenseitig interviewen. Dabei ist jeweils eine Person die Interviewerin und die andere führt einen Rollentausch mit einem Stakeholder durch. Das hat den Vorteil, dass die Person, welche den Rollentausch durchführt, sich voll auf diese Rolle konzentrieren kann und der Interviewer ihr hilft, diese Perspektive zu explorieren. Alternativ kann man auf die Rolle eines Interviewers verzichten und jeweils alle Mitglieder der Kleingruppe auffordern, gleichzeitig einen Rollentausch mit ihren Stakeholdern zu machen. Dann kann man die Teilnehmer etwa auffordern, sich aus der Rolle als Vorgesetzte (Mitarbeiter, Kunden etc.) am „Stammtisch" auszutauschen und über ihre Erwartungen an die Teilnehmer zu sprechen. Das funktioniert auch und macht den Teilnehmern oft sogar mehr Spaß als die sehr strukturierte Vorgehensweise mit Paarinterviews. Allerdings ist die Tiefe des Erkenntnisgewinns nach meiner Erfahrung geringer.

Forumtheater

Indikation

Als Abschluss oder zum Einstieg in ein Thema, wenn bei dem Trainer genügend Kenntnis des Teilnehmerkontexts vorhanden ist, um ein typisches Szenario realistisch darstellen zu können.

Ziele

- Die Teilnehmer erleben, wie sich unterschiedliche Arten des Handelns auswirken (hier: darauf, zu delegieren).
- Sie erleben und reflektieren, welche Kriterien für erfolgreiches Handeln (hier: Delegieren) entscheidend sind.

Zeit

- 45 Minuten

Material

- Zwei Stühle und ein Tisch

Überblick

- Die Trainer (bzw. ein Trainer und ein Teilnehmer) stellen eine Szene dar, in der eine kritische Situation zum Thema (hier: Delegieren) dargestellt wird.
- Die Teilnehmer können die Szene jederzeit anhalten, indem sie „Stopp" rufen.
- Sie können dann Vorschläge machen, die der Trainer direkt umsetzt.
- Später bezieht der Trainer die Teilnehmer in die Szene ein und fordert sie auf, seine Rolle einzunehmen.
- In der Auswertung werden Erfolgsfaktoren zum Thema herausgearbeitet.

Das Forumtheater ist eine Methode des „Theaters der Unterdrückten" von Augusto Boal (1989). Der Brasilianer Boal entwickelte diesen Ansatz vor dem Hintergrund der Befreiungspädagogik von Paulo Freire, um Menschen zu befähigen, sich probehandelnd mit repressiven gesellschaftlichen Verhältnissen auseinanderzusetzen und diese zu verändern. Boal vertrat – ähnlich wie Moreno – die Auffassung, dass der Zuschauer im Theater nicht bloß passives Wesen und Objekt, sondern Akteur und Subjekt sein sollte, um sich spielerisch mit schwierigen sozialen Situationen auseinanderzusetzen und diese künftig besser bewältigen zu können. Beim Forumtheater haben die Zuschauer deshalb die Möglichkeit, ins Theatergeschehen einzugreifen und die Szene zu beeinflussen. Die Methode wurde zunächst in den 80er-Jahren des vergangenen Jahrhunderts in der politischen Erwachsenenbildung eingesetzt und später in unterschiedlichen Varianten auch auf die betriebliche Weiterbildung übertragen.

Die im Folgenden beschriebene Form des Forumtheaters habe ich bei den englischen Businesstheater-Anbietern „Steps Drama" und „Actors in Industry" kennengelernt. Sie arbeiten mit professionellen Schauspielern, die auf das Business-Training spezialisiert sind. Man kann die von ihnen verwendeten Methoden auch als Trainer ohne Schauspielausbildung einsetzen.

In der im Folgenden beschriebenen Variante des Forumtheaters übernehmen die beiden Trainer (A und B) die Rolle der „Schauspieler". Wenn kein zweiter Trainer zur Verfügung steht, kann der methodisch weniger wichtige Part (hier Trainer B zugeordnet) auch von einem Teilnehmer übernommen werden, wenn dieser vor Beginn entsprechend „gebrieft" wird (s. S. 119). Im Folgenden wird aber davon ausgegangen, dass die Sequenz von zwei Trainern durchgeführt wird.

Teilnehmer: erst Regisseur, dann Akteur

In diesem Beispiel geht es um das Thema „Delegieren". Die beiden Trainer demonstrieren zunächst „problematisches Delegierungsverhalten" und lassen sich dann von den Zuschauern „Tipps" geben, wie besser delegiert werden kann. Nachdem Trainer A in der Rolle der Führungskraft (oder in der der Projektleitung) zunächst nur Tipps der Teilnehmer aufgreift und umsetzt, lädt er schließlich Teilnehmer ein, ihre Vorschläge selbst in die Tat umzusetzen.

Vorgehen

In der Bedarfsabfrage hat der Trainer im Vorfeld erfolgskritische Situationen in Bezug auf das Thema „Delegieren" herausgearbeitet. Diese hat er zu einem Szenario verdichtet, welches eine typische, schwierige Delegationssituation widerspiegelt.

Im folgenden Kasten finden Sie ein Beispiel für ein solches Szenario zum Thema „Delegieren", welches allerdings noch auf die jeweilige Zielgruppe zugeschnitten werden muss. Der jeweilige fachliche Inhalt muss ergänzt werden, sodass die Teilnehmer ein „Déjà vu"-Gefühl haben, wenn sie die Szene sehen: Sie muss sich so oder so ähnlich im echten

Leben ereignen können. Dabei ist es wichtig, dass die beiden Trainer eine Szene darstellen, in der das Verhalten der „Hauptperson“ (z.B. der Führungskraft) zwar problematisch, aber nicht unrealistisch ist. Es dürfen nicht nur problematische, sondern es sollten auch positive Verhaltensweisen gezeigt werden.

Die folgende Szene stellt eine Situation dar, in der eine „seniore“ Person („Senior“) Aufgaben an eine „juniore“ Person („Junior“) delegiert. Dabei kann es sich um eine Interaktion zwischen einer Führungskraft und einem Mitarbeiter, einem Projektleiter und einem Projektmitarbeiter oder zwischen zwei Kollegen mit unterschiedlichem Erfahrungsniveau handeln – je nach Teilnehmerzielgruppe. In dem Gespräch werden typische Schwierigkeiten dargestellt, die beim Delegieren im Alltag beobachtet werden können. In der Szene werden folgende Verhaltensweisen demonstriert:

Thema „Delegieren“: Demonstrierte Verhaltensweisen

- Senior leitet das Gespräch positiv ein und lobt Junior dafür, dass sie in der Vergangenheit gute Arbeit geleistet hat und dass sie gerne wieder mit ihr zusammenarbeiten möchte. Allerdings bleibt das Lob unspezifisch.
- Senior delegiert lediglich einfache Tätigkeiten, die Junior unterfordern und potenziell demotivieren (zum Beispiel Protokolle führen, Fotokopien tätigen, Termine koordinieren etc.).
- Senior delegiert einzelne Tätigkeiten, ohne die Rahmenbedingungen zu erläutern und zu erklären, wozu die einzelnen Tätigkeiten dienen.
- Senior delegiert auf den „letzten Drücker“ und nur jene Aufgaben, die unmittelbar anstehen, sodass Junior wenig Gelegenheit zur eigenständigen Planung hat.
- Senior nennt keinen klaren Zeitrahmen, bis wann welche Aufgaben benötigt werden.
- Senior ist während des Gesprächs unkonzentriert und lässt sich ablenken, etwa indem sie auf den Bildschirm schaut und kurz auf eingehende E-Mails antwortet.
- Senior fragt Junior jeweils, ob sie einverstanden ist mit den delegierten Aufgaben, stellt aber kaum offene Fragen.
- Junior fühlt sich zwar sichtlich unwohl mit den delegierten Aufgaben, unternimmt aber nichts aktiv, um anspruchsvollere Aufgaben zu erhalten, den Auftrag zu klären oder zu konkretisieren.

Trainer A leitet die Übung ein: *„Wir kommen jetzt zum Thema ‚Delegieren'. Ihr Erfolg als Führungskraft (bzw. Projektleitende o.a.) hängt ja ganz zentral davon ab, wie es Ihnen gelingt, Aufgaben an Mitarbeiter zu delegieren, sodass diese sie erfolgreich erledigen können. Die Frage ist, was die Prinzipien erfolgreichen Delegierens sind und wie es gelingt, diese umzusetzen.*

Wir demonstrieren Ihnen hierzu ein exemplarisches Delegierungsgespräch der Führungskraft ‚Senior' und der Mitarbeiterin ‚Junior'. Ich spiele die Rolle der Führungskraft und B die Rolle der Mitarbeiterin.

Sie haben nun die Möglichkeit, jederzeit ‚STOPP' zu rufen und die Szene anzuhalten. Dann machen Sie mir einen Vorschlag, was ich anders machen könnte und ich werde das dann umsetzen. Sie sind also der Regisseur der Szene und werden sehen, wie die Mitarbeiterin auf das reagiert, was Sie mir geraten haben, zu tun. Ist das verständlich?"

Wenn hier keine Fragen auftauchen, erläutert Trainer A die Situation: *„Heute beginnt die Arbeit an einem neuen wichtigen Projekt. Junior ist eine junge, vielversprechende Mitarbeiterin, die noch nicht lange im Team ist. Sie ist hoch motiviert und zeigt bereits gute Ansätze. Das Projekt ist strategisch höchst bedeutsam und daher ist es mir als Senior ungemein wichtig, dass alles perfekt läuft. Gleichzeitig ist das Projekt äußerst komplex und ich brauche dringend Unterstützung. Gleich morgen ist ein wichtiges Meeting mit dem Projekt-Sponsor und einigen wichtigen Stakeholdern. Ich stehe schon ziemlich unter Druck, weil ich noch wichtige Unterlagen rausschicken muss und diese vorab noch einmal kontrollieren will. Ich weiß, dass Junior noch in andere Aufgaben eingebunden ist und muss aber klarstellen, dass ich sie in den nächsten Wochen auf diesem Projekt brauche.*

Ich habe Junior zu mir ins Büro gebeten und mir kurz Zeit genommen, um mit ihr zu sprechen. Haben Sie Fragen?"

Natürlich muss der Trainer auf Nachfrage weitere Details in der Hinterhand haben (Thema des Projektes, Ziel, Umfang, Teilprojekte, Deadlines, Meilensteine, Projektteam etc).

Das Gespräch kann nun beginnen. Die beiden Trainer demonstrieren ein bewusst „sub-optimales", aber realistisches Delegierungsgespräch. Wenn ein Teilnehmer „Stopp" ruft, halten sie das Gespräch an. Trainer A fragt dann, was er tun soll. Bei Bedarf fragt er nach, was er konkret sagen soll und setzt dies dann unmittelbar um.

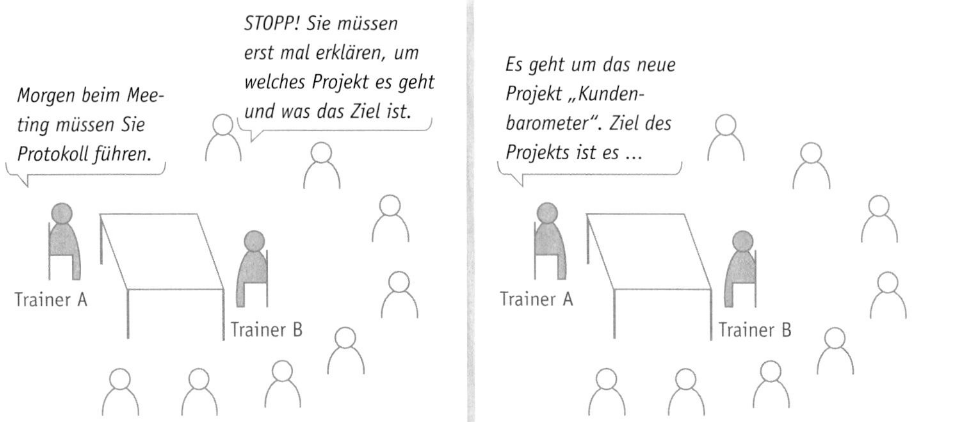

Abb.: Beim Forumtheater dirigieren die Teilnehmer die Trainer. Diese setzen ihre „Regie-Anweisungen" unmittelbar um.

Falls die Teilnehmer zurückhaltend sein sollten, kann Trainer A auch nach einer Weile fragen, was die anderen Teilnehmer vom Gespräch halten und ob er etwas besser machen könne.

Die Teilnehmer zum Mitspielen bringen

Nachdem die Teilnehmer vier- oder fünfmal die Gelegenheit hatten, Instruktionen zu geben und diese von Trainer A umgesetzt wurden, kann Trainer A damit beginnen, die Teilnehmer in die Szene einzubeziehen

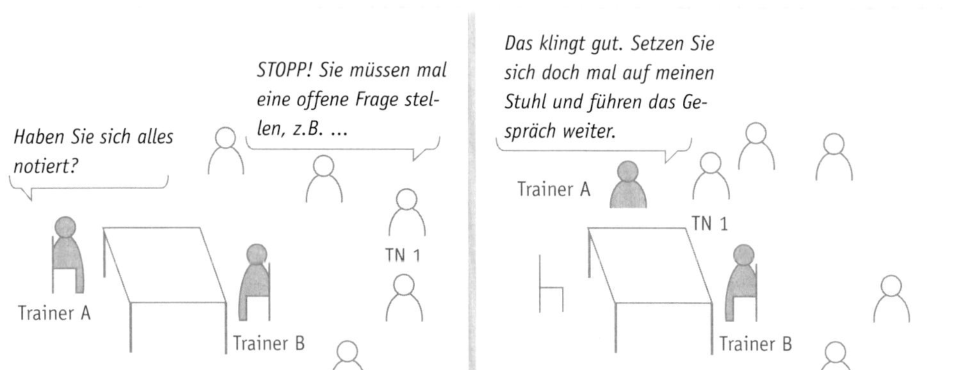

Abb.: Im nächsten Schritt bezieht der Trainer die Teilnehmer ein und fordert sie auf, in die Szene einzusteigen.

Auf einen Vorschlag eines Teilnehmers erwidert er: *„Das klingt gut. Hm – ich bin mir gar nicht sicher, wie ich das formulieren kann. Bei Ihnen klang das so gut ... Wissen Sie was, setzen Sie sich doch mal kurz auf meinen Stuhl und führen Sie das Gespräch weiter."*

An dieser Stelle muss der Trainer sehr klar und bestimmt sein. Er darf keinen Zweifel daran lassen, dass der Teilnehmer nun einspringen muss. Dazu steht er am besten von seinem Platz auf und fordert den Teilnehmer mit eindeutiger Körpersprache dazu auf, seinen Platz einzunehmen. Natürlich ist es dabei hilfreich, wenn er einen Teilnehmer auswählt, der sich auch bislang bereits aktiv eingebracht hat und dem der Trainer zutraut, diese Herausforderung selbstbewusst anzunehmen.

Bevor der Teilnehmer loslegt, gibt der Trainer sowohl dem Publikum als auch dem „Protagonisten" die Möglichkeit, die Szene anhalten zu können: *„Sie können natürlich weiterhin die Stopptaste drücken, sowohl Sie im Publikum als auch Sie auf dem ‚heißen Stuhl', um sich Input vom Publikum zu holen. Sie müssen einfach nur Stopp sagen."*

Trainer A lässt nun die Interaktion zwischen dem Teilnehmer und Trainer B laufen, sofern niemand die Szene unterbricht. Wenn ein anderer Teilnehmer „Stopp" ruft und einen Vorschlag macht, fordert Trainer A ihn auf, nach vorne auf den „heißen Stuhl" zu kommen. Bevor der andere Teilnehmer Platz nimmt, ermöglicht Trainer A allerdings dem ersten Teilnehmer erst noch ein Feedback durch Trainer B.

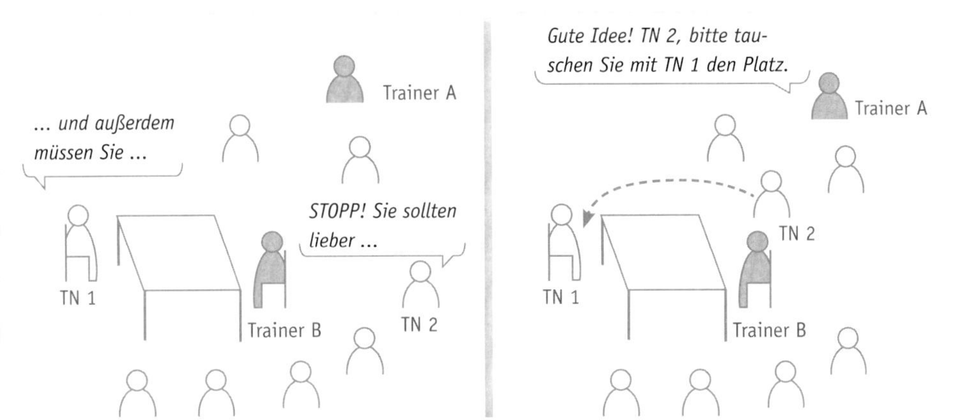

Abb.: Wenn ein anderer Teilnehmer „Stopp" ruft und einen Vorschlag macht, fordert Trainer A ihn auf, nach vorne auf den „heißen Stuhl" zu kommen.

Falls der erste Teilnehmer die Szene ohne Unterbrechung zu Ende spielen kann, leitet der Trainer dann die Auswertung an, indem er den Teilnehmer etwa fragt: *„Wie ist das Gespräch aus Ihrer Sicht gelaufen?"*

Anschließend wendet er sich an Trainer B und dann an die Beobachter und bittet sie jeweils um Feedback für den ersten Teilnehmer. Wenn von den Teilnehmern jemand Vorschläge macht, was der erste Teilnehmer anders hätte machen können, fordert der Trainer diesen ebenfalls auf, „in den Ring zu steigen". Idealerweise gibt es so mehrere Teilnehmer, die sich auf den „heißen Stuhl" begeben.

Zum Abschluss kann Trainer A fragen: *„Gibt es noch Ideen, was man noch anders machen könnte?"*

Reflexion der Forumtheater-Übung

Auch hier würde der Teilnehmer wieder aufgefordert werden, in die Szene einzusteigen und den Vorschlag umzusetzen. Ausgewertet werden kann das Forumtheater etwa, indem die zentralen Erkenntnisse zum Thema „Erfolgsprinzipien effektiver Delegation" auf Flipcharts gesammelt werden. Alternativ können diese auch in Kleingruppen auf Moderationskarten gesammelt werden.

Vertiefende Übung zum Thema

Anschließend erhalten idealerweise alle Teilnehmer die Gelegenheit, die gewonnenen Erkenntnisse umzusetzen und zu üben. Dies kann etwa in der folgenden Paarübung geschehen:

Vertiefende Übung „Delegieren"

- In Einzelarbeit überlegt sich jeder Teilnehmer eine Aufgabe, die er in nächster Zeit an einen Mitarbeiter delegieren könnte.
- A und B führen ein Delegationsgespräch, bei dem B den Mitarbeiter von A spielt.
- Vorab wird B von A gebrieft, indem sich A hinter B stellt und diesen in der Rolle des Mitarbeiters einweist, indem er diesen in der Ich-Form vorstellt („Einweisen durch Rollentausch", s. S. 142 f.)
- Das Gespräch wird fünf Minuten lang geführt, wobei B auf die Zeit achtet.
- Auswertung: Selbsteinschätzung von A, dann Feedback von B.
- Es gibt einen Wechsel.

Anmerkung: Diese Übung kann auch in Triaden geführt werden, was den Vorteil hat, dass ein Beobachter das Gespräch beobachten, auf die Zeit achten und Feedback von außen geben kann. Allerdings braucht man dafür mehr Zeit.

Hinweise

- Wichtig ist, dass das Szenario ausreichend klar ist, sodass die beiden „Darsteller" handlungsfähig sind. Es muss eine mittlere Komplexität aufweisen, sodass mehrere Aspekte erfolgreich gemeistert werden müssen, um in etwa 20–30 Minuten eine Lösung erzielen zu können.

- Falls der Trainer das Seminar alleine leitet, benötigt er einen Teilnehmer als „Sparringpartner". Dieser muss dazu bereit und fähig sein, eine Rolle zu übernehmen und darzustellen (zum Beispiel als Kunde, Mitarbeiter, Vorgesetzter etc.). Der Trainer übernimmt dabei stets die Rolle der „Hauptperson", um die es geht (also beispielsweise die Führungskraft, die delegiert). Der Teilnehmer muss es dem Trainer angemessen schwierig machen (etwa als widerspenstiger Kunde oder unzufriedener Mitarbeiter), um die Szene herausfordernd zu gestalten. Dazu müssen sich Trainer und Teilnehmer in der Pause vor der Session sorgfältig absprechen.

- Die Effektivität dieses Vorgehens lässt sich auf dem Hintergrund jüngster Forschungen zu den sog. Spiegelneuronen gut erklären (s. S. 271).

6. Kapitel

Theorie vermitteln und Trainings erfolgreich abschließen

Inhalt des Kapitels

Präsentationssequenzen erfolgreich leiten

„Man kann über alles reden, nur nicht über 20 Minuten“, hat Kurt Tucholsky einmal gesagt. Das ist auch für Präsentationssequenzen eine passende Empfehlung. Natürlich geht es in Trainings auch darum, Wissen und Informationen zu vermitteln. Dazu sind Sequenzen wertvoll, in denen der Trainer vorne steht und Inputs gibt oder Wissen im Dialog mit den Teilnehmern zusammenträgt. Schließlich können theoretische Modelle und wissenschaftliche Erkenntnisse helfen, besser zu führen, zu verhandeln, zu kommunizieren oder Konflikte zu lösen.

Allerdings: Meist sind es weniger die kognitiven Erkenntnisse, an denen es mangelt. Die meisten Menschen können durchaus artikulieren, worauf es theoretisch ankommt, ob sie es jedoch auch umsetzen können, ist eine ganz andere Frage. Daher legt das in diesem Buch beschriebene Training auch den Schwerpunkt darauf, an sozialen Kompetenzen handlungs- und praxisorientiert zu arbeiten. Während Aspekte, die aus meiner Sicht besonders wichtig sind, um Präsentationssequenzen erfolgreich zu leiten, nun in den wichtigsten Punkten an dieser Stelle vorgestellt werden. Das Kapitel ist bewusst kurz gehalten, da es zahlreiche Bücher gibt, die sich voll und ganz der Frage widmen, wie Präsentationen erfolgreich gehalten werden.

Ein Beispiel für die Präsentation eines Wissensinputs findet sich auf S. 83 ff. Hier wird kurz mithilfe eines Flipcharts wesentliches über die Durchführung eines Coachings erklärt.

Theoretische Inputs

Ziele

- Unbekannte Informationen vermitteln.
- Wissen und theoretische Modelle teilen, die den Teilnehmern helfen können, ihre Lernziele zu erreichen.

Zeit

- max. 20 Minuten

Material

- Medienmix: Flipchart, Pinnwand, Präsentation, Video etc.

Überblick

- Die Seminarleitung weckt Neugier, indem sie den Nutzen des Inputs erklärt.
- Sie gibt einen Überblick, erklärt dann die relevanten Informationen und gibt Beispiele.
- Sie fasst den Kern zusammen und gibt Raum für Fragen und Diskussionen.

Theoretische Inputs sind dann sinnvoll, wenn die Seminarleitung über Wissen verfügt, welches die (meisten) Teilnehmer nicht haben und welches diesen helfen kann, ihre Lernziele zu erreichen.

Das klingt selbstverständlich, ist es jedoch nicht. Denn aus meiner Erfahrung gibt es immer noch viele Trainings, in denen deutlich zu viele Inputs gegeben werden, auch wenn die vermittelten Informationen nicht notwendigerweise neu für die Teilnehmer sind oder sie nicht unbedingt helfen, die Lernziele zu erreichen.

Selektiv und sparsam mit Inputs umgehen

Aus meiner Sicht sollte die Seminarleitung sehr selektiv und sparsam mit Inputs umgehen, da es in einem Training zu sozialen Kompetenzen darum gehen sollte, die Teilnehmer aktiv werden zu lassen, statt sie dazu verleiten, zu „konsumieren".

Dennoch, natürlich gibt es theoretische Modelle und Informationen, die helfen können, praktische Probleme anders anzugehen und besser zu lösen. „Es gibt nichts Praktischeres als eine gute Theorie", hat der berühmte Sozialforscher Kurt Lewin einmal gesagt (zit. nach Gairing 2008, S. 53). Und da ist natürlich etwas dran.

Wenn die Teilnehmer beispielsweise lernen wollen, wie sie Mitarbeiter motivieren können und der Trainer weiß, dass Studien gezeigt haben, dass ein Verhältnis von positivem zu negativem Feedback von 5:1 bis 7:1 am effektivsten für die Motivation ist, dann kann dieses Wissen für die Teilnehmer sehr wertvoll sein – wenn sie in der Lage sind, dies auch umzusetzen.

Dazu ist es dann im nächsten Schritt – nach dem theoretischen Input – hilfreich, zu trainieren, positives Feedback angemessen und glaubwürdig zu geben. Denn dies ist – wie viele soziale Kompetenzen – keineswegs so selbstverständlich und trivial, wie es erscheinen mag. Für eine gelungene Präsentation sind die folgenden Schritte hilfreich:

Schritte für eine gelungene Präsentation

- Die Seminarleitung erläutert, warum der jeweilige Input für die Teilnehmer relevant ist und nimmt Bezug zu den Lernzielen. Der Nutzen des Inputs wird für die Zuhörer deutlich.
- Sie gibt einen kurzen Überblick über das Thema („Tell them what you are going to tell them").
- Sie erläutert das Modell bzw. die Informationen und wissenschaftichen Erkenntnisse („Tell them").
- Sie gibt konkrete Beispiele, was diese für den Arbeitsalltag bedeuten. Gegebenenfalls lässt sie eigene Erfahrungen einfließen.
- Sie fasst den Kern zusammen („Tell them what you have told them").
- Sie gibt Raum für Fragen und Diskussionen.

Ein gelungener Input, der für die Teilnehmer neu, relevant und interessant ist, hat den positiven Nebeneffekt, die Kompetenz und Autorität des Trainers in der Wahrnehmung der Teilnehmer zu erhöhen.

Damit die Inhalte auch „hängen bleiben", ist es hilfreich, unterschiedliche Medien, wie Flipchart, Pinnwand, Folien, Beamer oder Videos, zur Visualisierung heranzuziehen. Um die Beziehung zu den Teilnehmern zu stärken, sollte der Trainer möglichst auf Beispiele der Teilnehmer Bezug nehmen und den (Blick-) Kontakt zu allen Teilnehmern suchen.

Input im Dialog/Lehrgespräch

Ziele

- Wissen erarbeiten, welches zuvor nur teilweise in der Gruppe vorhanden war.

Zeit

- max. 30 Minuten

Material

- Medienmix: Flipchart, Pinnwand, Präsentation, Video etc.

Überblick

- Die Seminarleitung erläutert, warum der jeweilige Input für die Teilnehmer relevant ist und führt ins Thema ein.
- Sie steuert das Gespräch anhand von offenen Fragen.
- Sie gibt Raum für Diskussionen, fasst am Ende zusammen und ergänzt ggf.

Bei vielen grundlegenden Fragen zu den Themenbereichen Kommunikation, Konfliktmanagement oder Führung ist es keineswegs so, dass die Seminarleitung über „Geheimwissen" verfügt, welches für die Teilnehmer einem „Erweckungserlebnis" gleichkommt, wenn er dieses mit ihnen teilt. Im Gegenteil: Viele Theorien und Erkenntnisse in diesem Bereich spiegeln den „gesunden Menschenverstand" wider. Sie sind keine „Rocket Science".

Dies bedeutet im Umkehrschluss, dass man in der Regel durchaus brauchbare Antworten auf fundamentale Fragen erhält, wenn man diese einer Gruppe von Seminarteilnehmern stellt. Zum Beispiel:

Beispiele für fundamentale Fragen

- Was ist Feedback?
- Wie gibt man konstruktives Feedback?
- Wie geht man konstruktiv mit Feedback um, welches man erhält?
- Wie lassen sich Konflikte lösen?
- Was macht eine gute Führungskraft aus?
- Was kann man tun, um ein Mitarbeitergespräch (nicht) erfolgreich zu führen?

All diese Fragen kann man Seminarteilnehmern stellen, ihre Antworten aufnehmen und auf Pinnwand oder Flipchart visualisieren oder sie bitten, ihre Antworten in Kleingruppen zu sammeln – und man wird in der Regel brauchbaren Input erhalten. Diesen kann man dann ggf. noch ergänzen – schließlich hat man sich mit dem Thema bereits (hoffentlich) mehr beschäftigt als die Teilnehmer und sollte daher in der Lage sein, noch zusätzliche Informationen zu vermitteln.

Und schon hat man zu zentralen Fragestellungen Antworten gefunden und das Bewusstsein der Gruppe für das jeweilige Thema erhöht. Schließlich wusste der einzelne Teilnehmer im Vorfeld zwar ein bisschen, aber längst nicht alles, was die gesamte Gruppe zusammentragen konnte. Der Vorteil dieses Vorgehens im Unterschied zu einer Präsentation des Trainers ist, dass die Teilnehmer aktiviert werden und das Erarbeitete daher besser behalten. Der Nachteil ist, dass das Vorgehen länger dauert. Folgende Schritte sind beim Lehrgespräch sinnvoll:

Schritte beim Lehrgespräch

- Die Seminarleitung erläutert, warum der jeweilige Input für die Teilnehmer relevant ist und nimmt Bezug zu den Lernzielen.
- Sie gibt eine Einleitung in das Thema und erörtert die wichtigsten Fragestellungen.
- Sie steuert das Gespräch anhand von offenen Fragen, zum Beispiel: „Was macht hilfreiches Feedback aus?"
- Sie fragt nach Beispielen und Erfahrungen aus dem Arbeitsalltag, die in Bezug zu dem theoretischen Wissen stehen bzw. bringt selbst Beispiele ein.
- Sie gibt Raum für Fragen und Diskussionen.
- Falls von Teilnehmern falsche Informationen geteilt werden, so korrigiert sie diese.
- Sie fasst die wichtigsten Erkenntnisse zusammen und schließt die Diskussion ab.
- Gegebenenfalls ergänzt sie Informationen oder Erkenntnisse, die relevant sind und von den Teilnehmern nicht genannt wurden.

Wie Sie Trainings erfolgreich abschließen

Bekanntlich werden Anfang und Ende am besten erinnert, egal, ob es dabei um Präsentationen oder ganze Seminare geht. Der Abschluss des Seminars hinterlässt also einen besonders nachhaltigen Eindruck bei den Teilnehmern. Deshalb empfiehlt es sich, diese Phase, ebenso wie den Seminarbeginn, besonders gewissenhaft vorzubereiten und zu gestalten. Die Abschlussphase hat folgende Funktionen:

Funktion der Abschlussphase

- Es wird überprüft, welche Lernziele erreicht wurden und was offen geblieben ist und ggf. noch (kurz) behandelt werden kann.
- Die Seminarteilnehmer reflektieren das Gelernte und planen die Umsetzung in den Arbeitsalltag.
- Das Seminar läuft (idealerweise) auf seinen Höhepunkt bzw. (zumindest) auf einen positiven Abschluss zu.
- Die Teilnehmer verabschieden sich voneinander und vom Trainer.
- Das Seminar und die gemeinsame Arbeit erfährt eine angemessene Würdigung.
- Das Seminar wird evaluiert, es wird Feedback zusammengetragen, was hilfreich war und was anders hätte gestaltet werden können.

Im Folgenden wird das mögliche methodische Vorgehen zu diesen drei Aspekten kurz skizziert.

Überprüfung der Lernziele

Ziele

- Überprüfen, welche Lernziele erreicht wurden, was ggf. noch behandelt werden kann bzw. offen bleiben muss.

Zeit

- nach Bedarf – es ist erforderlich, Puffer einzuplanen

Material

- Flipchart/Pinnwand mit den Lernzielen sowie Plakate mit Praxisfällen

Überblick

- Die Seminarleitung lädt die Teilnehmer ein, zu überprüfen, inwiefern ihre Lernziele erreicht worden sind.
- Offene Themen werden, soweit möglich, aufgegriffen.

Gegen Seminarende ist es wichtig, zu überprüfen, inwiefern die Seminarziele sowie die Lernziele der einzelnen Teilnehmer erreicht worden sind.

Vorgehen

Der Trainer zeigt das Plakat „Seminarablauf" und fasst zusammen, was im Seminar bearbeitet wurde. Sofern die Ziele festgehalten wurden, zeigt er auch diese und fragt: *„Sind von den Zielen, die Sie sich vorgenommen hatten, noch Punkte offen?"*

Gegebenenfalls werden offene Punkte im Plenum oder im Rahmen eines Kollegialen Coachings (s. S. 238 ff.) in Kleingruppen bearbeitet.

Transfer des Gelernten

Ziele

- Die Seminarteilnehmer reflektieren das Gelernte und planen die Umsetzung in den Arbeitsalltag.

Zeit

- ca. 20–30 Minuten

Material

- Flipchart oder Handouts mit Fragen zum Transfer

Überblick

- Die Teilnehmer werden gebeten, zu überlegen, was sie sich vornehmen, um das Gelernte im Alltag umzusetzen.
- Die Teilnehmer überlegen dies in Einzelarbeit, ggf. tauschen sie sich dazu anschließend in Paaren oder Dreiergruppen aus.

Vorgehen

„Sie alle haben es wahrscheinlich schon einmal erlebt, dass das, was Sie in einem Seminar gelernt haben, im Alltag rasch wieder in Vergessenheit geraten ist. Damit dies nicht geschieht, macht es Sinn, sich einen Moment Zeit zu nehmen und sich zu überlegen, wie Sie das, was Sie hier gelernt und für sich mitgenommen haben, im Alltag umsetzen können. Bitte nehmen Sie sich daher zehn Minuten Zeit, um sich zu folgenden Leitfragen Notizen zu machen und einen Entwicklungsplan zu erstellen:

Mögliche Leitfragen

- *Worauf möchte ich in Zukunft stärker achten?*
- *Was möchte ich beibehalten?*
- *Was möchte ich konkret anders machen?*
- *Was werde ich dadurch erreichen?*
- *Was/Wer kann mir helfen, meine Pläne umzusetzen?“*

Wenn noch genügend Zeit vorhanden ist, ist es sinnvoll, einen Austausch in Paaren oder Kleingruppen zu ermöglichen, da dies das „Commitment“ erhöht, die eigenen Pläne umzusetzen. Außerdem bringt der Austausch mit anderen die Teilnehmer oftmals noch auf zusätzliche Ideen.

„Bitte tauschen Sie sich nun in Dreiergruppen aus, indem jeder die eigenen Pläne teilt. Bitte legen Sie zunächst eine Person fest, die auf die Zeit achtet, sodass jeder fünf Minuten Zeit hat. In 15 Minuten treffen wir uns wieder."

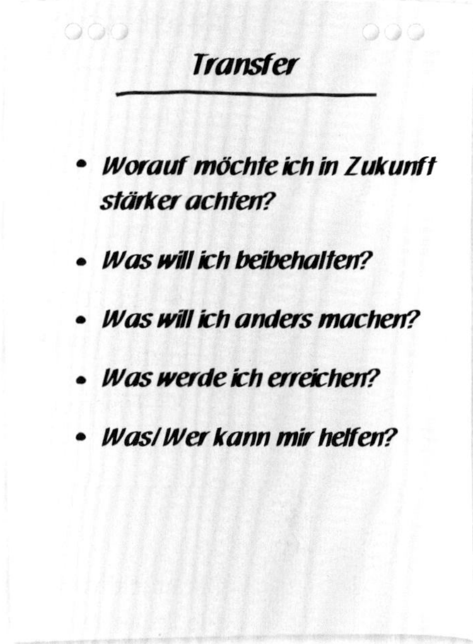

Abb.: Flipchart „Transfer".

Varianten

- Brief an mich selbst: Bei dieser klassischen Übung zur Transfersicherung werden die Teilnehmer gebeten, einen Brief an sich selbst zu formulieren, in dem sie ihre Lernerfahrungen und Ziele für die Umsetzung im Alltag festhalten. Der Brief wird auf Briefpapier geschrieben und auf ein Kuvert wird der eigene Name und die (Firmen-) Adresse geschrieben. Der Trainer stellt sicher, dass dieser Brief zwei bis vier Wochen nach Seminarende an jeden Teilnehmer versandt wird, sodass dieser einen „Reminder" an das Seminar und die Pläne zur Umsetzung des Gelernten erhält (s. Dürrschmitt et al. 2008).

- Seminarernte: Die Teilnehmer schreiben ihre Erkenntnisse und das, was sie sich in Bezug auf das Seminarthema vornehmen, auf Moderationskarten. Diese pinnen sie auf eine Pinnwand, welche die Überschrift „Seminarernte" trägt und auf der ein großer Baum abgebildet ist. Sie erläutern ihre Punkte (s. Schmidt 2020).

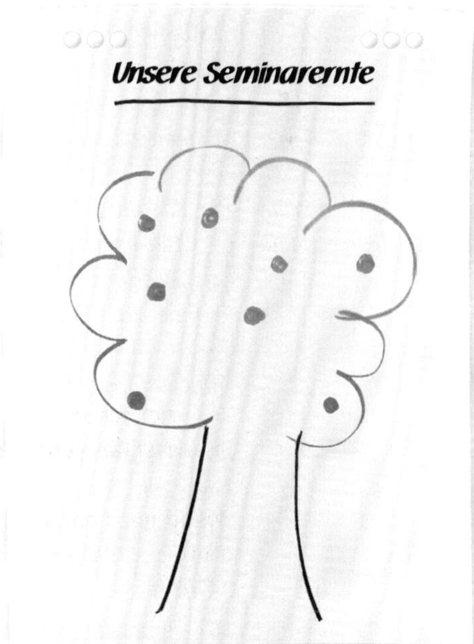

Abb.: Flipchart „Seminarernte".

Abschlussrunde

Ziele

- Die Teilnehmer teilen ihre Pläne zur Umsetzung des Gelernten miteinander.
- Sie geben ein Feedback zum Seminar.

Zeit

- 15 Minuten

Material

Keines

Die Abschlussrunde soll das Seminar „rund" machen und abschließen. Die Teilnehmer erhalten die Gelegenheit, das Seminar Revue passieren zu lassen und mitzuteilen, was sie im Alltag umsetzen wollen.

Vorgehen

Falls noch nicht geschehen, fasst die Seminarleitung die wichtigsten Seminarthemen kurz zusammen. Dann leitet sie die Abschlussrunde an: *„Wir kommen zum Abschluss des Seminars. Ich möchte Sie bitten, zwei Fragen zu beantworten:*

Fragen zum Seminarabschluss

- *Erstens: ‚Was ist der wichtigste Punkt, den ich mitnehme und im Alltag umsetzen möchte?'*
- *Zweitens: ‚Was möchte ich sonst noch sagen? Zum Seminar, zur Gruppe, zum Trainer?'*

Wer anfängt, fängt an."

Der Trainer überlässt es jedem Teilnehmer, wann er sich zu Wort meldet. Der Trainer selbst hat als Leiter der Veranstaltung das letzte Wort.

Hinweise

- Beim Abschluss-Statement achtet der Trainer darauf, dass seine Worte stimmig und wertschätzend sind. Stimmig in dem Sinne, dass er (nur) das ausdrückt, was er in Bezug auf das Seminar und den gemeinsamen Prozess empfindet. Dabei gilt das von Ruth Cohn formulierte Prinzip der „selektiven Authentizität": „Nicht alles, was echt ist, will ich sagen, doch was ich sage, soll echt sein" (zit. nach Schulz von Thun: Miteinander reden, Bd. 1, S. 120). Wertschätzend sollten die Worte ebenfalls sein, um einen positiven Abschluss zu gewährleisten und um die gemeinsame Arbeit sowie die Menschen, die daran mitgewirkt haben, zu würdigen.

Lernen nachhaltig gestalten

In dem vorliegenden Buch geht es um Methoden zum praxis- und handlungsorientierten Lernen. Ziel ist es, aus der Praxis für die Praxis lernen zu können. Durch diesen Fokus minimiert sich das „Transfer-Problem“ des Trainings automatisch. Während es ansonsten bei Seminaren stets eine zentrale Schwierigkeit ist, die „Theorie“ in die „Praxis“ zu übertragen, wird in einem „Real Life Training“, wie es hier vorgestellt wurde, permanent die Praxis simuliert und daraus gelernt, um anschließend für den Alltag besser gewappnet zu sein (vgl. Kolb 1984). Der Blick richtet sich durchweg auf die „Realität dort draußen“, sodass der Schritt zurück in die Realität deutlich leichter fällt.

Integrierte Lernprozesse

Dennoch läuft man auch mit der Toolbox eines „Real Life Trainings“ Gefahr, bei einem isolierter Lernprozess zu bleiben, wenn dieser als einmalige „One-off“-Veranstaltung durchgeführt wird. Stattdessen geht es darum, Personalentwicklungsprozesse und -programme zu schaffen, welche die permanente Weiterentwicklung der Mitarbeiter wie der Organisation unterstützen. Auf einige Aspekte, die mir in diesem Zusammenhang wichtig erscheinen, möchte ich zum Abschluss gerne eingehen.

Ausrichtung der Personalentwicklung an der Unternehmensstrategie

Aufgabe der Personalentwicklung ist es, dafür zu sorgen, dass die Mitarbeiter eines Unternehmens jene Kompetenzen erwerben, die für die Erreichung der Unternehmensziele erforderlich sind. Um dies zu erreichen, müssen alle Maßnahmen der Personalentwicklung eng mit der Unternehmensstrategie verzahnt werden. Wenn das Unternehmen Marktanteile erobern und neue Zielgruppen erschließen möchte, wird es unter anderem notwendig sein, die Vertriebskompetenzen der Mitarbeiter zu trainieren. Wenn die Servicequalität verbessert werden soll, wird etwa an der Einstellung der Mitarbeiter zum Kunden oder am Umgang mit Einwänden und Beschwerden zu arbeiten sein.

Gleichzeitig muss die Personalentwicklung mit strukturellen Veränderungsprozessen verzahnt werden. Um neue Zielgruppen zu erschließen, muss möglicherweise die Angebotspalette des Unternehmens erweitert oder das Preisniveau angepasst werden. Um die Servicequalität zu verbessern, müssen gegebenenfalls Prozesse verändert, die IT oder die Kommunikationskanäle zum Kunden optimiert werden.

Das alles mag selbstverständlich klingen. Aber in der Realität kommt es nicht selten vor, dass Personalentwicklungsabteilungen relativ abgekoppelt von der Unternehmensstrategie ihr „eigenes Ding" machen und Projekte vorantreiben, die ihnen wichtig erscheinen, ohne dass diese an die Unternehmensziele gekoppelt sind. So entstehen „Parallelwelten" im Unternehmen, die zwar möglicherweise als angenehme „Inseln" des konstruktiven Miteinanders von Mitarbeitern geschätzt werden, aber die Frustration über die harte Realität im Unternehmen oft nur noch verstärken. Um dies zu vermeiden, ist es unabdingbar, die Prioritäten in Sachen Personalentwicklung eng an die Ziele des Unternehmens zu koppeln.

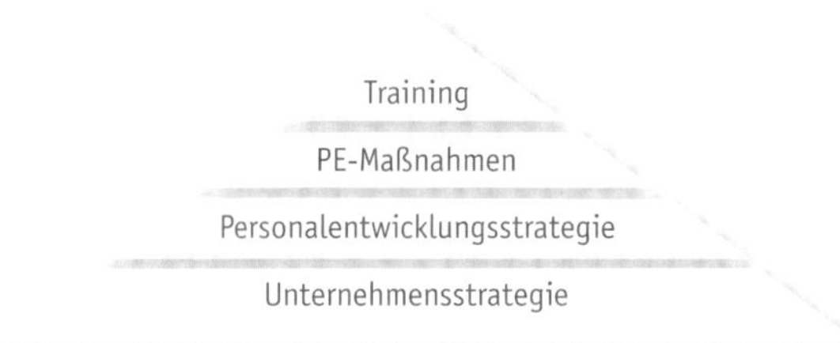

Abb.: Die Unternehmensstrategie ist die Basis der Personalentwicklungsstrategie und der einzelnen Personalentwicklungsmaßnahmen, aus denen sich dann die Ziele und Inhalte eines Trainings ableiten.

Aufbau einer integrierten Personalentwicklungsstrategie

Aus der Unternehmensstrategie muss sich die Personalentwicklungsstrategie ergeben. Die einzelnen Maßnahmen zur Umsetzung der Personalentwicklungsstrategie müssen wiederum aufeinander abgestimmt sein und zusammen ein sinnvolles Ganzes ergeben. Zum Beispiel: Im Kompetenzmodell des Unternehmens werden jene Kompetenzen operationalisiert und konkret definiert, die bestimmte Mitarbeiter erwerben müssen, um ihre Rollen erfolgreich zu erfüllen und zur Erreichung der Unternehmensziele beizutragen. Auf der Basis dieser Kompetenzen sollten sie eingestellt, weiterentwickelt und beurteilt werden. In den

Jahresgesprächen sollte thematisiert werden, in welchen Bereichen der jeweilige Mitarbeiter die Erwartungen des Unternehmens erfüllt oder gar übererfüllt und welche Kompetenzen es weiterzuentwickeln gilt.

Auf dieser Basis sollten dann persönliche Entwicklungsziele definiert und Entwicklungspläne erstellt werden („Personal Development Plans"). Um den Mitarbeiter bei seiner Weiterentwicklung zu unterstützen, können unterschiedlichste Instrumente der Personalentwicklung herangezogen werden: reale Projekte, enge Kooperationen mit einem „Role Model" – einem erfahrenen Kollegen mit Vorbild-Funktion, der in diesem Bereich besondere Fähigkeiten besitzt oder eine „Tandem-Lösung", bei dem zwei Mitarbeiter mit komplementären Fähigkeiten enger zusammenarbeiten, um gemeinsam bessere Ergebnisse zu erzielen und voneinander zu lernen. Coaching, Mentoring, Kollegiale Beratung oder Trainingsprogramme sind weitere Möglichkeiten, sich in einem strukturierten Rahmen weiterzuentwickeln. Entscheidend ist stets, dass sie eingebettet sind in den Kontext einer strategischen Personalentwicklung. Alle einzelnen Entwicklungsmaßnahmen müssen daran ausgerichtet sein, jene Kompetenzen zu fördern, die zur Erreichung der strategischen Personalentwicklungsziele erforderlich sind.

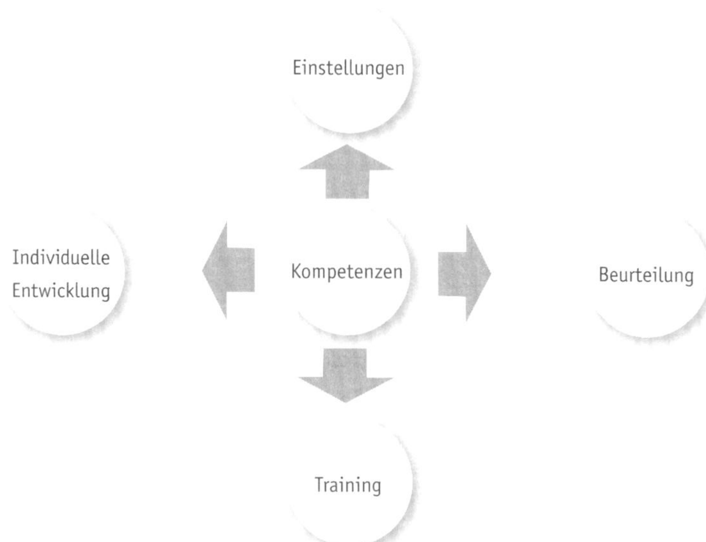

Abb.: Das Kompetenzmodell bildet die Basis für ein integriertes Personalentwicklungssystem – von der Einstellung über die Beurteilung bis hin zum Training und der individuellen Entwicklung der Mitarbeiter.

Das Training als Baustein einer integrierten Personalentwicklung

Wie gerade ausgeführt, sind Trainings nur eine von zahlreichen möglichen Methoden der Personal-und Organisationsentwicklung. Oft wird voreilig fast reflexhaft daran gedacht, jemanden auf ein Seminar zu „schicken", um bestimmte Kompetenzen zu entwickeln. Das ist aus vielerlei Sicht problematisch: Zunächst muss der Mitarbeiter sich selbst entwickeln wollen – ohne Eigenmotivation wird die Teilnahme an einem Seminar zur Fehlinvestition. Zum anderen ist es häufig effizienter, reale Gelegenheiten zum Lernen am Arbeitsplatz zu nutzen und unterstützende Maßnahmen zur systematischen Reflexion des Gelernten einzuführen.

Dennoch: Das Lernen „off the job" – also jenseits des Büro-Alltags in Seminaren, Trainings oder Workshops – wird eine wichtige Quelle betrieblichen Lernens bleiben. Damit es funktioniert, muss es eng an die Realität im Unternehmen gekoppelt sein. Die Kompetenzen, die im Seminar entwickelt werden, müssen im „echten Leben" relevant sein. Sie müssen gewissermaßen in der „DNA" des Unternehmens tief verwurzelt sein.

Wenn etwa die Fähigkeit zum Aktiven Zuhören im Seminar trainiert wird, in der Unternehmensrealität hingegen als „Psycho-Technik" belächelt wird, wird die entsprechende Session im Seminar nutzlos gewesen sein. Wenn Aktives Zuhören jedoch ein Aspekt des Beurteilungskriteriums „Kommunikationskompetenz" ist, anhand dessen die Seminarteilnehmer im Alltag gemessen werden, dann wird die Session – wenn sie gut war – für den Teilnehmer möglicherweise „Gold wert" sein.

Literatur

A

- *Alke*, Marit: Praxistransfer inklusive! vom Schwachpunkt zum Erfolgsfaktor. Transferphasen gezielt zum Aufbau sozialer Kompetenzen nutzen. managerSeminare Verlag 2008.
- *Anderson*, Tom (Hrsg.): Das reflektierende Team. Modernes Leben 1990.
- *Arnold*, Rolf; Siebert, Horst: Konstruktivistische Erwachsenenbildung: Von der Deutung zur Konstruktion von Wirklichkeit. 5. Aufl., Schneider Verlag 2006.

B

- *Bauer*, Joachim: Warum ich fühle, was Du fühlst. Intuitive Kommunikation und das Geheimnis der Spiegelneurone. Heyne Verlag 2005.
- *Benien*, Karl: Beratung in Aktion. Erlebnisaktivierende Methoden im Kommunikationstraining. Windmühle Verlag 2002.
- *Benien*, Karl: Beratung in Aktion. Windmühle 2003.
- *Bidlo*, Tanja: Theaterpädagogik: Einführung. Oldib Verlag 2006.
- *Boal*, Augusto: Theater der Unterdrückten: Übungen und Spiele für Schauspieler und Nicht-Schauspieler. 11. Aufl., Suhrkamp 2007.
- *Bosselmann*, Rainer; Lüffe-Leonhardt, Eva; Gellert, Manfred: Variationen des Psychodramas. Ein Praxis-Handbuch. Limmer 1993.
- *Brenner*, Inge; Clausing, Hanno; Kura, Monika; Schulz, Bernd; Weber, Hermann: Das pädagogische Rollenspiel in der betrieblichen Praxis. Windmühle 1996.
- *Buer*, Ferdinand: Aufstellungsarbeit in Organisationen – der klassische Ansatz nach Moreno. In: Supervision 2/2003, S. 42-54.

D

- *Daimler*, Renate: Basics der Systemischen Strukturaufstellungen. Kösel-Verlag 2008.
- *Dürrschmidt*, Peter u.a.: Methodensammlung für Trainerinnen und Trainer. 2. Aufl., managerSeminare Verlag 2006.

E

- *Einsiedler*, Herbert; Breuer, Katrin; Hollstegge, Sabine; Janusch, Matthias: Organisation der Personalentwicklung. Strategisch ausrichten. Zielgenau planen. Effektiv steuern. Hermann Luchterhand Verlag 2003.

G

- *Gairing*, Fritz: Organisationsentwicklung als Lernprozess von Menschen und Systemen. Beltz 2008.
- *Geißler*, Karlheinz A: Anfangssituationen. Was man tun und besser lassen sollte. 9. Aufl., Beltz 1999.
- *Gellert*, Manfred: Lebendige Soziometrie in Gruppen und Organisationen. In: Bosselmann, Lüffe-Leonhardt, Gellert (Hrsg.): Variationen des Psychodramas. 2. Aufl., Limmer Verlag 1996.
- *Gordon*, Thomas: Managerkonferenz. 10. Aufl., Heyne Verlag 1993.

K

- *Kauffeld*, Simone: Nachhaltige Weiterbildung. Betriebliche Seminare und Trainings entwickeln, Erfolge messen, Transfer sichern. Springer Verlag 2010.
- *Kolb*, David: Experiential learning: Experience as the source of learning and development. Prentice-Hall 1984.

L

- *Langmaack*, Barbara; Braune-Krickau, Michael: Wie die Gruppe laufen lernt. 4 Aufl., Beltz 1993.
- *Lauterbach*, Matthias: Wie Salz in der Suppe. Aktionsmethoden für den beraterischen Alltag. Carl-Auer Verlag 2007.
- *Lippmann*, Eric: Intervision. Kollegiales Coaching professionell gestalten. Springer 2004.

M

- *Moreno*, Jacob Levy: Die Grundlagen der Soziometrie. Wege zur Neuordnung der Gesellschaft. 4. Aufl., Leske & Budrich 1996.

R

- *Rachow*, Axel (Hrsg.): Spielbar. managerSeminare Verlag 2000.
- *Rachow*, Axel (Hrsg.): Spielbar II. managerSeminare Verlag 2002.
- *Redlich*, Alexander: Berufsbezogene Supervision in Gruppen. Band 19 der Materialien aus der Arbeitsgruppe Beratung und Training. Fachbereich Psychologie der Universität Hamburg 1994.

S

- *Schaller*, Roger: Das große Rollenspiel-Buch. Grundtechniken, Anwendungsformen, Praxisbeispiele. Beltz 2001.
- *Schmidt*, Thomas: Kommunikationstrainings erfolgreich leiten. 12. Aufl., managerSeminare 2020.
- *Schmidt*, Thomas: Konfliktmanagement-Trainings erfolgreich leiten. Der Seminarfahrplan. 6 Aufl., managerSeminare 2018.
- *Schulenburg*, Nils: Exzellent präsentieren: Die Psychologie erfolgreicher Ideenvermittlung – Werkzeuge und Techniken für herausragende Präsentationen. Taschenbuch Springer Gabal 2017.
- *Schulz von Thun*, Friedemann: Miteinander reden, Bd. 1. Störungen und Klärungen. Allgemeine Psychologie der Kommunikation. 48. Aufl. Rowohlt 2010.
- *Schulz von Thun*, Friedemann: Miteinander reden, Bd. 2. Stile, Werte und Persönlichkeitsentwicklung. Differentielle Psychologie der Kommunikation. 32. Aufl., Rowohlt 2010.
- *Schulz von Thun*, Friedemann: Miteinander reden, Bd. 3. Das „Innere Team" und situationsgerechte Kommunikation. Rowohlt 1998.
- *Schulz von Thun*, Friedemann: Praxisberatung in Gruppen. Beltz 1996.
- *Schulz von Thun*, Friedemann; Stegemann, Wibke (Hrsg.): Das Innere Team in Aktion. Praktische Arbeit mit dem Modell. Rowohlt 2004.
- *Seifert*, Josef: Games. Spiele für Moderatoren und Gruppenleiter. 3. Aufl., Gabal 2000.
- *Seifert*, Josef: Visualisieren Präsentieren Moderieren. Der Klassiker. Gabal 2009.
- *Sparrer*, Insa; Varga von Kibéd, Matthias: Ganz im Gegenteil. 2. Aufl., Carl-Auer Verlag 2001.
- *Spolin*, Viola: Improvisationstechniken für Pädagogik, Therapie und Theater. 7. Aufl., Junfermann 2005.
- *Stadler*, Christian; Kern, Sabine: Psychodrama: Eine Einführung. VS Verlag 2010.
- *Stahl*, Eberhardt: Dynamik in Gruppen: Handbuch der Gruppenleitung. 2. Aufl., Beltz 2007.

T

- *Tietze*, Kim-Oliver; Schulz von Thun, Friedemann: Kollegiale Beratung: Problemlösungen gemeinsam entwickeln. Rowohlt 2003.

V

- *Venske-Heß*, Sabine; Neumann, Eva: Mit Rollen spielen: Rollenspielsammlung für Trainerinnen und Trainer. 5. Aufl., managerSeminare Verlag 2017.

- *Venske-Heß*, Sabine; Neumann, Eva: Mit Rollen spielen II: 45 neue Rollenspiele für Trainerinnen und Trainer. managerSeminare Verlag 2010.
- *von Ameln*, Falko; Gerstmann, Ruth; Kramer, Josef: Psychodrama. Springer 2004.
- *von Ameln*, Falko; Kramer, Josef: Organisationen in Bewegung bringen. Handlungsorientierte Methoden für die Personal-, Team- und Organisationsentwicklung. Springer 2006.
- *von Schlippe*, Arist; Schweitzer, Jochen: Lehrbuch der systemischen Therapie und Beratung. 8. Aufl., Vandenhoeck & Ruprecht 2002.

W

- *Weisbach*, Christian-Rainer; Sonne-Neubacher, Christiane: Professionelle Gesprächsführung. Ein praxisnahes Lese- und Übungsbuch. 9 Aufl., Beck 2015.
- *Wiener*, Ron: Soziodrama praktisch. Soziale Kompetenz szenisch vermitteln. inScenario 2001.
- *Will*, Hermann: Mini-Handbuch Vortrag und Präsentation: Für Ihren nächsten Auftritt vor Publikum. Beltz Verlag 2013.

Stichwortverzeichnis

U

V

W

Z